| 제4판 |

수리 통계학

나종화 지음

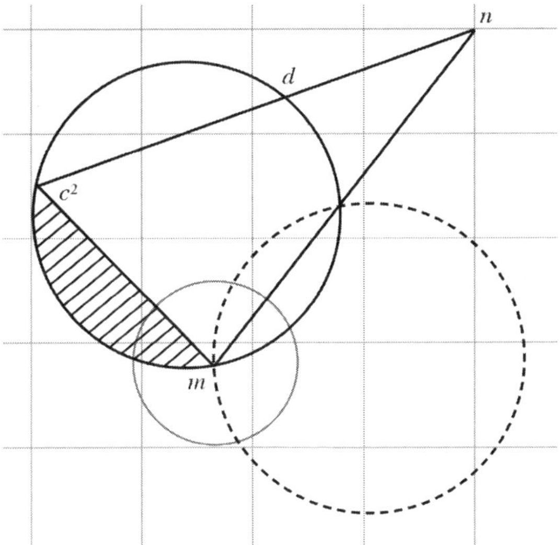

MATHEMATICAL STATISTICS

자유아카데미

제4판을 내면서

수리통계학 4판을 출간하게 되었다. 1~3판에서는 통계학의 기본 개념과 원리를 효과적으로 전달하는데 주안점을 두고 그 분량을 적절히 조절하였으나, 4판에서는 통계학 전공자들이 알아야 할 핵심 이론을 한 권의 책에 담아내려고 하였으며, 주요 개념을 다질 수 있도록 예제와 연습문제를 대폭 보강하였다. 4판에서 보완된 내용은 다음과 같다.

○ 통계학의 주요 심화 이론을 추가하였다(*가 붙은 절).
○ 예제 및 연습문제를 보강하고 모든 연습문제의 정답을 제시하였다.

이 책의 이용자들은 다음 사항을 유의하여 학습하기 바란다.

● 학부 수준에서는 *가 붙은 절은 건너뛰어도 무방하다.
● 추가 및 심화 연습문제는 관심 있는 독자만 풀어 보기 바란다.

마지막으로, 4판 교정 작업에 애써준 박세용 군에게 감사의 마음 전합니다. 이 책이 통계학 이론을 탐구하는 독자 여러분께 유용한 길잡이가 되기를 희망합니다.

2025년 3월
나 종 화

To my beloved first grandchild

제3판 머리말

빅데이터 시대를 맞아 통계학에 대한 관심이 매우 높다. 통계학은 데이터 분석을 위한 학문으로, 다양한 통계분석 이론을 올바르게 이해하기 위해서는 수리통계학의 지식이 필수적이다. 이 책은 저자가 오랫동안 대학에서 강의한 자료를 토대로 통계학의 근간이 되는 핵심 이론들을 일목요연하게 정리한 것이다.

이 책의 특징은 다음과 같다.

첫째, 주요 핵심 이론을 간명한 표기와 설명을 통해 쉽게 전달될 수 있도록 하였다.

둘째, 풍부한 예제를 통해 자연스럽게 통계이론을 다질 수 있게 하였다. 또한 책의 전반에 걸쳐 서로 관련된 내용을 최대한 연관 지어 설명하였다.

셋째, 연습문제는 적절한 분량으로 구성하였으며, 가급적 답이 제시된 형태를 취하여 결과를 스스로 확인할 수 있도록 하였다.

이 책을 대학에서 교재로 사용할 경우 2~3학기 기준으로 다음을 추천한다. 학부 과정에서는 마지막 4개 장(9~12장)은 생략해도 무방할 것이다.

학기	주 내용	교재 범위	연결된 내용
1학기	분포론	1~5장	12장(다변량)
2학기	극한이론, 추 · 검정론	6~8장	9장(구간추정)
3학기	9장, 10장(비모수), 11장(베이지안), 12장		

이 책을 가장 효과적으로 학습하는 방법은 각 장의 연습문제가 완벽히 풀릴 때까지 내용을 반복 학습하는 것이다. 이 과정을 통해 통계학에 대한 두려움을 없앨 수 있을 것으로 확신한다. 아무쪼록 보잘것없는 이 책이 통계학의 핵심이론에 대한 지침서로 활용되기를 바란다. 출간 후에라도 수정사항이 있을 경우에는 자유아카데미 홈페이지(www.freeaca.com) 자료실에 제공할 예정이다.

마지막으로 이 책이 나오기까지 책의 출간에 힘쓴 자유아카데미 관계자께 감사의 말을 전하고자 한다.

2016년 8월
제3판을 내며
나 종 화
cherin@cbnu.ac.kr

차례

제4판을 내면서 iii
제3판 머리말 v

제1장 확률분포와 기댓값

1.1 확률변수와 확률밀도함수 2
1.2 누적분포함수 5
1.3 확률변수의 기댓값 9
1.4 누적분포함수와 기댓값 13
1.5* 혼합형 분포 16
1장 연습문제 22

제2장 이산형 확률분포

2.1 균일분포 28
2.2 이항분포 29
2.3 초기하분포 32
2.4 기하분포 37
2.5 음이항분포 40
2.6 포아송분포 42
2장 연습문제 48

제3장 연속형 확률분포

3.1 균일분포 56
3.2 정규분포 57
3.3 지수분포 60
3.4 감마분포 62

3.5 카이제곱분포 65
3.6 기타분포 66
3장 연습문제 74

제4장 결합분포와 조건부분포

4.1 결합확률분포 80
4.2 두 확률변수의 독립 82
4.3 조건부분포와 조건부기댓값 88
4.4 상관계수 101
4.5* 최소제곱의 원리 108
4.6 다항분포 114
4.7 이변량 정규분포 116
4.8* 다변량 초기하분포 121
4장 연습문제 124
4장 추가 연습문제 127
4장 심화 연습문제 129

제5장 확률변수의 함수의 분포

5.1 누적분포함수법 137
5.2 이산형 변수변환법 146
5.3 연속형 변수변환법 151
5.4 적률생성함수법 168
5.5 순서통계량의 분포 172
5.6* 디리클레분포 184
5.7* 두 확률변수의 합·차·곱·비의 분포 188
5장 연습문제 194
5장 추가 연습문제 196
5장 심화 연습문제 198

제6장 표본분포와 극한분포

6.1 정규분포와 관련된 표본분포 204
6.2 분포수렴 221
6.3 확률수렴 225
6.4 극한적률생성함수법 234
6.5 중심극한정리 238
6.6* 수학적 증명 249

제7장 모수추정법

7.1 개요 258
7.2 적률추정법 262
7.3 최대가능도추정법 265
7.4 충분통계량과 완비통계량 275
7.5 최소분산불편추정량 295
7.6 Cramer-Rao 부등식 301
7.7 최대가능도추정량의 극한분포 310
7.8* 지수족 관련 추가 이론 313
7장 연습문제 321
7장 추가 연습문제 323
7장 심화 연습문제 325

제8장 가설검정법

8.0 가설검정의 기초 개념 330
8.1 개요 336
8.2 최강력검정 341
8.3 균일최강력검정 349
8.4 가능도비검정 359
8.5 유용한 검정법 소개 376

제9장 구간추정법

9.0 구간추정의 기초 개념 396
9.1 개요 403
9.2 추축량 이용법 405
9.3 통계량 이용법 413
9.4 대표본 신뢰구간 417
9.5 가설검정과의 관계이용법 422

제10장 비모수 통계

10.1 개요 426
10.2 부호검정 426
10.3 부호순위검정 429
10.4 Mann-Whitney 검정 435
10.5 비모수적 상관계수 441
10장 연습문제 446

제11장 베이지안 방법

11.1 개요 450
11.2 사후분포의 계산 452
11.3 손실함수와 베이즈추정량 455
11.4 베이지안 구간추정 462
11.5* 사후예측분포 464
11장 연습문제 469

제12장 다변량 정규분포와 이차형식의 분포

12.0 기초 행렬이론 474
12.1 다변량 정규분포 476
12.2 비중심카이제곱분포 483
12.3 이차형식의 분포와 성질 486

부록 기초 수학 정리

[1] 미분법 510
[2] 적분법 511
[3] 기타(조합론 등) 512

- 연습문제 답안 515
- 참고문헌 539
- 찾아보기 540

제1장

확률분포와 기댓값

1.1 확률변수와 확률밀도함수
1.2 누적분포함수
1.3 확률변수의 기댓값
1.4 누적분포함수와 기댓값
1.5* 혼합형 분포

확률론의 공동 창시자

Pierre de Fermat (1601–1665)
프랑스의 수학자, 법률가
페르마의 마지막 정리(1637–1995)
아이작 뉴턴의 미적분학에 영향

Blaise Pascal (1623–1662)
프랑스의 수학자, 신학자
세계 최초의 계산기 발명, 파스칼의 삼각형
'인간은 생각하는 갈대'(팡세)

1장 확률분포와 기댓값

1.1 확률변수와 확률밀도함수

확률실험(random experiment)이란 결과를 예측할 수 없으나 발생 가능한 경우들이 정해진 실험을 의미한다. 확률실험의 결과로 나타날 수 있는 모든 실현치(outcomes)들의 집합을 표본공간(sample space, S)이라고 하자.

정의 1 확률변수

표본공간의 각 원소 $w \in S$에 대해 $X(w) = x$를 통해 하나의 실수값(x)을 할당하는 함수 X를 확률변수(random variable, $r.v.$)라고 한다. 즉, 확률변수 X는 표본공간에서 정의되는 실수값을 취하는 함수(real-valued function)로 다음과 같이 표현된다.

$$X : S \longrightarrow R$$

[참고] 확률변수는 일종의 함수이지만, 함수의 표현으로 흔히 사용하는 $f, g, \cdots$ 대신 대문자 기호를 이용하여 $X, Y, \cdots$ 등으로 나타낸다.

|Remark| 확률변수 X가 취하는 구체적인 값은 흔히 소문자 x로 나타내며, 이들의 모임을 X의 영역(range)이라고 하고 흔히 $A, B, \cdots$등으로 나타낸다.

예제 1 공정한 동전을 2회 던지는 확률실험에서 표본공간은

$$S = \{HH, HT, TH, TT\} \equiv \{w_1, w_2, w_3, w_4\}$$

이며, 표본공간에서 정의되는 함수 X를

$$X(w) = \text{원소 } w\text{의 앞면의 수},\ w \in S$$

으로 정의하면, 함수 X는 실수값을 가지는 함수이므로 확률변수가 된다. 이때 X의 영역은 $A = \{0, 1, 2\}$가 된다. ■

통계학은 확률변수에 대한 올바른 이해로부터 시작된다고 말할 수 있다. 특히

'확률변수는 분포를 가진다.'

는 개념을 갖는 것은 매우 중요하다. 아래의 [예제 2]를 통해 이 개념을 설명하기로 한다.

예제 2 [예제 1]에서 확률변수가 취하는 값들에 대한 확률을 구하면

$$P(X=0) = P\{TT\} = 1/4$$
$$P(X=1) = P\{HT \text{ 또는 } TH\} = 2/4$$
$$P(X=2) = P\{HH\} = 1/4$$

이다. 위의 결과는 다음 식

$$f(x) = P(X=x) = \begin{cases} 1/4, & x = 0, 2 \\ 1/2, & x = 1 \\ 0, & otherwise \end{cases}$$

으로 정리된다. 위 식은 다시 다음의 표

x	0	1	2	합
$P(X = x)$	1/4	2/4	1/4	1

또는 다음의 그림

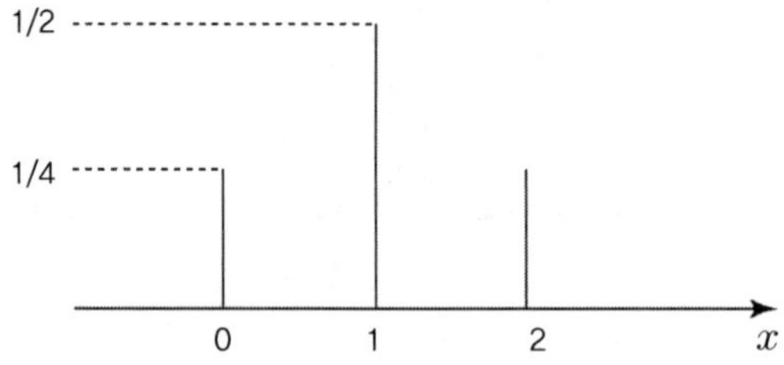

으로 나타낼 수도 있으며, 이를 확률변수 X의 확률분포(probability distribution) 또는 분포(distribution)라고 한다. 즉, 확률변수는 확률분포를 가지며, 확률분포는 확률변수가 취하는 값에 대한 가능성을 확률적 구조로 나타낸 것이라고 할 수 있다. ■

확률변수는 위의 예에서와 같이 이산적인 값만을 취하는 경우와, 연속적인 구간 내의 임의의 실수값을 가지는 경우로 나누어진다. 전자의 경우를 이산형 확률변수(discrete $r.v.$)라고 하고, 후자의 경우를 연속형 확률변수(continuous $r.v.$)라고 한다.

이산형 확률변수는 이산형 확률분포 $f(x)$를 가지며, $f(x)$는 다음을 만족한다.

(a) $f(x_i) \geq 0$ for all x_i

(b) $\sum_{all\ x_i} f(x_i) = 1$

(c) $P(a \leq X \leq b) = \sum_{x_i \in [a,\, b]} f(x_i)$

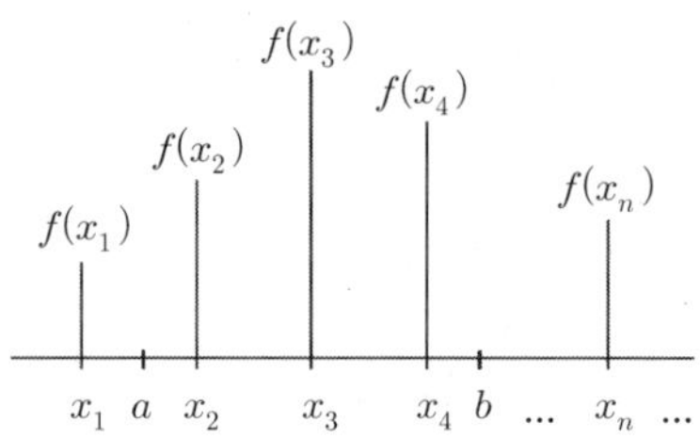

연속형 확률변수는 연속형 확률분포 $f(x)$를 가지며, $f(x)$는 다음을 만족한다.

(a) $f(x) \geq 0$ for all x

(b) $\int_{-\infty}^{\infty} f(x)\,dx = 1$

(c) $P(a \leq X \leq b) = \int_a^b f(x)\,dx$

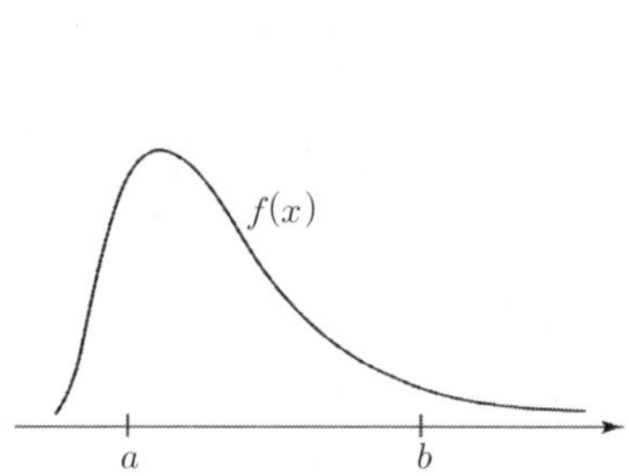

이산형 분포에서는 한 점에서의 확률이 0이거나 0이 아닐 수도 있다. 반면 연속형 분포에서는 한 점에서의 확률은 면적이 0이므로 반드시 0이 된다. 따라서 X가 연속형인 경우에는

$$P(a \le X \le b) = P(a \le X < b) = P(a < X \le b) = P(a < X < b)$$

이 성립한다. 또한 이산형 분포에서는 막대의 높이가 곧 그 점에서의 확률을 의미하지만, 연속형 분포의 함수값은 그 자체로 확률을 의미하는 것은 아니며, 다만 그 값 주변의 값을 취할 가능성을 상대적인 높이로 나타낸 것이다. 따라서 연속형의 경우에는 $f(x)$ 아래 부분의 면적이 1을 만족할 뿐이며, 한 점에서의 함수값 자체는 얼마든지 1보다 클 수도 있다는 점에서 유의할 필요가 있다.

|Remark| 앞에서 정의된 이산형과 연속형의 확률분포 $f(x)$를 확률밀도함수(probability density function, $p.d.f.$)[1]라고 한다. 확률변수 X의 분포를 묘사하는 방법에는 확률밀도함수 외에도 누적분포함수, 적률생성함수 등이 있다.

1.2 누적분포함수

정의 2 누적분포함수

확률변수 X의 누적분포함수(cumulative distribution function, $c.d.f.$)는

$$F(x) = P(X \le x)$$

으로 정의된다. 누적분포함수는 간단히 분포함수(distribution function, $d.f.$)라고도 한다.

다음의 [그림 1]은 이산형과 연속형 확률변수에 대한 누적분포함수의 형태를 나타낸다. (a)는 이산형의 경우로 계단함수(step function)의 형태를 취하며, (b)는 연속형의 경우로 전 구간에서 연속함수의 형태를 취한다. 두 경우 모두 모든 x점에서 우측으

1) 이산형의 경우, 확률질량함수(probability mass function, p.m.f.)로 구분하여 부르기도 한다.

로부터 연속(continuous to the right)인 성질을 만족한다.

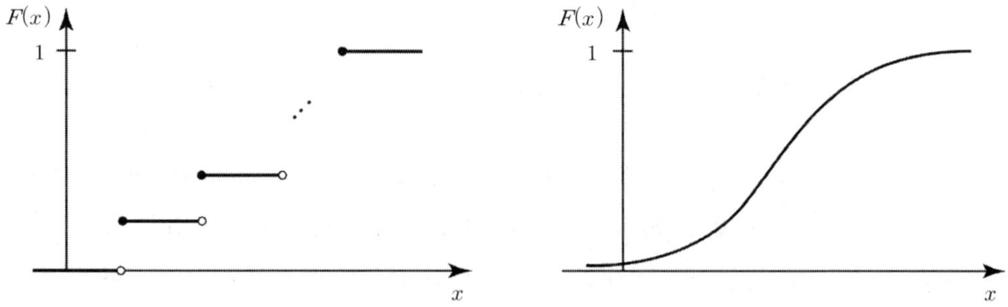

(a) X: 이산형　　　(b) X: 연속형

[그림 1] 이산형과 연속형의 누적분포함수의 형태

누적분포함수 $F(x)$는 다음과 같은 특성을 가진다.

(i) $x_1 \le x_2$이면 $F(x_1) \le F(x_2)$이다. 즉, $F(x)$는 비감소(non-decreasing) 함수이다.

(ii) $F(+\infty) = \lim_{x \to +\infty} F(x) = 1$이고 $F(-\infty) = \lim_{x \to -\infty} F(x) = 0$이다.

(iii) $\lim_{h \to 0+} F(x+h) = F(x)$를 만족한다. 즉, $F(x)$는 우측으로부터 연속인 성질을 만족하는 함수 즉, 우연속함수(right continuous function)이다.

($\lim_{h \to 0+}$ 의 의미는 0보다 큰 쪽에서(양의 방향에서) 0으로 수렴하는 것을 의미한다.)

[참고] 1. 위의 조건 (i) ~ (iii)을 만족하는 함수는 확률변수의 누적분포함수로 간주될 수 있다.

2. 모든 확률변수는 누적분포함수를 가지지만, 반드시 확률밀도함수를 갖는 것은 아니다.

누적분포함수에 대한 추가적인 성질은 다음과 같다.

(iv) $0 \le F(x) \le 1$이다. 이는 (i)과 (ii)로부터 자명하다.

(v) $F(x-)=\lim_{h\to 0-}F(x+h)=P(X<x)$이다. 이는 $F(x)$는 좌연속함수가 아닐 수 있음을 의미한다.

(vi) $P(X=a)=F(a)-F(a-)$이다.

(vii) $P(a<X\le b)=F(b)-F(a)$이다.

누적분포함수와 확률밀도함수와의 관계는 다음과 같다. X의 확률밀도함수가 존재할 때

$$F(x)=\begin{cases}\displaystyle\sum_{t\le x}f(t), & X: discrete\\ \displaystyle\int_{-\infty}^{x}f(t)\,dt, & X: continuous\end{cases}$$

이 성립한다. 또한 위의 관계로부터 확률밀도함수는 다음과 같이 누적분포함수를 통해 구할 수 있다.

$$f(x)=\begin{cases}F(x)-F(x-), & X: discrete\\ \dfrac{d}{dx}F(x), & X: continuous\end{cases}$$

|Remark| X의 분포함수가 항상 연속형 또는 이산형인 것만은 아니다. 예를 들어, 함수 F가

$$F(x)=\begin{cases}0, & x<0\\ \dfrac{x}{2}, & 0\le x<1\\ 1, & x\ge 1\end{cases}$$

으로 주어지는 경우, 이 함수는 (i)~(iii)의 특성을 만족하므로 분포함수로 간주될 수 있으며, 아래의 [그림 2]로부터 이산형(계단함수)과 연속형(연속함수)이 혼합된 형태임을 알 수 있다.

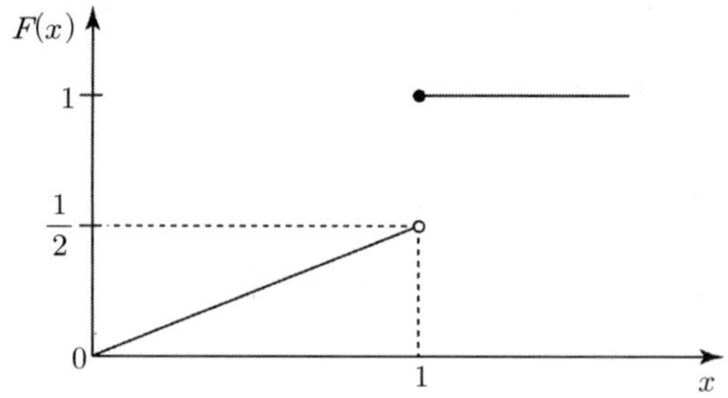

[그림 2] 혼합형 누적분포함수

혼합형 분포에 대한 보다 자세한 내용은 1.5절을 참고하기 바란다.

정의 3 백분위수

확률변수(이산형 또는 연속형) X의 제$100p$백분위수($100p$-th percentile) 또는 차수 p의 분위수(quantile of order p) ξ_p(또는 $\xi_p(X)$)는 다음 식

$$P(X \le x) \ge p \quad \& \quad P(X \ge x) \ge 1-p$$

을 만족하는 x이다($0 < p < 1$).

[주의] 백분위수에 대한 표준화된 정의는 없으며, 특정 백분위수(중앙값 포함)가 유일하지 않을 수 있다.

|Remarks| 1. 책에 따라, 제$100p$백분위수(ξ_p)를 $P(X \le x) \ge p$를 만족하는 x의 최솟값 즉, $\xi_p = \inf\{x \mid P(X \le x) \ge p\}$으로 유일(unique)하게 정의하기도 한다.

2. X가 연속형인 경우, ξ_p는 $F(x) = p$의 해(x)이다. 만약 F가 증가함수이면 유일한 해를 가진다.

정의 4 중앙값

확률변수(이산형 또는 연속형) X의 중앙값(median) $\text{med}(X)$는 다음 식

$$P(X \le x) \ge \frac{1}{2} \quad \& \quad P(X \ge x) \ge \frac{1}{2}$$

을 만족하는 x이다.

예제 3 X의 분포가 다음과 같이 주어질 때, X의 중앙값과 제20백분위수를 구하여라.

$$P(X=-2)=P(X=0)=\frac{1}{4},\ P(X=1)=\frac{1}{3},\ P(X=2)=\frac{1}{6}.$$

풀이 $x=0$일 때, $P(X\le 0)=\frac{1}{2}$ & $P(X\ge 0)=\frac{3}{4}>\frac{1}{2}$이다. 실제, 구간 $(0,1)$ 내의 모든 x에 대해

$$P(X\le x)=P(X=-2)+P(X=0)=\frac{1}{2}$$
$$\&\quad P(X\ge x)=P(X=1)+P(X=2)=\frac{1}{2}$$

이다. 따라서 구간 $[0,1)$ 내의 모든 x는 X의 중앙값이다. 만약 $p=0.2$이면

$$P(X\le -2)=\frac{1}{4}>p \quad \& \quad P(X\ge -2)=1>1-p$$

이므로, 제20백분위수($\xi_{0.2}$)는 -2이다. ■

1.3 확률변수의 기댓값

정의 5 기댓값

확률변수 X가 $p.d.f.\ f(x)$를 가질 때, X의 함수인 $u(X)$의 기댓값(expectation or expected value)은 $E\,u(X)$로 표기하고, 다음과 같이 정의된다.

$$E\,u(X)=\begin{cases}\sum_x u(x)f(x), & X: discrete \\ \int_{-\infty}^{\infty} u(x)f(x)\,dx, & X: continuous\end{cases}$$

[주의] 이 책의 전반에서 $u(X)$의 기댓값에 대한 표현으로 $E[u(X)]$와 $E\,u(X)$를 혼용하여 사용하기로 한다.

이제 통계학에서 중요하게 취급되는 몇 가지 $u(X)$의 형태에 대해 소개한다.

첫째, $u(X)=X$일 때

$$\mu \equiv E(X) = \begin{cases} \sum_x xf(x), & X: discrete \\ \int_{-\infty}^{\infty} xf(x)\,dx, & X: continuous \end{cases}$$

이며, 이를 X의 기댓값 또는 평균(mean)이라고 하며, 분포의 중심위치를 나타내는 값이라고 할 수 있다.

둘째, $u(X)=(X-\mu)^2$일 때

$$Var(X)\,(\text{또는 } \sigma^2) \equiv E(X-\mu)^2 = \begin{cases} \sum_x (x-\mu)^2 f(x), & X: discrete \\ \int_{-\infty}^{\infty} (x-\mu)^2 f(x)\,dx, & X: continuous \end{cases}$$

이며, 이를 X의 분산(variance)이라고 하고, $\sigma=\sqrt{Var(X)}$를 X의 표준편차(standard deviation)라고 한다. X의 표준편차는 분포가 평균(μ)으로부터 얼마나 퍼져 있는가를 나타내는 값이라고 할 수 있다. 또한 $Var(X)$는 다음의 식을 통해 보다 간편하게 계산된다.

$$Var(X)=E(X^2)-\mu^2$$

마지막으로, $u(X)=e^{tX}$일 때

$$M(t) \equiv E(e^{tX}) = \begin{cases} \sum_x e^{tx} f(x), & X: discrete \\ \int_{-\infty}^{\infty} e^{tx} f(x)\,dx, & X: continuous \end{cases}$$

이며, 이를 X의 적률생성함수(moment generating function, $m.g.f.$)라고 한다.

|Remark| 적률생성함수는 $p.d.f.$나 $c.d.f.$와 마찬가지로 분포를 나타내는 또 다른 방법으로 이해될 수 있다. 다만 모든 분포에 대해 $m.g.f.$가 반드시 존재하는 것은 아니지만, 존재하기만 하면 해당 분포와 유일하게 대응되는 성질을 가진다.

X의 $m.g.f.$를 $M(t)$라고 할 때, $M(t)$에 대한 k차 미분을 통해 $E(X^k)$를 구할 수 있다. 즉,

$$M'(0) = \frac{d}{dt}M(t)\Big|_{t=0} = \frac{d}{dt}E\,e^{tX}\Big|_{t=0} = E(Xe^{tX})\Big|_{t=0} = E(X)$$

$$M''(0) = \frac{d^2}{dt^2}M(t)\Big|_{t=0} = E(X^2e^{tX})\Big|_{t=0} = E(X^2)$$

이며, 일반적으로 다음의 관계

$$M^{(k)}(0) = E(X^k), \quad k = 1, 2, 3, \cdots$$

가 성립된다. 여기서 $E(X^k)$를 X의 k차 적률(moment)이라고 한다.

[참고] $E(X-\mu)^k$를 X의 k차 중심적률(central moment)이라고 한다. 예를 들어, 2차 중심적률은 분산과 동일하다.

예를 들어, X의 $m.g.f.$를 알고 있다면 $E(X)$와 $Var(X)$도 다음의 관계식

$$E(X) = M'(0)$$

$$Var(X) = M''(0) - M'(0)^2$$

을 통해 쉽게 구할 수 있다.

|Remark| X의 $m.g.f.$에 대한 다음의 Taylor 전개식

$$M(t) = M(0) + \frac{M'(0)}{1!}t + \frac{M''(0)}{2!}t^2 + \cdots + \frac{M^{(m)}(0)}{m!}t^m + \cdots$$

$$= 1 + \frac{E(X)}{1!}t + \frac{E(X^2)}{2!}t^2 + \cdots + \frac{E(X^m)}{m!}t^m + \cdots$$

으로부터 $\frac{t^m}{m!}$의 계수가 $E(X^m)$임을 알 수 있다. 역으로, 모든 차수의 적률을 알고 있다면 위 관계를 통해 $M(t)$를 구할 수도 있다.

정의 6 왜도와 첨도

X(또는 분포)의 왜도와 첨도는 표준화된 확률변수($\frac{X-\mu}{\sigma}$)의 3차와 4차 적률로 다음과 같이 정의된다.

$$\text{왜도: } skewness(X) = \frac{E(X-\mu)^3}{\sigma^3},$$
$$\text{첨도: } kurtosis(X) = \frac{E(X-\mu)^4}{\sigma^4} - 3 \quad \left(\text{또는 } \frac{E(X-\mu)^4}{\sigma^4}\right)$$

[참고] 첨도의 정의에서 3을 빼주는 것은 표준정규분포의 4차 적률이 3이기 때문이다. 3을 뺀 첨도를 '초과첨도(excess kurtosis)'로 구분하여 부르기도 한다.

왜도(skewness)는 분포의 치우침을 나타내는 측도이다. 왜도가 양이면 오른쪽으로 꼬리가 긴 형태를 취하며, 이때 양(+)의 왜도값을 가진다([그림 3]). 양의 값은 수직선에서 영(0)보다 오른쪽에 위치하므로 'skewed to the right(또는 skewed positively)'의 표현을 사용한다. 즉, 이 표현은 왜도가 양(오른쪽)의 값을 가지는 형태로 치우쳤다는 의미이다. 반대로 왼쪽으로 꼬리가 긴 형태는 음(−)의 왜도값을, 대칭인 분포는 영(0)의 값을 가진다.

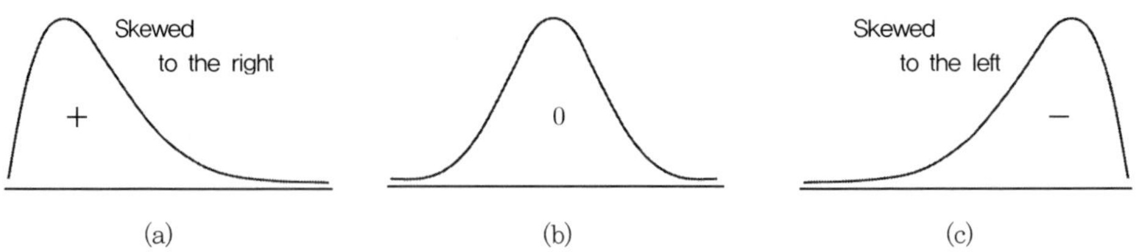

[그림 3] 분포형태에 따른 왜도값의 변화

첨도(kurtosis)는 분포의 뾰족한(또는 평평한) 정도를 나타낸다. 왜도와는 달리 표준화 이전의 형태로는 뾰족한 정도를 비교하기 어려우므로(예를 들어, $N(0, 10)$과 $N(0, 100)$은 뾰족한 정도는 다르지만 첨도값은 동일함), 표준화 후의 형태로 비교하게 된다. 즉, 표준화된 상태에서는 뾰족함(peakness)이 클수록 분포의 꼬리 부분은 상대적으로 두터울(heavy tail) 수밖에 없다(분산이 1로 고정되어 있으므로: [그림 4]), 즉 표준화 이후의 분포 형태에서 표준정규분포보다 뾰족하면(즉, 꼬리가 두터우면) 양(+)의 값을, 반대이면 음(−)의 값을 가진다. 또한, 모든 정규분포는 영(0)의 첨도값을 가진다.

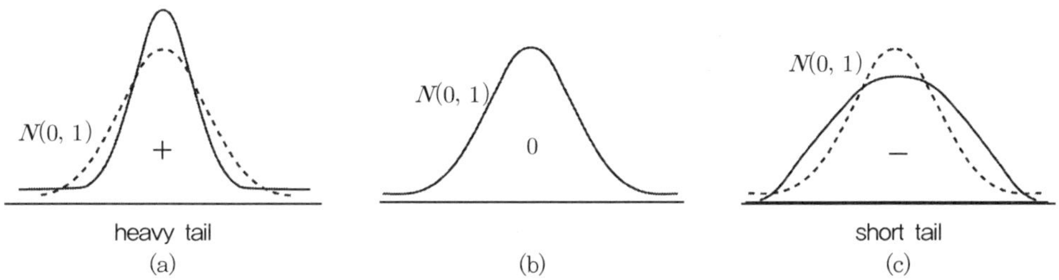

[그림 4] 분포형태에 따른 첨도값의 변화(평균 = 0, 분산 = 1)

1.4 누적분포함수와 기댓값

누적분포함수를 이용하여 해당 확률변수의 기댓값과 분산을 구하는 방법을 소개한다. 이 방법은 간혹 계산 과정에 편리함을 제공한다.

정리 1 비음(non−negative)인 확률변수 X에 대해(즉, $X \geq 0$일 때) 다음이 성립한다.

$$E(X) = \int_0^\infty [1 - F(x)]\, dx.$$

증명 X를 연속형으로 가정할 때, 위 식의 증명은 다음과 같다.

$$\int_0^\infty [1 - F(x)]\, dx = \int_0^\infty P(X > x)\, dx = \int_0^\infty \int_x^\infty f_X(y)\, dy\, dx$$

$$= \int_0^\infty \int_0^y f_X(y)\, dx\, dy = \int_0^\infty f_X(x)(\int_0^y dx)\, dy$$

$$= \int_0^\infty y f_X(y)\, dy = E(X) \text{ for } X \geq 0.$$

|Remark| [정리 1]에서 X가 이산형으로 비음(non-negative)의 정수값($x = 0, 1, \cdots$)을 가진다면 $E(X) = \sum_{x=0}^{\infty} P(X > x)$이다.

예제 4 누적분포함수를 이용하여 파레토분포의 기댓값을 구해 보자. $X \sim Pareto$ $(\theta,\ \alpha)$일 때(3장 참고), $F(x) = 1 - \left(\frac{\theta}{x}\right)^{\alpha}$ $(x > \theta)$이므로,

$$\begin{aligned} E(X) &= \int_0^\infty [1 - F(x)]\, dx \\ &= \int_0^\theta 1\, dx + \int_\theta^\infty [1 - F(x)]\, dx \\ &= \int_0^\theta 1\, dx + \int_\theta^\infty \left(\frac{\theta}{x}\right)^{\alpha} dx \\ &= \theta + \frac{\theta}{\alpha - 1} = \frac{\alpha\theta}{\alpha - 1} \end{aligned}$$

이 된다. ■

예제 5 $X,\ Y$가 서로 독립이고, 각각 지수분포 $\mathcal{E}(\lambda_1)$과 $\mathcal{E}(\lambda_2)$를 따를 때(3장 참고), $E[\max(X,\ Y)]$을 구하여라.

풀이 먼저 확률변수 $Z = \max(X,\ Y)$의 $c.d.f.$를 구하면, X와 Y가 독립이므로,

$$\begin{aligned} F(z) = P(Z \leq z) = P\{\max(X,\ Y) \leq z\} &= P(X \leq z,\ Y \leq z) \\ &= P(X \leq z)\, P(Y \leq z) \end{aligned}$$

이다. 따라서 $F(z) = (1 - e^{-\lambda_1 z})(1 - e^{-\lambda_2 z})$이고,

$$E(Z) = \int_0^\infty [1 - F_Z(z)]\, dz$$

$$= \int_0^\infty \left\{ e^{-\lambda_1 z} + e^{-\lambda_2 z} - e^{-(\lambda_1+\lambda_2)z} \right\} dz$$

$$= \frac{1}{\lambda_1} + \frac{1}{\lambda_2} - \frac{1}{\lambda_1+\lambda_2}$$

이 된다. ■

|Remark| [예제 5]는 Z의 $p.d.f.$를 직접 유도한 뒤(5장에서 다룸), 기댓값의 정의를 통해 구할 수도 있다. 이에 비해 위의 풀이 과정에는 $p.d.f.$가 불필요하다.

[정리 1]에 대한 일반화로 다음의 [정리 2]를 소개한다. 참고로 분포함수를 이용한 분산식도 함께 제시하였다. 증명은 연습문제로 남긴다(연습문제 6번).

정리 2 임의의 확률변수 X에 대해 다음이 성립한다.

$$E(X) = \int_0^\infty [1-F(x)]\,dx - \int_{-\infty}^0 F(x)dx.$$

$$Var(X) = \int_0^\infty 2x[1-F(x)+F(-x)]\,dx - E(X)^2.$$

[주의] $Var(X)$의 계산 시, $\int_0^\infty xF(-x)dx = -\int_{-\infty}^0 xF(x)dx$ 임을 이용하기 바란다.

기댓값에 대한 [정리 1]과 [정리 2]의 결과를 기하학적으로 해석하면 [그림 5]와 같다.

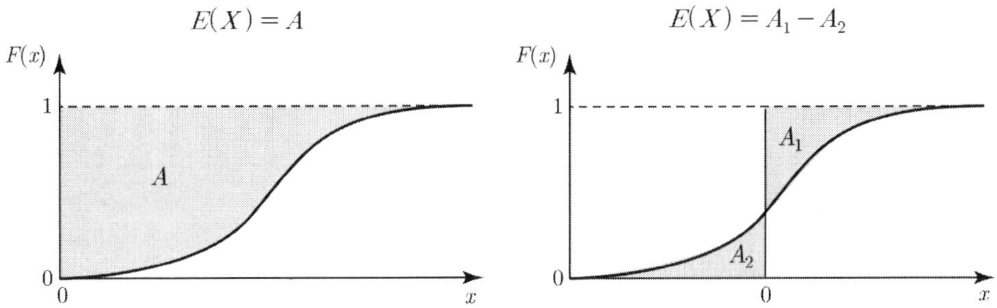

(a) $X \geq 0$인 경우 (b) 임의의 X인 경우

[그림 5] $E(X)$에 대한 기하학적 해석

[정리 1]과 [정리 2]는 이산형과 연속형뿐 아니라 혼합형 분포에 대해서도 성립한다.

예제 6 X의 분포함수가 다음과 같이 주어질 때, $E(X)$와 $Var(X)$를 구하여라.

$$F(x)=\begin{cases}0, & x<1\\ \dfrac{x}{2}, & 1\le x<2\\ 1, & x\ge 2\end{cases}$$

풀이 $E(X)=\int_0^\infty [1-F(x)]\,dx$

$$=\int_0^1 1\,dx+\int_1^2 (1-\frac{x}{2})\,dx+\int_2^\infty (1-1)\,dx=\frac{5}{4}$$

$$Var(X)=\int_0^\infty 2x[1-F(x)-F(-x)]\,dx-E(X)^2$$

$$=\int_0^1 2x\,dx+\int_1^2 2x\cdot(1-\frac{x}{2})\,dx-E(X)^2$$

$$(\because)\ \int_0^\infty xF(-x)\,dx=-\int_{-\infty}^0 xF(x)\,dx=0$$

$$=1+\frac{2}{3}-\left(\frac{5}{4}\right)^2=\frac{5}{48}.$$

■

1.5* 혼합형 분포

이 절에서는 이산형과 연속형 분포가 결합된 혼합형 분포를 다룬다. 이 절은 건너뛰어도 무방하다.

정의 7 혼합형 분포함수

이산형과 연속형 분포함수가 결합된 혼합형(mixed) 확률변수 X의 분포함수 F는 다음과 같이 유일하게 표현된다. 즉,

$$F(x)=w\,F_d(x)+(1-w)\,F_c(x),\quad 0<w<1.$$

여기서 $F_d(\cdot)$와 $F_c(\cdot)$는 각각 이산형과 연속형 분포함수이다. $X_d \sim F_d(x)$, $X_c \sim F_c(x)$라고 할 때, 위 식은 간단히 $X = wX_d + (1-w)X_c$으로 표현된다.

|Remark| 혼합형 분포는 확률밀도함수의 수학적 표현이 복잡하므로(dirac delta 함수를 사용), 주로 분포함수로 표현한다.

예제 7 X를 특정 전기부품의 수명이라고 하자. 이 부품의 10%는 시스템에 최초 연결 시 즉시 고장을 일으키며, 문제없이 연결되었을 때 이 부품의 수명분포는 다음의 확률밀도함수를 따른다고 한다.

$$f(x) = \begin{cases} e^{-x}, & x > 0 \\ 0, & otherwise \end{cases}$$

X의 분포함수를 [정의 5]의 형태로 나타내고, 이로부터 $P(X > 5)$을 구하여라.

풀이 X는 $x = 0$에서 확률 $\frac{1}{10}$을 가지며, 그 외에서는 연속형을 따르므로 X의 분포함수는 다음과 같이 주어진다. 즉,

$$F(x) = \frac{1}{10}F_d(x) + \frac{9}{10}F_c(x),$$

여기서

$$F_d(x) = \begin{cases} 0, & x < 0 \\ 1, & x \geq 0 \end{cases} \quad \& \quad F_c(x) = \begin{cases} 0, & x < 0 \\ \int_0^x e^{-x}dx = 1 - e^{-x}, & x \geq 0 \end{cases}$$

이다. 이로부터

$$\begin{aligned} P(X > 5) &= 1 - P(X \leq 5) = 1 - F(5) \\ &= 1 - \left[\frac{1}{10} + \frac{9}{10}(1 - e^{-5})\right] \\ &= \frac{9}{10}[1 - (1 - e^{-5})] = \frac{9}{10}e^{-5} \approx 0.006 \end{aligned}$$

이다. 참고로, 분포함수 $F(x)$의 그림은 다음과 같다.

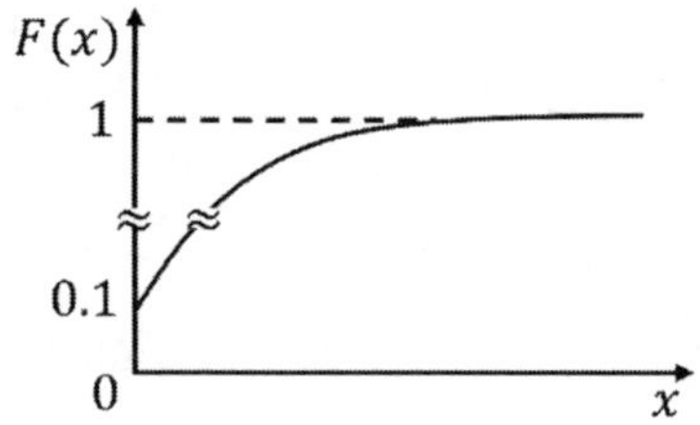

■

[용어] (퇴화분포) 위의 F_d와 같이 한 점($x=a$)에서 확률이 1인 분포를 퇴화분포(degenerate distribution)라고 하며, 이 분포의 누적분포함수는 다음과 같다: $F_a(x)=\begin{cases}0, & x<a\\ 1, & x\geq a\end{cases}$

정의 8 혼합형 분포의 기댓값

확률변수 X가 혼합형 분포함수 $F(x)=w\,F_d(x)+(1-w)\,F_c(x)$를 가질 때 (즉, $X=wX_d+(1-w)X_c$일 때), $u(X)$의 기댓값은

$$Eu(X)=w\;Eu(X_d)+(1-w)\;Eu(X_c)$$

이다. 여기서 $X_d\sim F_d(x)$이고 $X_c\sim F_c(x)$이다.

|Remark| 특히 $u(X)=X$인 경우, [정리 3]을 이용하여 혼합형 분포의 기댓값과 분산을 구할 수도 있다.

예제 8 [예제 7]에서 정의된 확률변수 X의 기댓값과 분산을 구하여라.

풀이 $E(X_d)=0, E(X_c)=\int_0^\infty xe^{-x}dx=1$이므로, $E(X)=(0.1)E(X_d)+(0.9)E(X_c)$ $=9/10$이다. 또한 $E(X_d^2)=0$, $E(X_c^2)=\int_0^\infty x^2e^{-x}\,dx=2$이므로 $E(X^2)=$ $(0.1)E(X_d^2)+(0.9)E(X_c^2)=9/5$이고, 따라서 $Var(X)=E(X^2)-E(X)^2=99/100$ 이다. ■

예제 9 X의 분포함수가

$$F(x)=\begin{cases}0, & x<0\\ \dfrac{x+2}{4}, & 0\le x<1\\ 1, & x\ge 1\end{cases}$$

일 때, (a) $F(x)=wF_d(x)+(1-w)F_c(x)$로 나타내고, (b) X의 기댓값과 분산을 구하여라.

풀이 (a) X는 $x=0,1$에서 각각 확률 $\frac{1}{2}, \frac{1}{4}$을 가지며, 그 외에서 연속형 분포를 가진다. $F(x)$를 이산($D(x)$)과 연속인 부분($C(x)$)으로 나누면 다음과 같다.

$$F(x)=D(x)+C(x),$$

여기서

$$D(x)=\begin{cases}0, & x<0\\ \dfrac{1}{2}, & 0\le x<1\\ \dfrac{1}{2}+\dfrac{1}{4}=\dfrac{3}{4}, & x\ge 1\end{cases} \quad \& \quad C(x)=\begin{cases}0, & x<0\\ \dfrac{1}{4}(x+2)-\dfrac{1}{2}=\dfrac{1}{4}x, & 0\le x<1\\ 1-\dfrac{1}{2}-\dfrac{1}{4}=\dfrac{1}{4}, & x\ge 1\end{cases}$$

이다. 이로부터 X의 분포함수는 다음과 같다.

$$F(x)=\frac{3}{4}F_d(x)+\frac{1}{4}F_c(x),$$

여기서 $F_d(x)=\frac{4}{3}D(x)$, $F_c(x)=4C(x)$이다.

(b) 위의 $F(x)=D(x)+C(x)$를 이용하면, $E(X)=0\times\frac{1}{2}+1\times\frac{1}{4}+\int_0^1 x\left(\frac{1}{4}\right)dx$ $=\frac{3}{8}$, $E(X^2)=0^2\times\frac{1}{2}+1^2\times\frac{1}{4}+\int_0^1 x^2\left(\frac{1}{4}\right)dx=\frac{1}{3}$, $Var(X)=\frac{1}{3}-\left(\frac{3}{8}\right)^2=\frac{37}{192}$ 이다. ■

1.5 연습문제

1 $Y \sim G(y) = \begin{cases} 0, & y < 0 \\ y^2, & 0 \le y < \dfrac{1}{2} \\ 1, & y \ge \dfrac{1}{2} \end{cases}$ 일 때, 다음을 구하여라.

(a) $P\left(\dfrac{1}{4} \le Y \le \dfrac{3}{8}\right)$, $P\left(Y \ge \dfrac{1}{4}\right)$

(b) $E(Y)$, $E(Y^2)$

2 X의 분포함수가

$$F(x) = \begin{cases} 0, & x < 0 \\ x^2 + \dfrac{1}{10}, & 0 \le x < \dfrac{1}{2} \\ x, & \dfrac{1}{2} \le x < 1 \\ 1, & x \ge 1 \end{cases}$$

일 때, $F(x) = wF_d(x) + (1-w)F_c(x)$로 나타내고 X의 기댓값을 구하여라.

3 Y의 분포함수가 다음과 같이 주어질 때, $E(Y)$를 구하여라.

$$G(y) = \begin{cases} 0, & y < 0 \\ y^2 + \dfrac{2}{9}, & 0 \le y < \dfrac{1}{3} \\ \dfrac{1}{3}y + \dfrac{2}{3}, & \dfrac{1}{3} \le y < 1 \\ 1, & y \ge 1 \end{cases}$$

4 X의 분포함수가 다음과 같이 주어질 때, 물음에 답하여라.

$$F(x) = \begin{cases} 0, & x < 0 \\ \dfrac{1}{4} + \dfrac{1}{2}(1 - e^{-x}), & 0 \le x < 1 \\ \dfrac{1}{2} + \dfrac{1}{2}(1 - e^{-x}), & x \ge 1 \end{cases}$$

(a) $P(X > 0.5)$를 구하여라.

(b) $F(x)$를 $wF_d(x)+(1-w)F_c(x)$로 나타내고, $E(X)$와 $Var(X)$를 구하여라.

(c) [정리 2]를 이용하여 $E(X)$와 $Var(X)$를 구하여라.

1장 연습문제

1. 임의의 확률변수 X에 대해, 다음 사실이 성립함을 보여라. (단, X를 연속형으로 가정할 것.)

(a) $E(X-a)^2$을 최소로 하는 상수 a는 $a=E(X)$이다.

(b) $E(|X-a|)$를 최소로 하는 상수 a는 $a=\text{med}(X)$이다.

2. X의 누적분포함수가

$$F(x)=\begin{cases} 0, & x<0 \\ \dfrac{x}{8}, & 0\le x<2 \\ \dfrac{x^2}{16}, & 2\le x<4 \\ 1, & x\ge 4 \end{cases}$$

일 때, 물음에 답하여라.

(a) $E(X)$와 $Var(X)$를 구하여라.

(b) $P(1\le X<3)$을 구하여라.

3. 확률변수 X의 $m.g.f.$를 $M_X(t)$라고 할 때, $Y=aX+b$의 $m.g.f.$가

$$M_Y(t)=e^{bt}M_X(at)$$

임을 보여라.

4. 다음 분포에 대해 왜도와 첨도를 구하여라.

(a) $f(x)=\begin{cases}\dfrac{3}{4}(1-x^2), & -1<x<1\\ 0, & otherwise\end{cases}$

(b) $M(t)=\exp\left(\dfrac{t^2}{2}\right)$인 분포

[참고] (b)는 표준정규분포의 적률생성함수임(3.2절 참고).

5. $K(t)=\ln M(t)$라고 할 때, $K'(0)=\mu$, $K''(0)=\sigma^2$이 성립함을 보여라.

[참고] $K(t)$는 누율생성함수(cumulant generating function, $c.g.f.$)로 알려져 있다.

6. [정리 2]를 증명하여라. 또한, $\int_0^\infty xF(-x)\,dx=-\int_{-\infty}^0 xF(x)\,dx$임을 보여라.

[참고] (누율과 중심적률의 관계)

X의 k-차의 적률과 중심적률을 각각

$$\mu_r' = E(X^r),\ \mu_r = E(X-\mu)^r$$

이라 할 때(여기서, $\mu = \mu_1'$임), 두 전개식

$$M_X(t) = 1 + \sum \mu_r' t^r / r!,$$

$$M_{X-\mu}(t) = e^{-\mu t} M_X(t) = 1 + \sum \mu_r t^r / r!$$

이 성립한다. X의 r-차 누율 κ_r은 $K_X(t) = \ln M_X(t)$의 Taylor 전개식에서 $t^r/r!$의 계수로 정의되며, $K_{X-\mu}(t) = -\mu t + K_X(t)$이므로

$$\begin{aligned} K_X(t) &= \sum \kappa_r t^r / r! = \ln(1 + \sum \mu_r' t^r / r!) = t\mu + \ln(1 + \sum \mu_r t^r / r!) \\ &= t\mu + (\sum \mu^r t^r / r!) - \frac{1}{2}(\sum \mu^r t^r / r!)^2 + \cdots \quad (\because)\ \ln(1+x) = x + \frac{x^2}{2!} - \frac{x^3}{3!} + \cdots \end{aligned}$$

이다. 위 식에서 계수 비교를 통해 다음의 관계를 확인할 수 있다.

$$\kappa_1 = \mu (= \mu_1'),\ \ \kappa_2 = \mu_2 = \sigma^2,\ \ \kappa_3 = \mu_3,\ \ \kappa_4 = \mu_4 - 3\mu_2^2,\ \cdots.$$

위의 관계식을 역으로 표현하면 다음과 같다.

$$\mu (= \mu_1') = \kappa_1,\ \mu_2 = \kappa_2,\ \mu_3 = \kappa_3,\ \mu_4 = \kappa_4 + 3\kappa_2^2,\ \cdots.$$

|Remark| 2차와 3차 누율은 동차의 중심적률과 같음을 알 수 있다.

로또복권의 기댓값은?

우리나라의 로또복권은 1~45의 숫자 가운데 6개를 선택하여 추첨결과(보너스 번호를 포함하여 총 7개 숫자)와 일치하는 수에 따라 등수와 이에 따른 당첨금이 결정되는 방식으로, 숫자의 순서와는 상관없다. 로또복권 1장(6개 숫자 1줄)의 가격은 1000원이다. 아래 표를 기준으로 당첨여부를 판정한다. 총당첨금은 전체 구매액의 50%로 정하며, 따라서 구매자의 수에 따라 달라진다.

등위	일치개수	보너스	1인당 당첨금	확률
1등	6개	–	$S\times 0.75/N_1$	1/8,145,060
2등	5개	일치	$S\times 0.125/N_2$	1/1,357,510
3등	5개	불일치	$S\times 0.125/N_3$	1/35,724
4등	4개	–	50,000원	1/733
5등	3개	–	5,000원	1/45

▷ $S=$ 총당첨금(4등 및 5등 당첨금액 합계 제외), N_i: i등 당첨자 수($i=1,2,3$)

확률변수를 '$X=$ 1인당 당첨금'으로 정의할 때, X의 기댓값은 위의 표로부터

$$E(X) = \sum_{\text{각 행}} (4\text{열}) \times (5\text{열})$$

으로 계산된다. 이 값은 총당첨금(S)(총구매액의 50%)과 각 등위의 당첨자수($N_i,\ i=1,2,3$)를 알아야 하므로, 복권 판매가 종료되어야만 구해질 수 있다.

복권 판매 개시 전의 기댓값은 판매 후의 기댓값과는 다르게 계산된다. 814만여 개의 모든 가능한 복권 번호가 '한 장씩만 팔렸다.'고 하자(선택될 확률이 동일하다고 가정하자). 이때 총당첨금(S)은 $8,145,060\times 500$(원)이고, 각 등위에 해당하는 수는

전체	8,145,060개
1등	1개
2등	6개
3등	${}_6C_5\times 38=228$개
4등	${}_6C_4\times 39\times 38/2! =11,115$개
5등	${}_6C_3\times 39\times 38\times 37/3=182,780$개

이므로, $E(X)=500$이 됨을 쉽게 확인할 수 있다.

407억 원 상금 당첨 복권

참고로, 로또의 1등 당첨확률은 약 (1/814만)로 다음과 같이

$$\frac{6}{45}\times\frac{5}{44}\times\frac{4}{43}\times\frac{3}{42}\times\frac{2}{41}\times\frac{1}{40} = \frac{1}{8,145,060}$$

으로 계산된 결과이며, 이 확률은 주택복권의 1등 당첨 확률인 (1/360만), 벼락을 맞을 확률인 (1/50만)보다 훨씬 적다.

제2장

이산형 확률분포

2.1 균일분포

2.2 이항분포

2.3 초기하분포

2.4 기하분포

2.5 음이항분포

2.6 포아송분포

Jacob Bernoulli (1654-1705)

명문 베르누이家의 수학자.
베르누이분포, 베르누이 정리.
적분(integral, 1690) 용어의 최초 사용자.

2장 이산형 확률분포

2.1 균일분포

확률변수 X가 n개의 이산값 $\{x_1, x_2, \cdots, x_n\}$을 가지며 각 x_i를 취할 확률이 동일한 경우, X의 $p.d.f.$는

$$f(x) = \begin{cases} \dfrac{1}{n}, & x = x_1, x_2, \cdots, x_n \\ 0, & otherwise \end{cases}$$

으로 주어진다. 이 분포를 이산형 균일분포(uniform distribution of discrete type)라고 하고, 기호로는 $X \sim Uniform\{x_1, x_2, \cdots, x_n\}$ 또는 $U\{x_1, x_2, \cdots, x_n\}$으로 나타낸다.

X가 이산형 균일분포의 대표적인 형태인 $Uniform\{1, 2, \cdots, m\}$을 따를 때

$$E(X) = \sum_x xf(x) = \sum_x x\frac{1}{m} = \frac{1}{m}\frac{m(m+1)}{2} = \frac{m+1}{2}$$

$$\begin{aligned} Var(X) = E(X^2) - E(X)^2 &= \sum_x x^2\frac{1}{m} - \left(\sum_x x\frac{1}{m}\right)^2 \\ &= \frac{1}{m}\frac{m(m+1)(2m+1)}{6} - \left(\frac{m+1}{2}\right)^2 \\ &= \frac{m^2-1}{12} \end{aligned}$$

이며, X의 $m.g.f.$는

$$M(t) = E\,e^{tX} = \sum_x e^{tx} f(x)$$

$$= \frac{1}{m}e^t + \frac{1}{m}e^{2t} + \cdots + \frac{1}{m}e^{mt}$$

이다.

예제 1 주사위를 1회 던지는 확률실험에서 확률변수를

$$X = \text{눈금의 수}$$

로 정할 때, X의 $p.d.f.$는

$$f(x) = \begin{cases} \frac{1}{6}, & x = 1, 2, 3, 4, 5, 6 \\ 0, & otherwise \end{cases}$$

이 되며, 기호로는 $X \sim Uniform\{1, 2, \cdots, 6\}$으로 표현된다. 또한

$$E(X) = 7/2, \quad Var(X) = 35/12,$$

$$M(t) = \frac{1}{6}e^t + \frac{1}{6}e^{2t} + \cdots + \frac{1}{6}e^{6t}$$

임을 알 수 있다. ■

2.2 이항분포

확률실험의 결과가 성공(Success, S) 아니면 실패(Failure, F) 즉, 두 가지 결과로만 나타나는 실험을 베르누이 시행(Bernoulli trial)이라고 한다. 이때 성공할 확률을 p, 실패할 확률을 $q = 1 - p$라고 하자. 확률변수 X를

$$X = \text{1회의 베르누이 시행에서 성공의 수}$$

라고 할 때, X의 $p.d.f.$는

$$f(x)=\begin{cases} p, & x=1 \\ 1-p, & x=0 \\ 0, & otherwise \end{cases}$$

이며, 이 분포를 베르누이분포(Bernoulli distribution)라고 하고, 기호로는 $X\sim Bernoulli(p)$ 또는 $B(1,\,p)$로 나타낸다.

이제, 성공할 확률이 p인 베르누이 시행을 독립적으로 n번 시행하는 경우를 생각하자. 확률변수 X를

$$X = n\text{회의 독립적인 베르누이 시행에서 성공의 수}$$

라고 할 때, X의 $p.d.f.$는

$$\begin{aligned} f(x) &= P(X=x) \\ &= P(\underbrace{SS\cdots S}_{x\text{번}}\underbrace{FF\cdots F}_{(n-x)\text{번}})\times\frac{n!}{x!(n-x)!} \\ &= \binom{n}{x}[P(S)]^{x}\,[P(F)]^{n-x} \quad (\text{독립시행이므로}) \\ &= \begin{cases} \binom{n}{x}p^{x}\,(1-p)^{n-x}, & x=0,1,2,\cdots,n \\ 0, & otherwise \end{cases} \end{aligned}$$

으로 주어진다. 이 분포를 이항분포(binomial distribution)라고 하고, 기호로는 $X\sim B(n,\,p)$로 나타낸다. 여기서 $0<p<1$이다.

한편, $X_i\,(i=1,2,\cdots,n)$가 서로 독립이며 동일한 분포를 따르는(independent and identically distributed, $i.i.d.$) 확률변수로써 $Bernoulli(p)$를 따른다고 할 때 다음의 관계가 성립한다. 즉, $X_i\sim i.i.d.\ B(1,\,p)$일 때

$$\sum_{i}^{n}X_i\overset{d}{=}X,\quad X\sim B(n,\,p)$$

이다.

[표기] 이 책에서 기호 $\overset{d}{=}$ 은 두 확률변수의 분포가 동일함을 의미한다.

예제 2 과녁의 10점을 맞힐 확률이 0.8인 궁사가 18번의 시행에서 10번 이상 10점을 맞힐 확률은 얼마인가?

풀이 각 시행을 성공확률이 $p = 0.8$인 베르누이 시행으로 볼 수 있으며, 독립시행으로 간주할 때,

$$X = 18\text{번 시행에서 성공(10점)의 수}$$

라고 하면, $X \sim B(18,\ 0.8)$이며

$$P(X \geq 10) = \sum_{x=10}^{18} \binom{n}{x} \left(\frac{8}{10}\right)^x \left(\frac{2}{10}\right)^{18-x}$$

이 된다. ■

$X \sim B(n,\ p)$일 때

$$E(X) = np$$

$$Var(X) = npq, \quad q = 1 - p$$

이며, X의 $m.g.f.$는

$$M_X(t) = Ee^{tX} = \sum_{x=0}^{n} e^{tx} \binom{n}{x} p^x (1-p)^{n-x}$$

$$= \sum_{x=0}^{n} \binom{n}{x} (pe^t)^x (1-p)^{n-x}$$

$$= (pe^t + q)^n$$

으로 주어진다. $n = 1$인 경우, 즉 $M(t) = pe^t + q$는 $Bernoulli(p)$의 $m.g.f.$가 된다. ■

[참고] 이항분포의 확장된 형태인 삼항분포(trinomial distribution)와 다항분포(multinomial distribution)에 대해서는 4장에서 다루기로 한다.

2.3 초기하분포

속성A(예를 들어, 불량품)가 D개 포함된 N개의 유한모집단(finite population)으로부터 n개를 단순임의비복원추출(simple random sample without replacement, SRSWOR)하는 실험에서 확률변수 X를

$$X = \text{속성}A(\text{불량품})\text{의 수}$$

로 정의할 때, X의 $p.d.f.$는

$$\begin{aligned} f(x) &= P(X=x) \\ &= \begin{cases} \dfrac{\dbinom{D}{x}\dbinom{N-D}{n-x}}{\dbinom{N}{n}}, & x=0,1,\cdots,\min(n,D),\ 0 \le n-x \le N-D \\ 0, & otherwise \end{cases} \end{aligned}$$

이 되며, 이 분포를 초기하분포(hypergeometric distribution)라고 하고, 기호로는 $X \sim Hyper(N, n, D)$로 나타낸다.

예제 3 불량품이 30개 포함된 1000개의 제품으로부터 50개를 임의로 추출하여 조사할 때, 불량품이 3개 이상 나올 확률은 얼마인가?

풀이 유한모집단($n=1000$)으로부터 단순임의비복원추출로 생각할 수 있으므로

$$X = \text{불량품의 수}$$

라고 할 때, $X \sim Hyper(1000, 50, 30)$이며

$$P(X \ge 3) = 1 - \sum_{x=0}^{2} \frac{\dbinom{30}{x}\dbinom{970}{50-x}}{\dbinom{1000}{50}}$$

이다. ■

보조정리 1 Vandermonde 항등식

$$\sum_{r=0}^{k}\binom{m}{r}\binom{n}{k-r}=\binom{m+n}{k}$$

증명 관계식

$$(1+y)^{m+n}=(1+y)^{m}(1+y)^{n}$$

에서 y^k의 계수비교를 통해 쉽게 증명된다. 즉, 좌변의 이항전개식

$$\sum_{s=0}^{m+n}\binom{m+n}{s}y^s$$

에서 y^k의 계수는

$$\binom{m+n}{k}$$

이고, 우변의 이항전개식

$$\left[\sum_{p=0}^{m}\binom{m}{p}y^p\right]\left[\sum_{q=0}^{n}\binom{n}{q}y^q\right]$$

에서 y^k의 계수는

$$\sum_{r=0}^{k}\binom{m}{r}\binom{n}{k-r}$$

이다.

정리 1 $X \sim Hyper(N, n, D)$일 때

$$E(X)=np, \quad Var(X)=\frac{N-n}{N-1}np(1-p)$$

이다. 위 식에서 $p=D/N$이다.

증명 먼저

$$
\begin{aligned}
E(X) &= \sum_{x=0}^{n} x \frac{\binom{D}{x}\binom{N-D}{n-x}}{\binom{N}{n}} \\
&= \sum_{x=1}^{n} \frac{D!}{(x-1)!(D-x)!} \cdot \frac{\binom{N-D}{n-x}}{\binom{N}{n}} \\
&= \frac{D}{\binom{N}{n}} \sum_{x=1}^{n} \binom{D-1}{x-1}\binom{N-D}{n-x} \\
&= \frac{D}{\binom{N}{n}} \sum_{y=0}^{m} \binom{D-1}{y}\binom{N-D}{m-y}, \quad y = x-1,\ m = n-1 \\
&= \frac{D}{\binom{N}{n}} \binom{N-1}{m} \quad (\text{[보조정리 1]}) \\
&= n\frac{D}{N}
\end{aligned}
$$

이다. 동일한 방법으로

$$
E[X(X-1)] = \frac{D(D-1)n(n-1)}{N(N-1)}
$$

임을 보일 수 있다(연습문제 3번). 따라서

$$
\begin{aligned}
Var(X) &= E[X(X-1)] + E(X) - E(X)^2 \\
&= \frac{N-n}{N-1} n \frac{D}{N}\left(1 - \frac{D}{N}\right)
\end{aligned}
$$

이다.

[참고] 초기하분포의 $m.g.f.$는 존재하지만 유용하지 않다.

|Remarks|

1. [보조정리 1]을 이용하면 $\sum\{p.d.f.\ of\ Hyper(N,n,D)\}=1$임을 쉽게 보일 수 있다.

2. 위의 성질($p.d.f.$의 합$=1$)을 이용하면, [보조정리 1]을 사용하지 않고 $E(X)$와 $Var(X)$를 보다 편리하게 구할 수 있다. 즉,

(i)

$$\begin{aligned}
E(X) &= \sum_{x=0}^{n} x\frac{\binom{D}{x}\binom{N-D}{n-x}}{\binom{N}{n}} = \sum_{x=1}^{n}\frac{D!}{(x-1)!(D-x)!}\cdot\frac{\binom{N-D}{n-x}}{\binom{N}{n}} \\
&= D\sum_{x=1}^{n}\frac{(D-1)!}{(x-1)!(D-x)!}\cdot\frac{\binom{N-D}{n-x}}{\binom{N}{n}} = \frac{nD}{N}\cdot\sum_{y=0}^{n-1}\frac{\binom{D-1}{y}\binom{N-D}{n-y-1}}{\binom{N-1}{n-1}} \\
&= \frac{nD}{N}\cdot\sum_{y=0}^{n-1}\{p.d.f.\ of\ Hyper(N-1,n-1,D-1)\} = \frac{nD}{N}.
\end{aligned}$$

(ii)

$$\begin{aligned}
E[X(X-1)] &= \sum_{x=0}^{n} x(x-1)\frac{\binom{D}{x}\binom{N-D}{n-x}}{\binom{N}{n}} = \sum_{x=2}^{n}\frac{D!}{(x-2)!(D-x)!}\cdot\frac{\binom{N-D}{n-x}}{\binom{N}{n}} \\
&= D(D-1)\cdot\sum_{x=2}^{n}\frac{(D-2)!}{(x-2)!(D-x)!}\cdot\frac{\binom{N-D}{n-x}}{\binom{N}{n}} \\
&= \frac{n(n-1)D(D-1)}{N(N-1)}\cdot\sum_{y=0}^{n-2}\frac{\binom{D-2}{y}\binom{N-D}{n-y-2}}{\binom{N-2}{n-2}} \\
&= \frac{n(n-1)D(D-1)}{N(N-1)}\cdot\sum_{y=0}^{n-2}\{p.d.f.\ of\ Hyper(N-2,n-2,D-2)\} \\
&= \frac{n(n-1)D(D-1)}{N(N-1)}.
\end{aligned}$$

[정리 1]에서 초기하분포의 분산항에 포함된 $\frac{N-n}{N-1}$은 모집단이 유한(finite)하기 때문에 생기는 요인으로 '유한모집단 수정계수'라고 한다. 모집단(N)이 표본(n)에 비해 충분히 큰 경우($N \gg n$)에는 $\frac{N-n}{N-1} \approx 1$이 되어, 분산이 이항분포와 동일한 형태가 된다. 즉, $N \gg n$인 경우에는 n개의 비복원추출의 과정이 성공할 확률이 일정한 값 $p = D/N$인 베르누이 시행을 독립적으로 실시하는 것과 동일하게 취급될 수 있기 때문으로 해석할 수 있다. 즉, 모집단의 크기가 충분히 큰 경우에는 비복원

추출에 기인한, 속성 A가 뽑힐 확률이 매번 달라지는 효과가 사라지게 되는 것이다.

실제로, 모집단의 크기가 충분히 큰 경우에는($N \gg n$)

$$
\begin{aligned}
f(x) &= \frac{\binom{D}{x}\binom{N-D}{n-x}}{\binom{N}{n}} \\
&= \frac{D!}{x!(D-x)!}\frac{(N-D)!}{(n-x)!(N-D-n+x)!} \times \frac{n!(N-n)!}{N!} \\
&= \binom{n}{x}\frac{D(D-1)\cdots(D-x+1)}{N(N-1)\cdots(N-x+1)} \times \frac{(N-D)\cdots(N-D-n+x+1)}{(N-x)\cdots(N-n+1)} \\
&\approx \binom{n}{x}\left(\frac{D}{N}\right)^x\left(1-\frac{D}{N}\right)^{n-x}
\end{aligned}
$$

이 되어

$$
p.d.f.\ \text{of } Hyper(N, n, D) \xrightarrow{N \gg n} p.d.f.\ \text{of } B(n, p), \quad p = \frac{D}{N}
$$

임을 알 수 있다. 이를 초기하분포의 이항근사라고 한다.

예제 4 [예제 3]에서 $N \gg n$이므로 $Hyper(1000, 50, 30) \approx B(50, \frac{30}{1000})$을 이용하여

$$
P(X \ge 3) \approx 1 - \sum_{x=0}^{2}\binom{50}{x}\left(\frac{3}{100}\right)^x\left(\frac{97}{100}\right)^{50-x}
$$

으로 근사될 수 있다. ■

보조정리 2* D개의 불량품과 $N-D$개의 양호품이 들어있는 상자에서 n개를 비복원으로 임의추출하는 초기하분포의 확률실험에서

$$X_i = \begin{cases} 1, & i-\text{번째 추출 결과가 불량품} \\ 0, & \text{그 외} \end{cases}$$

으로 정의할 때, 다음 사실이 성립한다.

(a) $P(X_i = 1) = \dfrac{D}{N}, \quad i = 1, 2, \cdots, n.$

(b) $P(X_i = 1, X_j = 1) = \dfrac{D(D-1)}{N(N-1)}, \quad i \neq j.$

풀이

(a) $P(X_1 = 1) = \dfrac{D}{N},$

$$\begin{aligned} P(X_2 = 1) &= P(X_1 = 1, X_2 = 1) + P(X_1 = 0, X_2 = 1) \\ &= P(X_1 = 1)P(X_2 = 1 | X_1 = 1) + P(X_1 = 0)P(X_2 = 1 | X_! = 0) \\ &= \left(\frac{D}{N}\right)\left(\frac{D-1}{N-1}\right) + \left(\frac{N-D}{N}\right)\left(\frac{D}{N-1}\right) = \frac{D(N-1)}{N(N-1)} = \frac{D}{N}, \end{aligned}$$

......

같은 방법을 적용하여, (a)가 성립함을 보일 수 있다.

(b) (a)와 유사한 방법으로 보일 수 있다.

|Remarks|

1. [보조정리 2]에서 주목할 점은 두 결과가 모두 실험의 순서(i, j)와는 무관하다는 사실이다.

2. [보조정리 2]는 다변량 초기하분포(4.8절)에서 유용하다.

2.4 기하분포

성공할 확률이 p인 베르누이 시행을 독립적으로 반복해 나가는 실험에서(시행횟수는 정해져 있지 않음)

$$X = \text{첫 번째 성공이 일어날 때까지의 총 시행횟수}$$

로 정의할 때, X의 $p.d.f.$는

$$f(x) = P(X = x) = P(\underbrace{FF \cdots F}_{x-1}S)$$

$$= \begin{cases} (1-p)^{x-1}p, & x = 1, 2, \cdots \\ 0, & otherwise \end{cases}$$

이 되며, 이 분포를 기하분포(geometric distribution) 또는 파스칼분포(Pascal distribution)라고 하고, 기호로는 $X \sim Geometric(p)$ 또는 $G(p)$로 나타낸다. 여기서 $0 < p < 1$이다.

[그림 1]은 p값에 따른 기하분포의 확률밀도함수를 나타낸다.

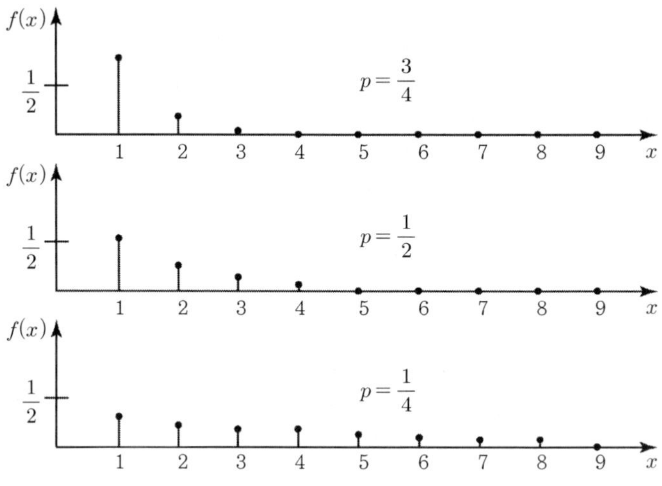

[그림 1] $G(p)$의 확률밀도함수

$X \sim G(p)$일 때, X의 $m.g.f.$는

$$
\begin{aligned}
M_X(t) = E\,e^{tX} &= \sum_{x=1}^{\infty} e^{tx}(1-p)^{x-1}p \\
&= \frac{p}{1-p}\sum_{x=1}^{\infty}(qe^t)^x = \frac{p}{1-p}\,\frac{qe^t}{1-qe^t} \\
&= \frac{pe^t}{1-qe^t}, \quad 1-qe^t > 0
\end{aligned}
$$

이 되며, 이로부터

$$E(X) = M'(0), \ \ Var(X) = M''(0) - M'(0)^2$$

을 이용하여

$$E(X) = \frac{1}{p}, \quad Var(X) = \frac{q}{p^2}$$

임을 보일 수 있다.

$X \sim G(p)$일 때, X의 $c.d.f.$는

$$
\begin{aligned}
P(X > x) &= \sum_{k=x+1}^{\infty}(1-p)^{k-1}p = \frac{p}{1-p}\,\frac{(1-p)^{x+1}}{1-(1-p)} \\
&= (1-p)^x = q^x
\end{aligned}
$$

로부터

$$F(x) = 1 - P(X > x) = 1 - q^x$$

이 됨을 알 수 있다.

예제 5 $X \sim G(p)$일 때, 다음의 관계

$$P(X > i+j \mid X > i) = P(X > j)$$

가 성립함을 보여라.

풀이 $P(X>i+j \mid X>i)=\dfrac{P(X>i+j)}{P(X>i)}=\dfrac{q^{i+j}}{q^i}=q^j=P(X>j)$ ■

[참고] 3.3절의 지수분포의 경우에도 이와 유사한 성질이 성립된다.

2.5 음이항분포

기하분포와 마찬가지로 성공할 확률이 p인 베르누이 시행을 독립적으로 반복해 나가는 실험에서

$$X = r\text{번째 성공이 일어날 때까지의 총 시행횟수}$$

로 정의되는 분포이다. X의 $p.d.f.$는

$$\begin{aligned} f(x) &= P(X=x) \\ &= P(\{(x-r)\text{개의 } F,\ (r-1)\text{개의} S\}\text{후 } r\text{번째 } S) \\ &= (1-p)^{x-r}p^{r-1}p\times\frac{(x-1)!}{(r-1)!(x-r)!} \quad (\text{사건이 독립적이므로}) \\ &= \begin{cases} \dbinom{x-1}{r-1}(1-p)^{x-r}p^r, & x=r, r+1, \cdots \\ 0, & otherwise \end{cases} \end{aligned}$$

이며, 이 분포를 음이항분포(negative binomial distribution)라고 하고, 기호로는 $X\sim NB(r, p)$로 나타낸다. 물론 $r=1$인 $NB(1, p)$는 $G(p)$분포와 동일하다. 여기서 $0<p<1$이다.

$X\sim NB(r, p)$일 때, X의 $m.g.f.$는 기하분포와의 관계 즉,

$$X \overset{d}{=} \sum_{i=1}^{r} X_i, \quad X_i \sim i.i.d.\ G(p)$$

을 이용하여

$$\begin{aligned} M_X(t) &= Ee^{t\sum_{i=1}^{r} X_i} = E\prod_{i=1}^{r} e^{tX_i} \\ &= \prod_{i=1}^{r} E\,e^{tX_i} \quad (X_i : independent) \\ &= (E\,e^{tX_1})^r \quad (X_i : identically\ distributed) \\ &= \left[M_{X_1}(t)\right]^r = \left(\frac{pe^t}{1-qe^t}\right)^r, \quad 1-qe^t > 0 \end{aligned}$$

임을 알 수 있다. 이로부터

$$E(X) = M'(0) = \frac{r}{p}$$

$$Var(X) = M''(0) - M'(0)^2 = \frac{rq}{p^2}$$

임을 쉽게 보일 수 있다.

음이항분포의 밀도함수가 $\sum_x f(x) = 1$의 조건을 만족하는지를 보이는 과정은 다음과 같다. 즉,

$$\begin{aligned}
\sum_x f(x) &= \sum_{x=r}^{\infty}\binom{x-1}{r-1}(1-p)^{x-r}p^r \\
&= \sum_{x=r}^{\infty}\binom{x-1}{x-r}(1-p)^{x-r}p^r \\
&= \sum_{y=0}^{\infty}\binom{y+r-1}{y}(1-p)^y p^r, \quad y=x-r \\
&= \sum_{y=0}^{\infty}\frac{(y+r-1)(y+r-2)\cdots r}{y!}(1-p)^y p^r \\
&= \sum_{y=0}^{\infty}\frac{(-r)(-r-1)\cdots(-y-r+1)}{y!}(-1)^y(1-p)^y p^r \\
&= p^r\sum_{y=0}^{\infty}\binom{-r}{y}(-q)^y \\
&= p^r(1-q)^{-r} = p^r p^{-r} = 1
\end{aligned}$$

임을 알 수 있다.

[주의] 책에 따라 기하분포와 음이항분포는 다소 다르게 정의되기도 하므로 유의하기 바란다(연습문제 5번 참고).

2.6 포아송분포

아래의 포아송 가정 (a)~(c)를 만족하는 실험에서 크기 1인 단위시간(또는 단위공간) 내에 평균적으로 발생하는 사건의 수를 λ라고 하자. 이때, 확률변수를

$$X = \text{단위시간 내에 발생하는 사건의 수}$$

로 정의할 때, X의 $p.d.f.$는

$$f(x) = P(X = x) = \begin{cases} \dfrac{e^{-\lambda}\lambda^{x}}{x!}, & x = 0, 1, 2, \cdots \\ 0, & otherwise \end{cases}$$

이 되며, 이 분포를 포아송분포(Poisson distribution)라고 하고, 기호로는 $X \sim Poisson(\lambda)$로 나타낸다. 여기서 $\lambda > 0$이다.

포아송 가정(poisson postulates)은 다음과 같다.

(a) 독립성: 서로 다른 구간(non-overlapping intervals)에서 발생하는 사건의 수는 서로 독립이다.

(b) 비례성: 충분히 짧은 구간에서 사건이 발생할 확률은 구간의 길이에 비례한다.

(c) 비집락성: 충분히 짧은 구간에서 2회 이상의 사건이 발생할 확률은 거의 없다.

평균적으로 λ번 사건이 발생하는 시간(예를 들어, 하루 또는 일주일)을 크기 1인 단위시간으로 생각하자. 이때 단위시간을 충분히 큰 n개의 구간으로 나누어 각 소구간 내에는 기껏해야 한 개의 사건만이 포함되도록 하면

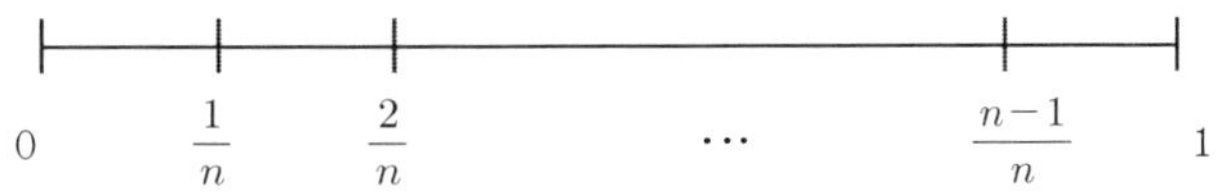

n개의 소구간 가운데 λ개 소구간만 한 개의 사건을 포함하게 되고, 각 소구간에서 사건이 발생할 확률은 모두 $\dfrac{\lambda}{n}$로 일정하므로, 단위구간(n개의 소구간)에서 x번의 사건이 발생할 확률은, 이항분포로부터

$$P(X=x)=\frac{n!}{x!(n-x)!}\left(\frac{\lambda}{n}\right)^{x}\left(1-\frac{\lambda}{n}\right)^{n-x}$$
$$=\frac{n(n-1)\cdots(n-x+1)}{n^{x}}\frac{\lambda^{x}}{x!}\left(1-\frac{\lambda}{n}\right)^{n}\left(1-\frac{\lambda}{n}\right)^{-x}$$
$$=1\left(1-\frac{1}{n}\right)\cdots\left(1-\frac{x-1}{n}\right)\frac{\lambda^{x}}{x!}\left(1-\frac{\lambda}{n}\right)^{n}\left(1-\frac{\lambda}{n}\right)^{-x}$$

이 되고

$$\lim_{n\to\infty}\left(1-\frac{\lambda}{n}\right)^{n}=\lim_{n\to\infty}\left[\left(1-\frac{\lambda}{n}\right)^{-\frac{n}{\lambda}}\right]^{-\lambda}=e^{-\lambda}$$

이므로, $P(X=x)$는

$$\frac{e^{-\lambda}\lambda^{x}}{x!}$$

으로 근사됨을 알 수 있다.

$X\sim Poisson(\lambda)$일 때, X의 $m.g.f.$는

$$M_X(t)=\sum_{x=0}^{\infty}e^{tx}\frac{e^{-\lambda}\lambda^{x}}{x!}=e^{-\lambda}\sum_{x=0}^{\infty}\frac{(\lambda e^{t})^{x}}{x!}$$
$$=e^{-\lambda}e^{\lambda e^{t}}=\exp\left[\lambda(e^{t}-1)\right]$$

으로 주어지며, 이로부터 $E(X)$와 $Var(X)$를 구하면

$$E(X)=M'(0)=\lambda,\quad Var(X)=M''(0)-M'(0)^{2}=\lambda$$

이 됨을 알 수 있다.

[참고] 이항분포는 평균(np)이 분산(npq)보다 큰 값을 가지는 반면, 포아송분포는 평균(λ)과 분산(λ)이 동일한 값을 가지며, 따라서 평균이 커짐에 따라 분산도 함께 커지는 특징을 가진다.

이제 단위시간(크기 1)의 t배 크기의 구간에서 발생하는 사건의 수(X)의 분포는 이 구간에서 평균적으로 발생하는 사건의 수가 λt이므로 $Poisson(\lambda t)$를 따르게 된다. 즉,

$$X \sim f(x) = \begin{cases} \dfrac{e^{-\lambda t}(\lambda t)^x}{x!}, & x = 0, 1, 2, \cdots \\ 0, & otherwise \end{cases}$$

이다.

예제 6 30분마다 평균 2통의 전화가 걸려오는 사람에게 5시간 동안 한 통의 전화도 오지 않을 확률은

$$X = 5\text{시간 동안 걸려온 전화의 수}$$

라고 할 때, $X = Poisson(\lambda t) = Poisson(20)$이므로

$$P(X = 0) = \frac{e^{-20}\,20^0}{0!} = e^{-20}$$

이 된다. ■

앞에서 다룬 포아송분포의 유도과정을 통해 포아송분포는 이항분포의 근사분포로 유도되는 분포임을 알 수 있다. 즉, 충분히 큰 $n(n \to \infty)$과 충분히 작은 $p(=p_n)$를 가지는 이항분포에서 $np \xrightarrow{n \to \infty} \lambda(>0)$일 때,

$$p.d.f.\ \text{of}\ B(n,\,p) \xrightarrow{n\to\infty} p.d.f.\ \text{of}\ Poisson(\lambda), \quad \lambda \equiv np$$

이 성립함을 알 수 있다. 이를 이항분포의 포아송근사라고 한다.

예제 7 앞의 [예제 4]에서 $B(50,\,\frac{3}{100}) \approx Poisson(\frac{3}{2})$이므로

$$\begin{aligned} P(X \geq 3) &\approx 1 - \sum_{x=0}^{2} \frac{e^{-3/2}\left(\frac{3}{2}\right)^x}{x!} \\ &= 1 - e^{-3/2}\left[1 + \left(\frac{3}{2}\right)^1 + \frac{1}{2!}\left(\frac{3}{2}\right)^2\right] \end{aligned}$$

으로 간단히 근사될 수 있다. ∎

비음(non-negative)의 정수값에서 확률이 정의되는 포아송분포는 많은 확률현상에 대한 현실적인 모형으로 사용되는 분포이다. 이 분포는 다음과 같이 유용한 새로운 분포로 변형될 수 있다.

첫째, 포아송분포가 모형으로 적절하나 0의 값을 취하지 않는 경우라면 다음의 분포

$$\begin{aligned} f_X(x) &= \frac{e^{-\lambda}\lambda^x}{x!} / [1 - f(0)] \\ &= \begin{cases} e^{-\lambda}\lambda^x / x!(1 - e^{-\lambda}), & x = 1, 2, \cdots \\ 0, & otherwise \end{cases} \end{aligned}$$

를 생각할 수 있다. 이 분포를 0이 절단된(truncated) 포아송분포라고 한다.

둘째, 0과 1은 정상적으로 관측되나, 2 이상의 값은 모두 2의 값으로 대체된 경우의 자료에 대해서는 다음의 분포

x	0	1	2	합
$f(x)$	$f(0)=e^{-\lambda}$	$f(1)=\lambda e^{-\lambda}$	$1-f(0)-f(1)$ $=1-e^{-\lambda}-\lambda e^{-\lambda}$	1

가 모형으로 적절할 것이다. 이 분포를 중도절단된(censored) 포아송분포라고 한다.

이상에서와 같이 기존의 알려진 분포로부터 절단(truncated) 또는 중도절단된(censored) 형태의 새로운 분포가 만들어질 수 있음을 알 수 있다. 이러한 과정은 포아송 외의 다른 분포들에 대해서도 유사하게 적용될 수 있다(3장 연습문제 6번 참고).

2장 연습문제

1. $X \sim M(t) = \frac{4}{10}e^{t} + \frac{3}{10}e^{2t} + \frac{2}{10}e^{3t} + \frac{1}{10}e^{4t}$일 때

(a) X의 $p.d.f.$를 구하여라.

(b) X의 평균과 분산을 구하여라.

2. $B(n,\, p)$의 왜도와 첨도는 각각 다음과 같다. 계산의 편의상 왜도의 결과만 확인해 보아라.

$$\frac{1-2p}{\sqrt{npq}}, \qquad \frac{1-6pq}{npq}$$

[Hint] 적률생성함수를 이용할 것.

3. $X \sim Hyper(N, n, D)$일 때

$$E[X(X-1)] = \frac{D(D-1)n(n-1)}{N(N-1)}$$

임을 보여라.

4. $Poisson(\lambda)$의 왜도와 첨도는 각각 다음과 같다. 계산의 편의상 왜도의 결과만 확인해 보아라.

$$\frac{1}{\sqrt{\lambda}}, \qquad \frac{1}{\lambda}$$

5. 성공할 확률이 p인 베르누이 시행을 독립적으로 반복해 나가는 실험에서, 확률변수 Y를 다음과 같이

$$Y = r\text{번째 성공이 일어날 때까지의 실패의 수}$$

로 정의할 때 2.5절의 유도과정과 동일한 방법을 사용하여 다음을 보여라.

(a) Y의 $p.d.f.$가 다음과 같이 주어짐을 보여라.

$$f(y) = \begin{cases} \binom{y+r-1}{y} p^r (1-p)^y = \binom{-r}{y} p^r (-q)^y, & y = 0, 1, 2, \cdots \\ 0, & otherwise \end{cases}$$

[참고] 위 분포는 이항분포와 유사한 형태(n 대신 $-r$(음수)을 사용)를 가지므로 음이항분포라고 한다.

(b) Y의 $m.g.f.$가 다음과 같이 주어짐을 보여라.

$$M(t) = \left(\frac{p}{1-qe^t}\right)^r, \quad 1-qe^t > 0$$

(c) (b)를 이용하여 $E(Y) = \frac{rq}{p}, \quad Var(Y) = \frac{rq}{p^2}$임을 보여라.

(d) $r = 1$인 경우에 대해 위의 (a)~(c) 과정을 수행한 결과가 다음과 같이 주어짐을 확인하고, 2.4절의 결과와 비교하여라.

$$f(y) = \begin{cases} (1-p)^y p, & y = 0, 1, \cdots \\ 0, & otherwise \end{cases}$$

$$M(t) = \frac{p}{1-qe^t}, \quad 1-qe^t > 0$$

$$E(Y) = \frac{q}{p}, \quad Var(Y) = \frac{q}{p^2}$$

[참고] 책에 따라 위의 결과를 기하분포와 음이항분포의 정의로 사용하기도 한다.

6. 확률변수 X의 확률생성함수(probability generating function, $p.g.f.$)를

$$G(t) = E(t^X)$$

으로 정의할 때, 다음 식이 성립함을 보여라.

$$\begin{aligned} G'(1) &= E(X) \\ G''(1) &= E[X(X-1)] \\ &\cdots \\ G^{(m)}(1) &= E[X(X-1)\cdots(X-m+1)] \ (\equiv \mu_{[m]}) \end{aligned}$$

[참고] 1. 흔히 $\mu_{[m]} = E[X(X-1)\cdots(X-m+1)]$을 m차 계승적률(factorial moment)이라고 한다.

2. $p.g.f.$는 0 이상의 정수값을 가지는(non-negative integer valued) 확률변수에 대해서만 정의된다.

한국시리즈에서 우승을 위해 필요한 게임 수는?

프로야구 한국시리즈에 A, B팀이 진출해 있다. 매 경기 A팀이 B팀을 이길 확률이 $p(0 < p < 1)$로 일정하다고 가정하자. 한국시리즈는 매 경기 무승부를 허용치 않으며, 7전 4선승제로 치러진다고 할 때, 경기가 4~7차전까지 치러질 확률은 각각 얼마인가?

[이항분포 이용] X를 치러지는 총 경기 수로 정의하자. 총 경기 수가 x번일 경우는 처음 $(x-1)$번의 경기에서 A팀이 3번 이기고, 바로 다음 경기에서 A팀이 이기거나, 동일한 방식으로 B팀이 이기는 경우이다. 따라서 이항분포를 이용하여,

$$P(X=x) = \binom{x-1}{3} p^3 (1-p)^{x-4} \cdot p + \binom{x-1}{3} (1-p)^3 p^{x-4} \cdot (1-p), \quad x = 4,5,6,7$$

임을 알 수 있다.

[음이항분포 이용] X를 위와 동일하게 정의할 때, 총 경기 수가 x번일 경우는 처음 $(x-1)$번의 경기에서 A팀의 승리가 3번이고 패배가 $(x-1)-3$번이며 다음 경기(x번째 경기)에서 A가 승리하거나, 동일한 방식으로 B가 승리하는 경우이다. 따라서 음이항분포를 이용하여, 위 식과 동일한 결과를 얻을 수 있다.

참고로, p값의 변화에 따른 결과를 제시하면 다음과 같다.

p	최종 경기				예상
	4차전	5차전	6차전	7차전	
0.50	0.125	0.250	**0.312**	**0.312**	6, 7차전
0.55	0.133	0.255	**0.309**	0.303	6차전
0.60	0.155	0.269	**0.300**	0.276	6차전
0.65	0.194	**0.289**	0.282	0.235	5차전
0.70	0.248	**0.311**	0.256	0.185	5차전
0.80	**0.411**	0.333	0.174	0.082	4차전
0.90	**0.656**	0.263	0.066	0.015	4차전

러시안룰렛 게임에서 먼저 쏘는 사람이 얼마나 불리할까?

[게임 규칙]
6연발 권총에 임의로 한 발 장전. A → B → A → B → ⋯ 순으로 총을 쏨. 매 발사 후 리셋함.

권총이 발사되는 사건을 H(Hit), 되지 않은 사건을 M(Miss)라고 하자.

A가 죽는 경우는 H, MMH, MMMMH, ⋯ 이고, 그 발생 확률은

$$\frac{1}{6},\ \left(\frac{5}{6}\right)^2\left(\frac{1}{6}\right),\ \left(\frac{5}{6}\right)^4\left(\frac{1}{6}\right),\ \cdots$$

이다. 따라서 $P(\text{A가 사망})=\frac{1}{6}\left\{1+\left(\frac{5}{6}\right)^2+\left(\frac{5}{6}\right)^4+\ \cdots\right\}=\frac{6}{11}$이다. 이로부터 $P(\text{B가 사망})=1-\frac{6}{11}=\frac{5}{11}$이다. 즉, 죽을 확률이 $\frac{6}{11}:\frac{5}{11}$으로 먼저 쏘는 사람이 불리하다.

그렇다면, ('오징어게임2'에서처럼) 매 발사 후 리셋을 하지 않고 번갈아 쏘는 경우는 누가 유리할까? 그 답은 두 사람이 죽을 확률이 같다(각자 확인해 볼 것).

또한, 이 게임이 끝나기까지 평균적으로 몇 번의 시도가 필요한가?

시도 횟수의 기댓값을 구하는 문제로, 총시도 횟수(T)의 분포는, 위의 결과로부터 다음과 같이 주어진다.

$$P(T=i)=\left(\frac{5}{6}\right)^{i-1}\left(\frac{1}{6}\right),\quad i=1,2,\cdots$$

이로부터 $E(T)=6$임을 알 수 있다. 즉, 게임이 끝나기까지 기대되는 총시도 횟수는 6번이다.

[연습문제] 다음 게임에서 누가 승자가 될 확률이 높을까? 또한, 승자가 결정되기까지는 총 몇 번의 시도가 기대되는가?

> 3명의 궁수 A, B, C가 차례대로(A → B → C → A → ⋯ 순으로) 과녁을 향해 화살을 쏘는 게임에서, 처음으로 10점을 맞춘 사람이 승자가 된다고 하자. 단, 궁수 A, B, C가 10점을 맞힐 확률은 각각 1/10, 1/9, 1/8이라고 한다.

(답) 각 궁수가 승자가 될 확률이 $\frac{1}{3}$로 모두 같으며, 총시도 횟수의 기댓값은 9(회)이다.

제3장

연속형 확률분포

3.1 균일분포

3.2 정규분포

3.3 지수분포

3.4 감마분포

3.5 카이제곱분포

3.6 기타분포

3.6.1 베타분포

3.6.2 이중지수분포

3.6.3 코쉬분포

3.6.4 로지스틱분포

3.6.5 파레토분포

Pierre S. Laplace (1749–1827)

De Moivre의 극한정리를 일반화. 중심극한정리.

Carl F. Gauss (1777–1885)

정규분포 제안자. Gauss–Markov 정리.

3장 **연속형 확률분포**

3.1 균일분포

확률변수 X를 구간 $[a, b]$ 내에서 임의로 선택된 한 점으로 정의할 때, X의 $c.d.f.$는

$$F(x) = P(X \le x) = \begin{cases} 0, & x < a \\ \dfrac{x-a}{b-a}, & a \le x < b \\ 1, & x \ge b \end{cases}$$

이 되고, 이로부터 X의 $p.d.f.$는

$$f(x) = F'(x) = \begin{cases} \dfrac{1}{b-a}, & a \le x < b \\ 0, & otherwise \end{cases}$$

으로 주어진다. 이 분포를 연속형 균일분포(uniform distribution of continuous type)라고 하고, 기호로는 $X \sim Uniform(a, b)$ 또는 $U(a, b)$로 나타낸다.

$X \sim U(a, b)$일 때

$$E(X) = \frac{a+b}{2}, \quad Var(X) = \frac{(b-a)^2}{12}$$

이고, X의 $m.g.f.$는

$$M_X(t) = \int_a^b e^{tx} \frac{1}{b-a} dx$$

$$= \frac{e^{bt} - e^{at}}{(b-a)t}, \quad t \neq 0$$

으로 주어진다.

특히, $X \sim U(0, 1)$일 때

$$E(X) = 1/2, \quad Var(X) = 1/12$$

이고

$$M(t) = \frac{e^t - 1}{t} \quad (t \neq 0)$$

이 된다.

3.2 정규분포

18세기 초 De Moivre는 $p = 1/2$인 경우의 이항분포가 n이 점점 커질수록 다음의 곡선식에 가까이 수렴함을 보인 바 있다.

$$f(x) = \frac{1}{\sqrt{2\pi}\,\sigma} \exp\left[-\frac{(x-\mu)^2}{2\sigma^2}\right], \quad -\infty < x < \infty$$

19세기 초 Laplace는 $p \neq 1/2$인 경우에도 위의 사실이 성립함을 보였는데, 이 분포를 정규분포(normal distribution) 또는 가우스분포(Gaussian distribution)라고 하고, 기호로는 $X \sim N(\mu, \sigma^2)$으로 나타낸다. 여기서 $-\infty < \mu < \infty$이고, $\sigma^2 > 0$이다.

먼저 위 식이 $p.d.f.$의 조건을 만족하는지를 보이면 다음과 같다. 즉,

$$I = \int_{-\infty}^{\infty} \frac{1}{\sqrt{2\pi}\,\sigma} \exp\left[-\frac{(x-\mu)^2}{2\sigma^2}\right] dx$$

$$= \int_{-\infty}^{\infty} \frac{1}{\sqrt{2\pi}} \exp\left(-\frac{z^2}{2}\right) dz, \quad z = \frac{x-\mu}{\sigma}$$

이라고 할 때

$$I^2 = \frac{1}{2\pi}\left(\int_{-\infty}^{\infty} e^{-\frac{x^2}{2}} dx\right)\left(\int_{-\infty}^{\infty} e^{-\frac{y^2}{2}} dy\right)$$

$$= \frac{1}{2\pi}\int_{-\infty}^{\infty}\int_{-\infty}^{\infty} \exp\left(-\frac{x^2+y^2}{2}\right) dx\,dy$$

이고, 다음의 극좌표(polar coordinate) 변환

$$x = r\cos\theta, \quad y = r\sin\theta$$

으로부터

$$I^2 = \frac{1}{2\pi}\int_0^{2\pi}\int_0^{\infty} e^{-\frac{r^2}{2}}\, r\, dr\, d\theta$$

$$= \frac{1}{2\pi}\int_0^{2\pi} d\theta = 1$$

이다. 따라서 $I > 0$ 이므로, $I = 1$이다.

|Remark| 위의 식에서 r은 자코비안(Jacobian) J의 절댓값이며, J는 다음과 같이 정의된다.

$$J = \begin{vmatrix} \frac{\partial x}{\partial r} & \frac{\partial x}{\partial \theta} \\ \frac{\partial y}{\partial r} & \frac{\partial y}{\partial \theta} \end{vmatrix} = \begin{vmatrix} \cos\theta & -r\sin\theta \\ \sin\theta & r\cos\theta \end{vmatrix} = r\,.$$

$X \sim N(\mu, \sigma^2)$일 때, X의 $m.g.f.$는

$$\begin{aligned}M_X(t) &= \int_{-\infty}^{\infty} e^{tx}\frac{1}{\sqrt{2\pi}\,\sigma}\exp\left[-\frac{(x-\mu)^2}{2\sigma^2}\right]dx \\ &= \int_{-\infty}^{\infty}\frac{1}{\sqrt{2\pi}\,\sigma}\exp\left\{-\frac{1}{2\sigma^2}\left[x^2-2(\mu+\sigma^2 t)x+\mu^2\right]\right\}dx \\ &= \exp\left(\frac{2\mu\sigma^2 t\ +\sigma^4 t^2}{2\sigma^2}\right)\int_{-\infty}^{\infty}\frac{1}{\sqrt{2\pi}\,\sigma}\exp\left\{-\frac{1}{2\sigma^2}\left[x-(\mu+\sigma^2 t)\right]^2\right\}dx \\ &= \exp\left(\mu t\ +\frac{\sigma^2 t^2}{2}\right)\end{aligned}$$

이 되고, 이로부터

$$E(X) = M'(0) = \mu, \quad Var(X) = M''(0) - M'(0)^2 = \sigma^2$$

임을 보일 수 있다.

특히, $\mu = 0$, $\sigma^2 = 1$인 정규분포 즉, $N(0, 1)$분포를 표준정규분포(standard normal distribution)라고 한다. $Z \sim N(0, 1)$일 때, Z의 $p.d.f.$ $\phi(z)$는

$$f(z) \equiv \phi(z) = \frac{1}{\sqrt{2\pi}}e^{-\frac{z^2}{2}}, \qquad -\infty < z < \infty$$

이고, $c.d.f.$는 흔히 $F(\cdot)$ 대신 $\Phi(\cdot)$를 사용하여

$$F(z) \equiv \Phi(z) = P(Z \le z) = \int_{-\infty}^{z}\frac{1}{\sqrt{2\pi}}e^{-\frac{z^2}{2}}dz$$

으로 나타낸다.

예제 1 $X \sim N(\mu, \sigma^2)$일 때, $E(|X-\mu|) = \sigma\sqrt{\frac{2}{\pi}}$ 임을 보여라.

풀이 $E(|X-\mu|) = \sigma E(|Z|), \quad Z = \dfrac{X-\mu}{\sigma} \sim N(0,1)$

$$= \sigma\int_{-\infty}^{\infty}|z|\frac{1}{\sqrt{2\pi}}e^{-\frac{z^2}{2}}dz = \frac{2\sigma}{\sqrt{2\pi}}\int_0^{\infty} ze^{-\frac{z^2}{2}}dz = \sigma\sqrt{\frac{2}{\pi}}.$$

■

3.3 지수분포

포아송 가정(독립성, 비례성, 비집락성)을 만족하는 실험에서 단위시간당 평균적으로 발생하는 사건의 수를 λ라고 할 때

$$X = \text{첫 번째 사건이 발생할 때까지 걸린 시간}$$

으로 정의하면, X의 $c.d.f.$는

$$\begin{aligned} F(x) &= P(X \leq x) = 1 - P(X > x) \\ &= 1 - P\{\text{시 구간 } [0,\ x] \text{ 내에서 발생한 사건의 수} = 0\} \\ &= 1 - P(Y = 0), \quad Y \sim Poisson(\lambda x) \\ &= 1 - \frac{e^{-\lambda x}(\lambda x)^0}{0!} = 1 - e^{-\lambda x}, \quad x \geq 0 \end{aligned}$$

이 되고, 이로부터 X의 $p.d.f.$는

$$f(x) = F'(x) = \begin{cases} \lambda e^{-\lambda x}, & x \geq 0 \\ 0, & otherwise \end{cases}$$

으로 주어진다. 이 분포를 지수분포(exponential distribution)라고 하고, 기호로는 $X \sim \mathcal{E}(\lambda)$로 표현한다. 여기서 $\lambda > 0$이다.

|Remark| $\mathcal{E}(\lambda)$분포는 단위시간당 평균적으로 사건이 λ번 발생하는 실험에서 첫 번째 사건이 발생할 때까지 걸린 시간에 대한 분포이다.

$X \sim \mathcal{E}(\lambda)$일 때, X의 $m.g.f.$는

$$\begin{aligned} M_X(t) &= \int_0^\infty e^{tx} \cdot \lambda e^{-\lambda x} dx = \int_0^\infty \lambda e^{(t-\lambda)x} dx \\ &= \frac{\lambda}{t-\lambda} e^{(t-\lambda)x} \Big|_0^\infty \\ &= (1 - \frac{t}{\lambda})^{-1}, \quad t < \lambda \end{aligned}$$

이고, 이로부터

$$E(X) = M'(0) = \frac{1}{\lambda}, \quad Var(X) = M''(0) - M'(0)^2 = \frac{1}{\lambda^2}$$

임을 쉽게 보일 수 있다. 여기에서 λ는 단위시간당 평균적인 발생 수이므로, 첫 번째 발생 때까지의 시간(X)에 대한 평균이 $\frac{1}{\lambda}$이 되는 것은 직관적으로도 자명하다.

또한 지수분포는 무기억성(memoryless property)으로 알려진 다음의 성질, 즉 $X \sim \mathcal{E}(\lambda)$일 때

$$\begin{aligned} P(X > s+t \mid X > s) &= \frac{P(X > s+t)}{P(X > s)} = \frac{e^{-\lambda(s+t)}}{e^{-\lambda s}} \\ &= e^{-\lambda t} \\ &= P(X > t) \end{aligned}$$

을 만족한다. 예를 들어, s시간 이상 수명이 지속된 부품(또는 기계)의 수명이 추가적으로 t시간 이상을 더 지속할 확률은[지금까지 살아온 시간을 무시하고(memoryless)], 새 부품이 처음부터 t시간 이상 수명을 지속할 확률과 동일하다는 것이다. 해당 부품의 마모나 노후화 고장은 거의 없으며 우발적 고장이 대부분인 경우가 이에 해당되며, 이 경우 부품의 수명분포의 모형으로 (무기억성을 만족하는) 지수분포가 사용될 수 있을 것이다.

[참고] 1. 연속형분포 중에 무기억성을 가지는 분포는 지수분포가 유일하다. 이산형분포 중에는 기하분포가 무기억성을 가진다(2.4절 [예제 5] 참고).

2. 신뢰성공학 등에서 기계 등의 수명(고장날 때까지의 시간)에 대한 분포로 보다 널리 사용되는 분포로는 와이블분포(Weibull distribution), 로그정규분포(log-normal distribution) 등이 있으며, 이 가운에 와이블분포가 가장 애용된다. 와이블분포는 지수분포가 확장된 형태의 분포이다(5.3절 연습문제 1번 참고).

3.4 감마분포

감마분포는 지수분포의 확장으로 다음과 같이 정의된다. 즉, 포아송 가정을 만족하는 실험에서

$$X = \alpha\text{번째 사건이 발생할 때까지 걸린 시간}$$

으로 정의하면, X의 $c.d.f.$는

$$\begin{aligned} F(x) &= P(X \le x) = 1 - P(X > x) \\ &= 1 - P(\text{시 구간 } [0,\ x] \text{ 내에서 발생한 사건의 수} < \alpha) \\ &= 1 - P(Y \le \alpha - 1), \quad Y \sim Poisson(\lambda x) \\ &= 1 - \sum_{k=0}^{\alpha-1} \frac{(\lambda x)^k e^{-\lambda x}}{k!} \end{aligned}$$

이 되고, 이로부터 X의 $p.d.f.$는

$$\begin{aligned} f(x) = F'(x) &= \lambda e^{-\lambda x} - \sum_{k=1}^{\alpha-1} \frac{1}{k!}\left[k(\lambda x)^{k-1}\lambda e^{-\lambda x} - \lambda e^{-\lambda x}(\lambda x)^k\right] \\ &= \lambda e^{-\lambda x} - e^{-\lambda x}\sum_{k=1}^{\alpha-1}\left[\frac{\lambda(\lambda x)^{k-1}}{(k-1)!} - \frac{\lambda(\lambda x)^k}{k!}\right] \\ &= \lambda e^{-\lambda x} - e^{-\lambda x}\left[\lambda - \frac{\lambda(\lambda x)^{\alpha-1}}{(\alpha-1)!}\right] \\ &= \begin{cases} \dfrac{\lambda^\alpha}{(\alpha-1)!} x^{\alpha-1} e^{-\lambda x}, & x > 0 \\ 0, & otherwise \end{cases} \end{aligned}$$

으로 주어지며, 이 분포를 얼랑분포(Erlang distribution)라고 한다.

얼랑분포에서 α는 양의 정수로 국한되지만 이를 양의 실수($\alpha > 0$)로 확장하면 다음과 같이 감마분포가 정의된다. 먼저, 감마함수(gamma function)를

$$\Gamma(\alpha) = \int_0^\infty y^{\alpha-1} e^{-y} dy$$

으로 정의하면, 부분적분을 통해

$$\Gamma(\alpha) = (\alpha - 1)\Gamma(\alpha - 1) \quad (\alpha > 1)$$

을 보일 수 있으며(연습문제 4번), α가 양의 정수인 경우에는

$$\Gamma(\alpha) = (\alpha - 1)! \ (\alpha: \text{양의 정수})$$

이 됨을 알 수 있다. 따라서 얼랑분포는 양의 실수 α에 대해서

$$f(x) = \frac{\lambda^\alpha}{\Gamma(\alpha)} x^{\alpha-1} e^{-\lambda x}, \quad x > 0$$

으로 일반화되며, 편의상 $\beta = \frac{1}{\lambda}$(첫 번째 사건이 발생할 때까지 걸린 시간)로 할 때

$$f(x) = \begin{cases} \frac{1}{\Gamma(\alpha)\beta^\alpha} x^{\alpha-1} e^{-\frac{x}{\beta}}, & x > 0 \\ 0, & otherwise \end{cases}$$

으로 표현되며, 이 분포를 감마분포(gamma distribution)라고 하고, 기호로는 $X \sim \Gamma(\alpha, \beta)$ 또는 $Gamma(\alpha, \beta)$로 나타낸다. 여기서 모수 α는 형태모수(shape parameter), β는 척도모수(scale parameter)라고 한다.

[그림 1]은 α값에 따른 감마분포의 형태를 나타낸다.

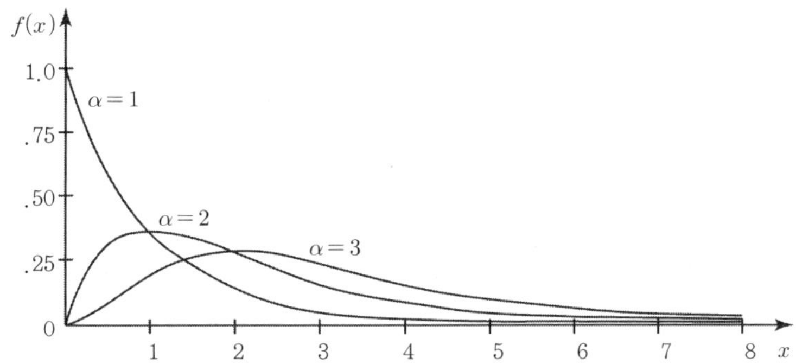

[그림 1] $\Gamma(\alpha, 1)$의 확률밀도함수

|Remark| $\Gamma(\alpha, \beta)$분포는 첫 번째 사건 발생할 때까지 걸리는 시간이 $\beta(=1/\lambda)$인 실험에서 α번째 사건이 발생할 때까지의 시간에 대한 분포로 이해할 수 있다. 따라서 감마분포에서 $\alpha=1$인 경우는 지수분포가 되며, 보다 구체적으로 이들 관계를 표현하면

$$\mathcal{E}(\lambda) \overset{d}{=} \Gamma(1, \frac{1}{\lambda})$$

이 된다.

$X \sim \Gamma(\alpha, \beta)$일 때, X의 $m.g.f.$는

$$\begin{aligned} M_X(t) &= \int_0^\infty e^{tx} \frac{1}{\Gamma(\alpha)\beta^\alpha} x^{\alpha-1} e^{-\frac{x}{\beta}} dx \\ &= \int_0^\infty \frac{1}{\Gamma(\alpha)\beta^\alpha} x^{\alpha-1} e^{-\frac{1-\beta t}{\beta}x} dx \\ &= \frac{1}{\beta^\alpha}\left(\frac{\beta}{1-\beta t}\right)^\alpha \int_0^\infty \left\{p.d.f.\ \ of\ \ \Gamma(\alpha, \frac{\beta}{1-\beta t})\right\} dx \\ &= (1-\beta t)^{-\alpha}, \quad 1-\beta t > 0 \end{aligned}$$

으로 주어진다. 이로부터

$$E(X) = M'(0) = \alpha\beta, \quad Var(X) = M''(0) - M'(0)^2 = \alpha\beta^2$$

이 됨을 쉽게 보일 수 있다.

[참고] 앞 절에서 다룬 지수분포 $\mathcal{E}(\lambda)$는 감마분포의 특별한 경우로, $\mathcal{E}(\lambda) \overset{d}{=} \Gamma(1, \frac{1}{\lambda})$의 관계를 이용하면 $M(t) = (1-\beta t)^{-\alpha} = \left(1 - \frac{1}{\lambda}t\right)^{-1}$이고, 이로부터 $E(X) = \alpha\beta = \frac{1}{\lambda}$, $Var(X) = \alpha\beta^2 = \frac{1}{\lambda^2}$임을 쉽게 알 수 있다.

예제 2 부분적분을 이용하여, $k=1,2,3,\cdots$ 에 대해, 다음 식이 성립함을 보여라.

$$\int_{\lambda}^{\infty}\frac{1}{\Gamma(k+1)}y^{k}e^{-y}dy=\sum_{x=0}^{k}\frac{\lambda^{x}e^{-\lambda}}{x!}$$

[참고] 이 결과는 포아송분포와 감마분포 간의 관계를 보여준다($Poisson(\lambda)\leftrightarrow \Gamma(k+1,1)$). 즉, 포아송분포의 분포함수가 감마분포의 꼬리확률로 계산될 수 있음을 알 수 있다.

풀이 $k=1,2,3,\cdots$ 일 때(k:정수 $\Rightarrow \Gamma(k)=(k-1)!$임), 위 식의 좌변은 다음과 같이 계산된다.

$$\begin{aligned}\frac{1}{k!}\int_{\lambda}^{\infty}y^{k}e^{-y}dy&=\frac{1}{k!}(-y^{k}e^{-y}|_{\lambda}^{\infty}+k\int_{\lambda}^{\infty}y^{k-1}e^{-y}dy)\\&=\frac{1}{k!}[\lambda^{k}e^{-\lambda}+ky^{k-1}(-e^{-y})|_{\lambda}^{\infty}+k(k-1)\int_{\lambda}^{\infty}y^{k-2}e^{-y}dy]\\&=\frac{1}{k!}(\lambda^{k}e^{-\lambda}+k\lambda^{k-1}e^{-\lambda}+\cdots+k!\lambda^{0}e^{-\lambda})\\&=\sum_{x=0}^{k}\frac{\lambda^{x}e^{-\lambda}}{x!}.\end{aligned}$$

■

3.5 카이제곱분포

감마분포의 특별한 경우로 지수분포 외에 카이제곱분포가 있다. 카이제곱분포는 $\Gamma(\alpha,\beta)$에서 $\beta=2$인 경우에 해당한다.

자유도가 r인 카이제곱분포는 평균이 r인 감마분포 $\Gamma(\frac{r}{2},2)$에 해당되며, $p.d.f.$는

$$f(x)=\begin{cases}\dfrac{1}{\Gamma(\frac{r}{2})2^{r/2}}x^{\frac{r}{2}-1}e^{-\frac{x}{2}}, & x\geq 0\\[2ex] 0, & otherwise\end{cases}$$

으로 주어지며, 이 분포를 자유도가 r인 카이제곱분포(chi-square distribution)라고 하고, 기호로는 $X \sim \chi^2(r)$로 나타낸다. 여기서 $r > 0$이다.

즉, 카이제곱분포와 감마분포 간에는 다음의 관계

$$\chi^2(r) \overset{d}{=} \Gamma(\frac{r}{2}, 2)$$

가 성립하며, 따라서 $X \sim \chi^2(r)$일 때, X의 $m.g.f.$는

$$M(t) = (1-2t)^{-\frac{r}{2}}, \quad 1-2t > 0$$

이 되고, 이로부터

$$E(X) = \alpha\beta = r, \quad Var(X) = \alpha\beta^2 = 2r$$

이 된다.

[참고] 카이제곱분포는 표준정규분포의 제곱을 통해 정의되기도 한다. 이에 대해서는 5장에서 자세히 다루기로 한다.

3.6 기타분포

3.6.1 베타분포

베타분포(beta distribution)는 구간 $[0, 1]$에서 정의되는 분포로, $p.d.f.$는

$$f(x) = \begin{cases} \dfrac{\Gamma(\alpha+\beta)}{\Gamma(\alpha)\Gamma(\beta)} x^{\alpha-1}(1-x)^{\beta-1}, & 0 \le x \le 1 \\ 0, & otherwise \end{cases}$$

으로 주어지며, 기호로는 $X \sim \beta eta(\alpha, \beta)$로 나타낸다. 여기서 $\alpha > 0$, $\beta > 0$이다.

특히 $\alpha = 1$이고, $\beta = 1$인 경우는 $U(0, 1)$의 분포와 동일하며, α와 β의 값에 따라 매우 다양한 형태를 취하는 분포이다. [그림 2]는 베타분포의 다양한 형태를 보여 준다.

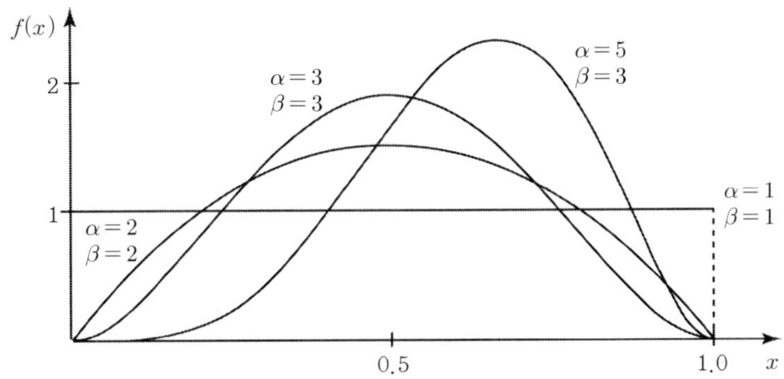

[그림 2] $\beta eta(\alpha, \beta)$의 확률밀도함수

$X \sim \beta eta(\alpha, \beta)$일 때, $E(X)$와 $Var(X)$는

$$E(X) = \frac{\alpha}{\alpha + \beta}, \quad Var(X) = \frac{\alpha\beta}{(\alpha + \beta)^2(\alpha + \beta + 1)}$$

이다(연습문제 4번).

[참고] 5.3절의 [예제 5]에서는 베타분포의 $p.d.f.$가 감마분포의 비(ratio)를 통해 유도되는 과정을 다루고 있다. 베타분포의 확장된 형태로는 디리클레분포(Dirichlet distribution)가 있다(5.6절).

예제 3 부분적분을 이용하여, $k = 1,2,3,\cdots$ 에 대해, 다음 식이 성립함을 보여라.

$$\int_p^1 \frac{\Gamma(n+1)}{\Gamma(k+1)\Gamma(n-k)} y^k (1-y)^{n-k-1} dy = \sum_{x=0}^{k} \binom{n}{x} p^x (1-p)^{n-x}$$

[참고] 이 결과는 이항분포와 베타분포 간의 관계를 보여준다. 즉, $B(n, p)$의 분포함수가 $\beta eta(k+1, n-k)$의 우측 꼬리확률로 계산될 수 있음을 알 수 있다.

풀이 $k=1,2,3,\cdots$일 때(k:정수 $\Rightarrow \Gamma(k)=(k-1)!$임), 위 식의 좌변은 다음과 같이 계산된다.

$$
\begin{aligned}
&\frac{n!}{k!(n-k-1)!}\int_p^1 y^k(1-y)^{n-k-1}dy \\
&= \frac{n!}{k!(n-k-1)!}\left[y^k\frac{1}{n-k}(1-y)^{n-k}(-1)\ \Big|_p^1 + \frac{k}{n-k}\int_p^1 y^{k-1}(1-y)^{n-k}dy\right] \\
&= \frac{n!}{k!(n-k)!}p^k(1-p)^{n-k} + \frac{n!}{(k-1)!(n-k+1)!}p^{k-1}(1-p)^{n-k+1} + \cdots \\
&\qquad + \frac{n!}{0!n!}p^0(1-p)^n \\
&= \binom{n}{k}p^k(1-p)^{n-k} + \binom{n}{k-1}p^{k-1}(1-p)^{n-k+1} + \cdots + \binom{n}{0}p^0(1-p)^n.
\end{aligned}
$$

■

3.6.2 이중지수분포

이중지수분포(double exponential distribution)는 라플라스분포(Laplace distribution)라고도 하며, $p.d.f.$는

$$f(x) = \frac{1}{2\beta}\exp\left\{-\frac{|x-\alpha|}{\beta}\right\}, \quad -\infty < x < \infty$$

로 주어지며, 기호로는 $X \sim DE(\alpha, \beta)$로 나타낸다. 여기서 $-\infty < \alpha < \infty$, $\beta > 0$이다.

$X \sim DE(\alpha, \beta)$일 때,

$$E(X) = \alpha, \quad Var(X) = 2\beta^2$$

이다.

특히 $\alpha = 0$이고, $\beta = 1$인 경우의 $p.d.f.$는

$$f(x) = \frac{1}{2}e^{-|x|}, \quad -\infty < x < \infty$$

으로 주어지며, $m.g.f.$는

$$M(t) = \frac{1}{1-t^2}$$

으로 주어진다. 이 분포는 $N(0,\ 1)$보다 꼬리가 두터운(heavy tailed) 분포로 알려져 있다.

[참고] 이중지수분포는 두 지수분포의 차이(difference)의 분포로 설명되기도 한다(5.3절 [예제 6] 참고).

3.6.3 코쉬분포

코쉬분포(Cauchy distribution)는 꼬리가 매우 두터운 분포로 알려져 있으며, $p.d.f.$는

$$f(x) = \frac{\mu}{\pi}\frac{1}{\mu^2+(x-\theta)^2}, \quad -\infty < x < \infty$$

으로 주어지며, 기호로는 $Cauchy(\mu,\ \theta)$로 나타낸다. 여기서 $\mu > 0$이고, $-\infty < \theta < \infty$이다.

특히 $\mu = 1$, $\theta = 0$인 경우를 표준코쉬분포(standard Cauchy distribution)라고 하고, 이의 $p.d.f.$는

$$f(x) = \frac{1}{\pi(1+x^2)}, \quad -\infty < x < \infty$$

으로 주어진다.

[참고] 1. $Cauchy(1,\ 0)$분포는 $t(1)$분포(6.1절 참고)와 동일하며 $N(0,\ 1)$에 비해 꼬리가 매우 두터운 분포이다. 이 분포는 표준정규분포의 비(ratio) 또는 균일분포 $U(-\frac{\pi}{2},\ \frac{\pi}{2})$의 탄젠트변환을 통해 설명되기도 한다(5.3절 [예제 3] 참고).

2. 코쉬분포는 평균과 분산(또는 2차 이상의 적률)이 존재하지 않는 특이한 분포이다. 예를 들어 $Cauchy(1,\ 0)$의 경우, 이 분포는 0에 대해 대칭이므로 분포

의 중심위치는 0이라고 할 수 있으나, 수학적 기댓값인 $E(X)$는 존재하지 않는다. 그 이유는

$$E(X) = \int_{-\infty}^{\infty} \frac{x}{\pi(1+x^2)}\,dx = \int_{-\infty}^{0} \frac{x}{\pi(1+x^2)}\,dx + \int_{0}^{\infty} \frac{x}{\pi(1+x^2)}\,dx$$

에서

$$\int_{0}^{\infty} \frac{x}{1+x^2}\,dx = \lim_{c\to\infty}\int_{0}^{c} \frac{x}{1+x^2}\,dx = \lim_{c\to\infty}\left[\frac{1}{2}\ln(1+x^2)\Big|_{0}^{c}\right] = \infty$$

이고, 같은 이유로 $\int_{-\infty}^{0} \frac{x}{1+x^2}\,dx = -\infty$ 이므로 $E(X) = \infty - \infty$ 형태가 되어 적분값이 존재하지 않는다.

코쉬분포와 같이 평균이 존재하지 않는 경우의 분포에서 절단(truncated)분포는 특히 유용하다.

예제 4 * X가 표준코쉬분포 $Cauchy(1,0)$를 따를 때, 상수 $c(>0)$에서 절단된 확률변수 Y를

$$Y(=X^c) = \begin{cases} X, & |X| \le c \\ 0, & |X| > c \end{cases} \quad (c>0)$$

라고 하자. 이때 $P(|X| \le c) = \frac{1}{\pi}\int_{-c}^{c}\frac{1}{1+x^2}dx = \frac{2}{\pi}\tan^{-1}c$이므로, Y의 $p.d.f.$는

$$g(y) = \begin{cases} \frac{1}{2}\frac{1}{(1+y^2)}\frac{1}{\tan^{-1}c}, & -c \le y \le c \\ 0, & otherwise \end{cases}$$

이다. 또한 Y의 1, 2차, ⋯의 적률은

$$E(Y) = \frac{1}{2\tan^{-1}c}\int_{-c}^{c}\frac{y}{1+y^2}dy = \frac{1}{2\tan^{-1}c}\left[\frac{1}{2}\ln(1+y^2)|_{-c}^{c}\right] = 0,$$

$$E(Y^2) = \frac{1}{2\tan^{-1}c}\int_{-c}^{c}\frac{y^2}{1+y^2}dy = \frac{1}{2\tan^{-1}c}\times 2\int_{0}^{c}(1-\frac{1}{1+y^2})dy = \frac{c}{\tan^{-1}c}-1,\ \cdots$$

이다. 즉, 절단된 코쉬분포는 모든 차수의 유한한 적률을 가진다. 또한 우리는 상수 c를

$$P(X \neq X^c) = P(|X| > c)$$

이 충분히 작은 값이 되도록 선택할 수 있다. ▪

3.6.4 로지스틱분포

로지스틱분포(logistic distribution)는 $c.d.f.$가

$$F(x) = \frac{1}{1 + \exp\left(-\dfrac{x-\alpha}{\beta}\right)}, \quad -\infty < x < \infty$$

으로 주어지는 분포로 α에 대해 대칭이며, 기호로는 $Logistic(\alpha, \beta)$로 나타낸다. 여기서 $-\infty < \alpha < \infty$, $\beta > 0$이다.

$X \sim Logistic(\alpha, \beta)$일 때

$$E(X) = \alpha, \quad Var(X) = \frac{\beta^2 \pi^2}{3}$$

이다.

표준로지스틱분포(standard logistic distribution) 즉, $Logistic(0, 1)$분포는 $c.d.f.$가

$$F(x) = \frac{1}{1+e^{-x}} \ \left(\text{또는 } \frac{e^x}{1+e^x}\right)$$

으로 주어지는 분포이다. 이로부터 $p.d.f.$는

$$f(x) = F'(x) = \frac{e^{-x}}{(1+e^{-x})^2}, \quad -\infty < x < \infty$$

으로 주어진다. 이 분포의 $m.g.f.$는

$$M(t) = \Gamma(1-t)\Gamma(1+t), \quad -1 < t < 1$$

이며

$$E(X) = 0, \quad Var(X) = \frac{\pi^2}{3} \approx 3.29 (\fallingdotseq 1.8^2)$$

이다. 이 분포는 0에 대해 대칭이며, $N(0,1)$에 비해 다소 꼬리가 두터운 분포로 알려져 있다.

3.6.5 파레토분포

파레토분포(Pareto distribution)는 $c.d.f.$가

$$\overline{F}(x) \equiv 1 - F(x) = \left(\frac{\theta}{x}\right)^{\alpha}, \quad x > \theta \quad (\theta > 0, \alpha > 0)$$

으로 주어지며, 기호로는 $Pareto(\theta, \alpha)$로 나타낸다. 여기서 θ는 척도모수로 X가 취할 수 있는 최솟값이고, α는 형태모수이다. α는 꼬리지표(tail index)로도 알려져 있으며, 이 모형이 부(wealth)의 분포를 모형화하는 데 사용될 경우에는 파레토 지수(Pareto index)라고도 한다.

위 분포의 $p.d.f.$는

$$f(x) = F'(x) = \begin{cases} \dfrac{\alpha\theta^{\alpha}}{x^{\alpha+1}}, & x > \theta \\ 0, & otherwise \end{cases}$$

으로 주어지며, $m.g.f.$는 존재하지 않는다.

$X \sim Pareto(\theta, \alpha)$일 때

$$E(X) = \frac{\alpha\theta}{\alpha-1}\ (\alpha > 1),\quad Var(X) = \frac{\alpha\theta^2}{(\alpha-1)^2(\alpha-2)}\ (\alpha > 2)$$

으로 주어지며, α값의 변화에 따른 분포의 형태는 [그림 3]과 같다.

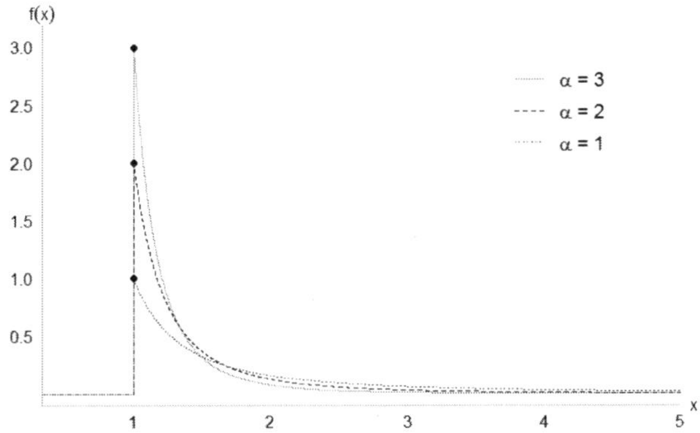

[그림 3] $Pareto(1, \alpha)$분포의 확률밀도함수

|Remarks| 1. $X \sim Pareto(\theta, \alpha)$일 때, $Y = \ln\left(\frac{X}{\theta}\right) \sim \mathcal{E}(\alpha)$를 따른다(증명은 5장에서 다룸). 즉, 파레토분포와 지수분포와의 관계는 로그정규분포와 정규분포의 관계와 유사하다.

2. 통상적으로 파레토분포는 꼬리가 두터운(heavy tailed) 분포로 알려져 있으며, 와이블 < 지수 < 로그정규 < 파레토 분포의 순으로 꼬리가 두텁다.

3. 파레토분포는 이탈리아 경제학자인 Vilfredo Pareto에 의해 소개된 분포로 부의 분배(allocation of wealth)와 소득(income)의 분포를 묘사하는 데 처음 사용되었다. 즉, 인구의 20%가 소득의 80%를 통제(control)한다는 파레토원리(또는 '80 대 20 법칙')는 비즈니스분야를 비롯하여 실생활에서 발생하는 여러 가지 현상을 근사적으로 설명하는 데 효과적이다.

3장 연습문제

1. X의 $m.g.f.$가 $M(t)=(1-2t)^{-5}$일 때, 다음 물음에 답하여라.

(a) $E(X)$와 $Var(X)$를 구하여라.

(b) 위 분포의 제90백분위수를 구하여라.

2. $\Gamma(\alpha,\beta)$의 왜도와 첨도가 각각 다음과 같이 주어짐을 보여라.

$$\frac{2}{\sqrt{\alpha}},\quad \frac{6}{\alpha}$$

3. $X \sim f(x)=\begin{cases} e^{-x-1}, & x>-1 \\ 0, & otherwise \end{cases}$일 때, 다음 물음에 답하여라.

(a) X의 $m.g.f.$가 $M(t)=e^{-t}(1-t)^{-1}$, $(t<1)$임을 보여라.

(b) X의 평균과 분산이 각각 0과 1이 됨을 보여라.

4. 다음 사실이 성립함을 보여라.

(a) $\Gamma(\alpha)=(\alpha-1)\Gamma(\alpha-1)$, $(\alpha>1)$임을 보여라.

(b) $X \sim \beta eta(\alpha,\beta)$일 때

$$E(X)=\frac{\alpha}{\alpha+\beta},\quad Var(X)=\frac{\alpha\beta}{(\alpha+\beta)^2(\alpha+\beta+1)}$$

임을 보여라.

5. $Z \sim N(0, 1)$일 때, 다음 물음에 답하여라.

(a) Z의 m차 적률이 다음과 같이 주어짐을 보여라.

$$E(Z^m) = \begin{cases} \dfrac{(2k)!}{2^k k!} = (2k-1)(2k-3)\cdots(3)(1), & m = 2k \\ 0, & m = 2k-1 \end{cases} \qquad (k = 1, 2, \cdots)$$

[Hint] $M_Z(t) = \exp\left(\dfrac{t^2}{2}\right) = \displaystyle\sum_{k=0}^{\infty} \frac{\left(\frac{t^2}{2}\right)^k}{k!} = \sum_{k=0}^{\infty} \frac{(2k)!}{k!\,2^k} \frac{1}{(2k)!} t^{2k}$

(b) 위 결과로부터 Z의 왜도와 첨도가 모두 0이 됨을 확인하여라.

6. 표준정규분포 $N(0, 1)$을 따르는 확률변수 X의 $p.d.f.$와 $c.d.f.$를 각각 $\phi(x)$와 $\Phi(x)$로 표기하자. Y가 다음의 $p.d.f.$

$$g(y) = \begin{cases} \dfrac{\phi(y)}{\Phi(b) - \Phi(a)}, & a < y < b \\ 0, & otherwise \end{cases}$$

를 가질 때

$$E(Y) = \frac{\phi(a) - \phi(b)}{\Phi(b) - \Phi(a)}$$

임을 보여라. 이 분포를 절단정규분포(truncated normal distribution)라고 한다.

7. **(응용문제)** 주유 펌프가 한 대뿐인 주유소가 있다. 고객은 한 번에 한 대씩(차량 기준) 도착하며, 도착–간의 시간(inter–arrival times) T는 서로 독립적이며 다음의 분포를 따른다.

$$f(t)=\begin{cases}\lambda e^{-\lambda t}, & t \geq 0 \\ 0, & otherwise\end{cases}$$

여기서 $\lambda(>0)$는 미지이다.

(a) 고객이 도착한 바로 직후부터 길이 l인 고정된 시 구간 내에서, 더 이상 고객이 도착하지 않을 확률은?

(b) (a)의 결과가 임의의 길이 l인 시 구간(도착한 바로 직후부터일 필요 없이)에 대해서도 성립함을 보여라.

파레토 법칙과 롱테일 법칙

이탈리아의 경제학자 빌프레도 파레토(Vilfredo Pareto: 1848~1923)는 그가 취미로 재배한 완두콩의 80%가 불과 20%의 콩깍지에서 열린다는 사실을 발견했다. 이후 그는 19세기 영국의 부(wealth)의 불균형 현상으로 전 인구의 20%가 전체 부의 80%를 차지하고 있다는 것을 알아냈다. '80 대 20 법칙'으로도 불리는 파레토 법칙은 '우리 주변에서 일어나는 많은 현상의 80%는 20%의 중요한 원인 때문에 발생한다는 것'이 이론의 핵심이다. 가령 걸려오는 전화의 80%는 자주 전화하는 20%가 걸어오는 것이라든가, 회사의 핵심 제품 20%가 전체 매출의 80%를 차지하는 것 등이다.

'역파레토 법칙'으로도 알려진 롱테일(long tail) 법칙은 2004년 미국의 IT전문지 와이어드(Wired)의 편집장인 크리스 앤더슨이 인터넷 서점 아마존(amazon)에서 '80 대 20 법칙'이 뒤집혔다는 주장에서 비롯한다. 아마존에서는 매우 다양한 종류의 책들이 소수로 팔려나가지만 그들의 총매출액은 베스트셀러 매출에 못지않다는 주장을 하였다. 가령 애플의 아이튠스(iTunes) 역시 빌보드차트 순위 20%에 속하는 히트 앨범이 아니라, 나머지 80%에서 나오는 수익을 무시할 수 없다는 등의 주장이다.

롱테일 법칙을 이해하려면 거대한 공룡의 모습을 떠올리면 된다. 지금까지 기업의 수익을 좌우한 것이 20%의 머리 부분이었다면, 인터넷 세상에서는 80%의 꼬리가 더 중요한 가치를 지닌다는 게 롱테일 법칙의 요지다. ⓒ wordpress.com

아래의 그래프는 3개의 파레토분포를 나타낸다. 꼬리가 긴 분포로 잘 알려진 파레토분포에서 전통적인 오프라인 매장에서는 그래프의 왼쪽 영역(중요한 소수)에, 온라인 등의 새로운 매장에서는 그래프의 오른쪽 영역(사소한 다수)에 보다 관심을 가지고 경영전략을 세우는 것이 바람직하다.

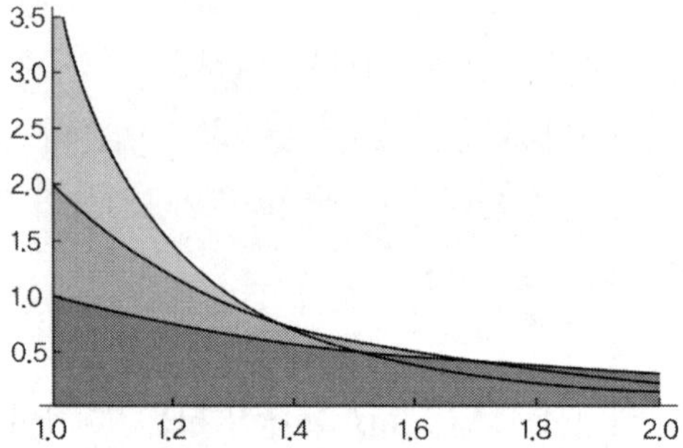

꼬리가 다른 파레토분포

즉, 파레토 법칙과 롱테일 법칙은 '중요한 소수(vital few)'와 '사소한 다수(trivial many)' 간의 선택의 문제 또는 '오프라인 매장'과 온라인으로 구현되는 '롱테일 매장'의 특징을 설명하는 법칙으로 생각할 수 있다.

제4장

결합분포와 조건부분포

4.1 결합확률분포

4.2 두 확률변수의 독립

4.3 조건부분포와 조건부기댓값

4.4 상관계수

4.5* 최소제곱의 원리

4.6 다항분포

4.7 이변량 정규분포

4.8* 다변량 초기하분포

Francis Galton (1822–1911)

영국의 우생학자, Charles Darwin의 (이복)사촌
백분위수, 사분위범위(IQR) 용어 도입자.
표준편차의 고안자. Galton(Log-normal)분포.
상관과 회귀 개념의 도입자.
생물측정학, 심리학에도 큰 영향을 미침.

4장 결합분포와 조건부분포

4.1 결합확률분포

동일한 표본공간에서 정의되는 두 개 이상의 확률변수의 분포를 결합확률분포(joint probability distribution) 또는 결합분포(joint distribution)라고 한다. X와 Y의 결합확률밀도함수(joint probability density function, *joint p.d.f.*)는 $f(x, y)$로 나타내고, 기호로는 $(X, Y) \sim f(x, y)$로 표기한다.

결합확률밀도함수 $f(x, y)$는 다음의 조건을 만족한다. X와 Y가 모두 이산형인 경우에는

(a) $f(x, y) \geq 0$ for all x and y

(b) $\sum_{all} \sum_{(x, y)} f(x, y) = 1$

(c) $P\{(X, Y) \in A\} = \sum_{(x, y) \in A} \sum f(x, y)$

을 만족하며, X와 Y가 모두 연속형인 경우에는

(a) $f(x, y) \geq 0$ for all x and y

(b) $\int_{-\infty}^{\infty} \int_{-\infty}^{\infty} f(x, y) dx dy = 1$

(c) $P\{(X, Y) \in A\} = \int_A \int f(x, y) dx dy$

을 만족한다. 위에서 A는 xy평면상에서의 임의의 집합이다.

정의 1 결합누적분포함수

X와 Y의 결합누적분포함수(joint cumulative distribution function, *joint c.d.f.*)는

$$F(x, y) = P(X \le x, Y \le y)$$

으로 정의된다. 특히 X와 Y가 연속형인 경우에는

$$f(x, y) = \frac{d^2}{dxdy} F(x, y)$$

이 성립된다.

정의 2 주변확률밀도함수

$(X, Y) \sim f(x, y)$일 때, X의 주변확률밀도함수(marginal probability density function, *marginal p.d.f.*)는

$$f_X(x) = \begin{cases} \sum_y f(x, y), & (X, Y) : discrete \\ \int_{-\infty}^{\infty} f(x, y)\, dy, & (X, Y) : continuous \end{cases}$$

으로 주어지며, Y의 *marginal p.d.f.*도 동일한 방법으로 정의된다.

정의 3 기댓값

$(X, Y) \sim f(x, y)$일 때, $u(X, Y)$의 기댓값은

$$Eu(X, Y) = \begin{cases} \sum_x \sum_y u(x, y) f(x, y), & (X, Y) : discrete \\ \int_{-\infty}^{\infty} \int_{-\infty}^{\infty} u(x, y) f(x, y)\, dx\, dy, & (X, Y) : continuous \end{cases}$$

으로 정의된다.

정의 4 결합적률생성함수

(X, Y)의 결합적률생성함수(joint moment generating function, *joint m.g.f.*)는

$$M(t_1, t_2) = E(e^{t_1 X + t_2 Y})$$
$$= \begin{cases} \sum_x \sum_y e^{t_1 x + t_2 y} f(x, y), & (X, Y) : discrete \\ \int_{-\infty}^{\infty} \int_{-\infty}^{\infty} e^{t_1 x + t_2 y} f(x, y) dx dy, & (X, Y) : continuous \end{cases}$$

으로 정의된다.

4.2 두 확률변수의 독립

두 확률변수 간의 독립[2)]에 대한 정의는 다음과 같다.

정의 5 두 확률변수의 독립

(X, Y)가 결합누적분포함수 $F(x, y)$를 가질 때

$$F(x, y) = F_X(x) F_Y(y) \text{ for all } x \text{ and } y$$

$\Leftrightarrow$ X와 Y는 서로 독립(mutually independent)

[참고] $(X, Y) \sim F(x, y)$일 때, X의 주변누적분포함수(*marginal c.d.f.*)는

$$F_X(x) = P(X \le x) = P(X \le x, Y < \infty)$$
$$= \lim_{y \to \infty} F(x, y) = F(x, \infty)$$

2) 일반적으로 독립은 서로(상호) 독립을 의미한다.

을 통해 구해질 수 있다. 마찬가지로 $F_Y(y) = F(\infty, y)$이다.

정의 6 두 확률변수의 독립

$(X, Y) \sim f(x, y)$일 때

$$f(x, y) = f_X(x)\, f_Y(y) \quad \text{for all } x \text{ and } y$$

$$\Leftrightarrow X\text{와 } Y\text{는 서로 독립}$$

위의 정의를 이용하기 위해서는 X와 Y의 *marginal p.d.f.*를 직접 구해야 하는 번거로움이 있으나, 아래의 정리를 이용하면 보다 쉬운 방법으로 독립성을 보일 수 있다.

정리 1 $(X, Y) \sim f(x, y)$일 때

$$f(x, y) = g(x)h(y)$$

$$\Leftrightarrow X\text{와 } Y\text{는 서로 독립}$$

위 정리의 의미는 *joint p.d.f.*가

$$(x\text{만의 함수}) \times (y\text{만의 함수})$$

의 형태로 표현되기만 하면 X와 Y는 서로 독립이며, 그렇지 않으면 독립이 아님을 의미한다. 이때 (x, y)의 범위(영역)도 (x 범위)×(y 범위)의 형태 즉, 사각형의 형태 $[(-\infty, \infty) \times (-\infty, \infty)$꼴 포함$]$로 표현되지 않으면 절대 두 변수가 독립이 될 수가 없음에 유의할 필요가 있다.

정리 2 X와 Y가 독립이면

(a) $u(X)$와 $v(Y)$도 독립이며, 따라서

(b) $E[u(X)v(Y)] = [E\,u(X)][E\,v(Y)]$

가 성립한다. 여기서 $u(X)$와 $v(Y)$는 각각 X와 Y만의 함수이다.

증명 (b) 기댓값의 정의를 이용하여 쉽게 보일 수 있다.

예제 1 $(X, Y) \sim f(x, y) = \begin{cases} x+y, & 0<x<1,\ 0<y<1 \\ 0, & otherwise \end{cases}$

일 때, X와 Y가 독립인가?

풀이 **[방법 1]** X와 Y의 $marginal\ p.d.f.$는

$$f_X(x) = \int_0^1 (x+y)dy = \begin{cases} x+\frac{1}{2}, & 0<x<1 \\ 0, & otherwise \end{cases}$$

$$\& \quad f_Y(y) = \begin{cases} y+\frac{1}{2}, & 0<y<1 \\ 0, & otherwise \end{cases}$$

이다. 따라서

$$f(x, y) \neq f_X(x) \cdot f_Y(y)$$

이므로 X와 Y는 독립이 아니다.

[방법 2] X와 Y의 영역은 $(0, 1) \times (0, 1)$로 곱의 형태로 표현되나, $f(x, y)$가 $g(x)h(y)$ 꼴로 분해되지 않으므로 X와 Y는 독립이 아니다. ■

예제 2 $Z \sim N(0, 1)$, $V \sim \chi^2(r)$이고, Z와 V가 독립일 때

$$T = \frac{Z}{\sqrt{V/r}}$$

의 기댓값은

$$E(T) = E(\frac{Z}{\sqrt{V/r}}) = \sqrt{r}E(Z)E(\frac{1}{\sqrt{V}})$$

을 통해 $E(T)=0$이 됨을 알 수 있다. ■

[참고] 위의 예제에서 T는 자유도가 r인 t분포의 정의로 사용된다(6장 [정의 1] 참고).

예제 3 두 확률변수의 비 $\frac{X}{Y}$와 그의 분모 Y가 독립이면

$$E\left[\left(\frac{X}{Y}\right)^k\right] = \frac{E(X^k)}{E(Y^k)}$$

이 성립함을 보여라. 단 $E(Y^k) \neq 0$ $(k=1, 2, \cdots)$이다.

풀이 $\frac{X}{Y}$와 Y가 독립이면, $\left(\frac{X}{Y}\right)^k$와 Y^k도 독립이므로

$$E\left[\left(\frac{X}{Y}\right)^k Y^k\right] = E\left[\left(\frac{X}{Y}\right)^k\right]E[Y^k]$$

이고, 위 식의 좌변이 $E(X^k)$이므로 위 결과가 성립된다. ■

다음의 정리는 $m.g.f.$를 이용하여 독립성을 보이는 데 유용하다.

정리 3 $(X, Y) \sim M(t_1, t_2)$일 때,

$$M(t_1, t_2) = M(t_1, 0)M(0, t_2)$$

$$\Leftrightarrow X\text{와 } Y\text{는 서로 독립}$$

위의 정리에서

$$M(t_1,\,0) = E\,e^{t_1 X} = M_X(t_1)$$

$$M(0,\,t_2) = E\,e^{t_2 Y} = M_Y(t_2)$$

이며, 이는 각각 X와 Y의 *marginal m.g.f.*가 되며, 이에 대응하는 분포가 X와 Y의 *marginal p.d.f.*가 된다.

예제 4 $(X,\,Y)$의 *p.d.f.*가

$$f(x,\,y) = \begin{cases} \dfrac{n!}{x!y!(n-x-y)!}\,p_1^x p_2^y p_3^{n-x-y}, & x, y = 0, 1, \cdots, n,\ x+y \le n \\ 0, & otherwise \end{cases}$$

일 때, $(X,\,Y)$는 삼항분포(trinomial distribution)를 따른다고 하고, 기호로는 $(X,\,Y) \sim Trinomial(n,\,p_1,\,p_2)$로 나타낸다. 여기서 $0 < p_1,\,p_2 < 1$, $p_3 = 1 - p_1 - p_2$이다.

이때, $(X,\,Y)$의 *joint m.g.f.*는

$$\begin{aligned} M(t_1,\,t_2) &= \sum_{x=0}^{n}\sum_{y=0}^{n-x} e^{t_1 x + t_2 y}\,\frac{n!}{x!y!(n-x-y)!}\,p_1^x p_2^y p_3^{n-x-y} \\ &= \sum_{x=0}^{n}\sum_{y=0}^{n-x} \frac{n!}{x!y!(n-x-y)!}(p_1 e^{t_1})^x (p_2 e^{t_2})^y p_3^{n-x-y} \\ &= (p_1 e^{t_1} + p_2 e^{t_2} + p_3)^n \end{aligned}$$

이 된다. X와 Y의 *marginal m.g.f.*는

$$\begin{aligned} M_X(t_1) &= M(t_1,\,0) \\ &= (p_1 e^{t_1} + p_2 + p_3)^n = [p_1 e^{t_1} + (1 - p_1)]^n, \end{aligned}$$

$$M_Y(t_2) = M(0,\ t_2)$$
$$= (p_1 + p_2 e^{t_2} + p_3)^n = [p_2 e^{t_2} + (1-p_2)]^n$$

이므로

$$X \sim B(n,\ p_1), \quad Y \sim B(n,\ p_2)$$

이다. 또한

$$M(t_1,\ t_2) \neq M(t_1,\ 0)M(0,\ t_2)$$

이므로 X와 Y는 서로 독립이 아니라고 말할 수 있다. ■

4.2 연습문제

1 $X, Y \sim G(p)$이고 X와 Y가 독립일 때, $P(X=Y)$를 구하여라.

[Hint] $P(X=Y) = \sum_{i=1}^{\infty} P(X=x,\ Y=x)$을 이용할 것.

2 $(X,\ Y) \sim f(x, y) = \begin{cases} \dfrac{1+xy}{4}, & |x|<1,\ |y|<1 \\ 0, & otherwise \end{cases}$ 일 때, (a) X와 Y는 독립이 아니며 (b) X^2과 Y^2은 독립임을 보여라.

[Hint] (b)는 [정의 5]를 이용할 것.

3 X_1, X_2가 독립이고 아래의 분포

$$f(x) = P(X=x) = \begin{cases} \dfrac{1}{2}, & x = 1,\ -1 \\ 0, & otherwise \end{cases}$$

를 공통으로 가진다고 하자. $X_3 = X_1 X_2$라고 할 때, X_1, X_2, X_3가 쌍별 독립이지만 서로 독립은 아님을 보여라.

[Hint] 쌍별 독립(pairwise independent)과 서로 독립(mutually independent)의 차이를 이해할 것.

4.3 조건부분포와 조건부기댓값

정의 7 조건부확률밀도함수

(X, Y)가 $f(x, y)$를 따른다고 하자. $Y=y$로 주어질 때, X의 조건부확률밀도함수(conditional probability density function, *conditional p.d.f.*)는

$$f(x|y) = \frac{f(x, y)}{f(y)}, \quad f(y) > 0$$

으로 정의되며, 기호로는 $X|y$ 또는 $X|Y=y \sim f(x|y)$로 나타낸다.

(X, Y)가 이산형일 때, 조건부확률밀도함수 $f(x|y)$는 다음의 조건

(a) $f(x|y) \geq 0 \quad \text{for all } x$

(b) $\sum_x f(x|y) = 1$

(c) $P(a \leq X \leq b|\, Y=y) = \sum_{x \in [a,b]} f(x|y)$

을 만족한다.

(X, Y)가 연속형일 때, 조건부확률밀도함수 $f(x|y)$는 다음의 조건

(a) $f(x|y) \geq 0 \quad \text{for all } x$

(b) $\int_{-\infty}^{\infty} f(x|y)dx = 1$

(c) $P(a \leq X \leq b \,|\, Y=y) = \int_a^b f(x \,|\, y)dx$

을 만족한다.

|Remarks| 조건부확률밀도함수 $f(x \mid y)$의 의미는 다음과 같다.

1. (X, Y)가 이산형인 경우에는

$$f(x \mid y) = \frac{P(X=x,\ Y=y)}{P(Y=y)}$$

으로 $Y=y$상에 있는 확률이 0 이상인 점들만으로, 전체 확률의 합이 1이 되도록 만든 분포라고 말할 수 있다.

2. (X, Y)가 연속형인 경우에는 $Y=y$상의 확률은 0이므로

$$f(x \mid y) \approx \frac{f(x,\ y)\triangle x \triangle y}{f(y)\triangle y} = \frac{f(x,\ y)}{f(y)}\triangle x$$

으로 정의하면 된다.

예제 1 $(X,\ Y) \sim f(x,\ y) = \begin{cases} \dfrac{x+y}{21}, & x=1,2,3,\ \ y=1,2 \\ 0, & otherwise \end{cases}$ 일 때, X와 Y의 $marginal\ \ p.d.f.$는

$$f_1(x) = \sum_y f(x,\ y) = \begin{cases} \dfrac{2x+3}{21}, & x=1,2,3 \\ 0, & otherwise \end{cases}$$

$$\&\quad f_2(y) = \sum_x f(x,\ y) = \begin{cases} \dfrac{3y+6}{21}, & y=1,2 \\ 0, & otherwise \end{cases}$$

이고, $X|y$와 $Y|x$의 $conditional\ \ p.d.f.$는

$$f(x|y) = \frac{f(x,\ y)}{f_2(y)} = \begin{cases} \dfrac{x+y}{3y+6}, & x=1,2,3\ (y=1,2) \\ 0, & otherwise \end{cases}$$

$$\& \quad g(y|x) = \frac{f(x,y)}{f_1(x)} = \begin{cases} \frac{x+y}{2x+3}, & y=1,2\ (x=1,2,3) \\ 0, & otherwise \end{cases}$$

이다. 직관적인 이해를 위해 위의 *joint p.d.f.*를 표로 나타내면

y \ x	1	2	3	합
1	2/21	3/21	4/21	9/21
2	3/21	4/21	5/21	12/21
합	5/21	7/21	9/21	1

이다. 이로부터 $X|Y=1$과 $X|Y=2$의 *conditional p.d.f.*는

$$f(x|1) = \begin{cases} \frac{2}{9}, & x=1 \\ \frac{3}{9}, & x=2 \\ \frac{4}{9}, & x=3 \\ 0, & otherwise \end{cases} \quad \& \quad f(x|2) = \begin{cases} \frac{3}{12}, & x=1 \\ \frac{4}{12}, & x=2 \\ \frac{5}{12}, & x=3 \\ 0, & otherwise \end{cases}$$

이 됨을 쉽게 확인할 수 있다. ■

예제 2 $X \sim Poisson(\lambda_1)$, $Y \sim Poisson(\lambda_2)$이고 X와 Y가 독립일 때, $X|X+Y=t \sim B(t, p=\frac{\lambda_1}{\lambda_1+\lambda_2})$임을 보여라.

풀이

$$P(X=x|X+Y=t) = \frac{P(X=x, Y=t-x)}{P(X+Y=t)}$$

$$= \frac{\frac{e_1^{-\lambda}\lambda_1^x}{x!} \times \frac{e_2^{-\lambda}\lambda_2^{t-x}}{(t-x)!}}{\frac{e^{-(\lambda_1+\lambda_2)(\lambda_1+\lambda_2)^t}}{t!}} \quad (\because)\ X+Y \sim Poisson(\lambda_1+\lambda_2)$$

$$= \binom{t}{x}\left(\frac{\lambda_1}{\lambda_1+\lambda_2}\right)^x \left(1-\frac{\lambda_1}{\lambda_1+\lambda_2}\right)^{t-x}, \quad x=0,1,\cdots,t$$ ■

[참고] $X_i \sim indep.\ Poisson(\lambda_i)\ \ (i=1,2.\cdots,n)$일 때,

$$(X_1, X_2, \cdots, X_{n-1}) | \sum_{i=1}^{n} X_i = t \sim Multinomial(t, p_1, p_2, \cdots, p_n)$$이다.

정의 8 조건부기댓값

$(X, Y) \sim f(x, y)$라고 하자. $Y=y$일 때 $u(X)$의 조건부기댓값(conditional expectation)은

$$E[u(X)|y)] = \begin{cases} \sum_x u(x) f(x|y), & (X, Y): discrete \\ \int_{-\infty}^{\infty} u(x) f(x|y)\, dx, & (X, Y): continuous \end{cases}$$

으로 정의된다.

예를 들어, $Y=y$일 때 X의 조건부기댓값은

$$\mu_{X|y} \equiv E(X|y) = \begin{cases} \sum_x x f(x|y), & (X, Y): discrete \\ \int_{-\infty}^{\infty} x f(x|y)\, dx, & (X, Y): continuous \end{cases}$$

이고, $Y=y$일 때 X의 조건부분산은

$$\begin{aligned} \sigma^2_{X|y} \equiv Var(X|y) &= E\{[X - E(X|y)]^2 | y\} \\ &= E(X^2|y) - E(X|y)^2 \end{aligned}$$

으로 주어진다.

|Remarks| (중요) 1. 조건부기댓값 $E[u(X)|y]$는 y만의 함수임에 주의할 필요가 있다. 따라서 $E(X|y)$나 $Var(X|y)$도 모두 y만의 함수이다.

2. 조건부기댓값 $E[u(X)|y]$에서 소문자 y 대신 대문자 Y를 사용한 표현은

$$E[u(X)|Y] = E[u(X)|y]\,|_{y=Y}$$

을 의미한다.

예제 3 $(X, Y) \sim f(x, y) = \begin{cases} 2, & 0 < x < y < 1 \\ 0, & otherwise \end{cases}$

일 때, X의 $marginal\ p.d.f.$는

$$f_1(x) = \int_x^1 2\,dy = \begin{cases} 2(1-x), & 0 < x < 1 \\ 0, & otherwise \end{cases}$$

이고, $Y|x$의 $conditional\ p.d.f.$는

$$f(y|x) = \frac{f(x, y)}{f_1(x)} = \begin{cases} \dfrac{1}{1-x}, & x < y < 1 \quad (0 < x < 1) \\ 0, & otherwise \end{cases}$$

이다. 이로부터 $E(Y|x)$와 $Var(Y|x)$는

$$E(Y|x) = \int_x^1 y\,f(y|x)\,dy = \int_x^1 y\frac{1}{1-x}dy = \frac{1+x}{2}, \quad 0 < x < 1$$

$$\begin{aligned} Var(Y|x) &= E(Y^2\,|\,x) - E(Y|\,x)^2 \\ &= \int_x^1 y^2\frac{1}{1-x}dy - \left(\frac{1+x}{2}\right)^2 \\ &= \frac{1}{12}(x-1)^2, \quad 0 < x < 1 \end{aligned}$$

이다. 구체적인 확률계산의 예를 들면

$$\begin{aligned} P\left(\frac{5}{8} < Y < \frac{7}{8}\,|\,X = \frac{1}{4}\right) &= \int_{\frac{5}{8}}^{\frac{7}{8}} f(y\,|\,\frac{1}{4})\ dy \\ &= \int_{\frac{5}{8}}^{\frac{7}{8}} \frac{4}{3}\ dy = \frac{1}{3} \end{aligned}$$

이다. ■

|Remark| 위의 예제에서 (X, Y)의 분포는 아래의 음영 부분의 영역에서, $p.d.f.$의 높이가 일정한 균일분포를 따른다고 할 수 있다.

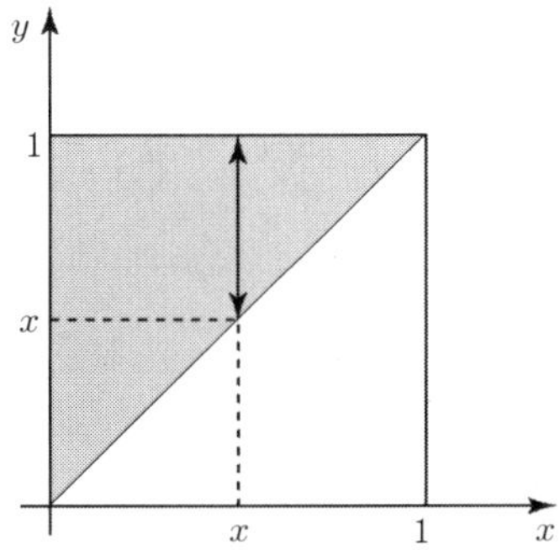

위 그림에서 $X = x$로 주어질 때 확률이 존재하는 Y의 공간은 구간 $[x, 1]$이고, 이 영역에서 확률이 균일하게 분포하므로 $Y \mid x \sim Uniform(x, 1)$이 되고, 균일분포의 성질에 의해

$$E(Y|x) = \frac{x+1}{2}, \quad Var(Y|x) = \frac{(1-x)^2}{12}$$

이 되는 것은 직관적으로 당연한 결과이다.

또한, 위 그림으로부터 $X = 1/4$로 주어질 때 $Y|X = 1/4$은 $U(1/4, 1)$이므로

$$P\left(\frac{5}{8} < Y < \frac{7}{8} \mid X = \frac{1}{4}\right) = \left(\frac{7}{8} - \frac{5}{8}\right) / \left(1 - \frac{1}{4}\right) = \frac{1}{3}$$

이 됨은 자명하다.

예제 4 $(X, Y) \sim f(x, y) = \begin{cases} 1, & |y| < x,\ 0 < x < 1 \\ 0, & otherwise \end{cases}$ 일 때, X와 Y의 $marginal$ $p.d.f.$는

$$f_1(x) = \begin{cases} \int_{-x}^{x} 1dy = 2x, & 0 < x < 1 \\ 0, & otherwise \end{cases}$$

$$\& \quad f_2(y) = \begin{cases} \int_{y}^{1} 1dy = 1 - y, & 0 < y < 1 \\ \int_{-y}^{1} 1dy = 1 + y, & -1 < y < 0 \\ 0, & otherwise \end{cases}$$

$$= \begin{cases} 1 - |y|, & |y| < 1 \\ 0, & otherwise \end{cases}$$

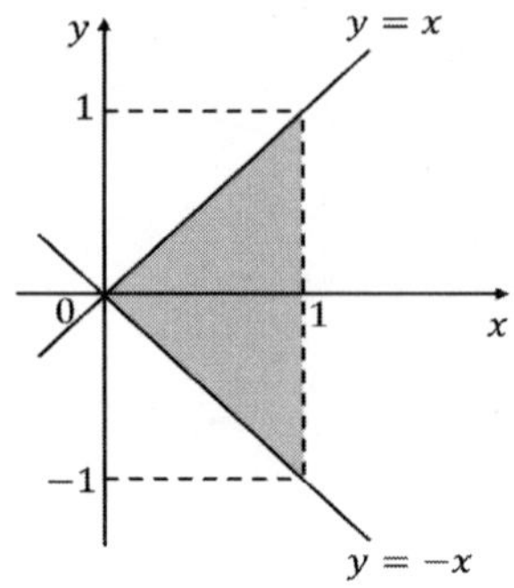

이고, $X|y$와 $Y|x$의 *conditional p.d.f.*는

$$f(x|y) = \begin{cases} \dfrac{1}{1-|y|}, & |y| < x < 1 \ (-1 < y < 1) \\ 0, & otherwise \end{cases}$$

$$\& \quad f(y|x) = \begin{cases} \dfrac{1}{2x}, & |y| < x \ (0 < x < 1) \\ 0, & otherwise \end{cases}$$

이다. 이로부터 조건부기댓값을 계산하면

$$E(X|y) = \int_{|y|}^{1} x \frac{1}{1-|y|} dx = \frac{1+|y|}{2} \quad (-1 < y < 1)$$

$$\& \quad E(Y|x) = \int_{-x}^{x} \frac{y}{2x} dy = 0 \quad (0 < x < \infty)$$

이다. 참고로, $E(XY) = \int_0^1 \int_{-x}^{x} xyf(x, y)\,dxdy = \int_0^1 x\left[\int_{-x}^{x} ydy\right]dx = 0$, $E(X) = \int_0^1 2x^2 dx = \frac{2}{3}$, $E(Y) = \int_0^1 y(1-y)dy + \int_{-1}^{0} y(1+y)dy = 0$이므로, $Cov(X, Y) = E(XY) - E(X)E(Y) = 0$이고 $\rho = Corr(X, Y) = 0$이다. ■

예제 5 $(X, Y) \sim Trinomial(n, p_1, p_2)$일 때, $Y|X=x$의 조건부 $p.d.f.$는

$$X \sim B(n, p_1)$$

으로부터(4.2절 [예제 4] 참고)

$$f(y|x) = \frac{f(x, y)}{f(x)}$$

$$= \frac{\dfrac{n!}{x!y!(n-x-y)!}p_1^x p_2^y p_3^{n-x-y}}{\dfrac{n!}{x!(n-x)!}p_1^x (1-p_1)^{n-x}}$$

$$= \begin{cases} \dfrac{(n-x)!}{y!(n-x-y)!}\left(\dfrac{p_2}{1-p_1}\right)^y\left(\dfrac{p_3}{1-p_1}\right)^{n-x-y}, & y = 0, 1, \cdots, n-x \\ 0, \quad otherwise \end{cases}$$

이므로

$$Y|X=x \sim B(n-x, \frac{p_2}{1-p_1})$$

이다. 이로부터 조건부기댓값은

$$E(Y|x) = (n-x)\frac{p_2}{1-p_1}$$

이 된다.

마찬가지로 $X|Y=y \sim B(n-y, \dfrac{p_1}{1-p_2})$이고, $E(X|y) = (n-y)\dfrac{p_1}{1-p_2}$이 된다. ■

예제 6 확률변수 X가 연속형으로 누적분포함수 $F(x)$와 확률밀도함수 $f(x)$를 가진다고 하자.

(a) $x \geq c$에 대해,

$$P(X \le x \mid X \ge c) = \frac{F(x) - F(c)}{1 - F(c)}$$

이 성립함을 보이고, 위 식의 미분이

$$\frac{f(x)}{1 - F(c)}, \quad x \ge c$$

임을 보여라.

[참고] 위의 조건부확률과 미분식은 각각 분포함수와 밀도함수의 조건을 만족하며, $F_X(x \mid X \ge c)$와 $f_X(x \mid X \ge c)$로 표현할 수 있다.

(b) 특정 전기부품의 수명 X가 평균이 100시간인 지수분포를 따른다고 하자. 이 부품이 이미 30시간을 사용하였다고 할 때, X의 기댓값을 구하여라.

풀이

(a) $P(X \le x \mid X \ge c) = \dfrac{P(X \le x, X \ge c)}{P(X \ge c)} = \dfrac{P(c \le X \le x)}{1 - F(c)}, \quad x \ge c$

$$= \frac{F(x) - F(c)}{1 - F(c)}$$

이고,

$$\frac{d}{dx} P(X \le x \mid X \ge c) = \frac{f(x)}{1 - F(c)}, \quad x \ge c$$

이다.

(b) $E(X \mid X \ge c) = \displaystyle\int_c^\infty x \cdot f_X(x \mid X \ge c)\, dx = \frac{1}{1 - F(c)} \int_c^\infty x \cdot f(x)\, dx$

$$\left(F(c) = \int_0^c f(x)\, dx = \int_0^c \frac{1}{100} e^{-\frac{x}{100}}\, dx = 1 - e^{-\frac{c}{100}}\right)$$

$$= e^{\frac{c}{100}} \int_c^\infty x \cdot \left(\frac{1}{100} e^{-\frac{x}{100}}\right) dx = c + 100.$$

따라서 $c = 30 \Rightarrow E(X \mid X \ge c) = 130$이다. ∎

[비교] 위의 결과와 지수분포의 무기억성을 비교해 보기 바란다.

[요약] X가 연속형 확률변수로 분포함수 $F(x)$와 확률밀도함수 $f(x)$를 가질 때, 다음이 성립한다.

(i) (조건부확률) $P(X \le x \mid X \ge c) = \dfrac{F(x) - F(c)}{1 - F(c)}$ for $x \ge c$.

(ii) (조건부기댓값) $E(X \mid X \ge c) = \dfrac{1}{1 - F(c)} \displaystyle\int_c^\infty x f(x)\, dx$.

정리 4 이중기댓값정리(Double Expectation Theorem) 또는 총 평균의 법칙(Law of Total Expectation)

두 확률변수 X와 Y에 대하여

$$E(X) = E[E(X \mid Y)]$$

이 성립한다.

증명 기댓값의 정의로부터

$$\begin{aligned}
E[E(X \mid Y)] &= E\varphi(Y), \quad \varphi(Y) = E(X \mid Y) \\
&= \int_{-\infty}^{\infty} \varphi(y) f(y)\, dy \\
&= \int_{-\infty}^{\infty} \left[\int_{-\infty}^{\infty} x f(x \mid y) dx \right] f(y)\, dy \\
&= \int_{-\infty}^{\infty} \int_{-\infty}^{\infty} x f(x, y)\, dx\, dy \\
&= E(X)
\end{aligned}$$

이 성립된다.

이중기댓값정리는 다음과 같이

(비조건부) 기댓값 = 조건부기댓값의 평균

으로 해석될 수 있다.

위의 정리를 일반화하면

$$E[u(X)] = E[E\{u(X)|Y\}]$$

이다.

정리 5 총 분산의 법칙(Law of Total Variance)

두 확률변수 X와 Y에 대하여

$$Var(X) = E[Var(X|Y)] + Var[E(X|Y)]$$

이 성립한다.

증명

$$\begin{aligned} Var(X|Y) &= E(X^2|Y) - E(X|Y)^2 \\ &= E(X^2|Y) - \varphi(Y)^2, \quad \varphi(Y) = E(X|Y) \end{aligned}$$

이므로

$$\begin{aligned} E[Var(X|Y)] &= E[E(X^2|Y)] - E[\varphi(Y)^2] \\ &= E(X^2) - E[\varphi(Y)^2] \end{aligned}$$

이고,

$$\begin{aligned} Var[E(X|Y)] &= Var[\varphi(Y)], \quad \varphi(Y) = E(X|Y) \\ &= E[\varphi(Y)^2] - [E\varphi(Y)]^2 \\ &= E[\varphi(Y)^2] - E(X)^2 \end{aligned}$$

이므로, 위 사실이 증명된다.

위의 [정리 5]는 다음과 같이

(비조건부)분산 = 조건부분산의 기댓값 + 조건부기댓값의 분산

으로 해석될 수 있다.

예제 7 앞의 [예제 1]에서 $E(X)=E[E(X \mid Y)]$임을 보이시오.

풀이 먼저

$$E(X \mid y)=\sum_{x=1}^{3} x f(x \mid y)$$

$$=\sum_{x=1}^{3} x \frac{x+y}{3y+6}=\frac{6y+14}{3y+6}, \quad y=1,2$$

으로부터

$$E[E(X \mid Y)]=\sum_{y=1}^{2} E(X \mid y) f_2(y)=E(X \mid 1) f_2(1)+E(X \mid 2) f_2(2)$$

$$=\frac{20}{9} \cdot \frac{9}{21}+\frac{13}{6} \cdot \frac{12}{21}=\frac{46}{21}$$

이다. 또한

$$E(X)=\sum_{x=1}^{3} x f_1(x)=\sum_{x=1}^{3} x \frac{2x+3}{21}=\frac{46}{21}$$

이다. ■

예제 8 $X_1, X_2, \cdots, X_n, \cdots$을 평균 μ_X, 분산 σ_X^2인 분포로부터의 확률표본의 수열이라고 하자. N이 정수값을 가지는 확률변수일 때, 확률변수들의 랜덤합(random sum) $S_N=\sum_{i=1}^{N} X_i$의 기댓값과 분산을 구하여라.

풀이 다음의 관계식

$$E(S_N)=E\left[E\left(S_N \mid N\right)\right]$$

에서

$$E(S_N \mid N=n) = E(\sum_{i=1}^{n} X_i) = n\,\mu_X$$

이므로

$$E(S_N) = E(N\,\mu_X) = \mu_X\, E(N) = \mu_X\, \mu_N$$

이다(이는 Wald의 방정식으로 알려져 있다). 또한

$$Var(S_N \mid N=n) = Var(\sum_{i=1}^{n} X_i) = n\sigma_X^2 \quad (X_i \text{가 } i.i.d. \text{이므로})$$

이므로

$$\begin{aligned} Var(S_N) &= E[Var(S_N \mid N)] + Var[E(S_N \mid N)] \\ &= E(N\sigma_X^2) + Var(N\mu_X) \\ &= \sigma_X^2\, E(N) + \mu_X^2\, Var(N) \\ &= \sigma_X^2\, \mu_N + \sigma_N^2\, \mu_X^2 \end{aligned}$$

이다. ■

정리 6 [정리 5]의 확장으로, 총 공분산의 법칙(Law of Total Covariance)을 증명 없이 소개하면 다음과 같다:

$$Cov(X, Y) = E[Cov(X, Y \mid Z)] + Cov[E(X \mid Z), E(Y \mid Z)].$$

4.3 연습문제

1 $(X, Y) \sim f(x,y) = \begin{cases} 3x, & 0 < y < x < 1 \\ 0, & otherwise \end{cases}$ 일 때, 다음을 구하여라.

(a) X와 Y의 $marginal\ p.d.f.$와 $X|y$의 $conditional\ p.d.f.$를 구하여라.

(b) $P\left(X \le \frac{3}{4} \mid Y \le \frac{1}{2}\right)$와 $P\left(X \le \frac{3}{4} \mid Y = \frac{1}{2}\right)$을 구하여라.

2. $X, Y \sim G(p)$이고 X와 Y가 독립일 때, $X|X+Y=t \sim Uniform\{1,2,\cdots,t-1\}$ 임을 보여라.

3. $X \sim B(m,p)$, $Y \sim B(n,p)$이고 X와 Y가 독립일 때, $X|X+Y=t \sim Hyper(m+n, t, m)$임을 보여라.

4.4 상관계수

$(X, Y) \sim f(x, y)$일 때, 두 변수 X와 Y 간의 선형관계의 정도를 나타내는 양으로 공분산과 상관계수가 있다.

정의 9 공분산

확률변수 X와 Y의 공분산(covariance)은

$$\begin{aligned}\sigma_{XY} = Cov(X, Y) &= E(X-\mu_X)(Y-\mu_Y) \\ &= E(XY) - \mu_X \mu_Y\end{aligned}$$

으로 정의한다.

공분산은 X와 Y가 그들의 평균으로부터 동시에 커지거나 작아지는 경향이 강할수록 양의 큰 값을 가지며, X가 커질 때 Y가 작아지거나 그 반대의 현상이 강할수록 음의 큰 값을 가지게 된다. 따라서 (X, Y)의 결합분포의 확률이 양의 기울기를 가지는 직선에 집중될수록 공분산은 양의 큰 값을, 음의 기울기를 가지는 직선에 집중될수록 음의 큰 값을 가진다. 공분산이 0인 경우는 (X, Y)의 결합분포의 확률이 (μ_X, μ_Y)점으로부터 이차원 공간상에 균등하게(거리와 방향에 치우침이 없이) 퍼져

있는 경우라고 할 수 있다.

공분산의 크기는 X와 Y가 취하는 값의 단위에 의존하므로, 그 값만으로 두 변수 간의 선형관계의 정도(degree)를 가늠할 수 없다. 따라서 X와 Y의 표준화된 확률변수 간의 공분산을 다음과 같이 상관계수로 정의한다.

정의 10 상관계수

X와 Y의 상관계수(correlation coefficient)는

$$\rho_{XY}(\text{또는 } \rho) = Corr(X, Y) = E\left(\frac{X-\mu_X}{\sigma_X}\right)\left(\frac{Y-\mu_Y}{\sigma_Y}\right)$$
$$= \frac{Cov(X, Y)}{\sigma_X \sigma_Y}$$

으로 정의한다.

|Remark| 상관계수는 $|\rho| \le 1$을 만족하며, 단위에 무관한 측도이므로 두 변수 간의 선형관계를 상대적으로 비교하는 데 유용하다. $|\rho|$의 값이 클수록(두 변수 간에 선형성이 강할수록) 직선관계를 통해 한 변수로부터 다른 변수에 대한 예측이 잘 이루어질 수 있음을 의미한다.

공분산과 관련된 중요한 성질은 다음과 같다. 먼저 a, b, c, d를 상수, X, Y를 확률변수라고 할 때, 다음의 관계

(i) $Cov(aX+b, cY+d) = ac\, Cov(X, Y)$

(ii) $Var(aX \pm bY) = Cov(aX \pm bY, aX \pm bY)$
$$= a^2 Var(X) + b^2 Var(Y) \pm 2ab\, Cov(X, Y)$$

가 성립된다.

위의 성질 (ii)는 다음과 같이 일반화된다.

$$
\begin{aligned}
Var\left(\sum_{i=1}^{n} a_i X_i\right) &= Cov\left(\sum_{i=1}^{n} a_i X_i,\ \sum_{j=1}^{n} a_j X_j\right) \\
&= \sum_{i=1}^{n}\sum_{j=1}^{n} a_i a_j\, Cov(X_i, X_j) \\
&= \sum_{i=1}^{n} a_i^2\, Var(X_i) + 2\sum\sum_{i<j} a_i a_j\, Cov(X_i, X_j)
\end{aligned}
$$

이를 더욱 확장하면

$$
Cov\left(\sum_{i=1}^{m} a_i X_i,\ \sum_{j=1}^{n} b_j Y_j\right) = \sum_{i=1}^{m}\sum_{j=1}^{n} a_i b_j\, Cov(X_i, Y_j)
$$

이 된다. 예를 들어,

$$
\begin{aligned}
Cov(X+Y, X-Y) &= Cov(X, X) - Cov(X, Y) + Cov(Y, X) - Cov(Y, Y) \\
&= Var(X) - Var(Y)
\end{aligned}
$$

이다.

예제 1 빨간(red) 공 3개, 검은(black) 공 2개가 들어있는 상자에서 2개의 공을 비복원으로 임의추출하는 실험에서 $X=$ 빨간 공의 수, $Y=$검은 공의 수로 각각 정의할 때, $Cov(X, Y)$를 구해보자. $Y=2-X$이므로,

$$
\begin{aligned}
Cov(X, Y) &= Cov(X, 2-X) = -Cov(X, X) = -Var(X) \\
&= -\frac{N-n}{N-1} n \frac{D}{N}\left(1-\frac{D}{N}\right) = -\frac{3}{4}\cdot 2 \cdot \frac{3}{5}\cdot\frac{2}{5} = -\frac{9}{25}
\end{aligned}
$$

이다.

예제 2 $X_1, X_2, \cdots, X_n$이 아래 조건

$$Cov(X_i, X_j) = \begin{cases} \sigma^2, & i = j \\ \rho\sigma^2, & i \neq j \end{cases} \qquad (-1 < \rho < 1)$$

을 만족하는 확률변수일 때, $Cov(\overline{X}, X_i - \overline{X}) = 0$임을 보여라.

풀이
$$\begin{aligned} Cov(\overline{X}, X_i - \overline{X}) &= E\left[(\overline{X} - E(\overline{X}))(X_i - \overline{X} - E(X_i - \overline{X}))\right] \\ &= E\left[(\overline{X} - E(\overline{X}))(X_i - E(X_i) - \overline{X} + E(\overline{X}))\right] \\ &= Cov(\overline{X}, X_i) - Cov(\overline{X}, \overline{X}). \end{aligned}$$

(i) $$\begin{aligned} Cov(\overline{X}, X_i) &= Cov(\frac{1}{n}\sum_{j=1}^{n} X_j, X_i) \\ &= \frac{1}{n} Cov(X_i, X_i) + \frac{n-1}{n} Cov(X_i, X_j) \\ &= \frac{\sigma^2}{n} + \frac{n-1}{n}\rho\sigma^2. \end{aligned}$$

(ii) $$\begin{aligned} Cov(\overline{X}, \overline{X}) &= Var(\overline{X}) = \frac{1}{n^2} Var(\sum X_i) \\ &= \frac{1}{n^2}\left[\sum Var(X_i) + 2\sum\sum_{i<j} Cov(X_i, X_j)\right] \\ &= \frac{1}{n^2}\left[n\sigma^2 + n(n-1)\rho\sigma^2\right] = \frac{\sigma^2}{n} + \frac{n-1}{n}\rho\sigma^2. \end{aligned}$$ ∎

예제 3* 2장의 [보조정리 2]에서와 같이 초기하분포의 확률실험에서

$$X_i = \begin{cases} 1, & i-\text{번째 추출 결과가 불량품} \\ 0, & \text{그 외} \end{cases}$$

으로 정의할 때, $Y = \sum_{i=1}^{n} X_i$는 $Hyper(N, n, D)$를 따른다. 이때 Y의 기댓값과 분산을 구하여라.

풀이 $E(Y)=E(\sum_{i=1}^{n}X_i)=\sum_{i=1}^{n}E(X_i)=n\dfrac{D}{N}.$

$$Var(Y)=Var(\sum_{i=1}^{n}X_i)=\sum_{i=1}^{n}Var(X_i)+2\sum\sum_{i<j}Cov(X_i,X_j).$$

위 식에서

$$Var(X_i)=\frac{D}{N}\left(1-\frac{D}{N}\right),$$

$$\begin{aligned}Cov(X_i,X_j)&=E(X_iX_j)-E(X_i)E(X_j)=\frac{D(D-1)}{N(N-1)}-\left(\frac{D}{N}\right)^2\\&=-\frac{D}{N}\left[\frac{N-D}{N(N-1)}\right]\quad\left(\text{또는 }-\left(\frac{D}{N}\right)\left(1-\frac{D}{N}\right)\left(\frac{1}{N-1}\right)\right)\end{aligned}$$

이다. 따라서

$$\begin{aligned}Var(Y)&=\sum_{i=1}^{n}\left(\frac{D}{N}\right)\left(1-\frac{D}{N}\right)-2\sum\sum_{i<j}\left(\frac{D}{N}\right)\left[\frac{N-D}{N(N-1)}\right]\\&=n\left(\frac{D}{N}\right)\left(1-\frac{D}{N}\right)-n(n-1)\left(\frac{D}{N}\right)\left[\frac{N-D}{N(N-1)}\right]\\&=n\left(\frac{D}{N}\right)\left(\frac{N-D}{N}\right)\left(1-\frac{n-1}{N-1}\right)\\&=n\left(\frac{D}{N}\right)\left(1-\frac{D}{N}\right)\left(\frac{N-n}{N-1}\right)\end{aligned}$$

이다. 이 결과는 2장에서 유도한 결과와 동일하다. ■

정리 7 $X_1, X_2, \ldots, X_n$이 $i.i.d.$ 확률변수일 때,

$$Cov(\sum_{i=1}^{n}a_iX_i,\ \sum_{i=1}^{n}b_iX_i)=0$$

이 성립하기 위한 필요충분조건은

$$\sum_{i=1}^{n} a_i b_i = 0$$

이다.

|Remark| 통계학에서 $Cov(\Sigma a_i X_i, \Sigma b_i X_i) = 0$일 때, X_i들의 두 선형결합 $\Sigma a_i X_i$와 $\Sigma b_i X_i$가 서로 직교(orthogonal)관계에 있다고 한다. 여기서 $a = (a_1, \cdots, a_n)'$와 $b = (b_1, \cdots, b_n)'$은 $n-$차원 공간에서 새로운 축의 방향을 나타내는 계수 벡터이다.

공분산과 상관계수를 $joint\ m.g.f.$를 이용하여 구하는 방법은 다음과 같다.

$(X, Y) \sim M(t_1, t_2)$일 때,

$$\frac{\partial^{k+m} M(t_1, t_2)}{\partial t_1^k \, \partial t_2^m} = \int_{-\infty}^{\infty}\int_{-\infty}^{\infty} x^k y^m e^{t_1 x + t_2 y} f(x, y) dx dy$$

이므로

$$\frac{\partial^{k+m} M(0, 0)}{\partial t_1^k \, \partial t_2^m} \equiv \left.\frac{\partial^{k+m} M(t_1, t_2)}{\partial t_1^k \, \partial t_2^m}\right|_{t_1 = t_2 = 0}$$

$$= \int_{-\infty}^{\infty}\int_{-\infty}^{\infty} x^k y^m f(x, y) dx dy$$

$$= E(X^k Y^m)$$

이다. 예를 들어

$$E(X) = \frac{\partial M(0, 0)}{\partial t_1}, \quad E(Y) = \frac{\partial M(0, 0)}{\partial t_2}$$

$$E(X^2) = \frac{\partial^2 M(0, 0)}{\partial t_1^2}, \quad E(Y^2) = \frac{\partial^2 M(0, 0)}{\partial t_2^2}$$

$$E(XY) = \frac{\partial^2 M(0, 0)}{\partial t_1 \partial t_2}$$

이고, 이를 이용하면 $Cov(X, Y)$와 $Corr(X, Y)$를 쉽게 구할 수 있다.

예제 4 $(X, Y) \sim Trinomial(n, p_1, p_2)$일 때,

$$X \sim B(n, p_1), \quad Y \sim B(n, p_2)$$

이므로

$$E(X) = np_1, \quad E(Y) = np_2$$

$$Var(X) = np_1(1-p_1), \quad Var(Y) = np_2(1-p_2)$$

이고,

$$\frac{\partial M(t_1, t_2)}{\partial t_1} = np_1 e^{t_1}(p_1 e^{t_1} + p_2 e^{t_2} + p_3)^{n-1}$$

$$\frac{\partial M(t_1, t_2)}{\partial t_1 \partial t_2} = n(n-1)p_1 p_2 e^{t_1 + t_2}(p_1 e^{t_1} + p_2 e^{t_2} + p_3)^{n-2}$$

으로부터

$$E(XY) = \frac{\partial^2 M(0, 0)}{\partial t_1 \partial t_2} = n(n-1)p_1 p_2$$

이므로

$$\begin{aligned} Cov(X, Y) &= n(n-1)p_1 p_2 - n^2 p_1 p_2 \\ &= -np_1 p_2 \end{aligned}$$

이다. 따라서

$$Corr(X, Y) = \frac{-np_1 p_2}{\sqrt{np_1(1-p_1)}\sqrt{np_2(1-p_2)}} = -\sqrt{\frac{p_1 p_2}{(1-p_1)(1-p_2)}}$$

이다. ■

4.5* 최소제곱의 원리

이 절은 건너뛰어도 무방하다. X와 Y가 종속적인 확률변수이고, X와 Y간의 함수적인 관계를 찾고자 한다. 그 관계를 $y=h(x)$라고 하자. 또한 $E(Y^2)$과 $E[h(X)]^2$가 모두 존재한다고 가정하자. 우리의 목적은 $h(x)$를 찾는 것이다. 최소제곱의 원리(principle of least squares)는

$$E[Y-h(X)]^2$$

이 최소가 되는 $h(x)$를 선택하는 것이다. 만약 (X, Y)가 연속형이라면

$$\begin{aligned} E[Y-h(X)]^2 &= \int\int [y-h(x)]^2 f(x, y)\,dx dy \\ &= \int_{-\infty}^{\infty} f(x)\left\{\int_{-\infty}^{\infty} [y-h(x)]^2 f(y|x)dy\right\}dx \end{aligned}$$

이고, 위 식의 최소화는

$$\int_{-\infty}^{\infty} [y-h(x)]^2 f(y|x)dy$$

의 최소화와 같다. 따라서

$$h(x)=E(Y|x)$$

이 된다. 유사한 방법으로, (X, Y)가 이산형인 경우에도 위 결과가 성립함을 보일 수 있다.

> **정의 11** Y의 X상 회귀
>
> 관계 $y=E(Y|x)$를 'Y의 X상 회귀(regression of Y on X)'라고 하고, $x=E(X|y)$를 'X의 Y상 회귀(regression of X on Y)'라고 한다.

실제로, X와 Y 간의 관계를 직선 식 $y=ax+b$를 이용하여 근사하는 데 관심이 있다. 이 경우, 최소제곱의 원리는

$$L=E(Y-aX-b)^2$$

을 최소로 하는 a와 b를 선택하는 것이다. 이를 위해 $\frac{\partial L}{\partial a}=0,\ \ \frac{\partial L}{\partial b}=0$을 만족하

는 다음 관계식(이를 정규방정식이라고 함)

$$aE(X)+b=E(Y),\quad aE(X^2)+bE(X)=E(XY)$$

으로부터, a와 b를 구하면 다음과 같다.

$$a=\frac{E(XY)-E(X)E(Y)}{E(X^2)-(EX)^2}=\frac{Cov(X,Y)}{Var(X)},\quad b=E(Y)-E(X)\frac{Cov(X,Y)}{Var(X)}. \tag{1}$$

따라서, 다음 관계식

$$y-E(Y)=\frac{Cov(X,Y)}{Var(X)}\{x-E(X)\} \tag{2}$$

를 얻게 된다. 위 식을 'Y의 X상 회귀직선(line of regression of Y on X)'이라 한다. 유사하게, 다음 식

$$x-E(X)=\frac{Cov(X,Y)}{Var(Y)}\{y-E(Y)\} \tag{3}$$

를 'X의 Y상 회귀직선(line of regression of X on Y)'이라 한다.

[주의] 식 (2)로부터 식 (3)이 직접 유도될 수 없음에 유의하기 바란다. 그 이유는 y와 x의 역할이 뒤바뀌기 때문이다. 즉, 식 (2)는 x를 원인 변수로 취하는 반면, 식 (3)은 y를 원인 변수로 취하고 $E(X-\alpha Y-\beta)^2$을 최소화하기 때문이다.

|Remark| 위에서 적용된 최소제곱의 원리는 다항식의 적합에도 유사하게 적용된다. 예를 들어, 다항식 $y=a+bx+cx^2+dx^3$의 적합 시, 정규방정식은 다음과 같이 주어진다:

$$\begin{gathered}
a+bE(X)+cE(X^2)+dE(X^3)=E(Y),\\
aE(X)+bE(X^2)+cE(X^3)+dE(X^4)=E(XY),\\
aE(X^2)+bE(X^3)+cE(X^4)+dE(X^5)=E(X^2Y),\\
aE(X^3)+bE(X^4)+cE(X^5)+dE(X^6)=E(X^3Y).
\end{gathered}$$

정의 12 회귀계수

식 (2)와 (3)에서, $\frac{Cov(X, Y)}{Var(X)}(\equiv \gamma_{Y|X})$를 '$Y$의 X상 회귀계수(coefficient of regression of Y on X)'라고 하고, $\frac{Cov(X, Y)}{Var(Y)}(\equiv \gamma_{X|Y})$를 '$X$의 Y상 회귀계수(coefficient of regression of X on Y)'라고 한다.

[주목] X와 Y 간의 상관계수는

$$\rho = \frac{Cov(X, Y)}{\sqrt{Var(X)}\sqrt{Var(Y)}} = \frac{E(XY) - E(X)E(Y)}{\sqrt{E(X^2) - (EX)^2}\sqrt{E(Y^2) - (EY)^2}}$$

이다. 상관계수와 두 회귀계수 간에는 다음의 관계가 성립한다: 즉,

$$\rho^2 = \gamma_{Y|X} \times \gamma_{X|Y}.$$

'(상관계수)^2 = 두 회귀계수의 곱'

예제 1 $(X, Y) \sim \begin{cases} e^{-y}, & 0 < x < y < \infty \\ 0, & otherwise \end{cases}$ 일 때, X와 Y의 $marginal\ p.d.f.$는

$$f_1(x) = \begin{cases} e^{-x}, & 0 < x < \infty \\ 0, & otherwise \end{cases} \quad \& \quad f_2(y) = \begin{cases} ye^{-y}, & 0 < y < \infty \\ 0, & otherwise \end{cases}$$

이고, $X|y$와 $Y|x$의 $conditional\ p.d.f.$는

$$f(x|y) = \begin{cases} \frac{1}{y}, & 0 < x < y\ (0 < y < \infty) \\ 0, & otherwise \end{cases}$$

$$\& \quad f(y|x) = \begin{cases} e^{x-y}, & x < y < \infty\ (0 < x < \infty) \\ 0, & otherwise \end{cases}$$

이다. 이로부터

$$E(X|y) = \int_0^y x\frac{1}{y}dx = \frac{y}{2}\ (0 < y < \infty),$$

$$E(Y|x) = \int_x^\infty ye^{x-y}dy = \int_0^\infty (u+x)e^{-u}du = x+1\ (0 < x < \infty)$$

이다. 따라서 X의 Y상의 회귀계수 $\gamma_{X|Y} = \dfrac{Cov(X,Y)}{Var(Y)} = \dfrac{1}{2}$이고, Y의 X상의 회귀계수 $\gamma_{Y|X} = \dfrac{Cov(X,Y)}{Var(X)} = 1$이다. 따라서 $\rho^2 = \gamma_{X|Y} \times \gamma_{Y|X} = \dfrac{1}{2}$이고 $\rho = +\sqrt{\dfrac{1}{2}}$이다($\rho$의 부호는 $Cov(X, Y)$의 부호와 같음). ■

정의 13 **'두 확률변수 X와 Y가 무상관'** $\Leftrightarrow$ $\rho = 0$.

[주의] 명백히, $\rho = 0$은 $Cov(X, Y) = 0$과 동치이다. 만약 X와 Y가 독립이라면, $Cov(X, Y) = 0$이고 X와 Y는 무상관이다. 만약 X와 Y가 무상관($\Leftrightarrow$ $Cov(X, Y) = 0$)이어도 X와 Y가 반드시 독립일 필요는 없다.

예제 2 U와 V가 같은 평균과 분산을 가지는 확률변수라고 하자. X와 Y를 $X = U + V$, $Y = U - V$라고 할 때,

$$Cov(X, Y) = E(U^2 - V^2) - E(U+V)E(U-V) = 0$$

이므로 X와 Y는 무상관이지만, 독립일 필요는 없다. ■

정리 8 **Cauchy–Schwarz 부등식**

두 확률변수 X와 Y가 $E(X^2) < \infty$, $E(Y^2) < \infty$일 때, 다음이 성립한다.

$$[E(XY)]^2 \le E(X^2)E(Y^2).$$

위 식에서 등호가 성립하는 필요충분조건은 '$P(Y = \alpha X) = 1$인 상수 α가 존재한다.'이다.

증명 임의의 실수 α에 대해,

$$E(Y-\alpha X)^2 = E(Y^2) - 2\alpha E(XY) + \alpha^2 E(X^2) \geq 0$$

이다. $\alpha = \dfrac{E(XY)}{E(X^2)}$로 놓으면

$$E(Y^2) - 2\frac{[E(XY)]^2}{E(X^2)} + \frac{[E(XY)]^2}{E(X^2)} = E(Y^2) - \frac{[E(XY)]^2}{E(X^2)} \geq 0$$

이고, 따라서 위 부등식이 성립한다. 위 식에서 등호는

$$E(Y-\alpha X)^2 = 0 \;\Leftrightarrow\; P(y = \alpha X) = 1$$

일 때 성립한다.

상관계수의 기본 성질과 관련된 두 가지 정리를 소개한다.

정리 9 (a) 두 확률변수 X와 Y의 상관계수는 다음을 만족한다: $|\rho| \leq 1$.
(b) $|\rho| = 1 \;\Leftrightarrow$ '$P(Y = aX + b) = 1$인 상수 a와 b가 존재한다.'

증명 $U = \dfrac{X - E(X)}{\sigma_X}$, $V = \dfrac{Y - E(Y)}{\sigma_Y}$라고 하자. Cauchy-Schwarz 부등식([정리 8])에 의해

$$[E(UV)]^2 \leq E(U^2)E(V^2)$$

이므로

$$\rho^2_{X,Y} \leq 1 \, (\Leftrightarrow |\rho| \leq 1)$$

이다. 위 식에서 등호는 $P(V = \alpha U) = 1$일 때 즉,

$$\frac{Y - E(Y)}{\sigma_Y} = \alpha \frac{X - E(X)}{\sigma_X}$$

일 때 성립하며, 이는

$$Y = \alpha \frac{\sigma_Y}{\sigma_X} X + \left[E(Y) - \alpha \frac{\sigma_Y}{\sigma_X} E(X) \right] \equiv aX + b$$

를 의미한다.

따름정리 1 '두 회귀직선 (2)와 (3)이 일치한다.' ⇔ 'ρ가 $+1$ 또는 -1이다.'

정리 10 $U = aX + b$이고 $V = cY + d$일 때, $\rho_{X,Y} = \pm \rho_{U,V}$이다.

증명 증명은 간단하므로 연습문제로 남긴다(연습문제 2번).

예제 3 X와 Y가 이산균일분포

$$P(X = k) = \frac{1}{N}, \quad k = 1, 2, \cdots, N \ (N > 1)$$

를 공통으로 가질 때, 다음이 성립한다.

$$E(X) = E(Y) = \frac{N+1}{2}, \ E(X^2) = E(Y^2) = \frac{(N+1)(2N+1)}{6},$$

$$Var(X) = Var(Y) = \frac{N^2 - 1}{12}.$$

또한,

$$\begin{aligned} E(XY) &= \frac{1}{2}\{E(X^2) + E(Y^2) - E(X-Y)^2\} \\ &= \frac{(N+1)(2N+1)}{6} - \frac{E(X-Y)^2}{2} \end{aligned}$$

이고, 이로부터 다음이 성립한다.

$$\begin{aligned} Cov(X, Y) &= \frac{(N+1)(2N+1)}{6} - \frac{E(X-Y)^2}{2} - \frac{(N+1)^2}{4} \\ &= \frac{(N+1)(N-1)}{12} - \frac{1}{2} E(X-Y)^2, \end{aligned}$$

$$\rho_{X,Y}(=\rho)=\frac{(N^2-1)/12-E(X-Y)^2/2}{(N^2-1)/12}=1-\frac{6E(X-Y)^2}{N^2-1}.$$

만약 $P(X=Y)=1$이면 $\rho=1$이고, 그 역도 성립한다. 만약 $P(Y=N+1-X)=1$이면

$$\begin{aligned}E(X-Y)^2&=E(2X-N-1)^2\\&=4\frac{(N+1)(2N+1)}{6}-4\frac{(N+1)^2}{2}+(N+1)^2\end{aligned}$$

이고, 따라서 $\rho=-1$이다(연습문제 3번). 역으로, $\rho=-1$이면, [정리 9]로부터, $P(Y=-aX+b)=1$인 상수 $a>0$와 b가 존재한다. 이때, a와 b는 다음 관계식

$$E(Y)=-aE(X)+b \quad \& \quad E(Y^2)=E(b-aX)^2$$

으로부터 $a=1, b=N+1$임을 쉽게 확인할 수 있다(연습문제 4번). 따라서 $P(Y=N+1-X)=1$이다. ▪

4.5 연습문제

❶ a와 b가 식 (1)로 주어질 때, $E(Y-a-bX)^2$을 구하여라.

❷ [정리 10]을 증명하여라.

❸ [예제 3]에서 $\rho=-1$임을 보여라.

❹ [예제 3]에서 $a=1, b=N+1$임을 보여라.

4.6 다항분포

앞 절에서 다루어진 삼항분포는 이항분포의 확장된 형태로 확률실험의 결과가 세 가지 유형 가운데 하나로 나타나는 경우의 실험을 독립적으로 n번 시행할 때

$$(X,\ Y) = (\text{유형 1에 속한 횟수, 유형 2에 속한 횟수})$$

에 대한 분포이다.

이 분포는 자연스럽게 다음의 다항분포(multinomial distribution)로 확장된다. 다항분포의 $p.d.f.$는

$$X = (X_1,\ \cdots,\ X_{k-1})$$

$$\sim f(x_1,\ \cdots,\ x_{k-1}) = \begin{cases} \dfrac{n!}{x_1!\ \cdots\ x_{k-1}!\,x_k!}\, p_1^{x_1} \cdots p_{k-1}^{x_{k-1}} p_k^{x_k}, & x_k = n - \sum_{i=1}^{k-1} x_i, \\ & x_i = 0, 1, \cdots, n\ (i = 1, \cdots, k-1) \\ 0, \quad otherwise & \end{cases}$$

이고, 이를 기호로는 $X = (X_1,\ \cdots,\ X_{k-1}) \sim Multinomial(n,\ p_1,\ \cdots,\ p_{k-1})$로 나타낸다. 여기서 $0 < p_i\ (i = 1,\ \cdots,\ k-1) < 1,\quad p_k = 1 - p_1 - \ \cdots - p_{k-1}$이다.

$X \sim Multinomial(n,\ p_1,\ \cdots,\ p_{k-1})$일 때, X의 $m.g.f.$는

$$M(t) = (p_1 e^{t_1} + \cdots + p_{k-1} e^{t_{k-1}} + p_k)^n$$

이고,

$$X \overset{d}{=} \sum_{i=1}^{n} Z_i,\ \ Z_i = (Z_1,\ \cdots,\ Z_{k-1}) \sim i.i.d.\ Multinomial(1,\ p_1,\ \cdots,\ p_{k-1})$$

이 성립한다.

또한 $m.g.f.$의 미분을 이용하여 다음의 사실이 성립함을 쉽게 보일 수 있다.

(i) $E(X_i) = np_i,\quad i = 1,\ \cdots,\ k-1$

(ii) $Cov(X_i, X_j) = \begin{cases} np_i(1-p_i), & i = j = 1,\ \cdots,\ k-1 \\ -np_ip_j, & i \neq j\ (i, j = 1,\ \cdots,\ k-1) \end{cases}$

(iii) $Corr(X_i, X_j) = -\sqrt{\dfrac{p_i p_j}{(1-p_i)(1-p_j)}}, \quad i \neq j \ (i, j = 1, \cdots, k-1)$

정리 11 $X = (X_1, \cdots, X_{k-1}) \sim Multinomial(n, p_1, \cdots, p_{k-1})$일 때, 다음이 성립한다.

(a) $X_i \sim B(n, p_i)$

(b) $(X_i, X_j) \sim Trinomial(n, p_i, p_j)$

(c) $X_i \mid X_j = x_j \sim B(n - x_j, \dfrac{p_i}{1-p_j})$

증명 (a)와 (b)는 $m.g.f.$를 이용하여 쉽게 보일 수 있다. (c)는 4.3절의 [예제 5]로부터 자명하다.

4.7 이변량 정규분포

이변량 정규분포(bivariate normal distribution)는 다음의 $p.d.f.$를 가진다.

$$f(x, y) = \frac{1}{2\pi\sigma_1\sigma_2\sqrt{1-\rho^2}} \exp\left[-\frac{1}{2(1-\rho^2)}\left\{\left(\frac{x-\mu_1}{\sigma_1}\right)^2 - 2\rho\left(\frac{x-\mu_1}{\sigma_1}\right)\left(\frac{y-\mu_2}{\sigma_2}\right) + \left(\frac{y-\mu_2}{\sigma_2}\right)^2\right\}\right], \quad -\infty < x < \infty, \ -\infty < y < \infty.$$

여기서 $-\infty < \mu_1, \mu_2 < \infty$, $\sigma_1^2 > 0$, $\sigma_2^2 > 0$, $-1 < \rho < 1$이다. 이 분포를 기호로는 $(X, Y) \sim N_2(\mu, \Sigma)$ 또는 $BVN(\mu_1, \mu_2, \sigma_1^2, \sigma_2^2, \rho)$으로 나타낸다. 여기서

$$\mu = (\mu_1, \mu_2), \quad \Sigma = \begin{pmatrix} \sigma_1^2 & \rho\sigma_1\sigma_2 \\ \rho\sigma_1\sigma_2 & \sigma_2^2 \end{pmatrix}$$

이다.

정리 12 $(X, Y) \sim N_2(\mu, \Sigma)$일 때, 다음 사실이 성립한다.

(a) $M(t_1, t_2) = \exp\left(\mu_1 t_1 + \mu_2 t_2 + \dfrac{\sigma_1^2 t_1^2 + 2\rho\sigma_1\sigma_2 t_1 t_2 + \sigma_2^2 t_2^2}{2}\right)$

(b) $X \sim N(\mu_1, \sigma_1^2)$, $\quad Y \sim N(\mu_2, \sigma_2^2)$

(c) $Y|X = x \sim N(\mu_2 + \rho\dfrac{\sigma_2}{\sigma_1}(x-\mu_1), \sigma_2^2(1-\rho^2))$

(d) $\rho = 0$이면 X와 Y가 독립이다.

(e) $aX + bY \sim N(a\mu_1 + b\mu_2, a^2\sigma_1^2 + 2ab\rho\sigma_1\sigma_2 + b^2\sigma_2^2)$

(f) $(W_1, W_2) = \left(\dfrac{X-\mu_1}{\sigma_1}, \dfrac{Y-\mu_2}{\sigma_2}\right) \sim N_2((0, 0), \begin{bmatrix} 1 & \rho \\ \rho & 1 \end{bmatrix})$

증명 (a) X와 Y의 *joint m.g.f.*는

$$
\begin{aligned}
M_{X,Y}(t_1, t_2) &= E[\exp(t_1 X + t_2 Y)] \\
&= EE[\exp(t_1 X + t_2 Y)|X]
\end{aligned}
$$

이다. 여기서

$$
\begin{aligned}
&E[\exp(t_1 X + t_2 Y)\,|\,X = x] \\
&\quad = \exp(t_1 x) E[\exp(t_2 Y)\,|\,X = x] \\
&\quad = \exp(t_1 x) M_{Y|x}(t_2) \\
&\quad = \exp(t_1 x) \exp\left[\left\{\mu_2 + \rho\frac{\sigma_2}{\sigma_1}(x-\mu_1)\right\}t_2 + \frac{1}{2}(1-\rho^2)\sigma_2^2\, t_2^2\right] \\
&\quad = \exp\left[(t_1\sigma_1 + \rho\sigma_2 t_2)\frac{x-\mu_1}{\sigma_1}\right] \exp\left[\mu_1 t_1 + \mu_2 t_2 + \frac{1}{2}(1-\rho^2)\sigma_2^2\, t_2^2\right]
\end{aligned}
$$

이므로

$$
\begin{aligned}
M_{X,Y}(t_1, t_2) &= M_Z(t_1\sigma_1+\rho\sigma_2 t_2)\exp\left[\mu_1 t_1+\mu_2 t_2+\frac{1}{2}(1-\rho^2)\sigma_2^2 t_2^2\right], \quad Z\sim N(0, 1)\\
&= \exp\left[\frac{1}{2}(t_1\sigma_1+\rho\sigma_2 t_2)^2\right]\exp\left[\mu_1 t_1+\mu_2 t_2+\frac{1}{2}(1-\rho^2)\sigma_2^2 t_2^2\right]\\
&= \exp\left[\mu_1 t_1+\mu_2 t_2+\frac{1}{2}(\sigma_1^2 t_1^2+2\rho\sigma_1\sigma_2 t_1 t_2+\sigma_2^2 t_2^2)\right]
\end{aligned}
$$

이다.

(b) $M_X(t_1)=M_{X,Y}(t_1, 0)=\exp(\mu_1 t_1+\frac{1}{2}\sigma_1^2 t_1^2)$으로부터 자명하다.

(c) $f(y|x)=\dfrac{f(x, y)}{f_1(x)}$을 직접 계산하여 보일 수 있다.

(d) $\rho=0$이면

$$M(t_1, t_2)=M(t_1, 0)\,M(0, t_2)$$

이 성립하므로, X와 Y가 독립이다.

(e) $W=aX+bY$라고 할 때

$$
\begin{aligned}
M_W(t) &= E\,e^{tW}\\
&= E\,e^{atX+btY}\\
&= M_{X,Y}(at, bt)\\
&= \exp\left[\mu_1(at)+\mu_2(bt)+\frac{1}{2}\{\sigma_1^2(at)^2+2\rho\sigma_1\sigma_2(at)(bt)+\sigma_2^2(bt)^2\}\right]\\
&= \exp\left[(a\mu_1+b\mu_2)t+\frac{1}{2}(a^2\sigma_1^2+2ab\rho\,\sigma_1\sigma_2+b^2\sigma_2^2)t^2\right]
\end{aligned}
$$

이다.

(f) W_1과 W_2의 $joint\ m.g.f.$가

$$
\begin{aligned}
&M_{W_1, W_2}(t_1, t_2) \\
&= E\exp(t_1 W_1 + t_2 W_2) \\
&= E\exp\left(t_1 \frac{X-\mu_1}{\sigma_1} + t_2 \frac{Y-\mu_2}{\sigma_2}\right) \\
&= \exp\left(-\frac{\mu_1}{\sigma_1}t_1 - \frac{\mu_2}{\sigma_2}t_2\right) E\exp\left(\frac{t_1}{\sigma_1}X + \frac{t_2}{\sigma_2}Y\right) \\
&= \exp\left(-\frac{\mu_1}{\sigma_1}t_1 - \frac{\mu_2}{\sigma_2}t_2\right) M_{X, Y}\left(\frac{t_1}{\sigma_1}, \frac{t_2}{\sigma_2}\right) \\
&= \exp\left(-\frac{t_1}{\sigma_1}\mu_1 - \frac{t_2}{\sigma_2}\mu_2\right) \exp\left[\mu_1 \frac{t_1}{\sigma_1} + \mu_2 \frac{t_2}{\sigma_2}\right. \\
&\qquad \left. + \frac{1}{2}\left\{\sigma_1^2\left(\frac{t_1}{\sigma_1}\right)^2 + 2\rho\sigma_1\sigma_2\left(\frac{t_1}{\sigma_1}\right)\left(\frac{t_2}{\sigma_2}\right) + \sigma_2^2\left(\frac{t_2}{\sigma_2}\right)^2\right\}\right] \\
&= \exp\left[\frac{1}{2}(t_1^2 + 2\rho t_1 t_2 + t_2^2)\right]
\end{aligned}
$$

이므로, 위 결과가 성립된다.

아래의 [정의 14]는 확률벡터 (X, Y)가 이변량 정규분포를 따름을 보이는 데 특히 유용하다. 즉, 일변량 정규성을 통해 이변량 정규성을 보일 수 있다는 점에 주목하기 바란다.

정의 14 이변량 정규분포

모든 실수 a, b에 대해 $aX + bY$가 정규분포를 따르면, (X, Y)는 이변량 정규분포를 따른다.

|Remarks|

1. 위 정의에서 그 역은 항상 성립하므로, 두 사실이 결국 동치임을 의미한다. 즉, $(X, Y) \sim N_2 \Leftrightarrow aX + bY \sim N$ for all a, b.

2. 위 정의는 다변량 버전으로 쉽게 확장될 수 있다(12장 [정리 1]).

예제 1 Z_1, Z_2가 서로 독립이며 $N(0, 1)$을 따르고

$$X = Z_1,\ Y = \rho Z_1 + \sqrt{1-\rho^2}\, Z_2$$

라고 하자. 여기서 $\rho \in (-1, 1)$이다.

(a) (X, Y)가 이변량 정규분포를 따름을 보여라.
(b) $Corr(X, Y) = \rho$임을 보여라.

[참고] 엄밀히, $(X, Y) \sim N_2(0, 0, 1, 1, \rho)$임을 보일 수 있다(5장 연습문제 4번).

풀이

(a) $aX + bY = aZ_1 + b(\rho Z_1 + \sqrt{1-\rho^2}\, Z_2) = (a + b\rho)Z_1 + b\sqrt{1-\rho^2}\, Z_2$이고, 이는 두 독립인 정규분포의 선형결합이므로 정규분포를 따른다(모든 a, b에 대해). 따라서, [정의 14]로부터, (X, Y)는 이변량 정규분포를 따른다.

(b) $Var(X) = Var(Z_1) = 1,\ Var(Y) = \rho^2 Var(Z_1) + (1-\rho^2) Var(Z_2) = 1$.

$$\begin{aligned} Corr(X, Y) &= Cov(X, Y) = Cov(Z_1, \rho Z_1 + \sqrt{1-\rho^2}\, Z_2) \\ &= \rho Cov(Z_1, Z_1) + \sqrt{1-\rho^2}\, Cov(Z_1, Z_2) \\ &= \rho \cdot 1 + \sqrt{1-\rho^2} \cdot 0 = \rho. \end{aligned}$$

■

4.8* 다변량 초기하분포

초기하분포의 다변량 버전인 다변량 초기하분포를 소개한다. 먼저 이변량 초기하분포를 다룬 다음 예제를 살펴보자. 이 절은 건너뛰어도 무방하다.

예제 1 빨간(red) 공 4개($D_1 = 4$), 검은(black) 공 3개($D_2 = 3$), 흰(white) 공 2개가 들어있는 상자에서 3개의 공을 비복원 임의추출하는 실험에서

$$X_1 = \text{빨간 공의 수},\ X_2 = \text{검은 공의 수}$$

로 정의할 때, X_1과 X_2의 공분산을 구하여라.

풀이 먼저 (X_1, X_2)의 결합확률밀도함수는, 초기하분포의 확장으로, 다음과 같이 주어진다.

$$f(x_1, x_2) = \begin{cases} \dfrac{\binom{4}{x_1}\binom{3}{x_2}\binom{2}{3-x_1-x_2}}{\binom{9}{3}}, & 0 \le x_1 \le 3,\ 0 \le x_2 \le 3,\ 1 \le x_1 + x_2 \le 3 \\ 0, & otherwise \end{cases}.$$

여기서

$$X_{1i} = \begin{cases} 1, & i-\text{번째 결과가 빨간색} \\ 0, & \text{그 외} \end{cases},\quad X_{2i} = \begin{cases} 1, & i-\text{번째 결과가 검은색} \\ 0, & \text{그 외} \end{cases}$$

라고 하면, $X_1 = \sum_{i=1}^{n} X_{1i}$, $X_2 = \sum_{i=1}^{n} X_{2i}$임이 자명하다. 또한

$$\begin{aligned} Cov(X_1, X_2) &= Cov\left(\sum_{i=1}^{n} X_{1i}, \sum_{i=1}^{n} X_{2i}\right) \\ &= \sum_{i=1}^{n} Cov(X_{1i}, X_{2i}) + 2\sum\sum_{i<j} Cov(X_{1i}, X_{2j}) \end{aligned}$$

에서

$$\begin{aligned} Cov(X_{1i}, X_{2i}) &= E(X_{1i}X_{2i}) - E(X_{1i})E(X_{2i}) \\ &= P(X_{1i}=1)P(X_{2i}=1 \mid X_{1i}=1) - P(X_{1i}=1)P(X_{2i}=1) \\ &= \frac{D_1}{N} \cdot 0 - \left(\frac{D_1}{N}\right)\left(\frac{D_2}{N}\right) = -\left(\frac{D_1}{N}\right)\left(\frac{D_2}{N}\right) \end{aligned}$$

$$\begin{aligned} \& \quad Cov(X_{1i}, X_{2j}) &= E(X_{1i}X_{2j}) - E(X_{1i})E(X_{2j}) \\ &= P(X_{1i}=1)P(X_{2j}=1 \mid X_{1i}=1) - P(X_{1i}=1)P(X_{2j}=1) \\ &= \left(\frac{D_1}{N}\right)\left(\frac{D_2}{N-1}\right) - \left(\frac{D_1}{N}\right)\left(\frac{D_2}{N}\right) \\ &= -\left(\frac{D_1}{N}\right)\left(\frac{D_2}{N}\right)\left(\frac{1}{N-1}\right) \end{aligned}$$

이므로

$$\begin{aligned} Cov(X_1, X_2) &= -n\left(\frac{D_1}{N}\right)\left(\frac{D_2}{N}\right) - n(n-1)\left(\frac{D_1}{N}\right)\left(\frac{D_2}{N}\right)\left(\frac{1}{N-1}\right) \\ &= -n\left(\frac{D_1}{N}\right)\left(\frac{D_2}{N}\right)\left(1 - \frac{n-1}{N-1}\right) = -n\left(\frac{D_1}{N}\right)\left(\frac{D_2}{N}\right)\left(\frac{N-n}{N-1}\right) \end{aligned}$$

이다. $N=9, n=3, D_1=4, D_2=3$을 대입하면 $Cov(X_1, X_2) = -1/3$이다. ■

|Remarks|

1. 초기하분포와 이의 확장인 다변량 초기하분포 간의 관계는 이항분포와 다항분포 간의 관계와 매우 유사하다.

2. 다항분포가 복원추출과 관련되는 반면, 다변량 초기하분포는 비복원추출과 관련된다.

다변량 초기하분포의 확률밀도함수는 다음과 같다.

$$X = (X_1, \cdots, X_{k-1})$$

$$\sim f(x_1, \cdots, x_{k-1}) = \begin{cases} \dfrac{\prod_{i=1}^{k} \binom{D_i}{x_i}}{\binom{N}{n}}, & x_i \le D_i (i = 1, \cdots, k);\ \sum_{i=1}^{k} D_i = N\ \ (n \in \{0, \cdots, N\}). \\ 0, & otherwise \end{cases}$$

여기서 $x_k = n - \sum_{i=1}^{k-1} x_i$이다.

위의 다변량 초기하분포에 대해 다음 사실이 성립한다.

(i) $E(X_i) = n\dfrac{D_i}{N}, \quad i = 1, \cdots, k-1$

(ii) $Var(X_i) = \dfrac{N-n}{N-1} n \dfrac{D_i}{N}\left(1 - \dfrac{D_i}{N}\right), \quad i = 1, \cdots, k-1$

(iii) $Cov(X_i, X_j) = -n\dfrac{N-n}{N-1}\dfrac{D_i}{N}\dfrac{D_j}{N}, \quad i \ne j (i, j = 1, \cdots, k-1)$

(iv) $Corr(X_i, X_j) = -\sqrt{\dfrac{D_i D_j}{(N-D_i)(N-D_j)}}, \quad i \ne j (i, j = 1, \cdots, k-1)$

4장 연습문제

1. X와 Y의 $joint\ p.d.f.$가

$$f(x, y) = \begin{cases} x e^{-x(1+y)}, & x > 0,\ y > 0 \\ 0, & otherwise \end{cases}$$

일 때, $E(Y|X=x) = 1/x$임을 보여라.

2. X와 Y의 $joint\ p.d.f.$가

$$f(x, y) = \begin{cases} 1, & -y < x < y,\ 0 < y < 1 \\ 0, & otherwise \end{cases}$$

일 때, $Cov(X, Y) = 0$이 성립되나 서로 독립이 아님을 보여라.

3. $(X, Y) \sim f(x, y) = \begin{cases} e^{-y}, & 0 < x < y < \infty \\ 0, & otherwise \end{cases}$ 일 때, 물음에 답하여라.

(a) X와 Y의 $joint\ m.g.f.$를 구하여라.

(b) (a)의 결과를 이용하여 $Corr(X, Y) = 1/\sqrt{2}$ 임을 보여라.

4. $(X, Y) \sim f(x, y) = \begin{cases} 3(x+y), & 0 < x+y < 1,\ 0 < x < 1,\ 0 < y < 1 \\ 0, & otherwise \end{cases}$ 일 때, 물음에 답하여라.

(a) Y의 $marginal\ p.d.f.$를 구하여라.

(b) $E(XY|X=x)$

(c) $Cov(X, Y)$

(d) X와 Y는 독립인가?

5. X의 $p.d.f.$가

$$X \sim f(x) = \begin{cases} \dfrac{x}{3}, & x = 1, 2 \\ 0, & otherwise \end{cases}$$

이고, $Y|X=x$의 $p.d.f.$가

$$Y|X=x \sim f(y|x) = \begin{cases} \dbinom{x}{y}\left(\dfrac{1}{2}\right)^x, & y = 0, \cdots, x \ (x = 1, 2) \\ 0, & otherwise \end{cases}$$

일 때, 물음에 답하여라.

(a) X와 Y의 $joint\ p.d.f.$를 구하여라.

(b) (a)의 결과를 이용하여 $E(Y)$와 $Var(Y)$를 구하여라.

(c) [정리 4]와 [정리 5]를 이용하여 $E(Y)$와 $Var(Y)$를 구하여라.

[Hint] (c) $Y|X=x \sim B(x, \dfrac{1}{2})$임을 이용할 것.

6. $(X, Y) \sim f(x, y) = \begin{cases} 2, & 0 < x < y < 1 \\ 0, & otherwise \end{cases}$ 일 때,

$$Var(Y) = E[Var(Y|X)] + Var[E(Y|X)]$$

이 성립함을 확인하여라.

7. $X, Y \sim i.i.d.\ N(0, 1)$일 때, 이중기댓값정리를 이용하여, $Z = XY$의 $m.g.f.$가 다음과 같이 주어짐을 보여라.

$$M_Z(t) = (1-t^2)^{-1/2}, \quad 1-t^2 > 0.$$

[Hint] $M_Z(t) = E(e^{XYt}) = E[E(e^{XYt} \mid X)]$을 이용할 것.

8. $X_1, X_2 \sim i.i.d.\ N(0, 1)$이고, U는 이들과 독립이며 $U \sim U(0, 1)$을 따른다고 하자. 확률변수 Z를

$$Z = UX_1 + (1-U)X_2$$

으로 정의할 때, 물음에 답하여라.

(a) $Z \mid U = u$의 분포가 $N(0,\ u^2 + (1-u)^2)$을 따름을 보여라.

(b) $E(Z) = 0,\ \ Var(Z) = 2/3$임을 보여라.

[Hint] (b) [정리 4]와 [정리 5]를 이용할 것.

4장 추가 연습문제

1. 상자 속에 1, 2, 3, 4가 새겨진 4개의 공이 들어있다. 이 상자로부터 임의로 한 개의 공을 꺼내는 실험에서 X_1, X_2, X_3를 아래와 같이 정의할 때, 다음 물음에 답하여라.

$$X_1 = \begin{cases} 1, & 1 \text{ 또는 } 2\text{가 나오는 경우} \\ 0, & \text{그 외} \end{cases}$$
$$X_2 = \begin{cases} 1, & 1 \text{ 또는 } 3\text{이 나오는 경우} \\ 0, & \text{그 외} \end{cases}$$
$$X_3 = \begin{cases} 1, & 1 \text{ 또는 } 4\text{가 나오는 경우} \\ 0, & \text{그 외} \end{cases}$$

(a) X_1과 X_2의 상관계수를 구하여라.

(b) X_1, X_2, X_3가 쌍별 독립임을 보여라.

(c) X_1, X_2, X_3가 서로 독립이 아님을 보여라.

2. 이변량 확률벡터 (X, Y)가 아래 그림의 삼각형 음영 영역에서 균일분포를 따른다고 하자.

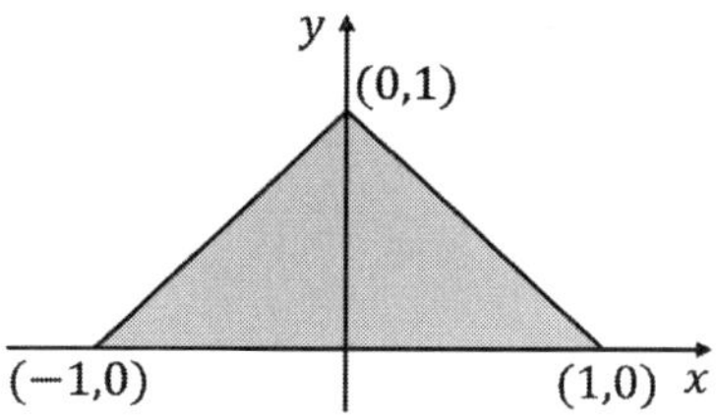

(a) 확률벡터 (X, Y)의 결합확률밀도함수를 기술하고, 이로부터 $X = x$로 주어질 때, Y의 조건부기댓값 $E(Y \mid X = x)$를 구하여라.

(b) 조건부확률 $P\left(Y > \frac{1}{2} \mid X = \frac{1}{4}\right)$와 $P\left(Y > \frac{1}{2} \mid X < \frac{1}{4}\right)$을 구하여라.

(c) 두 확률변수 X와 Y간의 상관계수를 구하고, 독립성에 대해 논하여라.

3. $(X, Y) \sim f(x, y) = \begin{cases} \dfrac{1}{\pi} e^{-\frac{1}{2}(x^2 + y^2)}, & xy > 0 \\ 0, & otherwise \end{cases}$ 일 때(명백히, 이변량 정규분포가 아님), X와 Y의 $marginal\ p.d.f.$가 $N(0, 1)$임을 보여라.

4. **(응용문제)** 동전 하나를 던진 후, 만약 앞면이 나오면 1개의 주사위를 굴리고, 뒷면이 나오면 2개의 주사위를 동시에 굴린다고 하자. Y를 한 개 또는 2개 주사위를 굴린 결과의 합이라고 하자. Y의 (a) 기댓값과 (b) 분산을 구하여라. 단, 동전과 주사위는 모두 공정한 것으로 가정한다.

4장 심화 연습문제

1. $(X, Y) \sim f(x, y) = \begin{cases} \binom{x}{y}\left(\frac{1}{2}\right)^x\left(\frac{x}{15}\right), & y=0,1,\cdots,x;\, x=1,2,3,4,5 \\ 0, & otherwise \end{cases}$ 일 때, 다음이 성립함을 보여라.

(a) $E(Y) = E[E(Y|X)]$ (이중기댓값정리)
(b) $Var(Y) = E[Var(Y|X)] + Var[E(Y|X)]$ (총 분산의 법칙)

[Hint] 이항전개식 $(1+x)^n = \sum_{y=0}^{n}\binom{n}{y}x^y$ 및 이의 (x에 대한) 1차, 2차 미분식

$$n(1+x)^{n-1} = \sum_{y=0}^{n}\binom{n}{y}yx^{y-1},\quad n(n-1)(1+x)^{n-2} = \sum_{y=0}^{n}\binom{n}{y}y(y-1)x^{y-2}$$

에 각각 $x=1$을 대입하면 (a) $\sum_{y=0}^{n}\binom{n}{y} = 2^n$, (b) $\sum_{y=0}^{n}y\binom{n}{y} = n2^{n-1}$, (c) $\sum_{y=0}^{n}y^2\binom{n}{y} = n(n+1)2^{n-2}$을 쉽게 얻을 수 있다.

2. $X_1, X_2, \cdots$ 가 서로 독립이며 평균이 $1/\lambda$인 지수분포를 따르는 확률변수이고, N은 X_i들과는 독립이며 평균이 μ인 포아송분포를 따른다고 하자. S를 다음과 같이 정의할 때 물음에 답하여라.

$$S = \sum_{i=1}^{N} X_i.$$

여기서 $N=0$이면 $S=0$이다.

(a) S의 적률생성함수를 구하여라.
(b) (a)에서 구한 적률생성함수를 이용하여, S의 기댓값과 분산을 구하여라.
(c) $\lambda = 1, \mu = 10$일 때, $P(S > 10)$을 구하여라.

3. **(응용문제)** 특정 주식은 어떤 날에는 낮은 변동성(volitility)을 가지고, 또 다른 날에는 높은 변동성을 가진다. 만약 낮은 변동성을 가질 확률이 p이고, 높은 변동성을 가질 확률이 $q = 1-p$라고 하자. 또한, 낮은 변동성을 가지는 날의 주가의 퍼센트 변화는 $N(0,\, \sigma_1^2)$을 따르고, 높은 변동성을 가지는 날의 퍼센트 변화는 $N(0,\, \sigma_2^2)$을

따른다고 하자(단, $\sigma_1 < \sigma_2$이다). 확률변수 X가 특정일의 주식의 퍼센트 변화를 나타낸다고 할 때, 다음 물음에 답하여라.

(a) $Var(X)$를 구하여라.
(b) X의 첨도를 구하여라.

4. **(응용문제)** 갑과 을이 특정 거리에서 불우이웃을 돕기 위해 모금함을 비치하여 모금을 실시하였다. 갑의 모금함에는 40%가 5,000원권, 60%가 10,000원권으로 채워졌고, 을의 모금함에는 80%가 5,000원권, 20%가 10,000원권으로 채워졌다. 한 도둑이 하나의 모금함을 무작위로 선택한 뒤, 선택된 모금함으로부터 지폐 한 장을 훔쳤다고 하자.

(a) 훔친 금액의 기댓값은 얼마인가?
(b) 훔친 금액의 분산은 얼마인가?
(c) 훔친 금액이 10,000원권일 때, 갑의 모금함으로부터 나왔을 확률은 얼마인가?

5. $(X_i, Y_i) \sim N_2(\mu_i, \Sigma_i)\ (i=1,\cdots,n)$이고 서로 독립일 때, 다음이 성립함을 보여라.

$$a_1(X_1, Y_1)+\cdots+a_n(X_n, Y_n) \sim N_2(a_1\mu_1+\cdots+a_n\mu_n,\ a_1^2\Sigma_1+\cdots+a_n^2\Sigma_n).$$

특히, $a_1=\cdots=a_n=\frac{1}{n}$, $\mu_1=\cdots=\mu_n=\mu$, $\Sigma_1=\cdots=\Sigma_n=\Sigma$일 때, $\frac{1}{n}\sum(X_i, Y_i) \sim N_2(\mu, \frac{1}{n}\Sigma)$이다.

두 집단을 합한 자료의 분산은 가중분산으로 주어질까?

두 집단(A, B)으로부터 조사된 자료가 다음의 표와 같다.

집단	크기	평균	분산
A	m	$\overline{x}$	$s_1^2 = \frac{1}{m}\sum_{i=1}^{m}(x_i - \overline{x})^2$
B	n	$\overline{y}$	$s_2^2 = \frac{1}{n}\sum_{i=1}^{n}(y_i - \overline{y})^2$

두 집단을 합한 전체집단의 평균($\overline{z}$)은 가중평균 $\overline{z} = \frac{m}{m+n}\overline{x} + \frac{n}{m+n}\overline{y}$으로 주어진다. 전체집단의 분산에 대해서도 가중평균이 적용될까? 답은 그렇지 않다.

두 집단의 자료를 각각 $\{x_1, x_2, \cdots, x_m\}$과 $\{y_1, y_2, \cdots, y_n\}$이라고 할 때, 전체집단의 분산($s^2$)은 다음의 식

$$\begin{aligned}\sum_{i=1}^{m+n}(z_i - \overline{z})^2 &= \sum_{i=1}^{m}(x_i - \overline{z})^2 + \sum_{i=1}^{n}(y_i - \overline{z})^2 \\ &= \sum_{i=1}^{m}(x_i - \overline{x} + \overline{x} - \overline{z})^2 + \sum_{i=1}^{m}(y_i - \overline{y} + \overline{y} - \overline{z})^2 \\ &= \sum_{i=1}^{m}(x_i - \overline{x})^2 + m(\overline{x} - \overline{z})^2 + \sum_{i=1}^{n}(y_i - \overline{y})^2 + n(\overline{y} - \overline{z})^2\end{aligned}$$

으로부터

$$s^2 = \frac{1}{m+n}\sum_{i=1}^{m+n}(z_i - \overline{z})^2 = \frac{m}{m+n}s_1^2 + \frac{n}{m+n}s_2^2 + \frac{m}{m+n}(\overline{x} - \overline{z})^2 + \frac{n}{m+n}(\overline{y} - \overline{z})^2$$

> 즉, (전체분산) = (가중분산) + (제곱편차의 가중합)

으로 주어진다(다만 두 집단의 평균이 같은 경우($\overline{x} = \overline{y}$)에는 전체분산이 가중분산과 같아진다).

전체집단의 평균과 분산에 대한 위의 결과($\bar{z}$와 s^2)는 확률변수에 대한 이중기댓값정리를 표본에 대해 적용한 결과와 동일하다. 즉, 다음의 이중기댓값정리

$$E(Z) = EE(Z|G),$$

$$\begin{aligned} Var(Z) &= E\,Var(Z|G) + Var\,E(Z|G) \\ &= E\,Var(Z|G) + E\,[E(Z|G) - E(Z)]^2 \end{aligned}$$

에서 G를 집단을 나타내는 확률변수로 간주하고, 기댓값과 분산을 표본평균과 표본분산으로 대체하여 구한 결과와 동일함을 확인할 수 있다.

|Remarks| 1. 여기서는 분산을 편의상 $m-1$, $n-1$ 대신 m, n으로 나눈 것으로 정의하였음에 유의할 것.

2. 위 식에서 (제곱편차의 가중합) $= \dfrac{(\bar{x}-\bar{y})^2}{\dfrac{1}{m}+\dfrac{1}{n}} = \dfrac{mn}{m+n}(\bar{x}-\bar{y})^2$ 으로 단순화됨을 쉽게 확인할 수 있다.

예제 다음 표는 두 회사 A, B에서 생산된 제품을 조사한 결과이다.

	제품의 수	평균	분산
회사 A	60	30	10
회사 B	40	35	15
전체	100	(a)	(b)

두 회사를 합한 전체자료의 평균과 분산은 각각 다음과 같이 주어진다.

- 평균: $(a) = \dfrac{6}{10} \times 30 + \dfrac{4}{10} \times 35 = 32$

- 분산: $(b) = \left[\dfrac{6}{10} \times 10 + \dfrac{4}{10} \times 15\right] + \left[\dfrac{6}{10} \times (30-32)^2 + \dfrac{4}{10} \times (35-32)^2\right]$

$$= 12 + 6 = 18$$

두 사상 A, B가 독립이면서 동시에 배반일 수 있는가?

(단, P(A) > 0, P(B) > 0이다.)

답은 'No!'이다. 즉, 배반이며 동시에 독립일 수는 없다. 그 이유는 배반이면 $P(A\cap B)=0$이나, $P(A)P(B)>0$이므로 $P(A\cap B)=P(A)P(B)$(즉, 독립)일 수 없다.

배반(disjoint)과 독립(independent)

		배반	
	[가정] $P(A)>0,\ P(B)>0$	**예** ($\Leftrightarrow p(A\cap B)=0$) 상호 배타적. 벤다이어그램에서 중첩이 없음. $P(A\cup B)=P(A)+P(B)$	**아니오** ($\Leftrightarrow p(A\cap B)\neq 0$) 동시에 일어날 수 있음. 벤다이어그램에서 중첩이 있음. $P(A\cup B)=P(A)+P(B)-P(A\cap B)$
독립	**예** ($\Leftrightarrow p(B)=P(B\mid A)$) A가 B에 영향을 미치지 않음. $p(A\cap B)=P(A)P(B)$	**불가능** 배반이면 $P(A\cap B)=0$이나, $P(A)P(B)\neq 0$임. ($\because$ $P(A)>0$ & $P(B)>0$이므로)	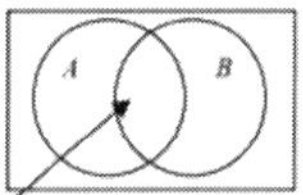 $P(A\cap B)=P(A)P(B)$ (예) 복원으로 두 장의 카드를 뽑을 때 $P(\text{King}\cap\text{Queen})$; $0\neq P(A\cap B)=P(A)P(B)$
	아니오 ($\Leftrightarrow p(B)\neq P(B\mid A)$) A가 B에 영향을 미침. $p(A\cap B)\neq P(A)P(B)$	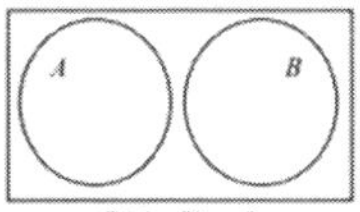 $P(A\cap B)=0$ (예) 한 장의 카드를 뽑을 때 $P(\text{King}\cap\text{Queen})$; $0=P(A\cap B)\neq P(A)P(B)>0$	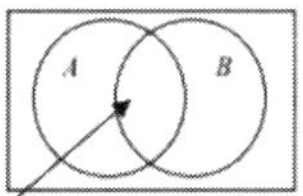 $P(A\cap B)\neq P(A)P(B)$ (예) 비복원으로 두 장의 카드를 뽑을 때 $P(\text{King}\cap\text{Queen})$; $0\neq P(A\cap B)\neq P(A)P(B)$

제5장

확률변수의 함수의 분포

5.1 누적분포함수법

5.2 이산형 변수변환법

5.3 연속형 변수변환법

5.3.1 일대일 변환인 경우

5.3.2 일대일 변환이 아닌 경우

5.4 적률생성함수법

5.5 순서통계량의 분포

5.6* 디리클레분포

5.7* 두 확률변수의 합 · 차 · 곱 · 비의 분포

Karl Pearson (1857–1936)
통계학의 아버지
Pearson 상관계수, 카이제곱검정

Egon Pearson (1895–1980)
Karl Pearson의 아들
Neyman–Pearson Lemma

5장 확률변수의 함수의 분포

n개의 확률변수 $X_1, X_2, \cdots, X_n$이 결합확률밀도함수 $f(x_1, x_2, ..., x_n)$을 가질 때, 이들의 함수 $Y = u(X_1, X_2, \cdots, X_n)$는 새로운 확률변수가 되고 따라서 확률분포를 가진다. 이 장에서는 $X_i (i = 1, 2, \cdots, n)$들의 결합확률밀도함수로부터 Y의 분포를 구하는 방법에 대해 다루고자 한다. 여기서 확률변수들만의 함수를 통계량(statistic)이라고 하며, 통계량의 확률분포를 표본분포(sampling distribution)라고 한다.

정의 1 확률표본과 i.i.d.

$X_1, X_2, \cdots, X_n$을 $p.d.f.$ $f(x)$로부터의 확률표본(random sample, $r.s.$)이라고 함은 $X_1, X_2, ..., X_n$의 joint $p.d.f.$가

$$f(x_1, x_2, \cdots, x_n) = f(x_1)f(x_2)\cdots f(x_n)$$

으로 주어지는 경우를 의미한다. 따라서 $X_1, X_2, \cdots, X_n$은 서로 독립이며 동일한 분포(independent and identically distributed, $i.i.d.$) $f(x)$를 따르고 기호로는

$$X_1, X_2, \cdots, X_n \sim i.i.d.\ f(x)$$

으로 나타낸다.

$X_1, X_2, \cdots, X_n$의 결합확률밀도함수 $f(x_1, x_2, \cdots, x_n)$으로부터, $Y = u(X_1, X_2, \cdots, X_n)$의 분포를 유도하는 방법에는

(A) 누적분포함수법

(B) 변수변환법

(C) 적률생성함수법

이 있다.

5.1 누적분포함수법

누적분포함수법($c.d.f.$ method)은 확률변수 $X_1, X_2, \cdots, X_n$의 확률밀도함수 $f(x_1, x_2, \cdots, x_n)$로부터 직접 $Y=u(X_1, X_2, \cdots, X_n)$의 $c.d.f.$를 구하고, $c.d.f.$의 미분을 통해 $p.d.f.$를 유도하는 방법으로, Y가 1차원(1−dimensional)이며 연속형(continuous type)인 경우에 특히 유용한 방법이다.

예제 1 $U \sim U(0, 1)$일 때, $Y = -\ln U \sim \mathcal{E}(1)$임을 보여라.

풀이 Y의 $c.d.f.$는

$$G(y) = P(-\ln U \le y) = P(U > e^{-y})$$
$$= 1 - P(U \le e^{-y}) = \begin{cases} 1 - e^{-y}, & y \ge 0 \\ 0, & y < 0 \end{cases}$$

이다. 따라서

$$g(y) = G'(y) = \begin{cases} e^{-y}, & y \ge 0 \\ 0, & otherwise \end{cases}$$

이므로, $Y = -\ln U \sim \mathcal{E}(1)$이다.

같은 방법으로, $Y = -\ln(1-U)$ 역시 $\mathcal{E}(1)$이 됨을 보일 수 있다. ▪

예제 2 $X \sim N(\mu, \sigma^2)$일 때, $Y = e^X$의 $p.d.f.$를 구하여라.

풀이 Y의 $c.d.f.$는

$$G_Y(y) = P(Y \le y) = P(e^X \le y) = P(X \le \ln y)$$
$$= \int_{-\infty}^{\ln y} \frac{1}{\sqrt{2\pi}\,\sigma} \exp\left[-\frac{(x-\mu)^2}{2\sigma^2}\right] dx, \quad y > 0$$

이다. 따라서 Y의 $p.d.f.$는

$$g(y) = G'(y) = \begin{cases} \dfrac{1}{y\sqrt{2\pi}\,\sigma}\exp\left[-\dfrac{(\ln y-\mu)^2}{2\sigma^2}\right], & y>0 \\ 0, & otherwise \end{cases}$$

이다. 여기서 $-\infty<\mu<\infty$, $\sigma^2>0$이다. 이 분포는 로그정규분포(log-normal distribution)로 알려져 있으며, 기호로는

$$Y \sim Lognormal(\mu,\, \sigma^2)$$

으로 나타낸다. ■

|Remark| 위의 관계로부터 $Y \sim Lognormal(\mu,\, \sigma^2)$이면 $\ln Y \sim N(\mu,\, \sigma^2)$이 됨은 자명하다. 즉, 로그변환 후 정규분포가 되는 확률변수가 로그정규분포를 따른다고 할 수 있다.

예제 3 $X \sim N(0,\, 1)$일 때, $Y = X^2 \sim \chi^2(1)$임을 보여라.

풀이 Y의 누적분포함수는

$$\begin{aligned} G(y) &= P(X^2 \le y) = P(-\sqrt{y} \le X \le \sqrt{y}) \\ &= \int_{-\sqrt{y}}^{\sqrt{y}} \frac{1}{\sqrt{2\pi}} e^{-\frac{x^2}{2}}\, dx \\ &= 2\int_0^{\sqrt{y}} \frac{1}{\sqrt{2\pi}} e^{-\frac{x^2}{2}}\, dx \end{aligned}$$

이다. 위 식에서 $x = \sqrt{v}$라고 하면 $dx = \dfrac{1}{2\sqrt{v}}dv$이므로

$$G(y) = \int_0^y \frac{1}{\sqrt{2\pi}} e^{-\frac{v}{2}} \frac{1}{\sqrt{v}}\, dv, \quad y \ge 0$$

이다. 따라서 Y의 확률밀도함수는

$$g(y) = G'(y) = \frac{1}{\sqrt{2\pi}} e^{-\frac{y}{2}} \frac{1}{\sqrt{y}}$$

$$= \begin{cases} \dfrac{1}{\Gamma(\frac{1}{2})2^{1/2}} y^{\frac{1}{2}-1} e^{-\frac{y}{2}}, & y \geq 0 \\ 0, & otherwise \end{cases}$$

이다. 따라서 Y는 $\chi^2(1)$을 따른다. 위 식의 마지막 등호는 다음의 [보조정리 1]로부터 성립된다. ■

보조정리 1 $\Gamma(\frac{1}{2}) = \sqrt{\pi}$ 이다.

증명 감마함수 $\Gamma(\alpha) = \int_0^\infty y^{\alpha-1} e^{-y} dy$로부터

$$\Gamma(\frac{1}{2}) = \int_0^\infty y^{-\frac{1}{2}} e^{-y} dy = \int_0^\infty \frac{1}{\sqrt{y}} e^{-y} dy$$

이다. 여기서 $\sqrt{y} = \frac{z}{\sqrt{2}}$ 로 놓으면 $\frac{1}{2\sqrt{y}} dy = \frac{1}{\sqrt{2}} dz$이므로

$$\Gamma(\frac{1}{2}) = \int_0^\infty e^{-\frac{z^2}{2}} \sqrt{2}\, dz = \sqrt{2}\sqrt{2\pi} \int_0^\infty \frac{1}{\sqrt{2\pi}} e^{-\frac{z^2}{2}} dz$$

$$= 2\sqrt{\pi} \int_0^\infty \frac{1}{\sqrt{2\pi}} e^{-\frac{z^2}{2}} dz = \sqrt{\pi} \int_{-\infty}^\infty \frac{1}{\sqrt{2\pi}} e^{-\frac{z^2}{2}} dz$$

$$= \sqrt{\pi}$$

이다.

예제 4 $X_1, X_2, X_3 \sim i.i.d.\ f(x) = \begin{cases} 2x, & 0 < x < 1 \\ 0, & otherwise \end{cases}$ 일 때, $Y = \max(X_1, X_2, X_3)$와 $Z = \min(X_1, X_2, X_3)$의 $p.d.f.$를 구하여라.

풀이 Y의 $c.d.f.$는

$$\begin{aligned} G_Y(y) &= P[\max(X_1, X_2, X_3) \le y] \\ &= P(X_1 < y, X_2 < y, X_3 < y) \\ &= [P(X_1 \le y)]^3 \quad (X_i\text{는 } i.i.d.\text{이므로}) \\ &= \left(\int_0^y 2x\,dx\right)^3 = \begin{cases} y^6, & 0 < y < 1 \\ 1, & y > 1 \\ 0, & y < 0 \end{cases} \end{aligned}$$

이고, 따라서 Y의 $p.d.f.$는

$$g_Y(y) = G_Z'(y) = \begin{cases} 6y^5, & 0 < y < 1 \\ 0, & otherwise \end{cases}$$

이다. 마찬가지로 Z의 $c.d.f.$는

$$\begin{aligned} G_Z(z) &= P[\min(X_1, X_2, X_3) \le z] \\ &= 1 - P[\min(X_1, X_2, X_3) > z] \\ &= 1 - [P(X_1 > z)]^3 \quad (X_i\text{는 } i.i.d.\text{이므로}) \\ &= \begin{cases} 1 - (1 - z^2)^3, & 0 < z < 1 \\ 1, & z > 1 \\ 0, & z < 0 \end{cases} \end{aligned}$$

이고, 따라서 Z의 $p.d.f.$는

$$g_Z(z) = G_Z{}'(z) = \begin{cases} 6z(1-z^2)^2, & 0 < z < 1 \\ 0, & otherwise \end{cases}$$

이다. ■

[참고] 위 결과는 5.5절의 [정리 4]를 이용하여 직접 구할 수도 있다.

예제 5 $X, Y \sim i.i.d.\ U(0,1)$일 때, $Z = X + Y$의 $p.d.f.$를 구하여라.

풀이 Z의 $c.d.f.$는

$$\begin{aligned} G_Z(z) &= P(X+Y \le z) \\ &= \iint_{x+y \le z;\, 0<x,\, y<1} f(x, y)\, dx\, dy \end{aligned}$$

이며, 위의 적분영역을 그림으로 나타내면 다음과 같다.

i) $0 \le z < 1$

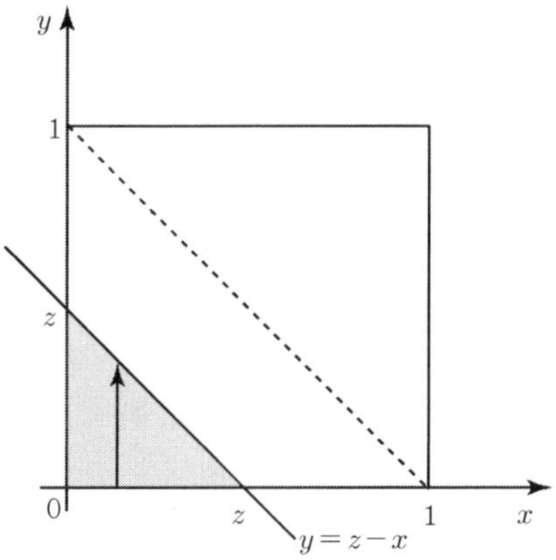

ii) $1 \le z < 2$

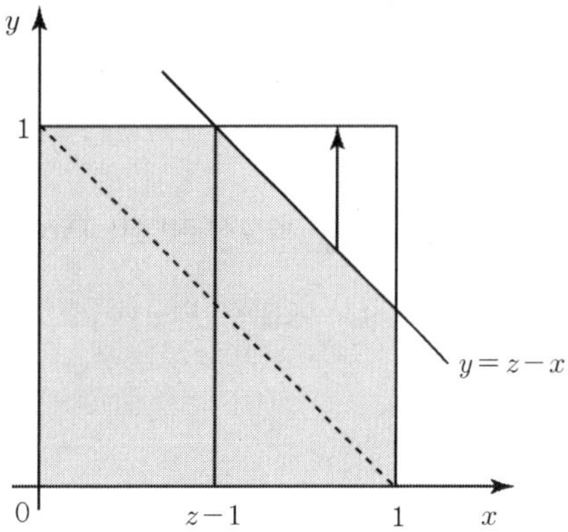

위의 그림을 이용하면

$$G(z)=\begin{cases}\int_0^z\int_0^{z-x}dy\,dx, & 0\le z<1\\ 1-\int_{z-1}^1\int_{z-x}^1 dy\,dx, & 1\le z<2\\ \left(\text{또는 } \int_0^{z-1}\int_0^1 dy\,dx+\int_{z-1}^1\int_0^{z-x}dy\,dx\right) & \end{cases}$$

$$=\begin{cases}0, & z<0\\ \frac{1}{2}z^2, & 0\le z<1\\ -\frac{1}{2}z^2+2z-1, & 1\le z<2\\ 1, & z\ge 2\end{cases}$$

임을 알 수 있다. 따라서 Z의 $p.d.f.$는

$$g(z)=G'(z)=\begin{cases}z, & 0\le z<1\\ -z+2, & 1\le z<2\\ 0, & otherwise\end{cases}$$

이다. ■

정리 1 **확률적분변환: Probability Integral Transformation(PIT)**

(a) $X\sim c.d.f.\ F(x)$이고, $F(\cdot)$가 연속이고 단조증가함수이면

$$F(X)\sim U(0,1)$$

이다.

(b) $U\sim U(0,1)$이고, X가 연속이며 단조증가인 $c.d.f.\ F$를 가질 때

$$F^{-1}(U) \overset{d}{=} X$$

이다.

증명 (a) $Y=F(X)$라고 하면, Y의 $c.d.f.$는

$$\begin{aligned} G(y) &= P(F(X) \le y) = P[X \le F^{-1}(y)] \\ &= F(F^{-1}(y)) = \begin{cases} y, & 0 < y < 1 \\ 0, & y \le 0 \\ 1, & y \ge 1 \end{cases} \end{aligned}$$

이다. 따라서

$$Y=F(X) \sim U(0,\ 1)$$

이다.

(b) $Y=F^{-1}(U)$라고 하면, Y의 $c.d.f.$는

$$\begin{aligned} G(y) &= P[F^{-1}(U) \le y] = P[U \le F(y)] \\ &= F(y) \end{aligned}$$

이다. 따라서

$$Y=F^{-1}(U) \sim c.d.f.\ \ F(y)$$

이고,

$$X \sim F(x)$$

이므로

$$Y=F^{-1}(U) \overset{d}{=} X,\ \ X \sim F(x)$$

이다.

|Remarks| 1. [정리 1]에서 단조증가의 조건은 생략될 수 있다.
2. (a)는 순서통계량(order statistic)의 연구에 자주 사용되며, (b)는 컴퓨터를 이용한 모의실험 등에서 확률변량(random variates)을 생성하는 중요한 원리(역변환법; inverse transformation method)로 사용된다. 여기서 확률변량은 특정 분포로부터의 난수(random number)를 의미한다.

예제 6 $X \sim f(x) = \begin{cases} \theta x^{\theta-1}, & 0 < x < 1 \\ 0, & otherwise \end{cases}$ 일 때

$$F(x) = \int_0^x \theta x^{\theta-1} dx = x^{\theta}$$

이므로 확률적분변환($p.i.t.$)에 의해

$$Y = F(X) = X^{\theta} \sim U(0,\, 1)$$

이 된다. 위 결과에 [예제 1]을 적용하면

$$-\theta \ln X \sim \mathcal{E}(1) \overset{d}{=} \Gamma(1,\, 1)$$

임을 알 수 있다. ■

5.1 연습문제

1 $X \sim U(0,\, 1)$일 때, $Y = a + (b-a)X$의 분포가 $U(a,\, b)$임을 보여라. 단, $a < b$이다.

2 $X \sim f(x;\theta) = \begin{cases} \dfrac{x}{\theta^2} e^{-\frac{x^2}{2\theta^2}}, & x > 0 \\ 0, & otherwise \end{cases}$ $(\theta > 0)$일 때, $Y = \dfrac{X^2}{2}$의 분포가 $\mathcal{E}(\dfrac{1}{\theta^2})$임을

보여라.

❸ $X \sim \Gamma(\alpha, \beta)$일 때, $Y = e^X$의 $p.d.f.$가

$$g(y) = \begin{cases} \dfrac{1}{\Gamma(\alpha)\beta^\alpha}(\ln y)^{\alpha - 1}\dfrac{1}{y^{1+1/\beta}}, & 1 < y < \infty \\ 0, & otherwise \end{cases}$$

이 됨을 보여라. 이 분포를 로그감마분포(log-gamma distribution)라고 한다.

❹ X가 연속형이고 $p.d.f.$ $f(x)$를 가질 때, $Y = \sigma X + \mu$ $(\sigma > 0)$의 $p.d.f.$가

$$g(y) = \frac{1}{\sigma} f\left(\frac{y - \mu}{\sigma}\right)$$

임을 보여라.

❺ $X, Y \sim i.i.d.$ $U(0, 1)$일 때, $Z = XY$의 $p.d.f.$를 구하여라.

❻ $X, Y \sim i.i.d.$ $U(0, 1)$일 때, $W = X/Y$의 $p.d.f.$를 구하여라.

❼ $X \sim N(\mu, \sigma^2)$일 때, $Y = e^X$(즉, 로그정규분포)의 평균과 분산이

$$E(Y) = \exp(\mu + \frac{1}{2}\sigma^2)$$

$$Var(Y) = \exp(2\mu + 2\sigma^2) - \exp(2\mu + \sigma^2)$$

이 됨을 보여라.

[Hint] $E(Y^k) = E(e^{kX}) = M_X(k)$ $(k = 1, 2)$임을 이용할 것.

5.2 이산형 변수변환법

$Y = U(X_1, X_2, \cdots, X_n)$가 이산형인 경우($X_i$가 이산형이면 Y도 이산형임)에는 $c.d.f.$를 구하는 과정을 거치지 않고 직접 $p.d.f.$를 구하는 방법을 사용하며, 이를 흔히 확률밀도함수법($p.d.f.$ method)이라고 한다.

특히, X의 분포로부터 $Y = u(X)$의 $p.d.f.$는 다음과 같이 유도된다. 변환 $y = u(x)$가 X의 공간 A에서 Y의 공간 B로의 일대일(1−1) 대응함수인 경우에는

$$g(y) = P[u(X) = y] = P[X = u^{-1}(y)], \quad y \in B$$

을 통해 Y의 $p.d.f.$가 구해진다.

예제 1 $X \sim Poisson(\mu)$일 때, $Y = 4X$의 $p.d.f.$를 구하여라.

풀이 변환 $y = 4x$는 공간 $A = \{x \mid x = 0, 1, 2, \cdots\}$에서 공간 $B = \{y \mid y = 0, 4, 8, \cdots\}$로의 일대일(1−1) 대응 변환이므로, Y의 $p.d.f.$는

$$\begin{aligned} g(y) &= P(Y = y) = P(X = \frac{y}{4}) \\ &= \frac{e^{-\mu}\mu^{y/4}}{(y/4)!}, \quad \frac{y}{4} = 0, 1, 2, \ldots \\ &= \begin{cases} \dfrac{e^{-\mu}\mu^{y/4}}{(y/4)!}, & y = 0, 4, 8, \ldots \\ 0, & otherwise \end{cases} \end{aligned}$$

이다. ■

예제 2 $X_1, X_2, X_3 \sim i.i.d.\ f(x) = \begin{cases} \dfrac{1}{6}, & x = 1, 2, 3, 4, 5, 6 \\ 0, & otherwise \end{cases}$

일 때, $Y = \max(X_1, X_2, X_3)$의 $p.d.f.$는

$$\begin{aligned} f(y) &= P[\max(X_1, X_2, X_3) = y] \\ &= P[\max(X_1, X_2, X_3) \le y] - P[\max(X_1, X_2, X_3) \le y-1] \\ &= [F(y)]^3 - [F(y-1)]^3 \quad (X_i \text{가 } i.i.d. \text{이므로}) \end{aligned}$$

이다. 여기서

$$\begin{aligned} F(y) &= \sum_{x=1}^{y} f(x) = \sum_{x=1}^{y} \frac{1}{6} \\ &= \begin{cases} \dfrac{y}{6}, & y = 1, 2, 3, 4, 5, 6 \\ 0, & otherwise \end{cases} \end{aligned}$$

이다. 따라서

$$f(y) = \begin{cases} \left(\dfrac{y}{6}\right)^3 - \left(\dfrac{y-1}{6}\right)^3, & y = 1, 2, 3, 4, 5, 6 \\ 0, & otherwise \end{cases}$$

이다. ■

예제 3 $X_i \sim G(p_i)(i = 1,2,\cdots,n)$이고 서로 독립일 때, 다음이 성립함을 보여라.

$$Y = \min(X_1, X_2, \cdots, X_n) \sim G(p), \quad p = 1 - \prod_{i=1}^{n}(1-p_i).$$

풀이

$$\begin{aligned} P(Y = y) &= P(\min X_i = y) \\ &= P(\min X_i \le y) - P(\min X_i \le y-1) \\ &= P(\min X_i > y-1) - P(\min X_i > y) \\ &= \prod P(X_i > y-1) - \prod P(X_i > y) \quad (\because)\ X_i's : indep. \\ &= \prod (1-p_i)^{y-1} - \prod (1-p_i)^y \quad (\because)\ P(X_i > y) = (1-p_i)^y \\ &= \left[\prod (1-p_i)\right]^{y-1} \left[1 - \prod (1-p_i)\right] \\ &= (1-p)^{y-1} p, \quad p = 1 - \prod (1-p_i). \end{aligned}$$

따라서 $Y \sim G(p),\ p = 1 - \prod(1-p_i)$. ■

|Remark| $X_1, X_2 \sim i.i.d.\ G(p)$일 때, $Y = \min(X_1, X_2) \sim G(r),\ r = 1-(1-p)^2$이다.

변환 $y = u(x_1, x_2, \cdots, x_n)$가 일대일 대응 변환이 아닌 경우에는 아래의 [예제 4]에서와 같이 일대일 대응 변환이 되도록 새로운 변수를 도입하여 $p.d.f.$를 구하거나([방법 1]), 위의 [예제 2]에서와 같이 $p.d.f.$를 직접 유도하는 방법([방법 2])을 사용할 수 있다.

예제 4 $X_1 \sim Poisson(\mu_1),\ X_2 \sim Poisson(\mu_2)$이고 X_1과 X_2가 서로 독립일 때, $Y = X_1 + X_2$의 $p.d.f.$를 구하여라.

풀이 **[방법 1]** 새로운 변수 $Y_2 = X_2$를 도입하면, 변환 $y_1 = x_1 + x_2,\ y_2 = x_2$가 공간 $A = \{(x_1, x_2) | x_1 = 0, 1, 2, \cdots,\ x_2 = 0, 1, 2, \cdots\}$에서 공간 $B = \{(y_1, y_2) | y_2 = 0, 1, 2, \cdots, y_1,\ y_1 = 0, 1, 2, \cdots\}$로의 일대일(1-1) 대응 변환이 된다. 따라서 Y_1과 Y_2의 joint $p.d.f.$는

$$\begin{aligned} g(y_1, y_2) &= f(y_1 - y_2, y_2) \\ &= \begin{cases} \dfrac{\mu_1^{y_1 - y_2} \mu_2^{y_2} e^{-\mu_1 - \mu_2}}{(y_1 - y_2)!\, y_2!}, & (y_1, y_2) \in B \\ 0, & otherwise \end{cases} \end{aligned}$$

이고, 이로부터 Y_1의 $p.d.f.$는

$$\begin{aligned} g(y_1) &= \sum_{y_2 = 0}^{y_1} g(y_1, y_2) \\ &= \frac{e^{-\mu_1 - \mu_2}}{y_1!} \sum_{y_2 = 0}^{y_1} \frac{y_1!}{(y_1 - y_2)! y_2!} \mu_1^{y_1 - y_2} \mu_2^{y_2} \\ &= \begin{cases} \dfrac{(\mu_1 + \mu_2)^{y_1} e^{-\mu_1 - \mu_2}}{y_1!}, & y_1 = 0, 1, 2, \cdots \\ 0, & otherwise \end{cases} \end{aligned}$$

이 된다.

[방법 2] $Y = X_1 + X_2$의 $p.d.f.$를 직접 유도하는 과정은 다음과 같다.

$$\begin{aligned}
f(y) &= P(X_1 + X_2 = y) \\
&= \sum_{\substack{x_1 + x_2 = y \\ x_1, x_2 \geq 0}} \sum P(X_1 = x_1, X_2 = x_2) \\
&= \sum_{x_1 = 0}^{y} P(X_1 = x_1, X_2 = y - x_1) \\
&= \sum_{x_1 = 0}^{y} \frac{e^{-\mu_1}\mu_1^{x_1}}{x_1!} \frac{e^{-\mu_2}\mu_2^{y - x_1}}{(y - x_1)!} \quad (X_1\text{과 } X_2\text{가 독립이므로}) \\
&= e^{-(\mu_1 + \mu_2)} \sum_{x_1 = 0}^{y} \binom{y}{x_1} \mu_1^{x_1} \mu_2^{y - x_1} / y! \\
&= e^{-(\mu_1 + \mu_2)} (\mu_1 + \mu_2)^y / y!
\end{aligned}$$

이 되어

$$Y \sim Poisson(\mu_1 + \mu_2)$$

임을 알 수 있다. ∎

[참고] 5.4절의 적률생성함수법을 이용하면 보다 쉽게 구할 수 있다.

예제 5* $X, Y \sim B(n, p)$이고 X와 Y가 독립일 때, (a) $Z = X + Y$의 $p.d.f.$는 다음과 같다.

$$\begin{aligned}
P(Z = z) &= \sum_{k = 0}^{n} P(X = k,\ Y = z - k) \\
&= \sum_{k = 1}^{n} \binom{n}{k} p^k (1 - p)^{n - k} \binom{n}{z - k} p^{z - k} (1 - p)^{n - z + k} \\
&= \sum_{k = 0}^{n} \binom{n}{k} \binom{n}{z - k} p^z (1 - p)^{2n - z} \\
&= \binom{2n}{z} p^z (1 - p)^{2n - z}, \quad z = 0, 1, \cdots, 2n.
\end{aligned}$$

(b) $W=X-Y$의 $p.d.f.$는 다음과 같다.

$$P(W=w)=\sum_{k=0}^{n}P(X=w+k,\ Y=k)$$

$$=\sum_{k=0}^{n}\binom{n}{w+k}\binom{n}{k}p^{w+2k}(1-p)^{2n-w-2k}$$

$$=\left(\frac{p}{1-p}\right)^{w}\sum_{k=0}^{n}\binom{n}{w+k}\binom{n}{k}p^{2k}(1-p)^{2n-2k},$$

여기서 $w=-n,-n+1,\cdots,-1,0,1,\cdots,n$이다. 예를 들면

$$P(W=0)=\sum_{k=0}^{n}\binom{n}{k}^{2}p^{2k}(1-p)^{2n-2k},\ \ P(W=-n)=\left(\frac{1-p}{p}\right)^{n}p^{2n}=p^{n}(1-p)^{n}$$

이다.

(c) $U=\dfrac{X}{Y+1}$, $V=Y+1$일 때, (U,V)의 $joint\ p.d.f.$는 다음과 같다.

$x=uv, y=v-1$이므로

$$P(U=u,\ V=v)=P(X=uv,\ Y=v-1)$$

$$=\binom{n}{uv}p^{uv}(1-p)^{n-uv}\binom{n}{v-1}p^{v-1}(1-p)^{n-v+1}$$

$$=\binom{n}{uv}\binom{n}{v-1}p^{uv+v-1}(1-p)^{2n-uv-v+1}$$

이다. 여기서 $v=1,2,\cdots,n+1$; $uv=0,1,\cdots,n$이다. 예를 들면

$$P(U=n,\ V=1)=p^{n}(1-p)^{n},$$

$$P\left(U=\frac{k}{j+1},\ V=j+1\right)=\binom{n}{k}\binom{n}{j}p^{k+j}(1-p)^{2n-k-j},\ k=0,1,\cdots,n;\ j=0,1,\cdots,n$$

이다. ■

5.2 연습문제

1. $X \sim f(x) = \begin{cases} \frac{1}{3}, & x = 1, 2, 3 \\ 0, & otherwise \end{cases}$ 일 때, $Y = 3X + 2$의 $p.d.f.$를 구하여라.

2. $X \sim B(n, p)$일 때, $Y = X^2$의 $p.d.f.$를 구하여라.

3. $X \sim NB(r, p)$일 때, $Y = X - r$의 $p.d.f.$를 구하여라.

   [참고] 위 결과를 2장의 연습문제 5번과 비교하고, 그 의미를 생각해 보기 바란다.

4. **(도전문제)** $X_1 \sim B(n_1, p)$, $X_2 \sim B(n_2, p)$이고, X_1과 X_2가 독립일 때, [예제 4]의 방법을 사용하여, $Y = X_1 + X_2 \sim B(n_1 + n_2, p)$임을 보여라.

5.3 연속형 변수변환법

5.3.1 일대일 변환인 경우

정리 2 확률변수 X가 연속형이고 $p.d.f.$ $f(x)$, $x \in A$를 가질 때 $Y = u(X)$의 $p.d.f.$는 함수 $u(\cdot)$가 공간 A에서 공간 B로의 일대일(1−1) 대응이고 연속함수인 경우,

$$g(y) = f_X(u^{-1}(y)) \left| \frac{dx}{dy} \right|, \quad y \in B$$

으로 주어진다.

증명 (ⅰ) $u(\cdot)$가 증가함수인 경우:

$Y=u(X)$의 $c.d.f.$는

$$G(y)=P[u(X)\le y]=P[X\le u^{-1}(y)]$$
$$=\int_{-\infty}^{u^{-1}(y)} f_X(x)dx,\quad y\in B$$

이다. 따라서

$$g(y)=G'(y)=f_X(u^{-1}(y))\frac{du^{-1}(y)}{dy},\quad y\in B$$
$$=\begin{cases} f_X(u^{-1}(y))\dfrac{dx}{dy}, & y\in B \\ 0, & otherwise \end{cases}$$

이다.

(ⅱ) $u(\cdot)$가 감소함수인 경우:

$Y=u(X)$의 $c.d.f.$는

$$G(y)=P[u(X)\le y]=P[X\ge u^{-1}(y)]$$
$$=\int_{u^{-1}(y)}^{\infty} f_X(x)dx$$

이다. 따라서

$$g(y)=G'(y)=-f_X(u^{-1}(y))\frac{du^{-1}(y)}{dy},\quad y\in B$$
$$=\begin{cases} -f_X(u^{-1}(y))\dfrac{dx}{dy}, & y\in B \\ 0, & otherwise \end{cases}$$

이다.

(i)과 (ii)로부터, $g(y) > 0$ $(y \in B)$이어야 하므로,

$$g(y) = f_X(u^{-1}(y))\left|\frac{dx}{dy}\right|, \quad y \in B$$

이다.

|Remarks|

1. 변환된 $Y = u(X)$의 $p.d.f.$는 X의 $p.d.f.$와는 형태와 범위(A에서 B)가 모두 달라질 것이다. 따라서 B 공간상에서 확률밀도함수의 조건을 만족시키기 위해서는 상수배의 조정이 필요하게 되는데, 이 값이 바로 $\frac{dx}{dy}$이며, 이를 자코비안(Jacobian)이라고 하고 J로 표기한다.
2. 앞 절에서 다룬 이산형 변수변환법에서는 자코비안이 불필요했음에 유의하기 바란다.

예제 1 $X \sim U(0, 1)$일 때 $Y = -2\ln X$의 분포는 $\chi^2(2)$가 된다. 그 이유는 변환 $y = -2\ln x$은 공간 $A = \{x | 0 < x < 1\}$에서 공간 $B = \{y | 0 < y < \infty\}$로의 일대일 대응 변환이고, $x = e^{-y/2}$로부터 $\frac{dx}{dy} = -\frac{1}{2}e^{-\frac{y}{2}}$이므로

$$\begin{aligned} g(y) &= f(e^{-\frac{y}{2}})\left|\frac{dx}{dy}\right| \\ &= \begin{cases} \frac{1}{2}e^{-\frac{y}{2}}, & 0 < y < \infty \\ 0, & otherwise \end{cases} \end{aligned}$$

이 된다. 이 분포는

$$\mathcal{E}\left(\frac{1}{2}\right) \overset{d}{=} \Gamma(1, 2) \overset{d}{=} \chi^2(2)$$

이다. ■

예제 2 $X \sim \mathcal{E}(\lambda)$일 때, $Y = \sqrt{X}$의 분포는 다음 과정을 통해 구해진다. 변환 $y = \sqrt{x}$은 공간 $A = \{x \mid 0 < x < \infty\}$에서 공간 $B = \{y \mid 0 < y < \infty\}$로의 일대일 대응 변환이고, $x = y^2$으로부터 $dx/dy = 2y$이므로

$$\begin{aligned} g(y) &= f(y^2)\left|\frac{dx}{dy}\right| \\ &= 2y\lambda e^{-\lambda y^2}, \quad 0 < y < \infty \end{aligned}$$

이다. 이 분포는 연습문제 1번의 와이블분포에서 $\alpha = 2$인 경우이다. ▪

예제 3 $X \sim U(-\frac{\pi}{2}, \frac{\pi}{2})$일 때 $Y = \tan X$의 분포는 $Cauchy(1, 0)$가 된다. 그 이유는 $y = \tan x$ 변환이 공간 $A = \left\{x \mid -\frac{\pi}{2} < x < \frac{\pi}{2}\right\}$에서 공간 $B = \{y \mid -\infty < y < \infty\}$로의 일대일 대응 변환을 만족하고, $x = \tan^{-1} y$로부터

$$\frac{dx}{dy} = \left(\frac{dy}{dx}\right)^{-1} = \frac{1}{\sec^2 x} = \frac{1}{1 + y^2}$$

이므로

$$\begin{aligned} g(y) &= f(\tan^{-1} y)\left|\frac{dx}{dy}\right| \\ &= \frac{1}{\pi(1 + y^2)}, \quad -\infty < y < \infty \end{aligned}$$

이다. 따라서 $Y \sim Cauchy(1, 0)$이다. ▪

위의 변수변환법은 다음과 같이 2차원의 경우로 확장될 수 있다. 즉, 변환 $y_1 = u_1(x_1, x_2)$, $y_2 = u_2(x_1, x_2)$가 이차원 공간 $A = \{(x_1, x_2) \mid f(x_1, x_2) > 0\}$에서 $B = \{(y_1, y_2) \mid f(y_1, y_2) > 0\}$로의 일대일(1−1) 대응이고 연속함수인 경우, $x_1 = \omega_1(y_1, y_2)$, $x_2 = \omega_2(y_1, y_2)$이라고 할 때,

$$g(y_1, y_2) = f(\omega_1(y_1, y_2),\ \omega_2(y_1, y_2))\,|J|$$

으로 주어진다. 여기서 자코비안 J는 다음의 행렬식(determinant)

$$J = \begin{vmatrix} \dfrac{\partial x_1}{\partial y_1} & \dfrac{\partial x_1}{\partial y_2} \\ \dfrac{\partial x_2}{\partial y_1} & \dfrac{\partial x_2}{\partial y_2} \end{vmatrix}$$

으로 정의된다.

위 과정은 다차원인 경우에도 동일하게 확장될 수 있다.

예제 4 $X_1, X_2 \sim i.i.d.\ U(0,1)$일 때, $Y_1 = X_1 + X_2$와 $Y_2 = X_1 - X_2$의 결합확률밀도함수를 구하여라.

풀이 변환 $y_1 = x_1 + x_2$, $y_2 = x_1 - x_2$로부터 $x_1 = \frac{1}{2}(y_1 + y_2)$, $x_2 = \frac{1}{2}(y_1 - y_2)$이고, 이 변환은 공간 $A = \{(x_1, x_2) | 0 < x_1 < 1,\ 0 < x_2 < 1\}$에서 공간 $B = \left\{(y_1, y_2) | 0 < \frac{1}{2}(y_1 + y_2) < 1,\ 0 < \frac{1}{2}(y_1 - y_2) < 1\right\}$로의 일대일 대응 변환이며, 자코비안은

$$J = \begin{vmatrix} \dfrac{\partial x_1}{dy_1} & \dfrac{\partial x_1}{dy_2} \\ \dfrac{\partial x_2}{dy_1} & \dfrac{\partial x_2}{dy_2} \end{vmatrix} = \begin{vmatrix} \dfrac{1}{2} & \dfrac{1}{2} \\ \dfrac{1}{2} & -\dfrac{1}{2} \end{vmatrix} = -\frac{1}{2}$$

이다. 따라서 Y_1과 Y_2의 결합확률밀도함수는

$$\begin{aligned} g(y_1, y_2) &= f\left(\frac{y_1 + y_2}{2}, \frac{y_1 - y_2}{2}\right)|J| \\ &= \begin{cases} \dfrac{1}{2}, & 0 < y_1 + y_2 < 2,\ 0 < y_1 - y_2 < 2 \\ 0, & otherwise \end{cases} \end{aligned}$$

이다. ■

[참고] 위의 결과에서 공간 B는 곱의 형태 $(B_1 \times B_2)$로 표현될 수 없으므로, Y_1과 Y_2는 독립이 아니다.

이제 Y_1과 Y_2의 주변확률밀도함수를 구하기 위해 공간 B를 도시하면

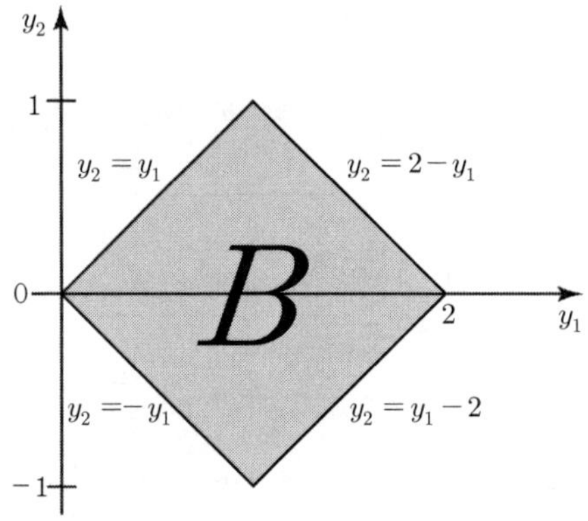

이다. 따라서 Y_1의 주변확률밀도함수는

$$g_1(y_1) = \begin{cases} \int_{-y_1}^{y_1} \frac{1}{2} dy_2 = y_1, & 0 < y_1 \le 1 \\ \int_{y_1 - 2}^{2 - y_1} \frac{1}{2} dy_2 = 2 - y_1, & 1 < y_1 < 2 \\ 0, & otherwise \end{cases}$$

이고, Y_2의 주변확률밀도함수는

$$g_2(y_2) = \begin{cases} \displaystyle\int_{-y_2}^{y_2+2} \frac{1}{2} dy_1 = y_2 + 1, & -1 < y_2 \le 0 \\ \displaystyle\int_{y_2}^{2-y_2} \frac{1}{2} dy_1 = 1 - y_2, & 0 < y_2 < 1 \\ 0, \quad otherwise \end{cases}$$

이다.

[참고] 1. Y_1과 Y_2의 주변확률밀도함수를 그림으로 나타내면 다음과 같다.

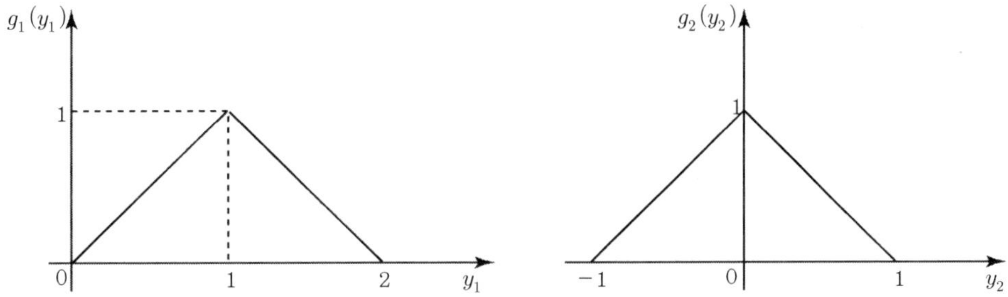

이 결과는 직관적으로 이해될 수 있다(각자 생각해 볼 것).

2. 위 결과와 5.1절의 [예제 5]를 비교하여 두 방법(누적분포함수법, 변수변환법)의 차이를 살펴보기 바란다.

예제 5 $X_1 \sim \Gamma(\alpha, 1)$, $X_2 \sim \Gamma(\beta, 1)$이고 X_1과 X_2가 독립일 때, $Y = \dfrac{X_1}{X_1 + X_2}$의 분포를 구하여라.

풀이 새로운 변수 $Y_2 = X_1 + X_2$를 도입하면(다르게 정할 수도 있음), 변환 $y_1 = x_1/(x_1 + x_2)$, $y_2 = x_1 + x_2$가 공간 $A = \{(x_1, x_2) | 0 < x_1 < \infty, 0 < x_2 < \infty\}$에서 공간 $B = \{(y_1, y_2) \mid g(y_1, y_2) > 0\}$로의 일대일(1−1) 대응 변환이 된다. 여기서 공간 B는, $x_1 = y_1 y_2$, $x_2 = y_2(1 - y_1)$이므로,

$$B = \{(y_1, y_2) \mid 0 < y_1 y_2 < \infty,\ 0 < y_2(1-y_1) < \infty\}$$
$$= \{(y_1, y_2) \mid 0 < y_1 < 1,\ 0 < y_2 < \infty\}$$

이다. 또한 자코비안은

$$J = \begin{vmatrix} y_2 & y_1 \\ -y_2 & 1-y_1 \end{vmatrix} = y_2$$

이므로, Y_1과 Y_2의 결합확률밀도함수는

$$\begin{aligned} g(y_1, y_2) &= f(y_1 y_2,\ y_2(1-y_1))\,|J| \\ &= \frac{1}{\Gamma(\alpha)\Gamma(\beta)}(y_1 y_2)^{\alpha-1}[y_2(1-y_1)]^{\beta-1} e^{-y_2} \cdot y_2 \\ &= \begin{cases} \dfrac{y_1^{\alpha-1}(1-y_1)^{\beta-1}}{\Gamma(\alpha)\Gamma(\beta)} y_2^{\alpha+\beta-1} e^{-y_2}, & 0 < y_1 < 1,\ 0 < y_2 < \infty \\ 0, & otherwise \end{cases} \end{aligned}$$

이다. 따라서 Y_1의 주변확률밀도함수는

$$\begin{aligned} g_1(y_1) &= \frac{y_1^{\alpha-1}(1-y_1)^{\beta-1}}{\Gamma(\alpha)\Gamma(\beta)} \int_0^\infty y_2^{\alpha+\beta-1} e^{-y_2} dy_2 \\ &= \begin{cases} \dfrac{\Gamma(\alpha+\beta)}{\Gamma(\alpha)\Gamma(\beta)} y_1^{\alpha-1}(1-y_1)^{\beta-1}, & 0 < y_1 < 1 \\ 0, & otherwise \end{cases} \end{aligned}$$

이다. 이 분포는 3.6절에서 정의된 $\beta eta(\alpha, \beta)$ 분포이다. ▪

|Remarks|

1. 동일한 방법으로 Y_2에 대한 주변확률밀도함수를 구하면 $\Gamma(\alpha+\beta, 1)$이 됨을 알 수 있다. 따라서

$$Y_1 = \frac{X_1}{X_1 + X_2} \overset{d}{=} \frac{\Gamma(\alpha,\, 1)}{\Gamma(\alpha+\beta,\, 1)} \overset{d}{=} \beta eta(\alpha,\, \beta)$$

이므로 척도모수가 동일한 두 감마분포의 비(ratio)를 통해 베타분포가 정의될 수 있음을 알 수 있다.

2. 5.6절에서 다루는 디리클레분포는 베타분포의 다변량 버전이다.

예제 6 $X_1, X_2 \sim i.i.d.\ \mathcal{E}(\lambda)$일 때, $Y = X_1 - X_2$의 분포를 구하여라.

풀이 $Y_1 = X_1 - X_2,\ Y_2 = X_2$라고 하면, 이 변환은 공간 $A = \{(x_1, x_2) \mid 0 < x_1 < \infty,\ 0 < x_2 < \infty\}$에서 공간 $B = \{(y_1, y_2) \mid y_1 + y_2 > 0,\ y_2 > 0\}$로의 일대일 대응 변환이고, $x_1 = y_1 + y_2,\ x_2 = y_2$이므로 자코비안은 $J = \begin{vmatrix} 1 & 1 \\ 0 & 1 \end{vmatrix} = 1$이다. 따라서 Y_1과 Y_2의 결합확률밀도함수는

$$\begin{aligned} g(y_1, y_2) &= f(y_1 + y_2,\, y_2)\,|J| \\ &= \begin{cases} \lambda^2 e^{-\lambda(y_1 + 2y_2)}, & y_1 + y_2 > 0,\ y_2 > 0 \\ 0, & otherwise \end{cases} \end{aligned}$$

이다. Y_1의 주변확률밀도함수를 구하기 위해 공간 B를 그림으로 나타내면

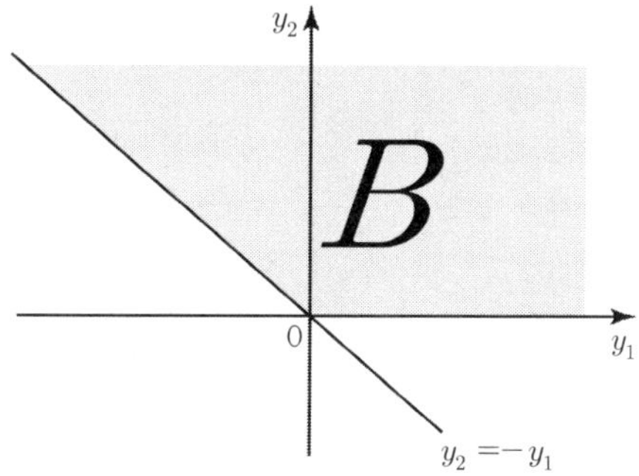

이다. 위 그림을 이용하여 주변확률밀도함수를 구하면

$$g_1(y_1)=\begin{cases}\displaystyle\int_{-y_1}^{\infty}\lambda^2 e^{-\lambda(y_1+2y_2)}dy_2=\frac{\lambda}{2}e^{\lambda y_1}, & y_1<0\\ \displaystyle\int_{0}^{\infty}\lambda^2 e^{-\lambda(y_1+2y_2)}dy_2=\frac{\lambda}{2}e^{-\lambda y_1}, & y_1>0\end{cases}$$

$$=\frac{\lambda}{2}e^{-\lambda|y_1|},\quad -\infty<y_1<\infty$$

이다. 이 분포는 이중지수분포 $DE(0,\ \frac{1}{\lambda})$에 해당한다(3.6절 참고). ■

예제 7 * $X_1, X_2 \sim i.i.d.\ N(0,\theta^2)$일 때, $Y=\sqrt{X_1^2+X_2^2}$의 $p.d.f.$가 다음과 같이 주어짐을 보여라.

$$f(y;\theta)=\begin{cases}\dfrac{y}{\theta^2}\exp\left(-\dfrac{y^2}{2\theta^2}\right), & y>0\\ 0, & otherwise\end{cases}\quad(\theta>0)$$

또한, $E(Y)=\theta\sqrt{\frac{\pi}{2}}$와 $Var(Y)=(2-\frac{\pi}{2})\theta^2$임을 보여라. 이 분포는 Rayleigh 분포로 알려져 있으며, 기호로는 $Y\sim Rayleigh(\theta)$로 나타낸다.

풀이 $\dfrac{X_i}{\theta}\sim i.i.d.\ N(0,1)$이고 $\dfrac{X_1^2+X_2^2}{\theta^2}\sim\chi^2(2)=\Gamma(1,2)$이다. 따라서 $Z=X_1^2+X_2^2\sim\theta^2\Gamma(1,2)=\Gamma(1,2\theta^2)$이다. $y=\sqrt{z}$일 때, $J=\dfrac{dz}{dy}=2y$이고

$$g_Y(y)=f_Z(y^2)|J|=\frac{1}{\Gamma(1)(2\theta^2)}(y^2)^{1-1}e^{-\frac{y^2}{2\theta^2}}\cdot(2y)=\frac{y}{\theta^2}e^{-\frac{y^2}{2\theta^2}},\quad y>0$$

이다. 또한

$$E(Y) = E(\sqrt{Z}),\ \ Z \sim \theta^2 \Gamma(1,2)$$
$$= \theta E(\sqrt{V}),\ \ V \sim \Gamma(1,2)$$
$$= \theta\sqrt{\frac{\pi}{2}}\ \ (\because)\ E(V) = \sqrt{\frac{\pi}{2}}$$

이고, 유사하게 $Var(Y) = E(Y^2) - (EY)^2 = (2 - \frac{\pi}{2})\theta^2$임을 보일 수 있다. ■

|Remark| $X \sim Rayleigh(\theta)$이면 $\frac{X^2}{2} \sim \mathcal{E}(\frac{1}{\theta^2})$이다(5.1절 연습문제 2번).

5.3.2 일대일 변환이 아닌 경우

변환 $y = u(x)$에서 함수 $u(\cdot)$가 A에서 B로의 일대일 대응함수가 아닌 경우(예를 들어, $y = x^2$)에는 A 공간을 $A_1, A_2, \cdots, A_k$ 공간으로 나누되 각 공간 $A_i(i=1, 2, \cdots, k)$에서 B로의 변환이 일대일(1−1) 대응 변환이 되도록 한다. 이때 $A = A_1 \cup A_2 \cup \cdots \cup A_k$이고 $A_i \cap A_j = 0(i \neq j)$이 되도록 한다. 각 공간상에서 $x = u^{-1}(y)$ 관계를 통해 구해진 x값을 $u_1^{-1}(y), u_2^{-1}(y), \cdots, u_k^{-1}(y)$이라고 하고, 이에 대응하는 자코비안을 $J_1, J_2, \cdots, J_k$이라고 할 때, $Y = u(X)$의 확률밀도함수는

$$g(y) = f(u_1^{-1}(y))|J_1| + f(u_2^{-1}(y))|J_2| + \cdots + f(u_k^{-1}(y))|J_k|,\quad y \in B$$

을 통해 구해진다.

예제 8 X가 $N(0, 1)$을 따를 때, $Y = X^2$의 분포가 $\chi^2(1)$이 됨을 보여라.

풀이 변환 $y = x^2$은 $A = \{x | -\infty < x < \infty\}$에서 $B = \{y | 0 < y < \infty\}$로의 이대일(2−1) 변환이므로 A를 $A_1 = \{x | -\infty < x < 0\}$과 $A_2 = \{x | 0 < x < \infty\}$으로 나누면 각 공간 A_1과 A_2에서의 B로의 변환은 일대일(1−1) 대응 변환을 만족한다.

A_1상에서는 $x = -\sqrt{y}$이고 A_2상에서는 $x = \sqrt{y}$를 만족하므로 자코비안은 각각 $J_1 = -\frac{1}{2\sqrt{y}}$과 $J_2 = \frac{1}{2\sqrt{y}}$이 된다. 따라서 Y의 확률밀도함수는

$$g(y) = f(-\sqrt{y})\left|-\frac{1}{2\sqrt{y}}\right| + f(\sqrt{y})\left|\frac{1}{2\sqrt{y}}\right|$$

$$= \frac{1}{\sqrt{2\pi}}e^{-\frac{y}{2}}\frac{1}{2\sqrt{y}} + \frac{1}{\sqrt{2\pi}}e^{-\frac{y}{2}}\frac{1}{2\sqrt{y}}$$

$$= \frac{1}{\sqrt{2\pi}\sqrt{y}}e^{-\frac{y}{2}}$$

$$= \begin{cases} \dfrac{1}{\Gamma(\frac{1}{2})2^{1/2}}y^{\frac{1}{2}-1}e^{-\frac{y}{2}}, & y > 0 \\ 0, & otherwise \end{cases}$$

이다. 위 분포는 $\Gamma(1/2,\ 2) \overset{d}{=} \chi^2(1)$이다. ■

예제 9 X가 다음의 확률밀도함수

$$f(x) = \begin{cases} \dfrac{x^2}{3}, & -1 < x < 2 \\ 0, & otherwise \end{cases}$$

를 가질 때, $Y = X^2$의 확률밀도함수를 구하여라.

풀이 공간 $A = \{x \mid -1 < x < 2\}$상에서 변환함수 $y = x^2$를 그려보면

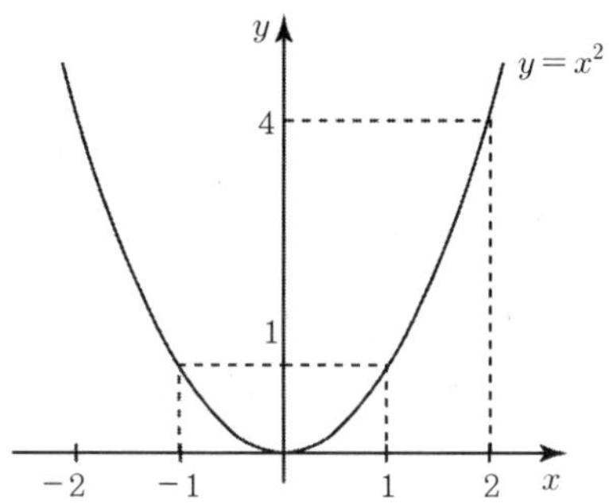

이다.

공간 $A=\{x|-1<x<2\}$에서 공간 $B=\{y|0<y<4\}$로의 변환이 일대일 또는 다대일이 되도록 공간 B를 $B_1=\{y|0<y<1\}$과 $B_2=\{y|1<y<4\}$로 나누어 생각하자.

i) $0<y<1$인 경우

위 변환은 공간 $A=\{x|-1<x<1\}$에서 공간 $B=\{y|0<y<1\}$로의 이대일(2−1) 변환이므로 공간 A를 $A_1=\{x|-1<x<0\}$과 $A_2=\{x|0<x<1\}$로 나누어 주면 위 변환은 각 공간 A_i에서 공간 B로의 일대일(1−1) 대응 변환이 된다.

공간 A_1에서는 $x=-\sqrt{y}$, $J_1=-\dfrac{1}{2\sqrt{y}}$이고, 공간 A_2에서는 $x=\sqrt{y}$, $J_2=\dfrac{1}{2\sqrt{y}}$이므로, Y의 확률밀도함수는

$$\begin{aligned} g(y) &= f(-\sqrt{y})\left|-\frac{1}{2\sqrt{y}}\right|+f(\sqrt{y})\left|\frac{1}{2\sqrt{y}}\right| \\ &= \frac{(-\sqrt{y})^2}{3}\frac{1}{2\sqrt{y}}+\frac{(\sqrt{y^2})}{3}\frac{1}{2\sqrt{y}} \\ &= \frac{\sqrt{y}}{6}+\frac{\sqrt{y}}{6}=\frac{\sqrt{y}}{3}, \quad 0<y<1 \end{aligned}$$

이다.

ii) $1<y<4$인 경우

이 경우 위 변환은 공간 $A=\{x|1<x<2\}$에서 공간 $B=\{y|1<y<4\}$로의 일대일(1−1) 대응 변환이 되고, $x=\sqrt{y}$, $J=\dfrac{1}{2\sqrt{y}}$이므로, Y의 확률밀도함수는

$$g(y)=f(\sqrt{y})\left|\frac{1}{2\sqrt{y}}\right|=\frac{\sqrt{y}}{6}, \quad 1<y<4$$

이다.

따라서 i)과 ii)로부터, Y의 확률밀도함수는

$$g(y)=\begin{cases}\dfrac{\sqrt{y}}{3}, & 0<y<1\\ \dfrac{\sqrt{y}}{6}, & 1<y<4\\ 0, & otherwise\end{cases}$$

이다. ■

예제 10 X_1과 X_2가 서로 독립이며 $N(0,1)$을 따를 때, $Y=X_1^2+X_2^2$와 $Z=\dfrac{X_2}{X_1}$의 결합확률밀도함수를 구하여라.

풀이 변환 $T: y=x_1^2+x_2^2,\ z=\dfrac{x_2}{x_1}$로부터

$$T_1^{-1}: x_1=\sqrt{\frac{y}{1+z^2}},\ x_2=z\sqrt{\frac{y}{1+z^2}},$$
$$T_2^{-1}: x_1=-\sqrt{\frac{y}{1+z^2}},\ x_2=-z\sqrt{\frac{y}{1+z^2}}$$

이다. 이때 T는 $A_1=\{(x_1,x_2)\,|\,x_1>0,\ -\infty<x_2<\infty\}$에서 $B=\{(y,z)\,|\,y>0,\ -\infty<z<\infty\}$로의 일대일(1−1) 대응 변환이고, 또한 $A_2=\{(x_1,x_2)\,|\,x_1<0,\ -\infty<x_2<\infty\}$에서 B로의 일대일(1−1) 대응 변환이며

$$J_1=\begin{vmatrix}\dfrac{1}{2}\dfrac{1}{\sqrt{1+z^2}}\dfrac{1}{\sqrt{y}} & -\sqrt{y}\dfrac{z}{(1+z^2)\sqrt{1+z^2}}\\ \dfrac{z}{2}\dfrac{1}{\sqrt{1+z^2}}\dfrac{1}{\sqrt{y}} & \sqrt{y}\dfrac{1}{(1+z^2)\sqrt{1+z^2}}\end{vmatrix}=\frac{1}{2(1+z^2)}$$
$$\&\ |J_1|=|J_2|=\frac{1}{2(1+z^2)}$$

이다. 따라서

$$g(y,z)=f\left(\sqrt{\frac{y}{1+z^2}},\, z\sqrt{\frac{y}{1+z^2}}\right)|J_1|+f\left(-\sqrt{\frac{y}{1+z^2}},\, -z\sqrt{\frac{y}{1+z^2}}\right)|J_2|$$

$$=\frac{1}{2(1+z^2)}\left(\frac{1}{2\pi}e^{-\frac{y}{2}}+\frac{1}{2\pi}e^{-\frac{y}{2}}\right)=\frac{1}{1+z^2}\frac{1}{2\pi}e^{-\frac{y}{2}},\quad (y,z)\in B$$

이다. 위 식은 $g(y,z)=\frac{1}{2}e^{-\frac{y}{2}}\cdot I_{(0,\infty)}(y)\times\frac{1}{\pi(1+z^2)}\cdot I_{(-\infty,\infty)}(z)$이므로, Y와 Z는 서로 독립이며, $Y\sim\mathcal{E}(\frac{1}{2})=\Gamma(1,2)=\chi^2(2)$이고 $Z\sim Cauchy(1,0)$이다. ■

5.3 연습문제

1 $X\sim\mathcal{E}(\lambda)$ 즉, $f(x)=\lambda e^{-\lambda x}\ (x>0)$일 때, $Y=X^{1/\alpha}(\alpha>0)$의 $p.d.f.$가

$$g(y)=\begin{cases}\alpha y^{\alpha-1}\lambda e^{-\lambda y^\alpha}, & y>0\quad(\alpha>0,\ \lambda>0)\\ 0, & otherwise\end{cases}$$

임을 보여라. 이 분포는 2-모수 와이블분포(Weibull distribution)로 알려져 있으며, 기호로는 $Y\sim Weibull(\lambda,\alpha)$로 나타낸다.

[참고] 위 분포의 평균과 분산은

$$E(X)=\left(\frac{1}{\lambda}\right)^{\frac{1}{\alpha}}\Gamma\left(1+\frac{1}{\alpha}\right)$$

$$Var(X)=\left(\frac{1}{\lambda}\right)^{\frac{2}{\alpha}}\left[\Gamma\left(1+\frac{2}{\alpha}\right)-\Gamma^2\left(1+\frac{1}{\alpha}\right)\right]$$

이다. 이 분포는 로그정규분포와 함께 수명(lifetime)분포로 자주 이용된다.

❷ $Z_1, Z_2 \sim i.i.d.\ N(0, 1)$일 때, $Y = Z_1/Z_2$의 확률밀도함수가

$$g(y) = \frac{1}{\pi(1+y^2)}, \quad -\infty < y < \infty$$

임을 보여라.

❸ X_1, X_2가 서로 독립이며, 각각 연속인 확률밀도함수 $f(x_1)$과 $g(x_2)$를 가질 때, $Y = X_1 + X_2$의 확률밀도함수가

$$h(y) = \int_{-\infty}^{\infty} f(y-\omega)g(\omega)d\omega$$

임을 보여라. 이 결과는 합성공식(convolution formula)으로 알려져 있다.

❹ $X \sim Cauchy(1, 0)$ 즉,

$$X \sim f(x) = \frac{1}{\pi(1+x^2)}, \quad -\infty < x < \infty$$

일 때, $Y = X^2$의 확률밀도함수가

$$g(y) = \begin{cases} \dfrac{1}{\pi(1+y)\sqrt{y}}, & 0 < y < \infty \\ 0, & otherwise \end{cases}$$

이 됨을 보여라.

❺ $X \sim f(x) = \begin{cases} \theta x^{\theta-1}, & 0 < x < 1 \\ 0, & otherwise \end{cases}$ $(\theta > 0)$일 때, $Y = -2\theta \ln X$의 확률밀도함수를 구하여라.

(a) 누적분포함수법을 이용하여 구하여라.

(b) 변수변환법을 이용하여 구하여라.

[참고] 5.1절의 [예제 6]과 비교해 볼 것.

6 $X \sim N(0,\ 1)$일 때, $Y = |X|$의 확률밀도함수가

$$f(y) = \begin{cases} \sqrt{\dfrac{2}{\pi}}\, e^{-y^2/2}, & 0 < y < \infty \\ 0, & otherwise \end{cases}$$

이 됨을 보여라. 이 분포를 반정규분포(half normal distribution)라고 한다.

7 X와 Y의 결합확률밀도함수가

$$f(x, y) = \frac{12}{7} x(x+y), \quad 0 < x < 1,\ 0 < y < 1$$

일 때, $U = \min(X,\ Y)$와 $V = \max(X,\ Y)$의 결합확률밀도함수를 구하여라.

8 $X_1 \sim \chi^2(r_1)$, $X_2 \sim \chi^2(r_2)$이고 X_1과 X_2가 독립일 때, $Y_1 = \dfrac{X_1}{X_2}$과 $Y_2 = X_1 + X_2$의 결합확률밀도함수를 구하고, Y_1과 Y_2가 서로 독립임을 보여라.

[참고] 위의 결과로부터 다음 사실이 성립한다.

$$X_1 \sim \Gamma(\frac{r_1}{2}, 2)\ \&\ X_2 \sim \Gamma(\frac{r_2}{2}, 2):\ \text{독립}$$

$$\Rightarrow X_1 + X_2\ \&\ \frac{X_1}{X_2}:\ \text{독립} \Rightarrow X_1 + X_2\ \&\ 1 + \frac{X_1}{X_2} = \frac{X_1 + X_2}{X_2}:\ \text{독립}$$

$$\Rightarrow X_1 + X_2\ \&\ \frac{X_2}{X_1 + X_2}:\ \text{독립}$$

5.4 적률생성함수법

$Y = u(X)$의 분포를 유도하는 방법 가운데 적률생성함수법(moment generating function method, $m.g.f.$ method)은 임의의 확률변수는 그것의 $m.g.f.$가 존재하기만 하면 분포를 유일하게 결정한다는 사실에 근거하여, X의 $m.g.f.$를 통해 Y의 $m.g.f.$를 직접 유도하여 분포를 구하는 방법이다. 이 방법은 이미 잘 알려진 분포이론을 확인하는 과정이나 독립인 확률변수들($m.g.f.$가 알려져 있는)의 합의 분포 등을 유도하는 데 특히 유용하게 사용된다. 다만 Y의 $m.g.f.$ 형태를 예상하기 어려운 문제(우리가 알고 있는 $m.g.f.$의 형태가 아닌 경우)에는 적용할 수 없다. 그 이유는 Y의 $m.g.f.$를 구한다 하더라도 이에 대응하는 분포형태를 알 수 없기 때문이다.

예제 1 X가 $\Gamma(\alpha, \beta)$일 때, $Y = \frac{2}{\beta}X$의 분포를 구하여라.

풀이 Y의 $m.g.f.$는

$$M_Y(t) = E(e^{tY}) = E\left[\exp\left(t\frac{2}{\beta}X\right)\right]$$

$$= M_X\left(\frac{2t}{\beta}\right) = \left(1 - \beta \cdot \frac{2t}{\beta}\right)^{-\alpha} = (1-2t)^{-\alpha}$$

이고, 이는 $\Gamma(\alpha, 2)$분포의 $m.g.f.$이므로 $Y \sim \Gamma(\alpha, 2) \overset{d}{=} \chi^2(2\alpha)$이다. ■

예제 2 $X_1, X_2, \cdots, X_n$이 서로 독립이며 $X_i \sim \Gamma(\alpha_i, \beta)$ $(i = 1, 2, \cdots, n)$을 따를 때, $Y = \sum_{i=1}^{n} X_i$의 분포가 $\Gamma(\sum_{i=1}^{n}\alpha_i, \beta)$임을 보여라.

풀이 Y의 $m.g.f.$는

$$M_Y(t) = Ee^{t\Sigma X_i} = \prod_{i=1}^{n} E(e^{tX_i}) \quad (X_i\text{가 독립이므로})$$

$$= \prod_{i=1}^{n} M_{X_i}(t) = \prod_{i=1}^{n}(1-\beta t)^{-\alpha_i} = (1-\beta t)^{-\sum_{i=1}^{n}\alpha_i}$$

이다. 이는 $\Gamma(\Sigma\alpha_i,\ \beta)$분포의 $m.g.f.$에 해당하므로 $Y \sim \Gamma(\Sigma\alpha_i,\ \beta)$이다. ▪

예제 3 $X_1, X_2, \cdots, X_n$이 서로 독립이며 $X_i \sim N(\mu_i,\ \sigma_i^2)$ $(i=1, 2, \cdots, n)$을 따를 때, $Y = \sum_{i=1}^{n} a_i X_i$의 분포가 $N(\sum_{i=1}^{n} a_i \mu_i,\ \sum_{i=1}^{n} a_i^2 \sigma_i^2)$임을 보여라.

풀이 Y의 $m.g.f.$는

$$\begin{aligned} M_Y(t) &= E\left[\exp\left\{t\left(\sum_{i=1}^{n} a_i X_i\right)\right\}\right] \\ &= \prod_{i=1}^{n} E\left[\exp(t a_i X_i)\right] \quad (X_i\text{가 독립이므로}) \\ &= \prod_{i=1}^{n} M_{X_i}(a_i t) \\ &= \prod_{i=1}^{n} \exp\left[\mu_i (a_i t) + \frac{\sigma_i^2 (a_i t)^2}{2}\right] \\ &= \exp\left[\left(\sum_{i=1}^{n} a_i \mu_i\right)t + \frac{\left(\sum_{i=1}^{n} a_i^2 \sigma_i^2\right)t^2}{2}\right] \end{aligned}$$

이고, 이는 $N(\sum_{i=1}^{n} a_i \mu_i,\ \sum_{i=1}^{n} a_i^2 \sigma_i^2)$분포의 $m.g.f.$에 해당한다. ▪

예제 4 $X_1, X_2, \cdots, X_n$이 서로 독립이며 $X_i \sim \chi^2(r_i)$ $(i=1, 2, \cdots, n)$을 따를 때, $Y = \sum_{i=1}^{n} X_i$의 분포가 $\chi^2(r)$, $r = \sum_{i=1}^{n} r_i$임을 보여라.

풀이 Y의 $m.g.f.$를 통해 쉽게 보일 수 있다. ▪

|Remarks| 1. 위 결과를 카이제곱분포의 가법성(additivity property)이라고 한다.

2. 위 결과로부터, X_i $(i=1, 2, \cdots, n)$가 $N(\mu,\ \sigma^2)$으로부터의 확률표본일 때

$$Y = \sum_{i=1}^{n} \left(\frac{X_i - \mu}{\sigma} \right)^2 \sim \chi^2(n)$$

임을 알 수 있다.

예제 5 $(X_1, Y_1), (X_2, Y_2), \cdots, (X_n, Y_n)$을 이변량 정규분포 $N_2(\mu, \Sigma)$로부터의 확률표본이라고 할 때, $(\overline{X}, \overline{Y})$의 결합확률밀도함수가

$$(\overline{X}, \overline{Y}) \sim N_2\left((\mu_1, \mu_2), \begin{pmatrix} \frac{\sigma_1^2}{n} & \frac{\rho\sigma_1\sigma_2}{n} \\ \frac{\rho\sigma_1\sigma_2}{n} & \frac{\sigma_2^2}{n} \end{pmatrix} \right)$$

임을 보여라.

풀이 $(\overline{X}, \overline{Y})$의 *joint m.g.f.*를 구하면

$$M(t_1, t_2) = E\, e^{t_1\overline{X} + t_2\overline{Y}} = E \prod_{i=1}^{n} e^{\frac{t_1}{n}X_i + \frac{t_2}{n}Y_i}$$

$$= \prod_{i=1}^{n} M_{X_i, Y_i}\left(\frac{t_1}{n}, \frac{t_2}{n} \right) \quad (\because)\ (X_i, Y_i)'s : indep.$$

$$= \prod_{i=1}^{n} \exp\left[\mu_1\left(\frac{t_1}{n}\right) + \mu_2\left(\frac{t_2}{n}\right) + \frac{1}{2}\left\{ \sigma_1^2\left(\frac{t_1}{n}\right)^2 + 2\rho\sigma_1\sigma_2\left(\frac{t_1}{n}\right)\left(\frac{t_2}{n}\right) + \sigma_2^2\left(\frac{t_2}{n}\right)^2 \right\} \right]$$

$$= \exp\left[\mu_1 t_1 + \mu_2 t_2 + \frac{1}{2}\left\{ \left(\frac{\sigma_1^2}{n}\right)t_1^2 + 2\rho\left(\frac{\sigma_1\sigma_2}{n}\right)t_1 t_2 + \left(\frac{\sigma_2^2}{n}\right)t_2^2 \right\} \right]$$

이다. 이는 위 분포의 *m.g.f.*에 해당된다. ■

5.4 연습문제

1 적률생성법을 이용하여 다음을 보여라.

(a) $X_i \sim i.i.d.\ B(1, p)\ (i = 1, 2, \cdots, n)$일 때, $Y = \sum_{i=1}^{n} X_i$의 분포가 $B(n, p)$임을 보여라.

(b) $X_i \sim i.i.d.\ G(p)\ (i = 1, 2, \cdots, r)$일 때, $Y = \sum_{i=1}^{r} X_i$의 분포가 $NB(r, p)$임을 보여라.

(c) $X_i \sim independent\ \ Poisson(\lambda_i)(i = 1, 2, \cdots, n)$일 때, $Y = \sum_{i=1}^{n} X_i$의 분포가 $Poisson(\sum_{i=1}^{n} \lambda_i)$임을 보여라.

2 X_1, X_2가 서로 독립이고, 각각 $N(\mu_1, \sigma_1^2)$과 $N(\mu_2, \sigma_2^2)$을 따를 때, $Y = X_1 - X_2$의 분포를 구하여라.

3 $X_1, X_2 \sim i.i.d.\ \ f(x) = \begin{cases} \frac{x}{6}, & x = 1, 2, 3 \\ 0, & otherwise \end{cases}$ 일 때, $m.g.f.$ 방법을 이용하여 $Y = X_1 + X_2$의 분포를 구하여라.

4 $X \sim N(0, 1)$일 때, $m.g.f.$ 방법을 이용하여 $Y = X^2$의 분포가 $\chi^2(1)$이 됨을 보여라.

[Hint] $E(e^{tX^2})$의 계산과정에서 $w = x\sqrt{1-2t}$로 놓을 것.

|Remark| 이 방법을 누적분포함수법(5.1절 [예제 3])과 변수변환법(5.3절 [예제 8])의 유도과정과 비교해 볼 것.

5 $X_1, X_2, \cdots, X_n$이 $m.g.f.$가 $M(t)$인 분포로부터의 확률표본일 때, $\sum_{i=1}^{n} X_i$와 $\sum_{i=1}^{n} X_i / n$의 $m.g.f.$가 각각 $[M(t)]^n$과 $\left[M(\frac{t}{n})\right]^n$임을 보여라.

6 $(X,\ Y) \sim N_2\left((\mu_1, \mu_2), \begin{pmatrix} \sigma_1^2 & \rho\sigma_1\sigma_2 \\ \rho\sigma_1\sigma_2 & \sigma_2^2 \end{pmatrix}\right)$일 때,

$$Z = aX + bY + c \sim N(a\mu_1 + b\mu_2 + c,\ a^2\sigma_1^2 + 2ab\rho\sigma_1\sigma_2 + b^2\sigma_2^2)$$

임을 보여라.

5.5 순서통계량의 분포

정의 2 순서통계량

$X_1, X_2, \cdots, X_n$을 $p.d.f.\ f(x)$로부터의 확률표본이라고 하자. 일종의 확률표본의 함수로

$$Y_k = u(X_1, X_2, \cdots, X_n) = X_i\text{들 중 크기가 } k\text{번째인 확률변수} \equiv X_{(k)}$$

이라고 할 때,

$$Y_1 = X_{(1)},\ Y_2 = X_{(2)},\ \cdots,\ Y_n = X_{(n)}$$

을 순서통계량(order statistic)이라고 한다.

[참고] 일반적으로 순서통계량의 관측값들은 $y_1 \le y_2 \le \cdots \le y_n$을 만족하며, 만약 X_i가 연속형인 경우에는 $y_1 < y_2 < \cdots < y_n$을 만족한다.

정의 3 표본분위수

$X_1, X_2, \cdots, X_n$을 분포 F로부터의 확률표본이라고 하자. p차 표본분위수(pth sample quantile) 또는 차수 p의 표본분위수(sample quantile of order p)는 순서통계량 $X_{(r)}$로 정의되며, 이때 r은 다음과 같이 주어진다:

$$r = \begin{cases} np, & np = \text{정수} \\ [np+1], & np \neq \text{정수}. \end{cases}$$

여기서 $[x]$는 $\leq x$인 최대의 정수이다.

[유의] np가 정수이면 $X_{(np)}$와 $X_{(np+1)}$ 사이의 어떠한 값도 p차 표본분위수가 될 수 있으나, 위의 정의는 편의적이다. 예를 들어, $p = 1/2$이고 n이 짝수인 경우, $X_{(n/2)}$과 $X_{(n/2)+1}$ 사이의 모든 값, 두 값의 중간값(middle value)이 표본중앙값이 될 수 있다. 다만 관습적으로 평균을 취하여 다음과 같이 정의한다.

정의 4 표본중앙값

표본중앙값(sample median)은 다음과 같이 정의한다:

$$\text{med}_{1 \leq i \leq n} X_i = \begin{cases} X_{((n+1)/2)}, & n = \text{홀수} \\ \frac{1}{2}\{X_{(n/2)} + X_{((n/2)+1)}\}, & n = \text{짝수}. \end{cases}$$

(n이 홀수일 때, $\left[\frac{n}{2}+1\right] = \left(\frac{n+1}{2}\right)$이다.)

정리 3 $X_1, X_2, \cdots, X_n$을 연속형 확률밀도함수 $f(x)\,(a < x < b)$로부터의 확률표본일 때 순서통계량 $Y_1, Y_2, \cdots, Y_n$의 결합확률밀도함수는 다음과 같이 주어진다.

$$g(y_1, y_2, \cdots, y_n) = \begin{cases} n!f(y_1)\cdots f(y_n), & a < y_1 < \cdots < y_n < b \\ 0, & otherwise \end{cases}$$

증명 편의상 $n=3$인 경우에 한해 증명하기로 한다.

변환 $y_1 = x_{(1)} = \min(x_1, x_2, x_3)$, y_2, $y_3 = x_{(3)} = \max(x_1, x_2, x_3)$는 공간 $A = \{(x_1,x_2,x_3) | a < x_i(i=1,2,3) < b\}$에서 공간 $B = \{(y_1,y_2,y_3) | a < y_1 < y_2 < y_3 < b\}$로의 일대일 변환이 아니므로 공간 A를 다음과 같이 $3! = 6$개의 공간, 즉

$$A_1 = \{(x_1, x_2, x_3) \mid a < x_1 < x_2 < x_3 < b\}$$

$$A_2 = \{(x_1, x_2, x_3) \mid a < x_1 < x_3 < x_2 < b\}$$

$$A_3 = \{(x_1, x_2, x_3) \mid a < x_2 < x_1 < x_3 < b\}$$

$$A_4 = \{(x_1, x_2, x_3) \mid a < x_2 < x_3 < x_1 < b\}$$

$$A_5 = \{(x_1, x_2, x_3) \mid a < x_3 < x_1 < x_2 < b\}$$

$$A_6 = \{(x_1, x_2, x_3) \mid a < x_3 < x_2 < x_1 < b\}$$

으로 나누어 주면, 위 변환은 각 공간 A_i에서 공간 B로의 일대일(1−1) 변환이 만족된다.

공간 A_1상에서 $x_1 = y_1$, $x_2 = y_2$, $x_3 = y_3$이고, 공간 A_2상에서는 $x_1 = y_1$, $x_2 = y_3$, $x_3 = y_2$ …등으로 주어지며

$$J_1 = \begin{vmatrix} 1 & 0 & 0 \\ 0 & 1 & 0 \\ 0 & 0 & 1 \end{vmatrix} = 1 \text{이고 } |J_1| = |J_2| = \cdots = |J_6| = 1$$

이 됨을 알 수 있다. 따라서 Y_1, Y_2, Y_3의 결합확률밀도함수는

$$\begin{aligned} g(y_1, y_2, y_3) &= f(y_1, y_2, y_3)|J_1| + f(y_1, y_3, y_2)|J_2| + \cdots + f(y_3, y_2, y_1)|J_6| \\ &= \begin{cases} 3!f(y_1)f(y_2)f(y_3), & a < y_1 < y_2 < y_3 < b \\ 0, & otherwise \end{cases} \end{aligned}$$

이다.

정리 4 [정리 3]과 동일한 가정하에서, $Y_k = X_{(k)}$의 $p.d.f.$는

$$g_k(y_k) = \begin{cases} \dfrac{n!}{(k-1)!(n-k)!}[F(y_k)]^{k-1}[1-F(y_k)]^{n-k}f(y_k), & a < y_k < b \\ 0, \quad otherwise \end{cases}$$

으로 주어진다.

증명 누적분포함수법을 이용하여 증명하기로 한다(편의상 y_k를 y로 표기함).

$$\begin{aligned} G_k(y) &= P(X_{(k)} \le y) \\ &= P[(y \text{ 이하인 } X_i\text{의 수}) \ge k] \end{aligned}$$

이고, $P(X_i \le y) = F(y)\ (i = 1, 2, \cdots, n)$이므로 이는 성공할 확률이 $p = F(y)$인 이항분포가 k 이상인 확률에 해당하므로

$$\begin{aligned} G_k(y) &= P\{B(n, p) \ge k\} \\ &= \sum_{r=k}^{n} \binom{n}{r} [F(y)]^r [1-F(y)]^{n-r} \end{aligned}$$

이다. 따라서 Y_k의 $p.d.f.$는

$$\begin{aligned} g_k(y) &= G_k'(y) \\ &= \sum_{r=k}^{n} \binom{n}{r} \{ r[F(y)]^{r-1}[1-F(y)]^{n-r} f(y) \\ &\qquad\qquad - (n-r)[F(y)]^r [1-F(y)]^{n-r-1} f(y) \} \\ &= \sum_{r=k}^{n} \frac{n!}{(r-1)!(n-r)!}[F(y)]^{r-1}[1-F(y)]^{n-r} f(y) \\ &\qquad\qquad - \sum_{r=k}^{n-1} \frac{n!}{r!(n-r-1)!}[F(y)]^r [1-F(y)]^{n-r-1} f(y) \end{aligned}$$

$$= n\sum_{r=k}^{n}\binom{n-1}{r-1}[F(y)]^{r-1}[1-F(y)]^{n-r}f(y)$$
$$- n\sum_{r=k}^{n-1}\binom{n-1}{r}[F(y)]^{r}[1-F(y)]^{n-r-1}f(y)$$

$$= n\sum_{j=k-1}^{n-1}\binom{n-1}{j}[F(y)]^{j}[1-F(y)]^{n-j-1}f(y)$$
$$- n\sum_{r=k}^{n-1}\binom{n-1}{r}[F(y)]^{r}[1-F(y)]^{n-r-1}f(y)$$

$$= n\binom{n-1}{k-1}[F(y)]^{k-1}[1-F(y)]^{n-k}f(y)$$

$$= \begin{cases} \dfrac{n!}{(k-1)!(n-k)!}[F(y_k)]^{k-1}[1-F(y_k)]^{n-k}f(y_k), & a < y_k < b \\ 0, \quad otherwise \end{cases}$$

이다(마지막 등호에서 y를 y_k로 바꿈).

> **[주의]** X_i가 이산형일 때는 위 공식을 적용할 수 없음에 유의할 것(5.2절의 [예제 2] 참고).

|Remark| [정리 4]의 결과는 다음 그림과 같이 직관적인 방법으로 이해하면 기억하기 편리하다.

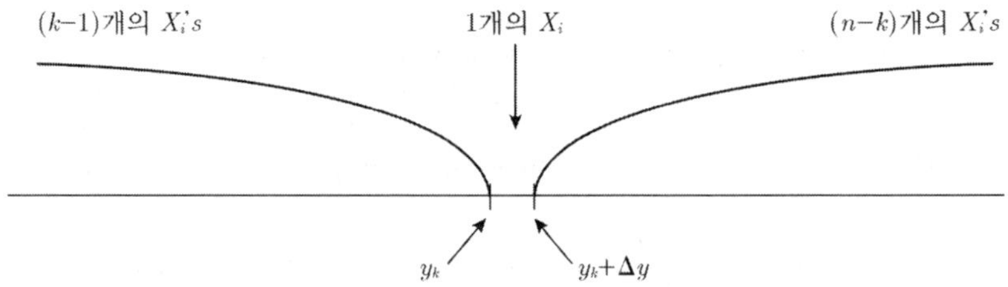

위의 그림으로부터 다음의 사실을 쉽게 확인할 수 있다.

$$\begin{aligned} g_k(y_k)\Delta y &\approx P(y_k \le X_{(k)} < y_k + \Delta y), \quad \Delta y \approx 0 \\ &= P\{(k-1\text{개의 } X_i{}'s < y_k) \cap (1\ of\ X_i{}'s \in [y_k,\ y_k + \Delta y]) \\ &\qquad \cap (n-k\text{개의 } X_i{}'s > y_k + \Delta y)\} \\ &= \frac{n!}{(k-1)!(n-k)!} P(X_1 < y_k,\ \cdots,\ X_{k-1} < y_k,\ y_k \le X_k < y_k + \Delta y, \\ &\qquad X_{k+1} > y_k + \Delta y,\ \cdots,\ X_n > y_k + \Delta y) \\ &\approx \frac{n!}{(k-1)!(n-k)!} [F(y_k)]^{k-1} [1 - F(y_k)]^{n-k} f(y_k) \Delta y \end{aligned}$$

정리 5 [정리 3]과 동일한 가정하에서, $Y_i = X_{(i)}$와 $Y_j = X_{(j)}\,(i<j)$의 결합확률밀도함수는 다음과 같이 주어진다.

$$\begin{aligned} g_{i,j}(y_i, y_j) = &\frac{n!}{(i-1)!(j-i-1)!(n-j)!} [F(y_i)]^{i-1} [F(y_j) - F(y_i)]^{j-i-1} \\ &\times [1 - F(y_j)]^{n-j} f(y_i) f(y_j), \quad a < y_i < y_j < b \end{aligned}$$

위 결과에 대한 증명은 생략한다. 다만 [정리 4]에서와 마찬가지로, 다음 그림과 같이 직관적인 방법으로 이해하면 결과를 쉽게 표현할 수 있다.

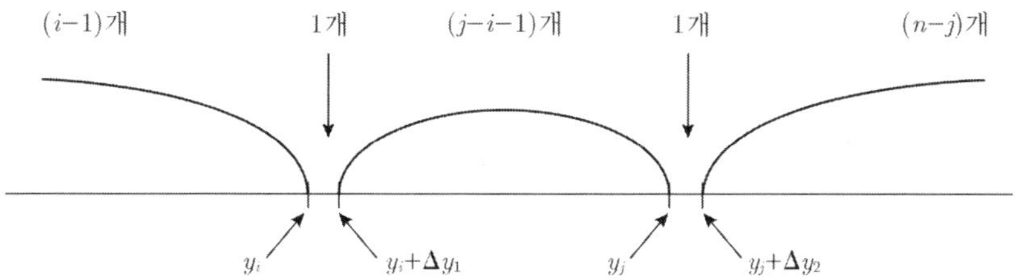

[참고] 순서통계량으로 표현되는 통계량으로는 확률표본의 표본범위($R = X_{(n)} - X_{(1)}$), 범위의 중앙[$(X_{(1)} + X_{(n)})/2$], 표본중앙값[$X_{(n+1)/2}$ (n: 홀수인 경우) 또는 $(X_{n/2} + X_{(n/2)+1})/2$ (n: 짝수인 경우)] 등이 있다. 이들 통계량의

분포도 위의 결과를 이용하면 쉽게 구할 수 있다.

예제 1 $X_1, X_2, \cdots, X_n$이 $U(0,\ 1)$으로부터의 확률표본일 때, $Y_k = X_{(k)}$의 분포가 $\beta eta(k,\ n-k-1)$이 됨을 보여라.

풀이 [정리 4]로부터 $Y_k = X_{(k)}$의 $p.d.f.$는, $F(y) = y$이므로,

$$g_k(y_k) = \begin{cases} \dfrac{n!}{(k-1)!(n-k)!} y_k^{k-1}(1-y_k)^{n-k}, & 0 < y_k < 1 \\ 0, & otherwise \end{cases}$$

이다. 이 분포는 $\beta eta(k,\ n-k+1)$의 $p.d.f.$와 동일하다. ■

위의 예제와 관련하여 $X_1, X_2, \cdots, X_n$이 $c.d.f.\ F(x)$인 연속인 분포로부터의 확률표본이면, 확률적분변환(5.1절 [정리 1])에 의해

$$F(X) \sim U(0,\ 1)$$

을 따른다. 또한 $F(\cdot)$는 비감소함수이므로

$$F(X_{(k)}) \overset{d}{=} U_{(k)}\ (k = 1, 2, \cdots, n)$$

가 되고, 따라서

$$F(X_{(k)}) \sim \beta eta(k,\ n-k+1)$$

이 성립된다.

예제 2 $X_1, X_2, \cdots, X_n$이 $U(0,\ 1)$으로부터의 확률표본일 때, 표본범위(sample range) $U = X_{(n)} - X_{(1)}$의 확률밀도함수를 구하여라.

풀이 [정리 5]로부터 $Y_1 = X_{(1)}$과 $Y_n = X_{(n)}$의 결합확률밀도함수는, $F(y) = y$이므로,

$$g_{1,n}(y_1, y_n) = \frac{n!}{1!(n-2)!1!}(y_n - y_1)^{n-2}$$

$$= \begin{cases} n(n-1)(y_n - y_1)^{n-2}, & 0 < y_1 < y_n < 1 \\ 0, & otherwise \end{cases}$$

이다. 변수변환법(5.3.1절 참고)을 이용하여 U의 분포를 구하면

$$g_1(U) = \begin{cases} n(n-1)u^{n-2}(1-u), & 0 < u < 1 \\ 0, & otherwise \end{cases}$$

임을 쉽게 확인할 수 있다. 이 분포는 $\beta eta(n-1, 2)$분포의 $p.d.f.$이다. 따라서

$$X_{(n)} - X_{(1)} \sim \beta eta(n-1, 2)$$

임을 알 수 있다. ■

예제 3* $U_{(1)} < U_{(2)} < \cdots < U_{(n)}$을 $U(0, 1)$으로부터의 순서통계량이라고 할 때,

$$\frac{U_{(1)}}{U_{(2)}}, \left[\frac{U_{(2)}}{U_{(3)}}\right]^2, \cdots, \left[\frac{U_{(n-1)}}{U_{(n)}}\right]^{n-1}, [U_{(n)}]^n$$

이 서로 독립이며 각각 $U(0, 1)$을 따름을 보여라.

풀이 변환 $z_1 = \frac{y_1}{y_2}$, $z_2 = \left(\frac{y_2}{y_3}\right)^2, \cdots, z_{n-1} = \left(\frac{y_{n-1}}{y_n}\right)^{n-1}$, $z_n = (y_n)^n$으로부터

$$y_1 = (z_1)(z_2)^{1/2} \cdots (z_n)^{1/n},\ y_2 = (z_2)^{1/2}(z_3)^{1/3} \cdots (z_n)^{1/n}, \cdots,$$
$$y_{n-1} = (z_{n-1})^{1/(n-1)}(z_n)^{1/n},\ y_n = (z_n)^{1/n}$$

이다. 이때, 위 변환은 $A = \{(y_1, \cdots, y_n) \mid 0 < y_1 < y_2 < \cdots < y_n < 1\}$에서 $B =$

$\{(z_1,\cdots,z_n) \mid 0 < z_1, z_2, \cdots, z_n < 1\}$로의 일대일(1-1) 대응 변환이며 $J = \dfrac{1}{n!}$이다
(예를 들어, $n=3$인 경우

$$J = \begin{vmatrix} (z_2)^{1/2}(z_3)^{1/3} & \frac{1}{2}z_1(z_2)^{-1/2}(z_3)^{1/3} & \frac{1}{3}(z_1)(z_2)^{1/2}(z_3)^{-2/3} \\ 0 & \frac{1}{2}(z_2)^{-1/2}(z_3)^{1/3} & \frac{1}{3}(z_2)^{1/2}(z_3)^{-2/3} \\ 0 & 0 & \frac{1}{3}(z_3)^{-2/3} \end{vmatrix}$$

$= \dfrac{1}{2 \cdot 3} = \dfrac{1}{3!}$ 임).

따라서 $f(y_1,\cdots,y_n) = n!\ (0 < y_1 < \cdots < y_n < 1)$로부터

$$g(z_1,\cdots,z_n) = \begin{cases} 1, & 0 < z_1,\cdots,z_n < 1 \\ 0, & otherwise \end{cases}$$

이다. 이는 $Z_1, Z_2, \cdots, Z_n \sim i.i.d.\ U(0,1)$임을 의미한다. ▩

[참고] [예제 3]은 아래 절차에 따라 개념적으로 유도될 수 있다.

① $U_i \overset{d}{=} 1 - U_i \sim i.i.d.\ U(0,1)$

② $X_i = -\ln U_i \overset{d}{=} -\ln(1-U_i) \sim i.i.d.\ \mathcal{E}(1)$ (5.1절 [예제 1])

③ $X_{(i)} = -\ln U_{(n-i+1)} \overset{d}{=} -\ln(1-U_{(i)})$: $\mathcal{E}(1)$으로부터의 순서통계량

④ $Z_1 = nX_{(1)} = -n\ln U_{(n)}$,
$Z_2 = (n-1)(X_{(2)} - X_{(1)}) = -(n-1)\ln\left[\dfrac{U_{(n-1)}}{U_{(n)}}\right]$,
$\cdots$
$Z_n = X_{(n)} - X_{(n-1)} = -\ln\left[\dfrac{U_{(1)}}{U_{(2)}}\right]$
$\sim i.i.d.\ \mathcal{E}(1)$ (연습문제 5번)

⑤ $1-e^{-Z_1}=1-[U_{(n)}]^n$,

$1-e^{-Z_2}=1-\left[\dfrac{U_{(n-1)}}{U_{(n)}}\right]^{n-1}$,

$\cdots$

$1-e^{-Z_n}=1-\left[\dfrac{U_{(1)}}{U_{(2)}}\right]$

$\sim i.i.d.\ U(0,\,1)$ $(\because)$ $F(Z_i)=1-e^{-Z_i}\sim U(0,\,1)$ (확률적분변환)

⑥ $\dfrac{U_{(1)}}{U_{(2)}},\ \left[\dfrac{U_{(2)}}{U_{(3)}}\right]^2,\cdots,\ \left[\dfrac{U_{(n-1)}}{U_{(n)}}\right]^{n-1},[U_{(n)}]^n\sim i.i.d.\ U(0,\,1)$

[요약] 순서통계량 관련 주요 결과

[1] (확률적분변환)

- $X\sim$ 분포함수 F & F:연속함수 $\Rightarrow F(X)\sim U(0,1)$
- $U\sim U(0,1)$ & F:분포함수 $\Rightarrow F^{-1}(U)\sim$ 분포함수 F
- (응용) $X_{(1)}<X_{(2)}<\cdots<X_{(n)}$: 연속인 분포함수 F로부터의 순서통계량
  $\Rightarrow U_{(1)}=F(X_{(1)}),\cdots,U_{(n)}=F(X_{(n)})$: $U(0,1)$으로부터의 순서통계량

[2] (주요 결과)

- $U\sim U(0,\,1)\Leftrightarrow -\ln(1-U)\sim \mathcal{E}(1)$
- $X_1,X_2,\cdots,X_n\sim i.i.d.\ \mathcal{E}(\lambda)\Rightarrow X_{(1)}\sim\mathcal{E}(n\lambda)$
- $X_{(1)}<X_{(2)}<\cdots<X_{(n)}$: $\mathcal{E}(\lambda)$로부터의 순서통계량
  $\Rightarrow nX_{(1)},\ (n-1)(X_{(2)}-X_{(1)}),\ \cdots,(X_{(n)}-X_{(n-1)})\sim i.i.d.\ \mathcal{E}(\lambda)$
  (5.5절 연습문제 5번)
- $U_{(k)}$: $U(0,1)$으로부터의 k−번째 순서통계량
  $\Rightarrow U_{(k)}\sim \beta eta(k,\,n-k+1)$
- $X_{(k)}$: 연속인 분포함수 F로부터의 k−번째 순서통계량
  $\Rightarrow F(X_{(k)})\sim\beta eta(k,\,n-k+1)$
- $U_{(1)}<U_{(2)}<\cdots<U_{(n)}$: $U(0,1)$으로부터의 순서통계량
  $\Rightarrow$ (i) $\dfrac{U_{(1)}}{U_{(2)}},\left[\dfrac{U_{(2)}}{U_{(3)}}\right]^2,\cdots,\left[\dfrac{U_{(n-1)}}{U_{(n)}}\right]^{2,},[U_{(n)}]^n\sim i.i.d.\ U(0,1)$
  (5.5절 [예제 3])

(ii) $(U_{(1)}, U_{(2)} - U_{(1)}, \cdots, U_{(n)} - U_{(n-1)}) \sim Dirichlet(1,1,\cdots,1,1)$
(5.6절 [예제 2])

위의 결과로부터 자명한 다음 정리를 소개한다.

정리 6 $X_{(1)} < X_{(2)} < \cdots < X_{(n)}$이 연속인 분포 F로부터의 확률표본에 기초한 순서통계량일 때, 다음이 성립한다.

(a) $F(X_{(1)}) \le F(X_{(2)}) \le \cdots \le F(X_{(n)})$: $U(0,1)$으로부터의 순서통계량

(b) $Y_{(j)} = -\ln(1 - F(X_{(j)}))$ $(j = 1,2,\cdots,n)$ $\sim$ $i.i.d.$ $\mathcal{E}(1)$

(c) $Z_{(1)} = nY_{(1)}, Z_{(2)} = (n-1)(Y_{(2)} - Y_{(1)}), \cdots, Z_{(n)} = (Y_{(n)} - Y_{(n-1)})$
$\sim i.i.d.$ $\mathcal{E}(1)$ $(Y_{(0)} \equiv 0)$
$(\Leftrightarrow$ $Z_j = (n-j+1)(Y_{(j)} - Y_{(j-1)})$ $(j = 1,2,\cdots,n)$ $\sim i.i.d.$ $\mathcal{E}(1))$

(d) (b)와 (c)로부터, $X_{(j)}$는 다음과 같이 표현될 수 있다:

$$X_{(j)} = F^{-1}[1 - \exp(-Y_{(j)})],$$
$$Y_{(j)} = \frac{1}{n}Z_1 + \frac{1}{n-1}Z_2 + \cdots + \frac{1}{n-j+1}Z_j, \quad j = 1,2,\cdots,n,$$

여기서 $Z_1, Z_2, \cdots, Z_n \sim i.i.d.$ $\mathcal{E}(1)$이다.

5.5 연습문제

1 $Y_1 < Y_2 < Y_3 < Y_4$를 $\mathcal{E}(1)$으로부터의 순서통계량이라고 할 때, $P(Y_4 > 5)$를 구하여라.

2 $Y_1 < Y_2$를 $N(0, \sigma^2)$으로부터의 크기 2인 순서통계량이라 할 때, $E(Y_1) = -\dfrac{\sigma}{\sqrt{\pi}}$임을 보여라.

[Hint] $E(Y_1) = \int_{-\infty}^{\infty} y_1 \cdot g_1(y_1)\, dy_1$을 이용할 경우 $g_1(y_1)$의 계산이 어려우므로,

$E(Y_1) = \int_{-\infty}^{\infty} \int_{-\infty}^{y_2} y_1 \cdot g_{1,2}(y_1, y_2)\, dy_1 dy_2$을 이용할 것.

3 $Y_1 < Y_2 < Y_3$가 $U(0, 1)$으로부터의 순서통계량이라고 할 때, 이 통계량을 범위의 중앙(midrange) $Z = \dfrac{Y_1 + Y_3}{2}$의 확률밀도함수를 구하여라.

4 $Y_1 < Y_2 < Y_3$가 $f(x) = \begin{cases} 2x, & 0 < x < 1 \\ 0, & otherwise \end{cases}$로부터의 순서통계량이라고 할 때,

$$Z_1 = \frac{Y_1}{Y_2},\ Z_2 = \frac{Y_2}{Y_3},\ Z_3 = Y_3$$

가 서로 독립임을 보여라.

[Hint] Y_1, Y_2, Y_3의 결합확률밀도함수를 구하고 이를 이용하여라.

5 $Y_1 < Y_2 < \cdots < Y_n$을 $\mathcal{E}(\lambda)$로부터의 순서통계량이라고 할 때,

$$Z_1 = nY_1,\ Z_2 = (n-1)(Y_2 - Y_1),\ \cdots,\ Z_n = Y_n - Y_{n-1}$$

이 서로 독립이며 동일한 $\mathcal{E}(\lambda)$를 따름을 보여라.

[Hint] $Z_1, \cdots, Z_n$의 결합확률밀도함수가 다음과 같이 주어지는 것을 보이는 것으로 충분하다.

$$g(z_1, \cdots, z_n) = \prod_{i=1}^{n} \lambda e^{-\lambda z_i}, \quad z_i > 0\ (i = 1, \cdots, n).$$

5.6* 디리클레분포

이 절에서는 베타분포의 다변량 확장인 디리클레(Dirichlet)분포를 소개한다. 이 절은 관심 있는 독자만 보기 바란다.

예제 1 $X_1, X_2, \cdots, X_n$이 서로 독립이며, $X_i \sim \Gamma(\alpha_i, \beta)$ $(i=1,\cdots,k)$라고 하자.

$$Y_i = \frac{X_i}{X_1 + X_2 + \cdots + X_k} \quad (i=1,\cdots,k-1)$$

일 때, $Y = (Y_1, \cdots, Y_{k-1})$의 분포를 구하여라.

풀이 (표기의 편의상 $\beta = 1$에 대해 증명을 제시한다.)

변환 $T: y_i = \dfrac{x_i}{x_1 + \cdots + x_k}$ $(i=1,\cdots,k-1)$, $y_k = x_1 + \cdots + x_k$으로부터 $T^{-1}: x_i = y_i y_k$ $(i=1,\cdots,k-1)$, $x_k = y_k - (y_1 + \cdots + y_{k-1})y_k$이다. 이때 T는 $A = \{(x_1,\cdots,x_k) \mid 0 < x_i < \infty,\ i=1,\cdots,k\}$에서

$$\begin{aligned} B &= \{(y_1,\cdots,y_k) \mid y_i y_k > 0\ (i=1,\cdots,k-1),\ y_k(1-y_1-\cdots-y_{k-1}) > 0\} \\ &= \{(y_1,\cdots,y_k) \mid y_1 > 0, \cdots, y_{k-1} > 0, y_k > 0, y_1 + \cdots y_{k-1} < 1\} \end{aligned}$$

로의 일대일(1−1) 대응 변환이며

$$J = \begin{vmatrix} y_k & 0 & \cdots & 0 & y_1 \\ 0 & y_k & \cdots & 0 & y_2 \\ & & \cdots & & \\ 0 & 0 & \cdots & y_k & y_{k-1} \\ -y_k & -y_k & \cdots & -y_k & (1-y_1-\cdots-y_{k-1}) \end{vmatrix} = \begin{vmatrix} y_k & 0 & 0 & 0 & y_1 \\ 0 & y_k & 0 & 0 & y_2 \\ & & \cdots & & \\ 0 & 0 & 0 & y_k & y_{k-1} \\ 0 & 0 & 0 & 0 & 1 \end{vmatrix} = (y_k)^{k-1}$$

이다. 또한

$$f_X(x_1,\cdots,x_k) = \prod_{i=1}^{k} \frac{1}{\Gamma(\alpha_i)} x_i^{\alpha_i - 1} e^{-x_i}, \quad x_1 > 0, \cdots, x_k > 0$$

이므로

$$
\begin{aligned}
g_Y(y_1,\cdots,y_k) &= \frac{1}{\Gamma(\alpha_1)\cdots\Gamma(\alpha_k)}(y_1 y_k)^{\alpha_1 - 1}\cdots(y_{k-1}y_k)^{\alpha_{k-1}-1}[y_k(1-y_1-\cdots-y_{k-1})]^{\alpha_k - 1}e^{-y_k}(y_k)^{k-1} \\
&= \frac{1}{\Gamma(\alpha_1)\cdots\Gamma(\alpha_k)}(y_1)^{\alpha_1 - 1}\cdots(y_{k-1})^{\alpha_{k-1}-1}(1-y_1-\cdots-y_{k-1})^{\alpha_k - 1}y_k^{\alpha_1+\cdots\alpha_k - 1}e^{-y_k} \\
&= \frac{\Gamma(\alpha_1+\cdots+\alpha_k)}{\Gamma(\alpha_1)\cdots\Gamma(\alpha_k)}(y_1)^{\alpha_1 - 1}\cdots(y_{k-1})^{\alpha_{k-1}-1}(1-y_1-\cdots-y_{k-1})^{\alpha_k - 1} \\
&\quad\times\frac{1}{\Gamma(\alpha_1+\cdots+\alpha_k)}y_k^{\alpha_1+\cdots\alpha_k - 1}e^{-y_k}, \quad (y_1,\cdots,y_k)\in B
\end{aligned}
$$

이다. 위 식에서 $(Y_1,\cdots,Y_{k-1}) \sim Dirichlet(\alpha_1,\cdots,\alpha_{k-1},\alpha_k)$이고(아래 [정의 5] 참고), $Y_k \sim \Gamma(\alpha_1+\cdots+\alpha_k, 1)$이며 $(Y_1,\cdots,Y_{k-1})$와는 독립이다. ■

정의 5 디리클레분포

디리클레(Dirichlet)분포는 베타분포의 다변량 버전으로 다음과 같이 정의된다.

$$
\begin{aligned}
Y = (Y_1,\cdots,Y_{k-1}) &\sim f(y_1,\cdots,y_{k-1}) \\
&= \begin{cases} \dfrac{\Gamma(\sum_{i=1}^{k}\alpha_i)}{\prod_{i=1}^{k}\Gamma(\alpha_i)}\prod_{i=1}^{k}y_i^{\alpha-1}, & 0 \le y_i(i=1,\cdots,k) \le 1,\ \sum_{i=1}^{k}y_i = 1 \\ 0, & otherwise \end{cases}
\end{aligned}
$$

$$\Leftrightarrow \ Y = (Y_1,\cdots,Y_{k-1}) \sim Dirichlet(\alpha_1,\alpha_2,\cdots,\alpha_{k-1},\alpha_k)$$

$$\Leftrightarrow \ Y_i = \frac{X_i}{\sum_{i=1}^{k}X_i} \ (i=1,2,\cdots,k-1), \text{ 여기서 } X_i \sim indep.\ \Gamma(\alpha_i,\beta)$$

(5.3절 [예제 5]의 확장)

|Remarks|

1. (주변 분포) $Y = (Y_1, Y_2,\cdots, Y_{k-1}) \sim Dirichlet(\alpha_1,\alpha_2,\cdots,\alpha_{k-1},\alpha_k)$일 때, 주변 분포는 다음과 같다.
   (i) $Y_1 \sim Beta(\alpha_1, \alpha_2+\cdots+\alpha_k)$
   (ii) $Y_1+\cdots+Y_r \sim Beta(\alpha_1+\cdots+\alpha_r, \alpha_{r+1}+\cdots+\alpha_k)$
   (iii) $(Y_{i_1},\cdots Y_{i_j}) \sim Dirichlet(\alpha_{i_1},\cdots,\alpha_{i_j}, \sum_{i=1}^{k}\alpha_i - (\alpha_{i_1}+\cdots+\alpha_{i_j}))$,
   여기서 $1 \le i_1 \le i_2 \le \cdots \le i_j \le k$ 이다.
2. 디리클레분포는 베이지안 통계에서 다항분포의 공액사전분포로 사용된다(11장 참고).

예제 2 $U_1, U_2, \cdots, U_n$이 $U(0,1)$으로부터의 확률표본이고, $U_{(1)} < U_{(2)} < \cdots < U_{(n)}$이 순서통계량일 때, 다음 사실이 성립한다.

(a) $(U_{(1)}, U_{(2)} - U_{(1)}, \cdots, U_{(n)} - U_{(n-1)}) \sim Dirichlet(1,1,\cdots,1,1)$

(b) (i) $E[U_{(i)}] = \dfrac{i}{n+1}$.

(ii) $Var[U_{(i)}] = \dfrac{i(n+1-i)}{(n+1)^2(n+2)}$.

(iii) $Cov[U_{(i)}, U_{(j)}] = \dfrac{i(n+1-j)}{(n+1)^2(n+2)}$.

풀이 (a) $U_{(1)}, U_{(2)}, \cdots, U_{(n)}$의 결합확률밀도함수는 $n! \cdot I_{(U_{(1)} < \cdots < U_{(n)})}$이다. 이때 $Y_1 = U_{(1)}, Y_2 = U_{(2)} - U_{(1)}, \cdots, Y_n = U_{(n)} - U_{(n-1)}$의 결합확률밀도함수는

$$n! = \frac{\Gamma(n+1)}{\Gamma(1)\cdots\Gamma(1)} y_1^{1-1} y_2^{1-1} \cdots y_n^{1-1} (1 - y_1 - \cdots - y_n)^{1-1},$$
$$0 < y_i (i = 1, \cdots, n),\ y_1 + \cdots + y_n < 1$$

이다. 이는 $Dirichlet(1,1,\cdots,1,1)$분포에 해당한다.

(b) (i) $(U_{(1)}, U_{(2)} - U_{(1)}, \cdots, U_{(n)} - U_{(n-1)})$
$$\stackrel{d}{=} \left(\frac{Z_1}{Z_1 + \cdots + Z_{n+1}}, \frac{Z_2}{Z_1 + \cdots + Z_{n+1}}, \cdots, \frac{Z_n}{Z_1 + \cdots + Z_{n+1}} \right),$$

$$Z_1, \cdots, Z_{n+1} \sim i.i.d.\ \mathcal{E}(1) = \Gamma(1,1)$$

$$\Rightarrow U_{(i)} \stackrel{d}{=} \frac{Z_1 + \cdots + Z_i}{Z_1 + \cdots + Z_{n+1}}\ \&\ U_{(i)} \sim \beta eta(i, n+1-i)\text{이므로,}$$

$$E[U_{(i)}] = \frac{i}{n+1} \left(\leftarrow \frac{\alpha}{\alpha + \beta}\right)\text{이다.}$$

(ii) $U_{(i)} \sim \beta eta(i, n+1-i)$이므로

$$Var[U_{(i)}] = \frac{i(n+1-i)}{(n+1)^2(n+2)} \left(\leftarrow \frac{\alpha\beta}{(\alpha+\beta)^2(\alpha+\beta+1)}\right)\text{이다.}$$

$$\text{(iii)}\ E[U_{(i)}U_{(j)}] = E\left(\frac{Z_1+\cdots+Z_i}{Z_1+\cdots+Z_{n+1}} \cdot \frac{Z_1+\cdots+Z_j}{Z_1+\cdots+Z_{n+1}}\right),\ i<j$$

$$= E\left[\frac{(Z_1+\cdots+Z_i)(Z_1+\cdots+Z_j)}{(Z_1+\cdots+Z_{n+1})^2}\right]$$

$$= \frac{E[(Z_1+\cdots+Z_i)(Z_1+\cdots+Z_j)]}{E[(Z_1+\cdots+Z_{n+1})^2]}.$$

$$(\because)\ E[(Z_1+\cdots+Z_i)(Z_1+\cdots+Z_j)]$$

$$= E\left[\frac{Z_1+\cdots+Z_i}{Z_1+\cdots+Z_{n+1}} \cdot \frac{Z_1+\cdots+Z_j}{Z_1+\cdots+Z_{n+1}} \cdot (Z_1+\cdots+Z_{n+1})^2\right]$$

$$= E\left(\frac{Z_1+\cdots+Z_i}{Z_1+\cdots+Z_{n+1}} \cdot \frac{Z_1+\cdots+Z_j}{Z_1+\cdots+Z_{n+1}}\right)E[(Z_1+\cdots+Z_{n+1})^2]$$

$(\because)$ *indep. by Basu*

• (iii)의 분자: $E[(Z_1+\cdots+Z_i)(Z_1+\cdots+Z_j)]$

$$= E[Z_1^2+Z_1Z_2+\cdots+Z_1Z_j+Z_2^2+Z_2Z_1+Z_2Z_3+\cdots+Z_2Z_j+\cdots+Z_i^2+\cdots]$$

$$= iE(Z_1^2)+i(j-1)[E(Z_1)]^2,\quad Z_i \sim i.i.d.\ \mathcal{E}(1)$$

$$= 2i+i(j-1) = i(j+1).$$

• (iii)의 분모: $E[(Z_1+\cdots+Z_{n+1})^2] = Var(Z)+[E(Z)]^2,$

$$Z \equiv Z_1+\cdots+Z_{n+1} \sim \Gamma(n+1,1)$$

$$= (n+1)+(n+1)^2.$$

따라서 $E[U_{(i)}U_{(j)}] = \dfrac{i(j+1)}{(n+1)+(n+1)^2} = \dfrac{i(j+1)}{(n+1)(n+2)}$이고, 이로부터

$$Cov[U_{(i)}, U_{(j)}] = \frac{i(j+1)}{(n+1)(n+2)} - \frac{ij}{(n+1)^2} = \frac{i(n+1-j)}{(n+1)^2(n+2)}$$

이다.

5.7* 두 확률변수의 합 · 차 · 곱 · 비의 분포

이 절에서는 연속형인 두 확률변수(서로 독립일 필요는 없음)의 합, 차, 곱, 비의 분포를 구하는 공식을 소개한다. 이들 공식은 앞서 소개한 여러 가지 분포 유도법에 대한 대안으로 사용될 수 있다. 이 절은 관심있는 독자만 보기 바란다.

정리 7 합과 차의 분포

X와 Y가 연속형 확률변수로 결합확률밀도함수 $f(x, y)$를 가진다고 하자. $Z = X + Y$, $V = X - Y$라고 할 때, Z와 V의 확률밀도함수는 각각 다음과 같다.

$$h_Z(z) = \int_{-\infty}^{\infty} f_{X,Y}(x, z-x)\,dx = \int_{-\infty}^{\infty} f_{X,Y}(z-y, y)\,dy,$$

$$h_V(v) = \int_{-\infty}^{\infty} f_{X,Y}(x, x-v)\,dx = \int_{-\infty}^{\infty} f_{X,Y}(v+y, y)\,dy.$$

증명 누적분포함수법 이용

$$\begin{aligned} H_Z(z) = P(Z \le z) = P(X+Y \le z) &= \iint_{x+y \le z} f_{X,Y}(x, y)\,dx\,dy \\ &= \int_{-\infty}^{\infty}\left[\int_{-\infty}^{z-x} f_{X,Y}(x, y)\,dy\right]dx \\ &= \int_{-\infty}^{\infty}\left[\int_{-\infty}^{z} f_{X,Y}(x, u-x)\,du\right]dx \ \ (by\ letting\ y = u - x). \end{aligned}$$

따라서

$$h_Z(z) = H_Z'(z) = \frac{d}{dz}\left[\int_{-\infty}^{z}\left\{\int_{-\infty}^{\infty} f_{X,Y}(x, u-x)\,dx\right\}du\right] = \int_{-\infty}^{\infty} f_{X,Y}(x, z-x)\,dx$$

이다. 유사하게, V의 확률밀도함수를 유도할 수 있다.

따름정리 1 X와 Y가 독립이며 연속인 확률변수일 때, $Z = X + Y$의 확률밀도함수는 다음과 같다.

$$h_Z(z) = h_{X+Y}(z) = \int_{-\infty}^{\infty} f_Y(z-x) f_X(x)\,dx = \int_{-\infty}^{\infty} f_X(z-y) f_Y(y)\,dy.$$

|Remark| 위의 결과는 합성공식(convolution formula)으로 알려져 있다.

증명 두 변수가 독립이면 [정리 7]로부터 위의 결과가 자명하나, 여기서는 조건부분포 공식을 적용하여 직접 증명해보기로 한다.

$$\begin{aligned} H_Z(z) &= P(Z \le z) = P(X+Y \le z) = \int_{-\infty}^{\infty} P(X+Y \le z \mid X=x) f_X(x)\,dx \\ &= \int_{-\infty}^{\infty} P(x+Y \le z) f_X(x)\,dx = \int_{-\infty}^{\infty} F_Y(z-x) f_X(x)\,dx. \end{aligned}$$

따라서

$$\begin{aligned} h_Z(z) &= \frac{d}{dz} H_Z(z) = \frac{d}{dz}\left\{\int_{-\infty}^{\infty} F_Y(z-x) f_X(x)\,dx\right\} \\ &= \int_{-\infty}^{\infty} \frac{dF_Y(z-x)}{dz} f_X(x)\,dx = \int_{-\infty}^{\infty} f_Y(z-x) f_X(x)\,dx. \end{aligned}$$

예제 1 X와 Y가 서로 독립이며 각각 $U(0,1)$을 따를 때, $Z = X+Y$의 분포를 구하여라.

풀이 먼저 Z의 범위는 $0 < z < 2$이다. [따름정리 1]로부터

$$h_Z(z) = \int_{-\infty}^{\infty} f_Y(z-x) f_X(x)\,dx = \int_{-\infty}^{\infty} I_{(0,1)}(z-x) I_{(0,1)}(x)\,dx$$

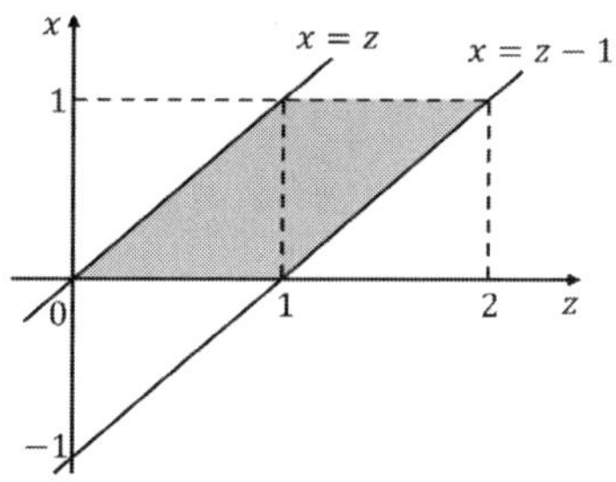

$$\begin{aligned} &= \int_{-\infty}^{\infty} \{I_{(0,z)}(x) I_{(0,1)}(z) + I_{(z-1,1)}(x) I_{[1,2)}(z)\}\,dx \\ &= I_{(0,1)}(z)\int_0^z dx + I_{[1,2)}(z)\int_{z-1}^{1} dx = zI_{(0,1)}(z) + (2-z)I_{[1,2)}(z). \end{aligned}$$ ■

[참고] 위 결과를 5.3절 [예제 4]와 비교해 보기 바란다.

정리 8 **곱과 비의 분포**

X와 Y가 연속형 확률변수로 결합확률밀도함수 $f(x,y)$를 가진다고 하자. $Z=XY$, $U=X/Y$라고 할 때, Z와 U의 확률밀도함수는 각각 다음과 같다.

$$h_Z(z)=\int_{-\infty}^{\infty}\frac{1}{|x|}f_{X,Y}(x,\frac{z}{x})\,dx=\int_{-\infty}^{\infty}\frac{1}{|y|}f_{X,Y}(\frac{z}{y},y)\,dy,$$

$$h_U(u)=\int_{-\infty}^{\infty}|y|f_{X,Y}(uy,y)\,dy.$$

증명 편의상 $z>0$인 경우에 대해 증명한다(아래 그림)

$$H_Z(z)=P(Z\le z)=\iint_{xy\le z}f_{X,Y}(x,y)\,dxdy$$

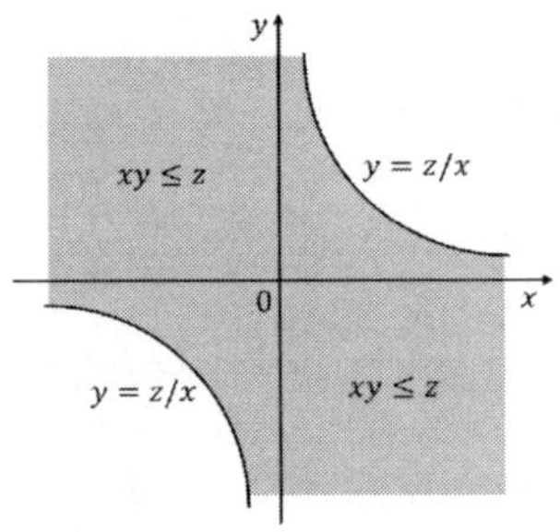

$$=\int_{-\infty}^{0}\left[\int_{z/x}^{\infty}f_{X,Y}(x,y)dy\right]dx+\int_{0}^{\infty}\left[\int_{-\infty}^{z/x}f_{X,Y}(x,y)\,dy\right]dx$$

$$=\int_{-\infty}^{0}\left[\int_{z}^{-\infty}f_{X,Y}(x,\frac{u}{x})\frac{1}{x}\,du\right]dx+\int_{0}^{\infty}\left[\int_{-\infty}^{z}f_{X,Y}(x,\frac{u}{x})\frac{1}{x}du\right]dx$$

(by letting $u=xy$)

$$=\int_{-\infty}^{z}\left[\int_{-\infty}^{0}\frac{1}{-x}f_{X,Y}(x,\frac{u}{x})\,dx\right]du+\int_{-\infty}^{z}\left[\int_{0}^{\infty}\frac{1}{x}f_{X,Y}(x,\frac{u}{x})dx\right]du$$

$$=\int_{-\infty}^{z}\left[\int_{-\infty}^{\infty}\frac{1}{|x|}f_{X,Y}(x,\frac{u}{x})\,dx\right]du.$$

따라서 $h_Z(z)=\frac{d}{dz}H_Z(z)=\int_{-\infty}^{\infty}\frac{1}{|x|}f_{X,Y}(x,\frac{z}{x})\,dx$이다.

예제 2 X와 Y가 서로 독립이며 각각 $U(0,1)$을 따를 때, $Z=XY$와 $U=X/Y$의 분포를 구하여라.

풀이 $h_Z(z)=\int_{-\infty}^{\infty}\frac{1}{|x|}f_{X,Y}(x,\frac{z}{x})\,dx=\int_{-\infty}^{\infty}\frac{1}{|x|}I_{(0,1)}(x)I_{(0,1)}(\frac{z}{x})\,dx$

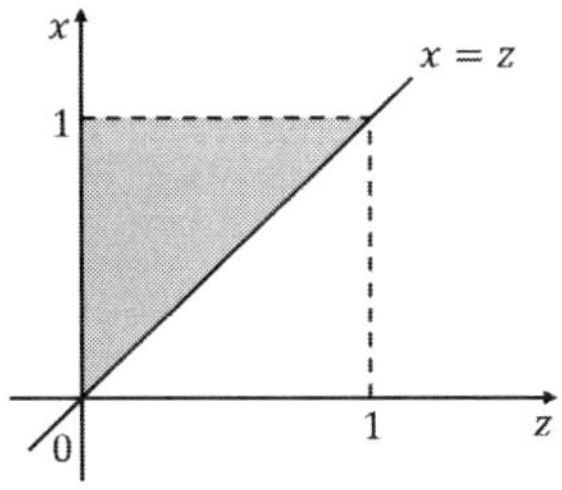

$$=I_{(0,1)}(z)\int_z^1\frac{1}{x}\,dx=-\ln z\,I_{(0,1)}(z).$$

$h_U(u)=\int_{-\infty}^{\infty}|y|f_{X,Y}(x,y)\,dy=\int_{-\infty}^{\infty}|y|\,I_{(0,1)}(uy)I_{(0,1)}(y)\,dy$

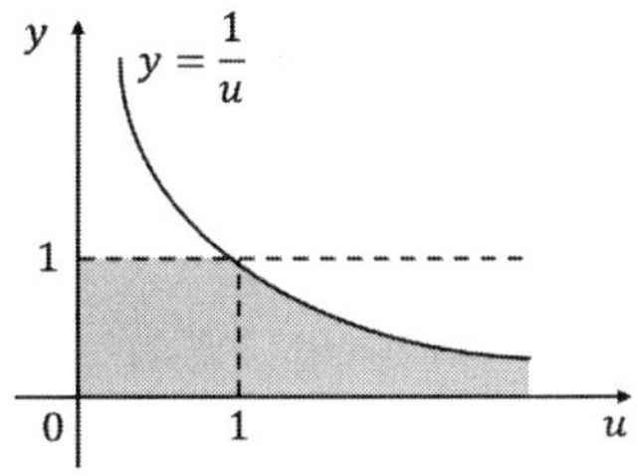

$$=I_{(0,1)}(u)\int_0^1 y\,dy+I_{[1,\infty)}(u)\int_0^{1/u}y\,dy=\frac{1}{2}I_{(0,1)}(u)+\frac{1}{2u^2}I_{[1,\infty)}(u).$$ ■

[주목] $E(X/Y)=E(U)=\frac{1}{2}\int_0^1 u\,du+\frac{1}{2}\int_1^{\infty}\frac{1}{u}\,du=\infty$. 이는 $E(X)/E(Y)=1$과는 매우 다른 결과이다.

예제 3 X,Y,Z가 서로 독립이며 $U(0,1)$을 따를 때, $W=X+Y+Z$의 분포를 구하여라.

풀이 $U=X+Y$, $W=U+Z$라고 하자. 이때 U의 확률밀도함수는, [예제 1]로부터,

$$f_U(u)=uI_{(0,1)}(u)+(2-u)I_{[1,2)}(u)$$

이다. [따름정리 1]로부터, W의 확률밀도함수는

$$
\begin{aligned}
h_W(w) &= \int_{-\infty}^{\infty} f_U(w-z) f_Z(z)\, dz \\
&= \int_{-\infty}^{\infty} (w-z) I_{(0,1)}(w-z) I_{(0,1)}(z)\, dz + \int_{-\infty}^{\infty} (2-w+z) I_{[1,2)}(w-z) I_{(0,1)}(z)\, dz
\end{aligned}
$$

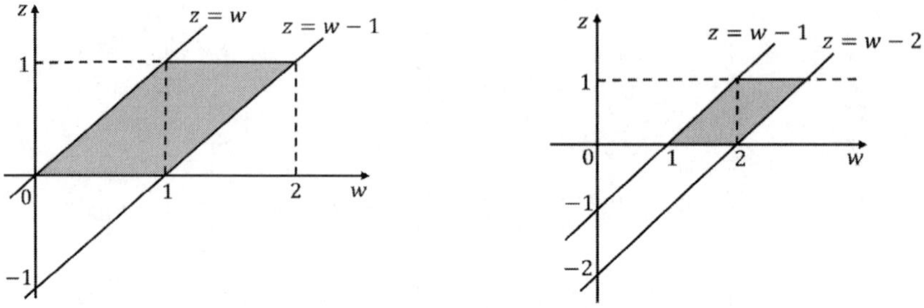

$$
\begin{aligned}
&= I_{(0,1)}(w) \int_0^w (w-z)\, dz + I_{[1,2)}(w) \left\{ \int_{w-1}^{1} (w-z)\, dz + \int_0^{w-1} (2-w+z)\, dz \right\} \\
&\quad + I_{[2,3)}(w) \int_{w-2}^{1} (2-w+z)\, dz \\
&= \frac{w^2}{2} I_{(0,1)}(w) + (-w^2 + 3w - \frac{3}{2}) I_{[1,2)}(w) + \frac{1}{2}(w-3)^2 I_{[2,3)}(w)
\end{aligned}
$$

이다. ■

[참고] Irwin–Hall 분포

n개의 서로 독립인 $U(0,1)$을 따르는 확률변수들의 합(sum)과 평균(mean)의 분포는 각각 Irwin–Hall 및 Bates 분포로 알려져 있다. Irwin–Hall 분포를 그림으로 나타내면 아래와 같다. 이 그림은 n이 클수록 정규분포에 가까워짐을 보여주고 있으며, 이는 중심극한정리에도 부합한다.

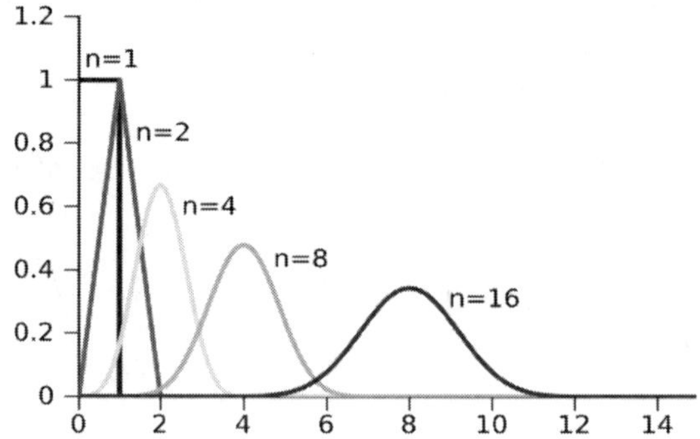

예제 4 X, Y, Z가 서로 독립이며 $U(0,1)$을 따를 때, $W=XY/Z$의 분포를 구하여라.

풀이 $U=XY$, $W=U/Z$라고 하자. 이때 U의 확률밀도함수는, [예제 2]로부터,

$$f_U(u)=-\ln z \cdot I_{(0,1)}(z)$$

이다. [정리 8]로부터, W의 확률밀도함수는

$$\begin{aligned} h_W(w) &= \int_{-\infty}^{\infty} |z| f_U(wz) f_Z(z)\,dz \\ &= \int_{-\infty}^{\infty} -|z| \ln(wz) \cdot I_{(0,1)}(wz) \cdot I_{(0,1)}(z)\,dz \end{aligned}$$

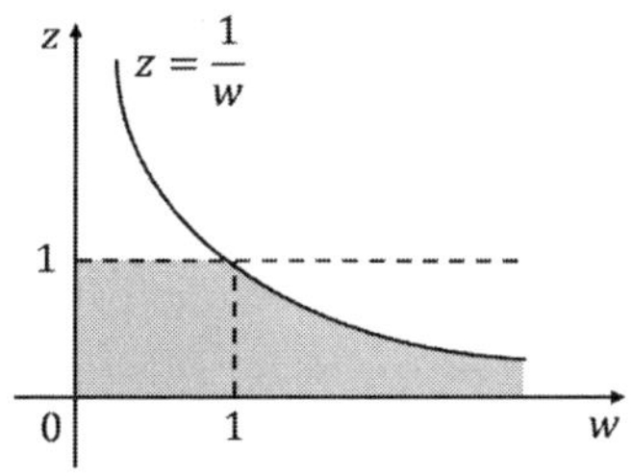

$$\begin{aligned} &= -\int_0^1 z\ln(wz)\,dz \cdot I_{(0,1)}(z) - \int_0^{\frac{1}{w}} z\ln(wz)\,dz \cdot I_{[1,\infty)}(w) \\ &= \left(\frac{1}{4}-\frac{1}{2}\ln w\right) \cdot I_{(0,1)}(w) - \frac{1}{4w^2} \cdot I_{[1,\infty)}(w) \end{aligned}$$

이다. ■

5장 연습문제

1. X_1과 X_2가 서로 독립이며 동일한 아래의 분포를 따른다고 할 때, $U=(X_2-X_1)^2$의 확률분포를 구하여라.

x	-1	0	1
$P(X=x)$	$\frac{1}{2}\theta$	$1-\theta$	$\frac{1}{2}\theta$

2. $X \sim f(x)=\begin{cases}\frac{1}{4}, & -1<x<3 \\ 0, & otherwise\end{cases}$ 일 때, $Y=\min(X, 1-X)$의 확률밀도함수를 구하여라.

3. X_1, X_2가 독립이며 각각 연속인 확률밀도함수 f_1, f_2를 가질 때, $Y_1=u_1(X_1)$, $Y_2=u_2(X_2)$가 독립임을 보여라(4.2절 [정리 2] 참고).

4. Z_1, Z_2가 서로 독립이며 $N(0,1)$을 따르고

$$X=Z_1,\ Y=\rho Z_1+\sqrt{1-\rho^2}\,Z_2$$

라고 할 때, $(X, Y) \sim N_2(0,0,1,1,\rho)$임을 보여라. 여기서 $\rho \in (-1,1)$이다.

|Remark| 4.7절 [예제 1] 참고.

5. X_1, X_2가 $N(0,1)$을 따르고, 서로 독립이다. $Y_1=\dfrac{X_1+X_2}{2}$, $Y_2=\dfrac{(X_1-X_2)^2}{2}$일 때, Y_1과 Y_2의 결합확률밀도함수를 구하여라.

6. X_1과 X_2가 서로 독립이며 $N(0,1)$을 따를 때, $Y_1=X_1^2+X_2^2$와 $Y_2=X_2$가 서로 독립인가?

7. $Y_1 < Y_2 < Y_3 < Y_4 < Y_5$를 $\mathcal{E}(\lambda)$로부터의 순서통계량이라고 할 때, $Z_1 = Y_2$와 $Z_2 = Y_4 - Y_2$가 독립임을 보여라.

8. $X_1, X_2, \cdots, X_n$을 증가함수이며 연속인 누적분포함수 F인 분포로부터의 확률표본이라고 하자. $X_{(1)} = \min_{1 \le i \le n} X_i$, $X_{(n)} = \max_{1 \le i \le n} X_i$일 때, $Y = F(X_{(n)}) - F(X_{(1)})$의 분포를 구하여라.

5장 추가 연습문제

1. $X \sim f(x;\theta) = \begin{cases} \theta e^{-\theta x}, & x > 0 \\ 0, & otherwise \end{cases}$ 일 때, $Y = (X - \frac{1}{\theta})^2$의 확률밀도함수를 구하여라.

2. **(혼합형 분포)** X가 균일분포 $U(0, \theta)$ $(\theta > 0)$를 따를 때, $Y = \min(X, \frac{\theta}{2})$의 분포를 구하여라.

3. **(혼합형 분포)** $X \sim f(x) = \begin{cases} 2x, & 0 \le x \le 1 \\ 0, & otherwise \end{cases}$ 일 때, $Y = g(X) = \begin{cases} X, & 0 \le X \le 1/2 \\ 1/2, & X > 1/2 \end{cases}$ 의 분포를 구하여라.

4. **(혼합형 분포)** X가 균일분포 $U(-2, 2)$를 따를 때, $Y = \begin{cases} 1, & X > 1 \\ X, & 0 \le X \le 1 \\ 0, & otherwise \end{cases}$의 분포를 구하여라.

5. $f(x)$와 $g(y)$가 임의의 두 확률밀도함수이고, 이에 대응하는 누적분포함수를 각각 $F(x)$와 $G(y)$라고 하자. X와 Y의 결합확률밀도함수가

$$h(x, y) = f(x)g(y)[1 + \alpha\{2F(x) - 1\}\{2G(y) - 1\}], \quad |\alpha| \le 1$$

일 때, X와 Y의 주변확률밀도함수가 각각 $f(x)$와 $g(y)$임을 보여라. 또한, X와 Y가 독립인 α가 존재하는가?

6. **(응용문제)** X와 Y가 서로 독립이며 동일한 아래의 확률밀도함수를 가진다고 하자.

$$P(W = w) = \begin{cases} (1-\theta)^{w-1}\theta, & w = 1, 2, \cdots \\ 0, & otherwise \end{cases}$$

여기서 $0 < \theta < 1$ 이다.

(a) 확률변수 $X+Y$ 의 확률밀도함수를 구하여라.

(b) $u(\geq 2)$를 고정된 정수라고 하자. 모든 가능한 x값에 대해 $P(X=x \mid X+Y=u)$를 구하여라.

(c) 두 사람(갑, 을)이 동일한 새로운 컴퓨터 게임을 하려고 한다. 이 게임에 내장된 무작위 절차는 두 사람 중 한 명이 시도할 때마다 레벨1을 성공적으로 완료할 확률이 0.4이고 모든 시도가 확률적으로 독립적임을 보장한다고 하자. 갑이 먼저 진행하고 처음으로 레벨1을 완료할 때까지 플레이하고, 그런 다음 을이 게임을 인계받고 자신도 처음으로 레벨1을 완료할 때까지 플레이한다고 하자. (i) 두 사람이 모두 처음으로 레벨1을 완료하기 위해 총 6번의 시도가 필요할 확률을 구하여라. (ii) 레벨1을 처음으로 완료하는 데 총 6번을 시도했다고 할 때, 갑이 을보다 더 적은 시도를 했을 조건부확률을 구하여라.

5장 심화 연습문제

1. $X, Y \sim i.i.d.\ N(0, 1)$이고, R, Θ가 $X = R\cos\Theta$, $Y = R\sin\Theta$를 통해 정의될 때, R과 Θ가 독립인가?

2. $X \sim f(x) = \frac{2x}{\pi^2} \cdot I_{(0, \pi)}(x)$일 때, $Y = \sin X$의 확률밀도함수를 구하여라.

3. X와 Y가 독립이며 아래의 Z와 동일한 분포를 따른다고 하자.

$$Z \sim f(z) = \begin{cases} p(1-p)^z, & z = 0, 1, 2, \cdots \\ 0, & otherwise \end{cases}$$

이때, $U = \min(X, Y)$와 $V = X - Y$가 독립임을 보여라.

4. $N \sim G(p)$이고, $X_i \sim i.i.d.\ \mathcal{E}(\lambda)\ (i = 1, 2, \cdots, n)$이며, N과 $(X_1, X_2, \cdots, X_n)$이 서로 독립이라 하자. $S_N = \sum_{i=1}^{N} X_i$라고 할 때, S_N의 확률밀도함수를 구하여라.

5. X와 Y는 서로 독립이며 각각 평균이 $1/\lambda_1$과 $1/\lambda_2$인 지수분포를 따르는 확률변수이다. 확률변수 T와 S를 다음과 같이 정의하자.

$$T = \min(X, Y), \quad S = \begin{cases} 1, & \text{if } X < Y \\ 0, & otherwise \end{cases}$$

(a) T와 S의 확률밀도함수를 각각 구하여라.
(b) T와 S의 결합확률밀도함수를 구하여라.

6. X, Y가 서로 독립이며 $G(p)$를 따를 때, $Z = Y - X$의 분포를 구하여라.

7. $X_1, X_2, X_3 \sim i.i.d.\ U(0, 1)$일 때, 변수변환법을 이용하여 $Y = X_1 + X_2 + X_3$의 확률밀도함수를 구하여라.

8. X, Y, Z가 서로 독립이며 $U(0,1)$을 따를 때, 변수변환법을 이용하여 $V = \frac{XY}{Z}$의 확률밀도함수를 구하여라. 단, $U = XY \sim f(u) = -\ln u \cdot I_{(0,1)}(u)$를 이용할 것(연습문제 5.1-4).

9. $(X_1, X_2) \sim f(x_1, x_2) = \begin{cases} \frac{2}{\pi}(1 - x_1^2 - x_2^2), & x_1^2 + x_2^2 \le 1 \\ 0, & otherwise \end{cases}$ 일 때, $Y_1 = (X_1^2 + X_2^2)^{1/2}$과 $Y_2 = \tan^{-1}\left(\frac{X_2}{X_1}\right)$의 결합확률밀도함수를 구하고, Y_1과 Y_2가 독립임을 보여라.

10. **(Box–Müller 변환)** X_1, X_2가 독립이며 각각 $U(0,1)$을 따를 때, $Y_1 = (-2\ln X_1)^{1/2} \cos(2\pi X_2)$와 $Y_2 = (-2\ln X_1)^{1/2} \sin(2\pi X_2)$가 독립이며 각각 $N(0,1)$을 따름을 보여라.

11. $X_1, X_2 \sim i.i.d.\ N(0,1)$일 때, $R = \sqrt{X_1^2 + X_2^2}$과 $\Theta = \tan^{-1}\left(\frac{X_2}{X_1}\right)$의 결합확률밀도함수를 구하고, R과 Θ가 서로 독립임을 보여라.

12. **(Helmert 변환)** $X_1, X_2, X_3 \sim i.i.d.\ N(0,1)$이고

$$Y_1 = \frac{X_1 - X_2}{\sqrt{2}},\ Y_2 = \frac{X_1 + X_2 - 2X_3}{\sqrt{6}},\ Y_3 = \frac{X_1 + X_2 + X_3}{\sqrt{3}}$$

일 때, $Y_1, Y_2, Y_3 \sim i.i.d.\ N(0,1)$임을 보여라.

13. $X_1, X_2, \cdots, X_n$을 $U(\mu - \sqrt{3}\sigma, \mu + \sqrt{3}\sigma)$으로부터의 확률표본이라 하고, $Y_1 < Y_2 < \cdots < Y_n$을 순서통계량이라 하자. 통계량 R과 T를

$$R = Y_n - Y_1, \quad T = \frac{Y_1 + Y_n}{2}$$

으로 정의할 때, R과 T의 (a) 결합확률밀도함수와 (b) 주변확률밀도함수를 구하고, (c) $E(R) = \frac{2\sqrt{3}\sigma(n-1)}{n+1}$임을 보여라.

알짜 통계

컴퓨터는 난수를 어떤 원리로 발생시키는가?

– 역변환법 소개

컴퓨터는 0과 1 사이의 임의의 실수값, 즉 난수(random number)를 발생시키는 알고리즘을 가지고 있다[엄밀히는, 수학적 규칙에 의해 생성되므로 의사(pseudo)난수이다]. 이들 난수를 통계적으로는 균일분포 $U(0, 1)$로부터의 확률변량이라고 한다.

특정 분포로부터의 난수(정확히는 확률변량)를 발생시키는 원리는 매우 다양하다. 이 가운데 역변환법(inverse transformation method)을 소개하면 다음과 같다. 아래의 그림은 연속형분포로부터의 난수 발생 원리를 나타낸다. 균일분포 $U(0, 1)$로부터의 난수 u에 대해 해당 누적분포함수의 역함수 값을 취하면, 이 값들이 해당분포로부터의 난수(엄밀히는 확률변량)가 된다. 이때 균일분포로부터의 난수는 (0, 1) 범위에서 골고루 발생되는 것이 이상적이나, 이들의 역함수 값들은 분포의 특징에 따라 집중도가 달라질 것이다.

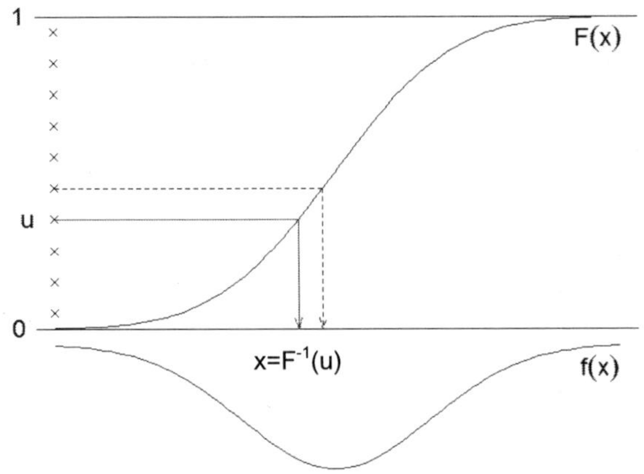

[그림] $f(x)$로부터의 난수 발생 원리(역변환법: 연속형의 경우)

예제 표준정규분포로부터 난수 발생 – R 프로그램

```
> set.seed(10)    # 초깃값 지정
> r <- rnorm(10000, 0, 1)
> summary(r)
```

```
  Min.      1st Qu.    Median      Mean   3rd Qu.     Max.
 -3.532000 -0.673400 -0.005305  0.001338  0.678600  3.813000
> hist(r, prob=T)      # 히스토그램
> curve(dnorm(x), from=-4, to=4, add=T)
```

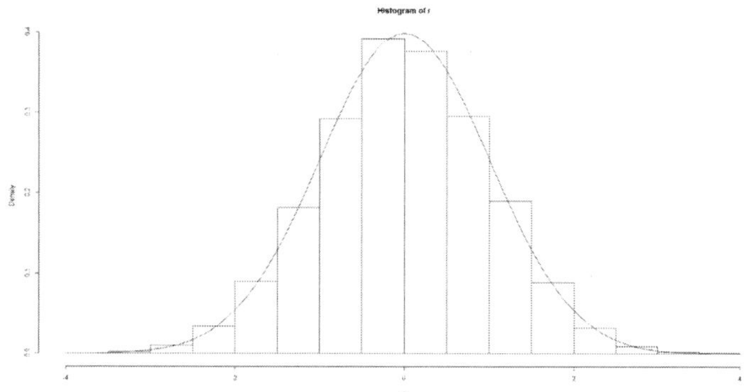

아래의 그림은 이산형분포로부터의 난수 발생 원리를 나타낸다. 연속형인 경우의 원리와 유사하게, 확률의 크기에 비례하게 해당 점들의 발생빈도가 높아진다.

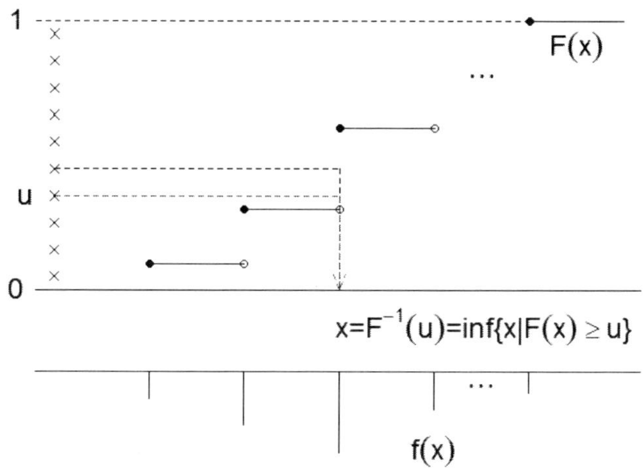

[그림] $f(x)$로부터의 난수 발생 원리(역변환법: 이산형의 경우)

제6장

표본분포와 극한분포

6.1 정규분포와 관련된 표본분포

6.1.1 표본평균과 표본분산의 분포

6.1.2 t분포와 F분포

6.1.3* 기타 정규분포 관련

6.2 분포수렴

6.3 확률수렴

6.4 극한적률생성함수법

6.5 중심극한정리

6.6* 수학적 증명

William S. Gosset (1876–1937)

Guinness 양조장의 화학자, 통계학자.
Student's t–분포.

P. L. Chebyshev (1821–1894)

러시아 수학자.
Chebyshev 부등식.
Markov, Lyapunov의 스승.

6장 표본분포와 극한분포

표본분포(sampling distribution)란 통계량의 확률분포를 의미하는 것으로 5장에서 언급한 바 있다. 이 장에서는 통계학에서 특히 중요하게 취급되는 몇 가지 통계량에 대한 확률분포와 표본의 크기가 $n \to \infty$ 인 경우의 확률분포 즉, 통계량의 극한분포(limiting distribution)에 대해 다루기로 한다.

6.1 정규분포와 관련된 표본분포

6.1.1 표본평균과 표본분산의 분포

이 절에서는 정규모집단으로부터의 확률표본에 기초한 두 가지 통계량 즉, 표본평균($\overline{X}$)과 표본분산(S^2)과 관련된 몇 가지 중요한 사실을 소개한다.

$X_1, X_2, \cdots, X_n$을 $N(\mu, \sigma^2)$으로부터의 확률표본이라 할 때, 다음 사실이 성립한다.

(i) $\overline{X} \sim N(\mu, \dfrac{\sigma^2}{n})$.

(ii) $\dfrac{(n-1)S^2}{\sigma^2} \sim \chi^2(n-1)$, 여기서 $S^2 = \dfrac{1}{n-1}\sum_{i=1}^{n}(X_i - \overline{X})^2$이다.

(iii) $\overline{X}$와 S^2은 독립이다.

|Remark| 실제 위의 결과 (iii)은 정규분포를 특징짓는 성질이다. 즉, 표본평균($\overline{X}$)과 표본분산(S^2)이 독립인 경우는 모분포가 정규분포인 경우뿐이다(필요충분조건임).

위 결과에 대한 증명을 차례대로 제시하면 다음과 같다.

증명 (i) 적률생성함수법을 이용하면 쉽게 증명된다.

(ii) 먼저

$$W \equiv \sum_{i=1}^{n}\left(\frac{X_i - \mu}{\sigma}\right)^2 = \frac{1}{\sigma^2}\left[\sum_{i=1}^{n}(X_i - \overline{X})^2 + n(\overline{X} - \mu)^2\right]$$

$$= \frac{(n-1)S^2}{\sigma^2} + \left(\frac{\overline{X} - \mu}{\sigma/\sqrt{n}}\right)^2$$

$$\equiv U + V$$

라고 하자. 여기서

$$W \sim \chi^2(n), \quad V \sim \chi^2(1)$$

이므로, U와 V가 독립이기만 하면(증명은 아래 참고)

$$M_W(t) = E\,e^{tW} = E\,e^{t(U+V)}$$

$$= M_U(t)\,M_V(t) \quad (U\text{와 } V\text{가 독립})$$

이므로

$$(1-2t)^{-\frac{n}{2}} = M_U(t)\,(1-2t)^{-\frac{1}{2}}$$

이다. 따라서

$$M_U(t) = (1-2t)^{-\frac{n-1}{2}}$$

이고, 이는 $U \sim \chi^2(n-1)$임을 의미한다.

위의 증명과정에서 사용된 U와 V 간의 독립성은 4.2절의 [정리 2]로부터 $\overline{X}$와 S^2의 독립을 보이는 것으로 충분하다. 구체적인 증명은 아래를 참고하기 바란다.

(iii) $\overline{X}$와 S^2 간의 독립에 대한 증명은 S^2이 $(X_1-\overline{X}, X_2-\overline{X}, \cdots, X_n-\overline{X})$의 함수이므로, $\overline{X}$와 $(X_1-\overline{X}, X_2-\overline{X}, \cdots, X_n-\overline{X})$이 독립임을 보이기만 하면 된다. 여기서는 여러 가지 증명 방법을 소개한다([방법 2]와 [방법 3]은 관심 있는 독자만 보기 바란다).

[방법 1] 적률생성함수법 이용

$$
\begin{aligned}
M(s,t_1,t_2,\cdots,t_n) &= E\exp\{s\overline{X}+t_1(X_1-\overline{X})+t_2(X_2-\overline{X})+\cdots+t_n(X_n-\overline{X})\} \\
&= E\exp\left\{\sum_{i=1}^n t_iX_i-\left(\sum_{i=1}^n t_i-s\right)\overline{X}\right\} \\
&= E\exp\left\{\sum_{i=1}^n X_i\left(t_i-\frac{t_1+t_2+\cdots+t_n-s}{n}\right)\right\} \\
&= E\left[\prod_{i=1}^n \exp\left\{\frac{X_i(nt_i-n\bar{t}+s)}{n}\right\}\right], \quad \bar{t}=n^{-1}\sum_{i=1}^n t_i \\
&= \prod_{i=1}^n E\exp\left\{\frac{X_i[s+n(t_i-\bar{t})]}{n}\right\} \\
&= \prod_{i=1}^n \exp\left\{\frac{\mu[s+n(t_i-\bar{t})]}{n}+\frac{\sigma^2}{2}\frac{1}{n^2}[s+n(t_i-\bar{t})]^2\right\} \\
&= \exp\left\{\frac{\mu}{n}[ns+n\sum_{i=1}^n(t_i-\bar{t})]+\frac{\sigma^2}{2n^2}\sum_{i=1}^n[s+n(t_i-\bar{t})]^2\right\} \\
&= \exp(\mu s)\exp\left\{\frac{\sigma^2}{2n^2}\left(ns^2+n^2\sum_{i=1}^n(t_i-\bar{t})^2\right)\right\} \\
&= \exp\left(\mu s+\frac{\sigma^2}{2n}s^2\right)\exp\left\{\frac{\sigma^2}{2}\sum_{i=1}^n(t_i-\bar{t})^2\right\} \\
&= M_{\overline{X}}(s)\,M_{X_1-\overline{X},\cdots,X_n-\overline{X}}(t_1,t_2,\cdots,t_n) \\
&= M(s,0,0,\cdots,0)M(0,t_1,t_2,\cdots,t_n)
\end{aligned}
$$

[방법 2]* 확률밀도함수 이용

$X=(X_1, X_2, \cdots X_n)$의 결합확률밀도함수

$$f(x_1, x_2, \cdots, x_n) = \frac{1}{(2\pi)^{n/2}\sigma^n} \exp\left\{-\frac{1}{2\sigma^2}\sum(x_i-\mu)^2\right\}$$

에서, 다음이 성립한다.

- $\sum(x_i-\overline{x})^2 = \sum(x_i-\overline{x})^2 + n(\overline{x}-\mu)^2 = (x_1-\overline{x}) + \sum_{i=2}^{n}(x_i-\overline{x})^2 + n(\overline{x}-\mu)^2$
- $x_1 - \overline{x} = -\sum_{i=2}^{n}(x_i-\overline{x})$

$$(\because)\ x_1-\overline{x} = x_1 - n\overline{x} + n\overline{x} - \overline{x} = x_1 - \sum x_i + (n-1)\overline{x}$$
$$= -\sum_{i=2}^{n} x_i + (n-1)\overline{x} = -\sum_{i=2}^{n}(x_i-\overline{x})$$

변환 $y_1 = \overline{x}$, $y_2 = x_2 - \overline{x}$, $\cdots$, $y_n = x_n - \overline{x}$ 로부터
$x_1 = y_1 - \sum_{i=2}^{n} y_i$, $x_2 = y_1 + y_2$, $\cdots$, $x_n = y_1 + y_n$ & $|J| = const.$ (실제, $|J| = n$임)
이고, 따라서

$$g(y_1, y_2, \cdots, y_n) = (const.) \times \exp\left[-\frac{1}{2\sigma^2}\left\{(-\sum_{i=2}^{n} y_i)^2 + \sum_{i=2}^{n} y_i^2 + n(y_1-\mu)^2\right\}\right]$$
$$= h(y_1) \times r(y_2, \cdots, y_n)$$

이다. 이 결과로부터, 다음 사실이 성립한다. 즉,

(i) $\overline{X}$ & $X_i - \overline{X}(i = 2, \cdots n)$: 독립 $(\because)$ $\overline{X}$ & $(X_2-\overline{X}, \cdots, X_n-\overline{X})$: 독립이므로

(ii) $\overline{X}$ & $X_1 - \overline{X}$: 독립 $(\because)$ $X_1 - \overline{X} = -\sum_{i=2}^{n}(X_i - \overline{X}) = s(X_2-\overline{X}, \cdots, X_n-\overline{X})$
이므로

(i), (ii)로부터 $\overline{X}$ & $X_i - \overline{X}(i = 1, \cdots, n)$가 독립이고, 따라서 $\overline{X}$ & $S^2 = \frac{1}{n}\sum(X_i-\overline{X})^2 = t(X_1-\overline{X}, \cdots, X_n-\overline{X})$ 역시 독립이다.

[방법 3]* 다변량 정규분포 이용

$X_1, X_2, \cdots, X_n \sim i.i.d.\ N(\mu, \sigma^2)$일 때, 다음이 성립한다.

(i) $Cov(\overline{X}, X_i - \overline{X}) = Cov(\overline{X}, X_i) - Cov(\overline{X}, \overline{X}) = \frac{\sigma^2}{n} - \frac{\sigma^2}{n} = 0, \quad i = 1, 2, \cdots, n$

(ii) 확률벡터 $Y = (\overline{X}, X_1 - \overline{X}, \cdots, X_n - \overline{X})$는 다변량 정규분포를 따른다. 그 이유는 모든 상수 $a_i (i = 0, 1, \cdots, n)$에 대해, 선형결합

$$a_0 \overline{X} + \sum_{i=1}^{n} a_i (X_i - \overline{X}) = \cdots = \sum_{i=1}^{n} c_i X_i \text{ for some } c_i (i = 1, \cdots n)$$

이 독립인 정규확률변수(X_i)들의 선형결합이므로 일변량 정규분포를 따르고, 따라서 Y는 다변량 정규분포를 따른다(12장 [정의 1]). 또한, (i)로부터 공분산행렬은 $\begin{pmatrix} \frac{\sigma^2}{n} & 0 \\ 0 & \Sigma \end{pmatrix}$의 형태를 가진다($\Sigma$는 $n \times n$ 행렬임).

(iii) 다변량 정규분포의 성질로부터, $\overline{X}$와 $(X_1 - \overline{X}, \cdots, X_n - \overline{X})$은 독립이다(다변량 정규분포에서 공분산이 0이므로). 따라서 $\overline{X}$와 S^2 역시 독립이다.

|Remarks| [방법 2]의 증명 과정에서 다음 사실들도 함께 성립한다:

① $\overline{X} \sim N(\mu, \frac{\sigma^2}{n})$

② $\overline{X} - X_i = \frac{1}{n}(X_1 + \cdots + X_{i-1} + X_{i+1} + \cdots + X_n) - \frac{n-1}{n} X_i$

$$\sim N(\frac{n-1}{n}\mu - \frac{n-1}{n}\mu, \frac{n-1}{n^2}\sigma^2 + \frac{(n-1)^2}{n^2}\sigma^2) = N(0, \frac{n-1}{n}\sigma^2),\ i = 1, \cdots, n$$

③ (ii)에서 Σ는 구체적으로 $Cov(X_i - \overline{X}, X_j - \overline{X})$의 계산을 통해 구해진다. 즉, $i \neq j$일 때

$$Cov(X_i - \overline{X}, X_j - \overline{X}) = Cov(X_i, X_j) - Cov(X_i, \overline{X}) - Cov(\overline{X}, X_j) + Cov(\overline{X}, \overline{X})$$
$$= 0 - \frac{\sigma^2}{n} - \frac{\sigma^2}{n} + \frac{\sigma^2}{n} = -\frac{\sigma^2}{n}$$

이고, $i = j$일 때 $Cov(X_i - \overline{X}, X_j - \overline{X}) = Var(X_i - \overline{X}) = \frac{n-1}{n}\sigma^2$이다.

[방법 4] Basu 정리 이용

표본평균 $\overline{X}$가 완비충분통계량(C.S.S.)이고 표본분산 S^2이 보조통계량(ancillary statistic)이므로, Basu 정리에 의해(7.4.3절), 두 통계량은 서로 독립이다.

[참고] 정규분포에서 $\overline{X}$와 S^2의 독립성은 Cochran 정리를 이용해 보일 수도 있다(12장 [예제 6] 참고).

예제 1 $X_1, X_2, \cdots, X_n$을 $N(\mu, \sigma^2)$으로부터의 확률표본이라고 할 때, $E(S^2)$과 $Var(S^2)$을 구하여라. 단, $S^2 = \sum(X_i - \overline{X})^2/(n-1)$이다.

풀이 $X_1, X_2, \cdots, X_n \sim i.i.d.\ N(\mu, \sigma^2)$일 때, $\dfrac{(n-1)S^2}{\sigma^2} \sim \chi^2(n-1)$이므로

$$E(S^2) = E\left[\frac{(n-1)S^2}{\sigma^2}\right]\frac{\sigma^2}{n-1}$$

$$= E[\chi^2(n-1)]\frac{\sigma^2}{n-1}$$

$$= \sigma^2$$

이고,

$$Var(S^2) = \left(\frac{\sigma^2}{n-1}\right)^2 Var[\chi^2(n-1)]$$

$$= \left(\frac{\sigma^2}{n-1}\right)^2 2(n-1) = \frac{2\sigma^4}{n-1}$$

이다. ∎

예제 2 $X_1, X_2, \cdots, X_n$을 $N(\mu, \sigma^2)$으로부터의 확률표본이라고 할 때, 표본분산 S^2의 분포를 구하여라.

풀이

$$Y \equiv \frac{(n-1)S^2}{\sigma^2} \sim \chi^2(n-1) \overset{d}{=} \Gamma\left(\frac{n-1}{2}, 2\right)$$

이므로

$$S^2 = \frac{\sigma^2}{n-1} Y \sim \Gamma(\frac{n-1}{2}, \frac{2\sigma^2}{n-1})$$

이 된다(적률생성함수법 이용). ■

6.1.2 t분포와 F분포

t분포는 정규분포와 카이제곱분포를 통해 다음과 같이 정의된다.

정의 1 t(student's t)분포

$Z \sim N(0, 1)$, $V \sim \chi^2(r)$이고, Z와 V가 독립일 때,

$$T = \frac{Z}{\sqrt{V/r}}$$

은 자유도(degree of freedom, $d.f.$)가 r인 t분포(student's t distribution)를 따른다. 기호로는 $T \sim t(r)$로 나타낸다.

[참고] 1. t분포는 표준정규분포와 유사한 분포로 0을 중심으로 좌우대칭이며, $N(0, 1)$보다 꼬리가 두터운 특징을 가지며, 자유도가 클수록 $N(0, 1)$으로 수렴한다.

2. 위의 [정의 1]로부터 자유도가 1인 t분포는

$$\begin{aligned} t(1) &\overset{d}{=} Z/Y, \quad Z, Y \sim i.i.d.\ N(0, 1) \\ &\overset{d}{=} Cauchy(1, 0) \end{aligned}$$

임을 알 수 있다(5.3절 연습문제 2번 참고).

t분포는 정규모집단으로부터의 확률표본과 관련지어 설명되기도 한다. $X_1, X_2, \cdots, X_n$을 $N(\mu, \sigma^2)$으로부터의 확률표본이라고 할 때,

$$\frac{\overline{X}-\mu}{S/\sqrt{n}} = \frac{\overline{X}-\mu}{\sigma/\sqrt{n}} \Bigg/ \sqrt{\frac{(n-1)S^2}{\sigma^2} \Bigg/ (n-1)}$$

$$= \frac{Z}{\sqrt{V/(n-1)}}, \quad Z \sim N(0,\ 1),\ V \sim \chi^2(n-1)$$

의 관계로부터

$$\frac{\overline{X}-\mu}{S/\sqrt{n}} \sim t(n-1), \quad S = \sqrt{\frac{1}{n-1}\sum(X_i - \overline{X})^2}$$

임을 알 수 있다.

t분포의 확률밀도함수는 변수변환법을 통해 다음과 같이 유도된다. 보조변수 u를 도입하여 $t = z/\sqrt{v/r},\ \ u = v$이라고 하면

$$z = t\sqrt{\frac{u}{r}},\ \ v = u$$

가 되고, 이 변환은 $A = \{(z, v) | -\infty < z < \infty,\ v > 0\}$에서 $B = \{(t,\ u) | -\infty < t < \infty,\ u > 0\}$로의 일대일(1−1) 변환을 만족한다. 또한

$$J = \begin{vmatrix} \sqrt{\frac{u}{r}} & \frac{1}{2}\frac{t}{r}\Big/\sqrt{\frac{u}{r}} \\ 0 & 1 \end{vmatrix} = \sqrt{\frac{u}{r}}$$

이므로, T와 U의 $joint\ \ p.d.f.$는

$$g(t,u) = f\left(t\sqrt{\frac{u}{r}}\,,u\right)\left|\sqrt{\frac{u}{r}}\right|$$

$$= \frac{1}{\sqrt{2\pi}}e^{-\frac{t^2}{2}\frac{u}{r}}\frac{1}{\Gamma(\frac{r}{2})2^{r/2}}u^{\frac{r}{2}-1}e^{-\frac{u}{2}}\sqrt{\frac{u}{r}}$$

$$= \begin{cases} \dfrac{1}{\sqrt{2\pi}\,\Gamma(\frac{r}{2})2^{r/2}} u^{\frac{r}{2}-1} \exp\left[-\dfrac{u}{2}(1+\dfrac{t^2}{r})\right]\sqrt{\dfrac{u}{r}}, & -\infty < t < \infty,\ 0 < u < \infty \\ 0, & otherwise \end{cases}$$

이다. 따라서 T의 *marginal p.d.f.*는

$$g_T(t) = \int_0^\infty g(t,u)\,du$$

$$= \int_0^\infty \frac{1}{\sqrt{2\pi r}\,\Gamma(\frac{r}{2})2^{r/2}} u^{\frac{r+1}{2}-1} \exp\left[-\frac{u}{2}(1+\frac{t^2}{r})\right] du$$

$$= \frac{1}{\sqrt{2\pi r}\,\Gamma(\frac{r}{2})2^{r/2}} \frac{\Gamma(\frac{r+1}{2})}{[\frac{1}{2}(1+\frac{t^2}{r})]^{(r+1)/2}}$$

$$\times \int_0^\infty \frac{\frac{1}{2}(1+\frac{t^2}{r})^{\frac{r+1}{2}}}{\Gamma(\frac{r+1}{2})} u^{\frac{r+1}{2}-1} \exp\left[-\frac{u}{2}(1+\frac{t^2}{r})\right] du$$

$$= \frac{\Gamma(\frac{r+1}{2})}{\sqrt{\pi r}\,\Gamma(\frac{r}{2})}\left(1+\frac{t^2}{r}\right)^{-\frac{r+1}{2}}, \quad -\infty < t < \infty$$

이다.

F분포는 카이제곱분포의 비(ratio)를 통해 다음과 같이 정의된다.

정의 2 F(Fisher)분포

$U \sim \chi^2(r_1)$, $V \sim \chi^2(r_2)$이고, U와 V가 독립일 때,

$$F = \frac{U/r_1}{V/r_2}$$

는 자유도가 (r_1, r_2)인 F분포(F distribution)를 따른다. 기호로는 $F \sim F(r_1, r_2)$로 나타낸다.

F분포 역시 다음과 같이 정규모집단으로부터의 확률표본을 통해 설명될 수 있다.

$X_1, X_2, \cdots, X_m$과 $Y_1, Y_2, \cdots, Y_n$을 각각 $N(\mu_1, \sigma_1^2)$과 $N(\mu_2, \sigma_2^2)$으로부터의 확률표본이라고 하고 $(X_1, X_2, \cdots, X_m)$과 $(Y_1, Y_2, \cdots, Y_n)$이 독립일 때,

$$\frac{S_1^2/\sigma_1^2}{S_2^2/\sigma_2^2} = \frac{\dfrac{(m-1)S_1^2}{\sigma_1^2}/(m-1)}{\dfrac{(n-1)S_2^2}{\sigma_2^2}/(n-1)}$$

$$= \frac{U/(m-1)}{V/(n-1)}, \quad U \sim \chi^2(m-1),\ V \sim \chi^2(n-1)$$

이고, U와 V가 독립이므로

$$\frac{S_1^2}{S_2^2}\frac{\sigma_2^2}{\sigma_1^2} \sim F(m-1, n-1)$$

임을 알 수 있다.

F분포의 확률밀도함수는

$$g_F(f) = \begin{cases} \dfrac{\Gamma(\frac{r_1+r_2}{2})}{\Gamma(\frac{r_1}{2})\Gamma(\frac{r_2}{2})}\left(\dfrac{r_1}{r_2}\right)^{\frac{r_1}{2}} f^{\frac{r_1}{2}-1}\left(1+\dfrac{r_1}{r_2}f\right)^{-\frac{r_1+r_2}{2}}, & 0 < f < \infty \\ 0, \quad otherwise & \end{cases}$$

으로 주어진다. 위 분포의 유도과정은 t분포의 경우와 유사하며 자세한 증명은 생략한다.

F분포는 다음과 같은 성질을 가진다.

(i) F분포의 정의로부터, $\frac{1}{F}$은 $F(r_2, r_1)$을 따른다.

(ii) $F_{1-\alpha}(r_1, r_2) = \frac{1}{F_\alpha(r_2, r_1)}$을 만족한다. 그 이유는 다음과 같다.

$$P[F < F_{1-\alpha}(r_1, r_2)] = \alpha$$

$$\Leftrightarrow P\left[\frac{1}{F} > \frac{1}{F_{1-\alpha}(r_1, r_2)}\right] = \alpha$$

$$\Leftrightarrow P\left[\frac{1}{F} < \frac{1}{F_{1-\alpha}(r_1, r_2)}\right] = 1-\alpha$$

이고, $\frac{1}{F}$는 $F(r_2, r_1)$을 따르므로

$$P\left[\frac{1}{F} < F_\alpha(r_2, r_1)\right] = 1-\alpha$$

를 만족한다. 따라서 $F_{1-\alpha}(r_1, r_2) = \frac{1}{F_\alpha(r_2, r_1)}$이다.

(iii) $F(1, n) \overset{d}{=} [t(n)]^2$이다. 그 이유는 두 분포의 정의로부터 자명하다. 또한 $T \sim Cauchy(1, 0) \overset{d}{=} t(1)$이면 $T^2 \sim F(1, 1)$을 따른다.

[참고] t분포와 F분포는 적률생성함수가 존재하지 않는다.

6.1.3* 기타 정규분포 관련

이 절에서는 정규분포 및 이변량(다변량) 정규분포와 관련된 주요 내용을 소개한다. 이 절은 건너뛰어도 무방하다.

먼저 X와 Y가 정규분포를 따른다고 할 때, 다음 질문을 생각하자.

(A) $Cov(X, Y) = 0$이면 X와 Y가 독립인가?

(B) 선형결합($aX + bY$)은 정규분포를 따르는가?(단, a와 b는 상수이다.)

정답은 모두 '아니오(No!)'이다. 위의 질문에 대한 답변으로 먼저 관련 이론을 제시하고 구체적인 예제를 살펴보기로 한다.

정규분포와 관련된 이론

1. (A)는 이변량(또는 다변량) 정규분포에 한해서 성립됨을 알고 있다(4.7절 [정리 12](d)). 다만 X와 Y 간에 독립 조건이 없으므로(즉, 공분산이 영(0)인 조건만으로는) (X, Y)가 이변량 정규분포가 아닐 수 있으며, 따라서 (A)가 성립되지 않을 수 있다.
2. X와 Y가 정규분포를 따르며 독립이면 모든 선형결합은 정규분포를 따른다. 그러나 독립이 아닌 경우에는 정규분포를 따르지 않는 X와 Y의 선형결합이 존재할 수 있으며, 따라서 (X, Y)가 이변량 정규분포를 따른다고 할 수도 없다(4장 [정의 14]).

예제 1 $X \sim N(0, 1)$이고, Z는 X와 독립이며 $P(Z = 1) = P(Z = -1) = 1/2$을 만족한다고 하자. $Y = XZ$라고 할 때, 다음 물음에 답하여라.

(a) $Y \sim N(0, 1)$임을 보여라.
(b) $Cov(X, Y) = 0$임을 보여라.
(c) X와 Y는 독립인가?
(d) $X + Y$는 정규분포를 따르는가?
(e) $X + Y$의 분포는?

증명

(a) $P(Y \le y) = P(XZ \le z)$

$$= P(XZ \le z \mid Z = 1)P(Z = 1) + P(XZ \le z \mid Z = -1)P(Z = -1)$$

$$= (1/2)P(X \le z) + (1/2)P(-X \le z)$$

$$= (1/2)P(X \le z) + (1/2)P(X \ge -z)$$

$$= P(X \le z)$$

(b) $Cov(X, Y) = Cov(X, XZ)$

$$= E(X^2 Z) - E(X)E(XZ)$$

$$= E(X^2)E(Z) - E(X)^2 E(Z) \quad (\because)\ X, Z : indep.$$

$$= 0 \quad (\because)\ E(Z) = 0$$

(c) $|X| = |Y|$가 항상 성립하므로 X와 Y는 독립이 아니다.

(d) $P(X + Y = 0) = 1/2$이므로 $X + Y$는 명백히 정규분포를 따르지 않는다.

(e) $R = X + Y = X + XZ = \begin{cases} 2X, & Z = 1 \\ 0, & Z = -1 \end{cases}$이므로 $R = 0$일 확률이 $1/2$이고, 그 외에서 $2X$의 분포를 따른다. 즉, R은 혼합형 확률변수(1.5절)로 다음의 분포함수는 다음과 같다.

$$G_R(r) = \frac{1}{2}G_d(r) + \frac{1}{2}G_c(r),$$

여기서 $G_d(r) = \begin{cases} 0, & r < 0 \\ 1, & r \ge 0 \end{cases}$이고, $G_c(r) =$'$2X(\sim N(0, 4))$의 분포함수'이다. ▪

|Remarks| 1. (b)와 (c)는 정규분포를 따르는 두 확률변수(X, Y)의 공분산이 영(0)이지만 독립이 아닌 예이다. 2. (d)는 아래 [예제 2]와 함께 정규분포를 따르는 두 확률변수(X, Y)의 선형결합$(X + Y)$이 정규분포가 아닌 예이다.

예제 2 $X \sim N(0, 1)$, $W \sim Bernoulli(1/2)$이고, X와 W는 독립이라고 하자. 확률변수 Y를

$$Y = \begin{cases} X, & \text{if } W=0 \\ -X, & \text{if } W=1 \end{cases}$$

이라 할 때 (a) Y와 (b) $Z = X + Y$의 확률분포를 구하여라.

풀이 (a) $G_Y(y) = P(Y \le y)$

$$= P(Y \le y \mid W=0)P(W=0) + P(Y \le y \mid W=1)P(W=1)$$

$$= \frac{1}{2}P(X \le y \mid W=0) + \frac{1}{2}P(-X \le y \mid W=1)$$

$$= \frac{1}{2}P(X \le y) + \frac{1}{2}P(-X \le y) \ \ (\because) X, W: indep.$$

$$= \frac{1}{2}\Phi(y) + \frac{1}{2}\Phi(y) = \Phi(y): c.d.f. \ of \ N(0,1).$$

$\therefore \ Y \sim N(0,1)$

(b) $Z = X + Y = \begin{cases} 2X, & Y = X \\ 0, & Y = -X \end{cases}$ 으로, $Z=0$에서의 확률이 $1/2$이고, 그 외에서 $2X$의 분포를 가지는 혼합형 확률변수로 분포함수는 다음과 같다.

$$F_Z(z) = \frac{1}{2}F_d(z) + \frac{1}{2}F_c(z),$$

여기서

$$F_d(z) = \begin{cases} 0, & z < 0 \\ 1, & z \ge 0 \end{cases} \ \ \& \ F_c(z) = c.d.f. \ of \ 2X(\sim N(0,4))$$

이다.

다른 풀이 (b) Z는 $P(Z=0) = \dfrac{1}{2}$이고, 그 외에서 $2X$의 분포 즉,

$$F_Z(z) = P(Z \le z) = P(2X \le z) = \Phi\left(\frac{z}{2}\right)$$

를 가진다. 따라서 Z의 분포함수는 다음과 같다.

$$F_Z(z)=\begin{cases}\frac{1}{2}\Phi\left(\frac{z}{2}\right), & z<0\\ \frac{1}{2}+\frac{1}{2}\Phi\left(\frac{z}{2}\right), & z\ge 0\end{cases}$$

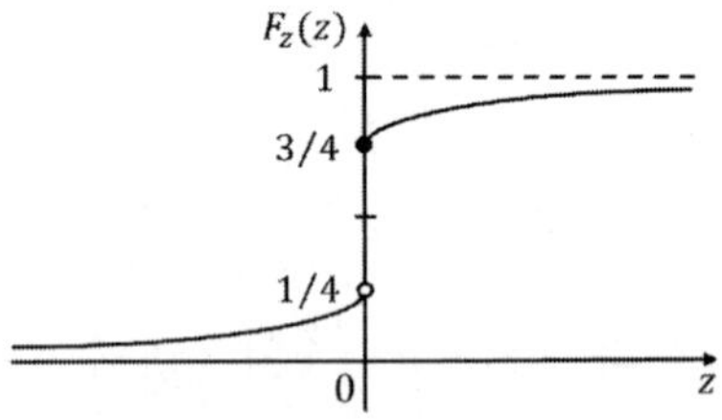

참고로, 위 식에서

$$\frac{d}{dz}\left\{\frac{1}{2}\Phi\left(\frac{z}{2}\right)\right\}=\frac{1}{2}\phi\left(\frac{z}{2}\right)\times\frac{1}{2}=\frac{1}{4}\times\frac{1}{\sqrt{2\pi}}e^{-\frac{1}{2}\left(\frac{z}{2}\right)^2}=\frac{1}{2}\times\{p.d.f.\ of\ \ N(0,4)\}$$

이다. ■

예제 3 U와 V가 서로 독립이며 $N(0,1)$을 따를 때, 다음과 같이 정의되는 확률변수 X의 확률밀도함수를 구하여라.

$$X=\begin{cases}U, & UV>0\\ -U, & otherwise\end{cases}$$

풀이 변환을 T: $x=u\cdot I_{(uv>0)}-u\cdot I_{(uv\le 0)}$, $y=v$라고 하자. 공간 $A=\{(u,v)\mid -\infty<u,v<\infty\}$를 $A_1=\{(u,v)\mid uv>0\}$과 $A_2=\{(u,v)\mid uv<0\}$로 나누면, 변환 T는 A_1에서 $B=\{(x,y)\mid xy>0\}$로의 일대일(1−1) 대응 변환이고, A_2에서 $B=\{(x,y)\mid xy>0\}$로의 일대일(1−1) 대응 변환이다. 이때 $T_1^{-1}: u=x,\ v=y$이고 $T_2^{-1}: u=-x,\ v=y$이며 $|J_1|=|J_2|=1$이다.

$$g(u,v)=\frac{1}{2\pi}e^{-\frac{u^2+v^2}{2}},\quad -\infty<u,v<\infty$$

이고, 따라서

$$f(x,y)=g(x,y)|J_1|+g(-x,y)|J_2|=\begin{cases}\frac{1}{\pi}e^{-\frac{x^2+y^2}{2}}, & xy>0\\ 0, & otherwise\end{cases}$$

이다(cf. 4장 추가 연습문제 3번). 이로부터

$$f_X(x) = \int_{-\infty}^{\infty} f(x,y)dy = \frac{1}{\sqrt{2\pi}} e^{-\frac{x^2}{2}}, \quad -\infty < x < \infty$$

이다. ■

|Remark| 위의 [예제 3]은 X와 Y가 각각 정규분포를 따르지만, (X, Y)는 이변량 정규분포가 아닌 예를 보여준다.

6.1 연습문제

❶ t분포의 대표성 정의([정의 1])를 이용하여, t분포의 평균과 분산을 구하여라.

❷ F가 $F(r_1, r_2)$를 따를 때,

$$Y = \frac{1}{1 + \frac{r_1}{r_2} F}$$

의 분포가 $\beta eta(\frac{r_2}{2}, \frac{r_1}{2})$이 됨을 보여라.

[Hint] [정의 2]와 5.3절 [예제 5]의 Remark를 이용할 것.

❸ $X_1, X_2, \cdots, X_m \sim i.i.d.\ N(\mu_1, \sigma^2)$이고, $Y_1, Y_2, \cdots, Y_n \sim i.i.d.\ N(\mu_2, \sigma^2)$이라고 하자. $(X_1, X_2, \cdots, X_m)$과 $(Y_1, Y_2, \cdots, Y_n)$이 서로 독립일 때, 통계량

$$T = \frac{(\overline{X} - \overline{Y}) - (\mu_1 - \mu_2)}{S_p \sqrt{\frac{1}{m} + \frac{1}{n}}}$$

가 자유도가 $(m+n-2)$인 t분포를 따름을 보여라. 여기서

$$S_p^2 = \frac{1}{m+n-2}\left[\sum_{i=1}^{m}(X_i-\overline{X})^2 + \sum_{j=1}^{n}(Y_j-\overline{Y})^2\right]$$

이며, μ_1, μ_2와 σ^2은 미지의 모수이다.

[Hint] S_p^2에 대해

$$\frac{(m+n-2)S_p^2}{\sigma^2} = \frac{(m-1)S_1^2}{\sigma^2} + \frac{(n-1)S_2^2}{\sigma^2} \sim \chi^2(m+n-2)$$

이 성립함을 보이고, [정의 1]을 이용하여라.

[참고] 두 모집단의 공통분산인 σ^2에 대한 추정량으로 합동분산(pooled variance) S_p^2이 주로 사용되며, 이는 σ^2에 대한 불편추정량의 성질을 만족한다.

4 $X_1, X_2, \cdots, X_n$이 $N(\mu, \sigma^2)$으로부터의 확률표본일 때, Gini의 평균절대차이(mean absolute difference)[3]로 알려진 다음 통계량

$$G = \sum_{1 \le i < j \le n} \frac{|X_i - X_j|}{\binom{n}{2}}$$

의 기댓값이 $E(G) = \frac{2\sigma}{\sqrt{\pi}}$임을 보여라.

[Hint] 3.2절 [예제 1]을 이용할 것.

[참고] $X_1, X_2, \cdots, X_n \sim i.i.d.\ N(0,1)$일 때, $E(G) = \frac{2}{\sqrt{\pi}}(\approx 1.1284)$이다.

5 $X_1, X_2, \cdots, X_n$을 평균이 μ이고 분산이 σ^2인 정규분포로부터의 확률표본이라고 하자.

---

3) MAD는 데이터 집합 내의 각 값들 간의 평균적인 차이를 측정하는 지표로, 값이 클수록 데이터 집합의 불평등도가 큼을 의미한다.

표본평균과 표본분산을 각각 $\overline{X} = \dfrac{\sum_{i=1}^{n} X_i}{n}$와 $S^2 = \dfrac{\sum_{i=1}^{n}(X_i - \overline{X})^2}{n-1}$으로 정의하고, X_{n+1}을 동일한 모집단으로부터의 추가 관측표본이라고 하자. 통계량 V를 $V = \dfrac{a(X_{n+1} - \overline{X})}{S}$(a: 상수)로 정의할 때, 다음 물음에 답하여라.

(a) 통계량 V가 t분포를 따르기 위한 상수 a를 구하여라.
(b) $\overline{X} = 10$일 때, 통계량 V의 기댓값을 구하여라.

> **[참고] (예측구간: prediction interval)** 결과 (a)로부터
>
> $$P\left(\overline{X} - t_{\alpha/2}(n-1)S\sqrt{\frac{n+1}{n}} \le X_{n+1} \le \overline{X} + t_{\alpha/2}(n-1)S\sqrt{\frac{n+1}{n}}\right) = 1 - \alpha$$
>
> 이다. 이때 구간 $\left(\overline{X} - t_{\alpha/2}(n-1)S\sqrt{\frac{n+1}{n}},\ \overline{X} + t_{\alpha/2}(n-1)S\sqrt{\frac{n+1}{n}}\right)$을 X_{n+1}에 대한 $100(1-\alpha)\%$ 예측구간(prediction interval)이라 한다.

6.2 분포수렴

정의 3 분포수렴

확률변수 $X_n (n = 1, 2, \cdots)$과 X의 $c.d.f.$를 각각 $F_n(\cdot)$과 $F(\cdot)$라고 하자. F가 연속인 모든 점 x에 대해

$$\lim_{n \to \infty} F_n(x) = F(x)$$

를 만족할 때, X_n이 X로 분포수렴(converges in distribution)한다고 정의하고, 기호로는

$$X_n \xrightarrow{d} X$$

으로 나타낸다. 이 경우 F_n이 극한분포(limiting distribution) 또는 점근분포(asymptotic distribution) F를 가진다고 한다.

[주의] 분포수렴($\xrightarrow{d}$)은 밀도함수($p.d.f.$)가 아닌 분포함수($c.d.f.$)의 수렴을 통해 정의됨에 유의할 필요가 있다. 모든 x에 대해 밀도함수가 수렴하더라도 ($f_n(x) \xrightarrow{n\to\infty} f(x)$) 대응되는 분포함수에 대해서는

$$F_n(x) \xrightarrow{n\to\infty} F(x)$$

이 성립되지 않을 수도 있다. 또한 확률변수 $\{X_n\}$에 대해 극한분포가 존재하지 않을 수도 있다.

예제 1 $X_1, X_2, \cdots, X_n$을 $U(0, \theta)(\theta > 0)$로부터 확률표본이라고 할 때, $Y_n = X_{(n)}$의 극한분포를 구하여라.

풀이 Y_n의 $c.d.f.$는

$$F_n(y) = P(X_{(n)} \le y) = P(X_1 \le y, X_2 \le y, \cdots, X_n \le y)$$

$$= \left[P(X_1 \le y)\right]^n = \begin{cases} \left(\dfrac{y}{\theta}\right)^n, & 0 \le y < \theta \\ 0, & y < 0 \\ 1, & y \ge \theta \end{cases}$$

이고, 따라서

$$F_n(y) \xrightarrow{n\to\infty} F(y) \equiv \begin{cases} 0, & y < \theta \\ 1, & y \ge \theta \end{cases}$$

이다. ■

[참고] 위의 극한분포(F)와 같이 한 점($y=\theta$)에서의 확률이 1인 분포를 퇴화분포 (degenerate distribution)라고 한다. 이때 $X_n \xrightarrow{d} \theta$로 나타낸다.

예제 2 $X_1, X_2, \cdots, X_n$이 $U(0, \theta)$로부터의 확률표본일 때,

$$n(\theta - X_{(n)}) \xrightarrow{d} \mathcal{E}\left(\frac{1}{\theta}\right)$$

임을 보여라.

풀이 $Z_n = n(\theta - X_{(n)})$의 $c.d.f.$는

$$\begin{aligned}
G_n(z) &= P[n(\theta - X_{(n)}) \le z] \\
&= P(X_{(n)} \ge \theta - \frac{z}{n}) \\
&= 1 - P(X_{(n)} < \theta - \frac{z}{n}) \\
&= 1 - \left[P(X_i < \theta - \frac{z}{n})\right]^n \\
&= 1 - \left[\frac{1}{\theta}(\theta - \frac{z}{n})\right]^n \\
&= \begin{cases} 0, & z < 0 \\ 1 - \left(1 - \dfrac{z}{n\theta}\right)^n, & 0 \le z < n\theta \\ 1, & z \ge n\theta \end{cases}
\end{aligned}$$

이고,

$$G_n(z) \xrightarrow{n \to \infty} G(z) \equiv \begin{cases} 0, & z < 0 \\ 1 - e^{-\frac{1}{\theta}z}, & z \ge 0 \end{cases}$$

이다. $G(z)$는 $\mathcal{E}\left(\frac{1}{\theta}\right)$의 $c.d.f.$이므로

$$Z_n \xrightarrow{d} \mathcal{E}\left(\frac{1}{\theta}\right)$$

이다. ■

예제 3 $X_1, X_2, \cdots, X_n$을 $N(\mu, \sigma^2)$으로부터의 확률표본이라고 할 때, $Y_n = \overline{X}_n$의 극한분포를 구하여라.

풀이 $\overline{X}_n \sim N(\mu, \frac{\sigma^2}{n})$이므로, Y_n의 $c.d.f.$는

$$G_n(y) = \int_{-\infty}^{y} \frac{\sqrt{n}}{\sqrt{2\pi}\,\sigma} \exp\left[-\frac{n(\omega-\mu)^2}{2\sigma^2}\right] d\omega$$

이다. $\frac{\sqrt{n}}{\sigma}(\omega-\mu)$를 t라고 하면,

$$G_n(y) = \int_{-\infty}^{\frac{\sqrt{n}}{\sigma}(y-\mu)} \frac{1}{\sqrt{2\pi}} e^{-\frac{t^2}{2}} dt$$

$$\xrightarrow{n \to \infty} \begin{cases} 0, & y < \mu \\ \frac{1}{2}, & y = \mu \\ 1, & y > \mu \end{cases}$$

이다. 여기서

$$G(y) = \begin{cases} 0, & y < \mu \\ 1, & y \geq \mu \end{cases}$$

라고 하면 $G(y)$의 불연속점, 즉 $y = \mu$ 점을 제외한 모든 y에 대해 $G_n(y) \xrightarrow{n \to \infty} G(y)$가 성립되므로 Y_n이 극한분포 $G(y)$를 가진다고 할 수 있다. 즉, $Y_n \xrightarrow{d} \mu$이다. ■

6.2 연습문제

❶ $Y_n = X_{(n)}$을 $c.d.f.$가 $F(x)$인 연속형 분포로부터의 크기 n인 확률표본에 기초한 순서통계량이라고 할 때, $Z_n = n[1-F(Y_n)]$의 극한분포가 $\mathcal{E}(1)$이 됨을 보여라.

❷ $X_1, X_2, \cdots, X_n$을 다음 $p.d.f.$로부터의 확률표본이라고 하자.

$$f(x) = \begin{cases} \dfrac{2}{\theta^2}x, & 0 < x < \theta \quad (0 < \theta < \infty) \\ 0, & otherwise \end{cases}$$

이때, $Z_n = \dfrac{2n(\theta - X_{(n)})}{\theta}$의 극한분포가 $\mathcal{E}(1)$이 됨을 보여라.

6.3 확률수렴

이 절에서는 분포수렴보다 더 강한 수렴인 확률수렴을 소개한다. 이 절에서 소개하는 주요 정리들에 대한 증명은 6.6절에서 다룬다.

정의 4 확률수렴

확률변수 $X_n(n=1,2,\cdots)$이 X로 확률수렴(converge in probability or converge stochastically)한다는 것은 임의의 양수 $\epsilon(>0)$에 대해

$$\lim_{n\to\infty} P[|X_n - X| \geq \epsilon] = 0 \quad (\text{또는 } \lim_{n\to\infty} P[|X_n - X| < \epsilon] = 1)$$

인 경우를 말하며, 기호로는

$$X_n \xrightarrow{p} X$$

로 표기한다. 유사하게, $X = c$(: 상수)인 상수로의 확률수렴을 다음과 같이 정의한다.

$$X_n \xrightarrow{p} c \iff \text{임의의 양수 } \epsilon(>0)\text{에 대해, } \lim_{n\to\infty} P[|X_n - c| \geq \epsilon] = 0.$$

정리 1 일반적으로, $X_n \xrightarrow{p} X \Rightarrow X_n \xrightarrow{d} X$이다.

증명 6.6절을 참고하기 바란다.

예제 1 $X_n \sim \mathcal{E}(n)$일 때, $X_n \xrightarrow{p} 0$이다.

풀이 임의의 양수 $\epsilon(>0)$에 대해

$$\begin{aligned}\lim_{n\to\infty} P(|X_n - 0| \geq \epsilon) &= \lim_{n\to\infty} P(X_n \geq \epsilon) \quad (\because)\ X_n \geq 0 \\ &= \lim_{n\to\infty} e^{-n\epsilon} \quad (\because)\ X_n \sim \mathcal{E}(n) \\ &= 0.\end{aligned}$$

■

다음 예제는 [정리 1]의 역은 성립하지 않는 예이다.

예제 2 $\{X_n\}\ (n=1,2,\cdots)$이 동일한 분포를 따르는 확률변수이고, (X_n, X)의 결합 분포가 다음과 같다.

x \ x_n	0	1	계
0	0	1/2	1/2
1	1/2	0	1/2
계	1/2	1/2	1

명백히, $X_n \xrightarrow{d} X$이다. 그러나

$$\begin{aligned}P(|X_n - X| > \tfrac{1}{2}) &\geq P(|X_n - X| = 1) \\ &= P(X_n = 0, X = 1) + P(X_n = 1, X = 0) \\ &= 1 \not\longrightarrow 0 \quad as \quad n \longrightarrow \infty\end{aligned}$$

이다. 따라서 $X_n \overset{p}{\not\longrightarrow} X$이지만 $X_n \overset{d}{\longrightarrow} X$이다. ■

아래의 [보조정리 1]과 [보조정리 2]는 상수(c)로의 확률수렴을 보이는 도구로 자주 이용된다.

보조정리 1 **마코프 부등식: Markov's Inequality**

$u(X)$를 확률변수 X의 비음함수(nonnegative function)라고 하자. 만약 $E[U(X)]$가 존재하면, 임의의 양수 $c(>0)$에 대해

$$P[u(X) \geq c] \leq \frac{E[u(X)]}{c}$$

가 성립한다.

증명 편의상 연속형인 경우에 한하여 증명한다.
$A = \{x | u(x) \geq c\}$이라고 할 때

$$\begin{aligned} E[u(X)] &= \int_{-\infty}^{\infty} u(x) f(x) dx \\ &= \int_A u(x) f(x) dx + \int_{A^C} u(x) f(x) dx \geq c \int_A f(x) dx \\ &= c P[u(X) \geq c] \end{aligned}$$

이다.

보조정리 2 **체비셰프 부등식: Chebyshev's Inequality**

확률변수 X에 대해 $\mu = E(X)$와 $\sigma^2 = Var(X)(>0)$가 존재하면, 임의의 양수 $k(>0)$에 대해

$$P[|X-\mu| \geq k\sigma] \leq \frac{1}{k^2}$$

$$(\Leftrightarrow P[|X-\mu| < k\sigma] \geq 1-\frac{1}{k^2})$$

이 성립한다.

증명 [정리 1]에서 $u(X)=(X-\mu)^2$, $c=k^2\sigma^2$으로 놓으면

$$P[(X-\mu)^2 \geq k^2\sigma^2] \leq \frac{E(X-\mu)^2}{k^2\sigma^2} = \frac{1}{k^2}$$

이므로

$$P[|X-\mu| \geq k\sigma] \leq \frac{1}{k^2}$$

이다.

[참고] [보조정리 2]는 [보조정리 1]의 특별한 경우로 모든 확률변수가 평균(μ)을 중심으로 특정한 구간(k배의 분산) 내에 포함되는(또는 벗어나는) 확률에 대한 하한(또는 상한)을 제공한다. 체비세프 부등식은 추가적인 수학적 가정을 하지 않는 한 더 이상 개선될 수 없음이 알려져 있다.

아래의 [정리 2]는 특별히 '상수(c)'로의 분포수렴과 관련된 성질이다. 증명은 6.6절을 참고하기 바란다.

정리 2 상수(c)로의 분포수렴($\xrightarrow{d} c$)은 확률적 수렴($\xrightarrow{p} c$)과 동치이다. 즉,

$$X_n \xrightarrow{d} c \quad \Leftrightarrow \quad X_n \xrightarrow{p} c \ \ (c\text{: 상수})$$

이다.

예제 3 X_n이 $B(n, \theta)$를 따를 때, $\frac{X_n}{n} \xrightarrow{p} \theta$임을 보여라.

풀이 임의의 양수 $\epsilon > 0$에 대하여

$$P\left[\left|\frac{X}{n} - \theta\right| \geq \epsilon\right] = P\left[\left(\frac{X}{n} - \theta\right)^2 \geq \epsilon^2\right]$$
$$\leq E\left[\left(\frac{X}{n} - \theta\right)^2\right] / \epsilon^2$$
$$= \frac{\theta(1-\theta)}{n\epsilon^2}$$

이므로

$$\lim_{n \to \infty} P\left[\left|\frac{X}{n} - \theta\right| \geq \epsilon\right] = 0$$

이다. ■

정리 3 약대수의 법칙: Weak Law of Large Numbers(WLLN)

$X_1, X_2, \cdots, X_n$을 평균이 μ이고 분산이 $\sigma^2(>0)$인 임의의 분포로부터 확률표본이라고 할 때, 표본평균 $\overline{X}_n$에 대해

$$\overline{X}_n \xrightarrow{p} \mu$$

가 성립한다.

|Remark| 실제 [정리 3]에서 분산에 대한 가정은 필요치 않으며, $E(X)$의 존재성을 보장하는 $E(|X_1|) < \infty$ 조건만으로도 성립된다(Khintchine).

증명 임의의 양수 $\epsilon > 0$에 대해

$$P[\,|\overline{X}_n - \mu| \geq \epsilon\,] \leq \frac{Var(\overline{X}_n)}{\epsilon^2} = \frac{\sigma^2}{n\epsilon^2} \xrightarrow{n\to\infty} 0$$

이므로 $\overline{X}_n \xrightarrow{p} \mu$이다.

[참고] 확률수렴보다 더 강한 수렴의 형태로는 $P(\lim_{n\to\infty} X_n = c) = 1$을 만족하는 수렴이 있다. 이 경우 '$X_n$이 확률 1로 상수($c$)에 수렴한다(converges with probability 1 or almost sure converges)'라고 하고, 기호로는 $X_n \longrightarrow c$ $w.p.1$(또는 $X_n \xrightarrow{a.s.} c$)으로 나타낸다. 특히 표본평균에 대해 $\overline{X}_n \xrightarrow{a.s.} \mu$이 성립되며, 이를 강대수의 법칙(Strong Law of Large Numbers, SLLN)이라고 한다.

[정리 3]의 자연스러운 확장으로 다음 정리를 소개한다.

따름정리 1 $X_1, X_2, \cdots, X_n$이 $E(|X_1|^k) < \infty$ (for some k)인 분포로부터의 확률표본일 때, 다음이 성립한다.

$$\frac{1}{n}\sum_{i=1}^{n} X_i^k \xrightarrow{p} E(X_1^k).$$

즉, $k-$차 표본적률은 $k-$차 모적률로 확률수렴한다.

|Remark| 위 정리는 적률추정량(7.2절)의 이론적 근거를 제공한다.

정리 4 **확률수렴의 충분조건**

확률변수 X_n이 다음의 두 조건

(a) $E(X_n) \xrightarrow{n\to\infty} c$ (c: 상수)

(b) $Var(X_n) \xrightarrow{n\to\infty} 0$

을 만족하면

$$X_n \xrightarrow{p} c$$

가 성립한다.

증명 임의의 양수 $\epsilon > 0$에 대하여

$$P[|X_n - c| \geq \epsilon] \leq \frac{E(X_n - c)^2}{\epsilon^2}$$

$$= \frac{1}{\epsilon^2}\left[Var(X_n) + \{E(X_n) - c\}^2\right] \xrightarrow{n\to\infty} 0$$

이다.

확률수렴을 보이는 과정에 유용하게 사용되는 다음의 [정리 5]와 [정리 6]을 소개한다. 증명은 6.6절을 참고하기 바란다.

정리 5 $X_n \xrightarrow{p} c$이고, $Y_n \xrightarrow{p} d$ (c, d: 상수)일 때, 상수 a와 b에 대해 다음이 성립한다.

(a) $aX_n + b \xrightarrow{p} ac+b$

(b) $X_n + Y_n \xrightarrow{p} c+d$

(c) $X_n Y_n \xrightarrow{p} cd$

(d) $d \neq 0$이면 $\frac{1}{Y_n} \xrightarrow{p} \frac{1}{d}$

|Remark| 위 정리는 상수 대신 확률변수로의 수렴 경우에도 성립한다. 즉, $X_n \xrightarrow{p} X$, $Y_n \xrightarrow{p} Y$일 때, 유사한 결과가 성립한다.

정리 6 **연속사상정리: Continuous Mapping Theorem(CMT)**

$U_n \xrightarrow{p} c$일 때, c에서 연속인 함수 $h(\cdot)$에 대해

$$h(U_n) \xrightarrow{p} h(c)$$

가 성립한다. 즉, 연속인 함수는 확률수렴을 보존(preserves)한다.

[참고] 위의 [정리 6]은 다차원인 경우에도 성립된다. 예를 들어, 이차원인 경우

$$(U_n, V_n) \xrightarrow{p} (c, d)$$

이면, (c, d)에서 연속인 함수 $h(\cdot, \cdot)$에 대해서

$$h(U_n, V_n) \xrightarrow{p} h(c, d)$$

이 성립한다(6.6절 [정리 6-1] 참고).

|Remarks|

1. 보다 일반적으로 $U_n \xrightarrow{p} U$이고 $h(\cdot)$가 연속이면 $h(X_n) \xrightarrow{p} h(X)$이다 (Rohatgi(1976), p245).
2. 연속사상정리(CMT)는 분포수렴의 경우에도 성립한다. 즉, $U_n \xrightarrow{d} U$이고 $h(\cdot)$가 연속이면 $U(X_n) \xrightarrow{d} U(X)$이다(Rao, 1965). 이는 확률수렴에 따라 CMT보다 더 일반적인 결과이다.

다음의 [정리 7]은 분포수렴($\xrightarrow{d}$)과 확률수렴($\xrightarrow{p}$)의 결합에 관한 중요한 정리이다. 증명은 6.6절을 참고하기 바란다.

정리 7 **(Slutsky 정리)** $X_n \xrightarrow{d} X$ 이고, $Y_n \xrightarrow{p} c$ (c: 상수)이면

(a) $X_n + Y_n \xrightarrow{d} X + c$

(b) $X_n - Y_n \xrightarrow{d} X - c$

(c) $Y_n X_n \xrightarrow{d} cX$

(d) $\dfrac{X_n}{Y_n} \xrightarrow{d} \dfrac{X}{c} \ (c \neq 0)$

이 성립한다.

6.3 연습문제

1 $X_1, X_2, \cdots, X_n$을 $U(0, \theta)$로부터의 확률표본이라고 할 때, 다음이 성립함을 보여라.

$$Y_n = X_{(n)} \xrightarrow{p} \theta$$

[Hint] $E(Y_n) \xrightarrow{n\to\infty} \theta$와 $Var(Y_n) \xrightarrow{n\to\infty} 0$임을 보일 것.

2 $X_1, X_2, \cdots, X_n$을 평균이 μ이고 분산이 $\sigma^2 (> 0)$인 분포로부터의 확률표본이라고 할 때, 다음이 성립함을 보여라.

$$S_n^2 = \frac{1}{n-1}\sum_{i=1}^{n}(X_i - \overline{X})^2 \xrightarrow{p} \sigma^2$$

[Hint] $S_n^2 = \dfrac{1}{n-1}\sum_{i=1}^{n} X_i^2 - \dfrac{n}{n-1}\overline{X}^2$의 각 항에 대해 WLLN을 적용할 것.

3 $X_1, X_2, \cdots, X_n \sim i.i.d.\ N(0,1)$일 때, $W_n = \sqrt{n}\dfrac{X_1 + X_2 + \cdots X_n}{X_1^2 + X_2^2 + \cdots X_n^2}$의 극한분포를

구하여라.

6.4 극한적률생성함수법

X_n의 극한분포(limiting distribution)를 찾는 방법으로, 분포함수를 이용하여 $F_n \xrightarrow{n\to\infty} F$ 임을 보이는 방법 외에, 적률생성함수의 극한을 이용하는 방법을 소개한다.

정리 8 X_n과 X의 적률생성함수를 각각 $M_n(t)$와 $M(t)$라고 할 때,

$$M_n(t) \xrightarrow{n\to\infty} M(t)\text{이면 } X_n \xrightarrow{d} X\text{이다.}$$

적률생성함수의 극한을 구하는 과정에 다음의 사실이 유용하다. 즉, $\lim_{n\to\infty}\psi(n) = 0$이고, b와 c가 n에 의존하지 않는 상수일 때,

$$\lim_{n\to\infty}\left[1+\frac{b}{n}+\frac{\psi(n)}{n}\right]^{cn} = \lim_{n\to\infty}\left(1+\frac{b}{n}\right)^{cn} = e^{bc}$$

이다.

예제 1 $X_n \sim B(n, p)$이고, 모든 n에 대해 $np = \mu$일 때,

$$X_n \xrightarrow{d} Poisson(\mu)$$

임을 보여라.

풀이

$$\begin{aligned} M_n(t) &= (pe^t+q)^n, \quad q=1-p \\ &= [1+p(e^t-1)]^n \\ &= \left[1+\frac{\mu}{n}(e^t-1)\right]^n \\ &\xrightarrow{n\to\infty} e^{\mu(e^t-1)} \end{aligned}$$

이므로, $X_n \xrightarrow{d} Poisson(\mu)$이다.

예제 2 $X_1, X_2, \cdots, X_n$이 $N(\mu, \sigma^2)$으로부터의 확률표본일 때,

$$S_n^2 = \frac{1}{n-1}\sum_{i=1}^{n}(X_i-\overline{X})^2$$

의 극한분포를 구하여라.

풀이 S_n^2의 적률생성함수는

$$M_{S_n^2}(t) = E[\exp(tS_n^2)] = E\left[\exp\left(t\frac{(n-1)S_n^2}{\sigma^2}\frac{\sigma^2}{n-1}\right)\right]$$

이고, $\frac{(n-1)S_n^2}{\sigma^2} \sim \chi^2(n-1) \overset{d}{=} \Gamma(\frac{n-1}{2}, 2)$이므로,

$$M_{S_n^2}(t) = \left[1-2\left(\frac{\sigma^2}{n-1}\right)t\right]^{-\frac{(n-1)}{2}} \xrightarrow{n\to\infty} \exp(\sigma^2 t)$$

이고, $\exp(\sigma^2 t)$는 한 점(σ^2)에서 확률이 1인 퇴화분포의 $m.g.f.$이므로

$$S_n^2 \xrightarrow{d} \sigma^2$$

이다(이는 [정리 2]에 의해 $S_n^2 \xrightarrow{p} \sigma^2$과도 같다). ■

예제 3 $X_n \sim \Gamma(n, \beta)$일 때, $Y_n = \dfrac{X_n}{n}$의 극한분포를 구하여라.

풀이 $Y_n = \dfrac{X_n}{n}$의 적률생성함수는

$$M_{Y_n}(t) = E[e^{t(\frac{X_n}{n})}] = M_{X_n}(\frac{t}{n})$$
$$= (1-\beta\frac{t}{n})^{-n}$$

이다. 따라서

$$\lim_{n\to\infty} M_{Y_n}(t) = \lim_{n\to\infty}\left(1-\frac{\beta t}{n}\right)^{-n} = e^{\beta t}$$

이고, 이는 한 점(β)에서 확률이 1인 퇴화분포의 $m.g.f.$이므로

$$Y_n \xrightarrow{d} \beta \ (\Leftrightarrow Y_n \xrightarrow{p} \beta)$$

이다. ■

예제 4 $Z_n \sim Poisson(n)$일 때,

$$Y_n = \frac{Z_n - n}{\sqrt{n}} \xrightarrow{d} N(0, 1)$$

임을 보여라.

풀이 Y_n의 적률생성함수는

$$
\begin{aligned}
M_{Y_n}(t) &= E\left[\exp\left(t\,\frac{Z_n - n}{\sqrt{n}}\right)\right] = e^{-\sqrt{n}\,t}\,E\left[\exp\left(\frac{t}{\sqrt{n}}Z_n\right)\right] \\
&= e^{-\sqrt{n}\,t}M_{Z_n}\left(\frac{t}{\sqrt{n}}\right) = e^{-\sqrt{n}\,t}\exp\left[n\left(e^{t/\sqrt{n}} - 1\right)\right] \\
&= \exp\left[-\sqrt{n}\,t + n\left(e^{t/\sqrt{n}} - 1\right)\right]
\end{aligned}
$$

이다. Taylor 급수전개로부터

$$
e^{t/\sqrt{n}} = 1 + \frac{t}{\sqrt{n}} + \frac{1}{2!}\left(\frac{t}{\sqrt{n}}\right)^2 + \frac{1}{3!}\left(\frac{t}{\sqrt{n}}\right)^3 + \cdots
$$

이므로

$$
\begin{aligned}
M_{Y_n}(t) &= \exp\left(\frac{1}{2}t^2 + \frac{1}{3!}\frac{t^3}{\sqrt{n}} + \cdots\right) \\
&\xrightarrow{n\to\infty} \exp\left(\frac{1}{2}t^2\right)
\end{aligned}
$$

이고, 이는 $N(0,\,1)$의 $m.g.f.$에 해당하므로 $Y_n \xrightarrow{d} N(0,\,1)$이다. ■

[참고] 위의 [예제 4]는 다음 절에서 소개되는 중심극한정리의 한 예로 볼 수 있다.

6.4 연습문제

1 $X_n \sim \chi^2(n)$일 때, $Y_n = \dfrac{X_n}{n^2}$의 극한분포를 구하여라.

2 $\overline{X}_n$가 $\mathcal{E}(1)$으로부터의 확률표본의 평균이라고 할 때, $Y_n = \sqrt{n}(\overline{X}_n - 1)$의 $m.g.f.$가

$$M(t) = \left(e^{\frac{t}{\sqrt{n}}} - \frac{t}{\sqrt{n}} e^{\frac{t}{\sqrt{n}}}\right)^{-n}, \quad t < \sqrt{n}$$

임을 보이고, 이를 이용하여 Y_n의 극한분포가 $N(0,1)$임을 보여라.

6.5 중심극한정리

모집단의 분포형태에 관계없이 표본평균은

$$\overline{X}_n \xrightarrow{p} \mu$$

임을 알고 있다(WLLN). 아래에 소개되는 중심극한정리는 $\overline{X}_n$(또는 $\sum_{i=1}^{n} X_i$)의 표준화된 확률변수, 즉 $\dfrac{(\overline{X}_n - \mu)}{\sigma/\sqrt{n}}$의 극한분포에 관한 내용을 다룬 것이다.

정리 9 중심극한정리: Central Limit Theorem(CLT)

$X_1, X_2, \cdots, X_n$을 평균이 μ이고 분산이 $\sigma^2 > 0$인 임의의 분포로부터의 확률표본이라고 할 때,

$$Y_n = \frac{\overline{X}_n - \mu}{\sigma/\sqrt{n}} \xrightarrow{d} N(0, 1)$$

이 성립한다.

[참고] 위의 중심극한정리는 다음과 같이 표현되기도 한다.

$$\sqrt{n}(\overline{X}_n - \mu) \xrightarrow{d} N(0, \sigma^2)$$

증명 Y_n의 적률생성함수는

$$\begin{aligned} M_{Y_n}(t) &= E\left[\exp\left\{t\,\frac{\sqrt{n}(\overline{X}_n - \mu)}{\sigma}\right\}\right] \\ &= \exp\left(-\frac{\sqrt{n}\,\mu}{\sigma}t\right)\left[M_{X_1}\left(\frac{t}{\sqrt{n}\,\sigma}\right)\right]^n \\ &= \left[M_{X_1}\left(\frac{t}{\sqrt{n}\,\sigma}\right)\exp\left(-\frac{\mu}{\sqrt{n}\,\sigma}t\right)\right]^n \\ &= \left[m\left(\frac{t}{\sqrt{n}\,\sigma}\right)\right]^n, \quad m(t) = M_{X_1}(t)e^{-\mu t} \\ &\qquad\qquad\qquad\qquad\qquad = E[e^{t(X_1-\mu)}] = M_{X_1-\mu}(t) \end{aligned}$$

이다. 따라서

$$\begin{aligned} M_{Y_n}(t) &= \left[m(0) + \frac{m'(0)}{1!}\left(\frac{t}{\sqrt{n}\,\sigma}\right) + \frac{m''(0)}{2!}\left(\frac{t}{\sqrt{n}\,\sigma}\right)^2 + \cdots\right]^n \\ &= \left[1 + \frac{t^2}{2n} + \frac{\psi(n)}{n}\right]^n, \quad \lim_{n\to\infty}\psi(n) = 0 \\ &\xrightarrow{n\to\infty} \exp\left(\frac{t^2}{2}\right) \end{aligned}$$

이므로, $Y_n \xrightarrow{d} N(0, 1)$ 이다.

중심극한정리의 적용 예는 무수히 많이 존재한다. 다음의 [예제 1]~[예제 3]은 그 일부를 보여 준다.

예제 1 $X_1, X_2, \cdots, X_n$이 $B(1, p)$로부터의 확률표본일 때, CLT로부터

$$\frac{\overline{X}-p}{\sqrt{p(1-p)/n}} \xrightarrow{d} N(0, 1)$$

임을 알 수 있다. ■

예제 2 $X_1, X_2, \cdots, X_n$이 $Poisson(\theta)$로부터의 확률표본일 때, CLT로부터

$$\frac{\overline{X}-\theta}{\sqrt{\theta/n}} \xrightarrow{d} N(0, 1)$$

임을 알 수 있다. ■

예제 3 $X_1, X_2, \cdots, X_n$이 $\Gamma(1, \theta) \overset{d}{=} \mathcal{E}\left(\frac{1}{\theta}\right)$로부터의 확률표본일 때, CLT로부터

$$\frac{\overline{X}-\theta}{\theta/\sqrt{n}} \xrightarrow{d} N(0, 1)$$

임을 알 수 있다. ■

예제 4 $T_n \sim t(n)$일 때, $T_n \xrightarrow{d} N(0, 1)$임을 보여라.

풀이 t분포의 정의로부터

$$\begin{aligned} T_n &= \frac{Z}{\sqrt{V_n/n}} \quad (Z \sim N(0,\,1),\ \ V_n \sim \chi^2(n)\text{이고 } Z\text{와 } V_n\text{은 독립}) \\ &= \frac{Z}{\sqrt{\sum W_i/n}}, \quad W_i \sim i.i.d.\ \ \chi^2(1) \\ &= \frac{Z}{\sqrt{\overline{W}}} \end{aligned}$$

이다. WLLN에 의해

$$\overline{W} \xrightarrow{\ p\ } 1$$

이므로, Slutsky 정리에 의해 $T_n \xrightarrow{\ d\ } Z \sim N(0,\,1)$이다. ■

예제 5 $X_1, X_2, \cdots, X_n$이 평균이 μ이고 분산이 $\sigma^2 > 0$인 임의의 모집단으로부터의 확률표본일 때,

$$\frac{\overline{X}_n - \mu}{S_n/\sqrt{n}} \xrightarrow{\ d\ } N(0,\,1), \quad S_n^2 = \frac{1}{n-1}\sum (X_i - \overline{X})^2$$

임을 보여라.

풀이 다음의 관계

$$\frac{\overline{X} - \mu}{S_n/\sqrt{n}} = \frac{\overline{X}_n - \mu}{\sigma/\sqrt{n}} \Bigg/ \frac{S_n}{\sigma}$$

으로부터 분자는 CLT에 의해

$$\frac{\overline{X}_n - \mu}{\sigma/\sqrt{n}} \xrightarrow{\ d\ } N(0,\,1)$$

이고, 분모는

$$S_n^2 \xrightarrow{p} \sigma^2 \text{ (6.3절 연습문제 2번)}$$

으로부터

$$\sqrt{S_n^2} \xrightarrow{p} \sqrt{\sigma^2} \quad \text{(CMT)}$$

이므로

$$\frac{S_n}{\sigma} \xrightarrow{p} 1$$

이다. 따라서 Slutsky 정리에 의해 $\dfrac{\overline{X}_n - \mu}{S_n/\sqrt{n}} \xrightarrow{d} N(0, 1)$임을 알 수 있다. ■

예제 6 $X_1, X_2, \cdots, X_n$이 $N(\mu, \sigma^2)$으로부터의 확률표본일 때,

$$\sqrt{n}(S_n^2 - \sigma^2) \xrightarrow{d} N(0, 2\sigma^4), \quad S_n^2 = \frac{1}{n}\sum_{i=1}^{n}(X_i - \overline{X})^2$$

임을 보여라.

풀이 다음의 관계식

$$S_n^2 = \frac{1}{n}\sum_{i=1}^{n}(X_i - \overline{X})^2 = \frac{1}{n}\sum_{i=1}^{n}(X_i - \mu)^2 - (\overline{X} - \mu)^2$$

$$= \frac{1}{n}\sum_{i=1}^{n}W_i - (\overline{X} - \mu)^2, \quad W_i = (X_i - \mu)^2$$

이 성립하며, 위 식에서

$$W_i = (X_i - \mu)^2 \sim i.i.d. \ (E(W_1), Var(W_1))$$

이며, $E(W_1)$과 $Var(W_1)$은 각각

$$E(W_1) = E(X_1 - \mu)^2 = \sigma^2,$$

$$\begin{aligned} Var(W_1) &= Var[(X_1 - \mu)^2] = E(X_1 - \mu)^4 - \sigma^4 \\ &= \sigma^4 E\left(\frac{X_1 - \mu}{\sigma}\right)^4 - \sigma^4 \\ &= \sigma^4 E(Z^4) - \sigma^4, \quad Z = \frac{X_1 - \mu}{\sigma} \sim N(0,\, 1) \\ &= \sigma^4 M_Z^{(4)}(0) - \sigma^4 = 3\sigma^4 - \sigma^4 = 2\sigma^4 \end{aligned}$$

으로 주어진다. 따라서

$$\sqrt{n}(S_n^2 - \sigma^2) = \sqrt{n}(\overline{W} - \sigma^2) - \sqrt{n}(\overline{X} - \mu)(\overline{X} - \mu)$$

에서 우변의 첫 항은

$$\sqrt{n}(\overline{W} - \sigma^2) \xrightarrow{d} N(0,\, 2\sigma^4) \quad \text{(CLT)}$$

이고, 둘째 항은

$$\sqrt{n}(\overline{X} - \mu) \xrightarrow{d} N(0,\, \sigma^2) \quad \text{(CLT)}$$

$$\overline{X} - \mu \xrightarrow{p} 0 \quad \text{(WLLN)}$$

으로부터

$$\sqrt{n}(\overline{X} - \mu)(\overline{X} - \mu) \xrightarrow{d} 0 \quad (\text{Slutsky 정리})$$

$$\Leftrightarrow \sqrt{n}(\overline{X} - \mu)(\overline{X} - \mu) \xrightarrow{p} 0 \quad ([\text{정리 } 2])$$

이다. 따라서 Slutsky 정리에 의해

$$\sqrt{n}(S_n^2 - \sigma^2) \xrightarrow{d} N(0,\ 2\sigma^4)$$

이다. ■

정리 10 **(델타 방법: Delta method)** 다음의 관계

$$\sqrt{n}(X_n - \mu) \xrightarrow{d} N(0,\ \sigma^2)$$

가 만족될 때, 적절한 변환 $h(\cdot)$에 대해

$$\sqrt{n}[h(X_n) - h(\mu)] \xrightarrow{d} h'(\mu)N(0,\ \sigma^2) = N(0,\ [h'(\mu)]^2\sigma^2)$$

이 성립한다(여기서 함수 $h(\cdot)$는 미분 가능하고, $h(x)$가 μ에서 연속인 함수이다).

증명 Taylor 전개로부터

$$h(X_n) \approx h(\mu) + h'(\mu)(X_n - \mu)$$

이므로

$$\frac{\sqrt{n}[h(X_n) - h(\mu)]}{h'(\mu)} \approx \sqrt{n}(X_n - \mu) \xrightarrow{d} N(0,\ \sigma^2)$$

이다. 따라서

$$\sqrt{n}[h(X_n) - h(\mu)] \xrightarrow{d} h'(\mu)N(0,\ \sigma^2) = N(0,\ [h'(\mu)]^2\sigma^2)$$

이다.

|Remarks| 1. [정리 10]은 정규분포를 극한분포로 가지는 확률변수의 적절한 함수의

극한분포 역시 정규분포를 따른다는 것을 의미한다.

2. [정리 10]에서 극한분포의 분산이 상수가 되도록(모수에 의존하지 않도록) 하는 변환을 분산안정화 변환(Variance Stabilizing Transformation, VST)라고 한다.

예제 7 $X_1, X_2, \cdots, X_n$이 $N(\mu, \sigma^2)$으로부터의 확률표본일 때

$$\sqrt{n}(S_n^2 - \sigma^2) \xrightarrow{d} N(0, 2\sigma^4)$$

이 성립한다([예제 6] 참고). 이때,

$$\sqrt{n}(S_n - \sigma)\text{와 } \sqrt{n}(\ln S_n^2 - \ln \sigma^2)$$

의 극한분포를 구하여라.

풀이 $h_1(x) = \sqrt{x}$ 로부터 $h_1{}'(x) = \dfrac{1}{2\sqrt{x}}$ 이므로

$$\sqrt{n}(\sqrt{S_n^2} - \sqrt{\sigma^2}) \xrightarrow{d} N(0, [h_1{}'(\sigma^2)]^2 2\sigma^4) = N(0, \frac{\sigma^2}{2})$$

이고, $h_2(x) = \ln x$ 로부터 $h_2{}'(x) = \dfrac{1}{x}$ 이므로

$$\sqrt{n}(\ln S_n^2 - \ln \sigma^2) \xrightarrow{d} N(0, [h_2{}'(\sigma^2)]^2 2\sigma^4) = N(0, 2)$$

이다. 즉, 충분히 큰 n에 대해

$$S_n \mathrel{\dot{\sim}} N(\sigma, \frac{\sigma^2}{2n}) \quad \& \quad \ln S_n^2 \mathrel{\dot{\sim}} N(\ln \sigma^2, \frac{2}{n})$$

이다. ∎

예제 8 $X_1, X_2, \cdots, X_n$이 $Poisson(\mu)$로부터의 확률표본일 때, CLT로부터

$$\sqrt{n}(\overline{X}_n - \mu) \xrightarrow{d} N(0, \mu)$$

이 성립한다. 이때,

$$\sqrt{n}[h(\overline{X}_n) - h(\mu)] \xrightarrow{d} N(0, 1)$$

이 되게 하는 변환 $h(\cdot)$를 구하여라.

풀이 델타 방법에 의해

$$\sqrt{n}[h(\overline{X}_n) - h(\mu)] \xrightarrow{d} N(0, [h'(\mu)]^2 \mu)$$

이다.

$$[h'(\mu)]^2 \mu \equiv 1$$

로부터

$$h'(\mu) = \frac{1}{\sqrt{\mu}} \Leftrightarrow h(\mu) = 2\sqrt{\mu}$$

이다. 따라서 극한분포의 분산이 1(상수)이 되게 하는 변환함수는 $h(x) = 2\sqrt{x}$ 이고, 이로부터

$$2\sqrt{n}(\sqrt{\overline{X}_n} - \sqrt{\mu}) \xrightarrow{d} N(0, 1)$$

이 된다.

이 사실로부터 포아송분포의 평균($\overline{X}_n$)에 대한 분산안정화 변환은 제곱근변환(square root transformation)임을 알 수 있다. ■

예제 9 $X_1, X_2, \cdots, X_n$이 $B(1, p)$로부터의 확률표본일 때, CLT로부터

$$\sqrt{n}(\hat{p}_n - p) \xrightarrow{d} N(0, p(1-p)), \quad \hat{p}_n = \sum_{i=1}^{n} X_i/n$$

이 성립한다. 이때,

$$\sqrt{n}[h(\hat{p}_n) - h(p)] \xrightarrow{d} N(0, 1)$$

이 되게 하는 변환 $h(\cdot)$을 구하여라.

풀이 델타 방법에 의해

$$\sqrt{n}[h(\hat{p}_n) - h(p)] \xrightarrow{d} N(0, [h'(p)]^2 p(1-p))$$

이다.

$$[h'(p)]^2 p(1-p) \equiv 1$$

로부터

$$h'(p) = \frac{1}{\sqrt{p(1-p)}}$$

$$\Leftrightarrow h(p) = 2\sin^{-1}\sqrt{p}$$

이다(연습문제 4번). 따라서 변환 $h(x) = 2\sin^{-1}\sqrt{x}$를 통해

$$2\sqrt{n}(\sin^{-1}\sqrt{\hat{p}_n} - \sin^{-1}\sqrt{p}) \xrightarrow{d} N(0, 1)$$

이 된다.

이로부터 역싸인변환(arc sin transformation)이 표본비율($\hat{p}_n$)에 대한 분산안정화 변환임을 알 수 있다. ▪

6.5 연습문제

1 $Y_n \sim B(n, p)$일 때,

$$Z_n = \frac{Y_n - np}{\sqrt{n\hat{p}(1-\hat{p})}} \xrightarrow{d} N(0, 1), \quad \hat{p} = \frac{Y_n}{n}$$

임을 보여라.

2 $X_1, X_2, \cdots, X_n$을 $\Gamma(\mu, 1)$으로부터의 확률표본이라고 할 때,

$$\frac{\sqrt{n}(\overline{X}_n - \mu)}{\sqrt{\overline{X}_n}}$$

의 극한분포를 구하여라.

3 $X_1, X_2, \cdots, X_n$과 $Y_1, Y_2, \cdots, Y_n$을 각각 평균이 μ_1과 μ_2이고, 분산이 $\sigma^2(>0)$으로 동일한 임의의 두 분포로부터의 독립인 확률표본들이라고 하자.

(a) 공통 분산의 추정량을 다음과 같이 정의할 때, $\widehat{\sigma_n^2} \xrightarrow{p} \sigma^2$임을 보여라.

$$\widehat{\sigma_n^2} = \frac{1}{2(n-1)}\left\{\sum_{i=1}^{n}(X_i - \overline{X}_n)^2 + \sum_{i=1}^{n}(Y_i - \overline{Y}_n)^2\right\}.$$

(b) 다음 통계량

$$T_n = \frac{(\overline{X}_n - \overline{Y}_n) - (\mu_1 - \mu_2)}{\widehat{\sigma_n}\sqrt{2/n}}$$

의 극한분포를 구하여라.

④ [예제 9]에서 $h'(p) = 1/\sqrt{p(1-p)}$ 로부터 $h(p) = 2\sin^{-1}\sqrt{p}$ 임을 보여라.

[Hint] $t = \sqrt{p}$ 로 치환 후, $(\sin^{-1}x)' = \dfrac{1}{\sqrt{1-x^2}}$ 임을 이용할 것.

6.6* 수학적 증명

이 절에서는 6.3절(확률수렴)의 주요 정리에 대한 수학적 증명을 다룬다. 이 절은 관심있는 독자만 보기 바란다.

정리 1 일반적으로, $X_n \xrightarrow{p} X \Rightarrow X_n \xrightarrow{d} X$이다.

> **[참고] 상극한, 하극한**
>
> 수열 $\{x_n\}$의 상극한(limit superior)과 하극한(limit inferior)은 다음과 같이 정의된다. 즉,
>
> $$\limsup_{n\to\infty} x_n := \lim_{n\to\infty}(\sup_{m \ge n} x_m);\ \liminf_{n\to\infty} x_n := \lim_{n\to\infty}(\inf_{m \ge n} x_m).$$
>
> |Remarks| 1. 수열이나 함수의 상극한과 하극한은 수학적으로 항상 존재한다.
> 2. 극한의 존재가 불명확한 경우 상극한과 하극한을 각각 구하고, 두 극한값이 같으면 그 값이 극한값이 된다.

증명

x를 $F(x)$가 연속인 점이라고 하자. 임의의 $\epsilon > 0$에 대해 다음 사실이 성립한다.

(i)

$$F_{X_n}(x) = P(X_n \le x) = P(X_n \le x, |X_n - X| < \epsilon) + P(X_n \le x, |X_n - X| \ge \epsilon)$$
$$\le P(X \le x + \epsilon) + P(\ |X_n - X| \ge \epsilon).$$

$$\therefore \limsup_{n\to\infty} F_{X_n}(x) \le F_X(x+\epsilon).$$

(ii) 유사한 방법으로, $P(X_n > x) \le P(X > x - \epsilon) + P(|X_n - X| \ge \epsilon)$.

$$\therefore \liminf_{n\to\infty} F_{X_n}(x) \ge F_X(x-\epsilon).$$

(i), (ii) 및 상극한과 하극한의 관계로부터

$$F_X(x-\epsilon) \le \liminf_{n\to\infty} F_{X_n}(x) \le \limsup_{n\to\infty} F_{X_n}(x) \le F_X(x+\epsilon).$$

$\epsilon > 0$의 선택은 임의적이므로, $\epsilon \downarrow 0 \Rightarrow F_{X_n}(x) \xrightarrow{n\to\infty} F_X(x)$: c.d.f. of X.

정리 2 $X_n \xrightarrow{d} c \;\Leftrightarrow\; X_n \xrightarrow{p} c$

증명 $(\Rightarrow)$ 주어진 임의의 $\epsilon > 0$에 대해,

$$P(X_n - c \le -\epsilon) = F_n(c-\epsilon) \xrightarrow{n\to\infty} F(c-\epsilon) = 0$$

$$\& \; P(X_n - c \ge \epsilon) \le P(X_n - c \ge \frac{\epsilon}{2}) = 1 - F_n(c + \frac{\epsilon}{2}) \xrightarrow{n\to\infty} 1 - F(c+\frac{\epsilon}{2}) = 0.$$

따라서 $P(|X_n - c| \ge \epsilon) \xrightarrow{n\to\infty} 0$이다.

$(\Leftarrow)$ $x < c$에 대해$(c - x > 0)$,

$$\begin{aligned} F_n(x) &= P(X_n \le x) = P(X_n - c \le x - c) \\ &= P(c - X_n \ge c - x) \le P(|X_n - c| \ge c - x) \xrightarrow{n\to\infty} 0. \end{aligned}$$

$x > c$에 대해$(x - c > 0)$,

$$\begin{aligned} F_n(x) &= P(X_n \le x) = P(X_n - c \le x - c) \\ &\le P(|X_n - c| \le x - c) = 1 - P(|X_n - c| \ge x - c) \xrightarrow{n\to\infty} 1. \end{aligned}$$

따라서 $F_n(x) \xrightarrow{n\to\infty} F(x) = \begin{cases} 0, & x < c \\ 1, & x \ge c \end{cases}$ 이다.

정리 5 $X_n \xrightarrow{p} c$, $Y_n \xrightarrow{p} d$ (c,d: 상수)일 때,

(a) $aX_n + b \xrightarrow{p} ac + b$ (a,b: 상수)

(b) $X_n + Y_n \xrightarrow{p} c + d$

(c) $X_n Y_n \xrightarrow{p} cd$

(d) $\frac{1}{Y_n} \xrightarrow{p} \frac{1}{d}$ $(d \ne 0)$

증명 주어진 $\epsilon > 0$에 대해 다음 사실이 성립한다.

(a) $0 \le P(|(aX_n + b) - (ac + b)| \ge \epsilon) = P(|X_n - c| \ge \frac{\epsilon}{|a|}) = P(|X_n - c| \ge \delta)$,

$\delta > 0 \xrightarrow{n \to \infty} 0 \quad (\because)\ X_n \xrightarrow{p} c.$

(b) $0 \le P(|X_n + Y_n - (c + d)| \ge \epsilon) = P(|(X_n - c) + (Y_n - d)| \ge \epsilon)$

$\le P(|X_n - c| \ge \frac{\epsilon}{2} \text{ or } |Y_n - d| \ge \frac{\epsilon}{2}) \le P(|X_n - c| \ge \frac{\epsilon}{2}) + P(|Y_n - d| \ge \frac{\epsilon}{2})$

$\xrightarrow{n \to \infty} 0 \quad (\because)\ X_n \xrightarrow{p} c,\ Y_n \xrightarrow{p} d.$

(c) 만약 $|X_n - c| < \delta$, $|Y_n - d| < \delta$이면

$$\begin{aligned} |X_n Y_n - cd| &= |(X_n - c)(Y_n - d) + d(X_n - c) + c(Y_n - d)| \\ &\le |X_n - c||Y_n - d| + |d||X_n - c| + |c||Y_n - d| < \delta^2 + (|c| + |d|)\delta \end{aligned}$$

이다. $\delta^2 + (|c| + |d|)\delta = \epsilon$이라 하면

$$\begin{aligned} 0 &\le P(|X_n Y_n - cd| \ge \epsilon) \le P(|X_n - c| \ge \delta \text{ or } |Y_n - d| \ge \delta) \\ &\le P(|X_n - c| \ge \delta) + P(|Y_n - d| \ge \delta) \xrightarrow{n \to \infty} 0. \end{aligned}$$

(d) 만약 $|Y_n - d| < \delta|d|\ (\delta < 1)$이면, $(1 - \delta)|d| < |Y_n| < (\delta + 1)|d|$이므로

$$\left|\frac{1}{Y_n} - \frac{1}{d}\right| = \frac{|Y_n - d|}{|d||Y_n|} < \frac{|Y_n - d|}{|d|(1 - \delta)|d|} \le \frac{\delta}{(1 - \delta)|d|}$$

이다. $\frac{\delta}{(1 - \delta)|d|} = \epsilon$이라 하면 $0 \le P\left(\left|\frac{1}{Y_n} - \frac{1}{d}\right| \ge \epsilon\right) \le P(|Y_n - d| \ge \delta|d|)$

$\xrightarrow{n \to \infty} 0$이다.

정리 6 연속사상정리(CMT)

$U_n \xrightarrow{p} c$이면, c에서 연속인 함수 $h(\cdot)$에 대해 $h(U_n) \xrightarrow{p} h(c)$이다.

증명 '$h(\cdot)$가 c에서 연속' $\Leftrightarrow$ '주어진 $\epsilon > 0$에 대해, $|u - c| < \delta \Rightarrow |h(u) - h(c)| < \epsilon$을 만족하는 $\delta > 0$가 존재함'. 따라서 $P(|h(U_n) - h(c)| \ge \epsilon) \le$

$P(|U_n - c| \ge \delta) \xrightarrow{n\to\infty} 0$이다.

정의 5 확률벡터의 확률수렴

$(X_n, Y_n) \xrightarrow{p} (c, d)$

$\Leftrightarrow X_n \xrightarrow{p} c$ & $Y_n \xrightarrow{p} d$ ①

$\Leftrightarrow P\left\{\sqrt{(X_n - c)^2 + (Y_n - d)^2} \ge \epsilon\right\} = P\{\|(X_n, Y_n) - (c, d)\| \ge \epsilon\} \xrightarrow{n\to\infty} 0$ ②

증명 (① ⇒ ②) $\|(X_n, Y_n) - (c, d)\| \le |X_n - c| + |Y_n - d|$

$\Rightarrow P\{\|(X_n, Y_n) - (c, d)\| \ge \epsilon\} \le P\{|X_n - c| \ge \epsilon/2\} + P\{|Y_n - d| \ge \epsilon/2\} \xrightarrow{n\to\infty} 0.$

(② ⇒ ①) $|X_n - c| \le \|(X_n, Y_n) - (c, d)\|$

$\Rightarrow P\{|X_n - c| \ge \epsilon\} \le P\{\|(X_n, Y_n) - (c, d)\| \ge \epsilon\}.$

연속사상정리([정리 6])는 아래와 같이 이차원(또는 다차원)의 경우로 확장될 수 있다.

정리 6-1 연속사상정리(CMT)

$(X_n, Y_n) \xrightarrow{p} (c, d)$. 만약 $h(\cdot, \cdot)$가 (c, d)에서 연속인 (R^2상에서 정의되는) 함수이면 $h(X_n, Y_n) \xrightarrow{p} h(c, d)$가 성립한다.

증명 h : 연속 ⇔ 주어진 $\epsilon > 0$에 대해, $\|(x, y) - (c, d)\| < \delta \Rightarrow |h(x, y) - h(c, d)| < \epsilon$인 $\delta > 0$가 존재한다. 따라서

$$P\{|h(X_n, Y_n) - h(c, d)| \ge \epsilon\} \le P\{\|(X_n, Y_n) - (c, d)\| \ge \delta\} \xrightarrow{n\to\infty} 0.$$

따름정리 2 $(X_n, Y_n) \xrightarrow{p} (c, d)$.

(a) $h(x, y) = x + y$가 연속: [정리 5] (b)

(b) $h(x, y) = xy$가 연속: [정리 5] (c)

(c) $h(x, y) = \frac{1}{y}$가 $y \neq 0$에서 연속: [정리 5] (d)

(d) $h(x, y) = \sqrt{y}$가 $y \geq 0$에서 연속: [정리 6]

정리 7 (Slutsky 정리) $X_n \xrightarrow{d} X$, $Y_n \xrightarrow{p} c$(c: 상수)일 때,

(a) $X_n + Y_n \xrightarrow{d} X + c$ (b) $X_n - Y_n \xrightarrow{d} X - c$ (c) $Y_n X_n \xrightarrow{d} cX$

(d) $\frac{X_n}{Y_n} \xrightarrow{d} \frac{X}{c}$ $(c \neq 0)$

증명 (a)와 (c)에 대한 증명만 제시한다.

(a) x를 $x-c$가 $F_X(x)$의 연속인 점이라고 하고, $x-c\pm\epsilon$도 $F_X(x)$의 연속인 점이라고 하자. 임의의 $\epsilon > 0$에 대해 다음의 (i), (ii)가 성립한다.

(i) (분포함수의 상한)

$$\begin{aligned} 0 \leq P(X_n + Y_n \leq x) &= P(X_n + Y_n \leq x, |Y_n - c| < \epsilon) + P(X_n + Y_n \leq x, |Y_n - c| \geq \epsilon) \\ &\leq P(X_n \leq x - c + \epsilon) + P(|Y_n - c| \geq \epsilon). \end{aligned}$$

$$\therefore \limsup_{n\to\infty} P(X_n + Y_n \leq x) \leq \limsup_{n\to\infty} P(X_n \leq x - c + \epsilon) = F_X(x - c + \epsilon)$$

(ii) (분포함수의 하한)

$$\begin{aligned} P(X_n + Y_n > x) &= P(X_n + Y_n > x, |Y_n - c| \geq \epsilon) + P(X_n + Y_n > x, |Y_n - c| < \epsilon) \\ &\leq P(|Y_n - c| \geq \epsilon) + P(X_n > x - c - \epsilon). \end{aligned}$$

$$\therefore \liminf_{n\to\infty} P(X_n + Y_n \leq x) \geq \liminf_{n\to\infty} P(X_n \leq x - c - \epsilon) = F_X(x - c - \epsilon).$$

(i), (ii) 및 상극한과 하극한의 관계로부터

$$\begin{aligned} F_X(x - c - \epsilon) &\leq \liminf_{n\to\infty} P(X_n + Y_n \leq x) \\ &\leq \limsup_{n\to\infty} P(x_n + Y_n \leq x) \leq F_X(x - c + \epsilon). \end{aligned}$$

$\epsilon > 0$의 선택은 임의이므로, $\epsilon \downarrow 0 \Rightarrow F_{X_n + Y_n}(x) \xrightarrow{n\to\infty} F_X(x-c)$: c.d.f. of $X + c$.

(c) $\pm\epsilon/\delta$를 $F_X(x)$의 연속인 점이라 하고, 일반성을 잃지 않고 $Y_n \xrightarrow{p} 0$이라 하자.

$$P(|Y_n X_n| > \epsilon) = P(|Y_n X_n| > \epsilon, |Y_n| > \delta) + P(|Y_n X_n| > \epsilon, |Y_n| \leq \delta)$$

$$(|Y_n| \le \delta \Rightarrow \frac{1}{|Y_n|} \ge \frac{1}{\delta} \Rightarrow \frac{|Y_n X_n|}{|Y_n|} \ge \frac{\epsilon}{\delta} \Rightarrow |X_n| \ge \frac{\epsilon}{\delta}\text{이므로})$$

$$\begin{aligned}
&\le P(|Y_n| > \delta) + P(|X_n| > \frac{\epsilon}{\delta}) \\
&\le P(|Y_n| > \delta) + P(X_n > \frac{\epsilon}{\delta}) + P(X_n < -\frac{\epsilon}{\delta}) \\
&= P(|Y_n| > \delta) + 1 - F_n(\frac{\epsilon}{\delta}) + F_n(-\frac{\epsilon}{\delta}).
\end{aligned}$$

$Y_n \xrightarrow{p} 0$이므로,

$$\begin{aligned}
\limsup_{n\to\infty} P(|Y_n X_n| > \epsilon) &\le 1 - \limsup_{n\to\infty} F_n(\frac{\epsilon}{\delta}) + \limsup_{n\to\infty} F_n(-\frac{\epsilon}{\delta}) \\
&= 1 - F_X(\frac{\epsilon}{\delta}) + F_X(-\frac{\epsilon}{\delta})
\end{aligned}$$

이고, $\delta \to 0 \Rightarrow \limsup_{n\to\infty} P(|Y_n X_n| > \epsilon) = 0$이다. 유사한 방법으로, $\liminf_{n\to\infty} P(|Y_n X_n| > \epsilon) = 0$임을 보일 수 있다. $\therefore \lim_{n\to\infty} P(|Y_n X_n| > \epsilon) = 0 \Leftrightarrow Y_n X_n \xrightarrow{p} 0$.

(cf. $Y_n \xrightarrow{p} c(\neq 0)$인 경우에는, $Y_n = Z_n + c$로 두고 위의 절차를 수행한다.)

통계량의 확률분포 – 비복원추출의 경우

어느 축제에서 게임을 위해 진열된 6개 호박(pumpkins)의 무게(단위: pound)를 모집단으로 간주하자.

호박	A	B	C	D	E	F
무게	19	14	15	9	16	17

비복원(without replacement)으로 임의추출된 n(2 또는 5)개 호박의 무게 정보로부터, 6개 호박(모집단)의 평균무게를 알아맞히는 게임을 한다고 하자.

비복원 확률표본의 경우 표본평균($\overline{X}$)의 분포는, $n=2$인 경우 다음과 같이 주어진다. 즉,

표본	무게	$\overline{x}$	확률
A, B	19, 14	16.5	1/15
A, C	19, 15	17.0	1/15
A, D	19, 9	14.0	1/15
…	…	…	…
D, F	9, 17	13.0	1/15
E, F	16, 17	16.5	1/15

으로부터

$\overline{x}$	11.5	12	12.5	13	14	14.5	15	15.5	16	16.5	17	17.5	18
$P(\overline{X}=\overline{x})$	1/15	1/15	1/15	1/15	1/15	1/15	1/15	2/15	1/15	2/15	1/15	1/15	1/15

이다. 동일한 방법으로 $n=5$인 경우의 분포를 구하면 다음과 같다.

$\overline{x}$	14.2	14.6	14.8	15.0	15.2	16.2
$P(\overline{X}=\overline{x})$	1/6	1/6	1/6	1/6	1/6	1/6

이를 그림으로 나타내면 다음과 같다.

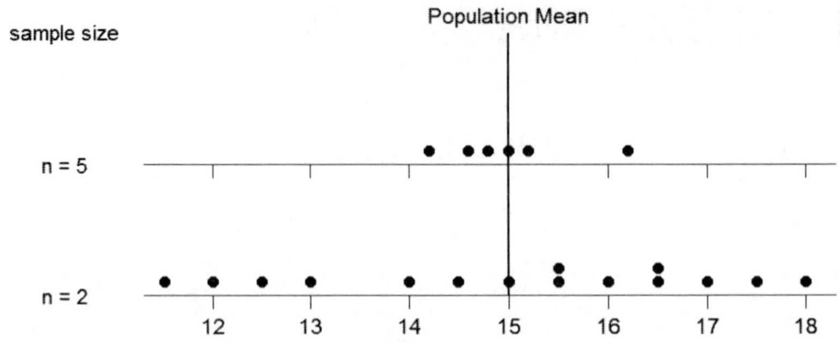

표본평균($\overline{X}$)의 분포(비복원추출의 경우)

위의 분포로부터, 비복원의 경우 표본평균의 기댓값과 분산은 다음과 같다.

- $n=2$인 경우: $E(\overline{X})=15$, $\quad Var(\overline{X})=3.867$
- $n=5$인 경우: $E(\overline{X})=15$, $\quad Var(\overline{X})=0.387$

이 결과를 복원추출의 경우($E(\overline{X})=\mu$, $Var(\overline{X})=\sigma^2/n$)와 비교하면, 기댓값은 동일하나, 분산은 $Var(\overline{X})=\dfrac{N-n}{N-1}\dfrac{\sigma^2}{n}$으로 주어짐을 확인할 수 있다. 여기서 μ는 모집단의 평균이며, σ^2은 N(모집단의 수)으로 나눈 모집단의 분산을 의미한다.

|Remarks| 1. 유한모집단 수정계수(finite population correction factor)로 알려진 $\dfrac{N-n}{N-1}$은 모집단이 표본에 비해 충분히 크면(20배 이상) 무시될 수 있다.

2. 복원추출의 경우, 표본평균의 분포는 $mg.f.$ 방법을 통해 구할 수 있다. 즉,

$$M_{\overline{X}}(t)=\left[M_X(\frac{t}{n})\right]^n,\quad M_X(t)=E\,e^{tX}=\frac{1}{6}(e^{9t}+e^{14t}+e^{15t}+e^{16t}+e^{17t}+e^{19t})$$

을 이용할 것.

제7장

모수추정법

7.1 개요

7.2 적률추정법

7.3 최대가능도추정법

7.4 충분통계량과 완비통계량

7.4.1 충분통계량

7.4.2 지수족과 완비충분통계량

7.4.3 Basu 정리

7.5 최소분산불편추정량

7.6 Cramer-Rao 부등식

7.7 최대가능도추정량의 극한분포

7.8* 지수족 관련 추가 이론

Ronald A. Fisher (1890-1962)

현대추측통계학의 기초를 확립한 천재.
F-분포, 최대가능도추정, 실험계획법.
총 294편의 주옥같은 논문 발표.

7장 모수추정법

7.1 개요

$X_1, X_2, \cdots, X_n$을 $f(x;\theta)$로부터의 확률표본이라고 할 때 모수 θ에 대한 추정방법에는 점추정(point estimation)과 구간추정(interval estimation)이 있다. 이 장에서는 점추정법에 대해서 다루기로 한다.

정의 1 추정량

확률변수 $X_1, X_2, \cdots, X_n$의 함수인 통계량 $Y = u(X_1, X_2, \cdots, X_n)$가 모수 θ의 추정에 사용될 때, 이를 추정량(estimator)이라고 하고 기호로는 $\hat{\theta} = u(X_1, X_2, \cdots, X_n)$으로 표기한다. 추정량의 관측값 $u(x_1, x_2, \cdots, x_n)$은 추정치(estimate)라고 한다.

정의 2 불편추정량

모수 θ에 대한 추정량 $\hat{\theta}$이 다음의 불편성(unbiasedness)

$$E(\hat{\theta}) = \theta$$

을 만족할 때, 이 추정량을 불편추정량(unbiased estimator)이라고 하고, 그렇지 않은 추정량을 편의추정량(biased estimator)이라고 한다.

정의 3 일치추정량

모수 θ에 대한 추정량 $\hat{\theta}$이 다음의 일치성(consistency)

$$\hat{\theta} \xrightarrow{p} \theta$$

을 만족할 때, 이 추정량을 일치추정량(consistent estimator)이라고 한다.

추정량의 일치성을 보이기 위해서는

(i) $\lim_{n\to\infty} E(\hat{\theta}) = \theta$

(ii) $\lim_{n\to\infty} Var(\hat{\theta}) = 0$

을 보이는 것으로 충분하다[6.3절 [정리 4] 참고].

예제 1 $X_1, X_2, \cdots, X_n$을 $U(-\theta, \theta)(\theta > 0)$로부터의 확률표본이라고 할 때, $\hat{\theta} = \max_{1 \le i \le n}|X_i|$이 θ에 대한 일치추정량임을 보여라.

풀이 $Y \equiv \hat{\theta} = \max_{1 \le i \le n}|X_i|$의 확률밀도함수는

$$G_Y(y) = P(\max|X_i| \le y) = \prod_{i=1}^{n} P(|X_i| \le y) \ (\because)\ X_i's : indep.$$

$$= [P(|X_1| \le y)]^n \ (\because)\ X_i's : identical$$

$$= \left[\int_{-y}^{y} \frac{1}{2\theta} dx\right]^n = \left(\frac{y}{\theta}\right)^n$$

으로부터

$$Y \sim g(y) = \begin{cases} \dfrac{ny^{n-1}}{\theta^n}, & 0 < y < \theta \\ 0, & otherwise \end{cases}$$

이고

$$E(Y) = \int_0^\theta y \frac{ny^{n-1}}{\theta^n} dy = \frac{n}{n+1}\theta,$$

$$Var(Y) = E(Y^2) - (EY)^2 = \int_0^\theta \frac{ny^{n+1}}{\theta^n} dy - \left(\frac{n}{n+1}\right)^2 \theta^2$$

$$= \frac{n}{n+1}\theta^2 - \left(\frac{n}{n+1}\right)^2 \theta^2 = \frac{n}{(n+1)^2(n+2)}\theta^2$$

이므로, $\lim_{n\to\infty} E(\hat{\theta}) = \theta$ & $\lim_{n\to\infty} Var(\hat{\theta}) = 0$이다. 따라서 $\hat{\theta}$은 θ에 대한 일치추정량이다.

정의 4 유효성

모수 θ에 대한 두 불편추정량 $\hat{\theta}_1$과 $\hat{\theta}_2$가

$$Var(\hat{\theta}_1) < Var(\hat{\theta}_2)$$

을 만족할 때, $\hat{\theta}_1$이 $\hat{\theta}_2$보다 유효(efficient)하다고 한다.

[참고] 일치성은 표본이 큰 경우($n \to \infty$)에 대한 추정량의 성질로써, 좋은 추정량이 되기 위해 반드시 요구되는 성질이라고 말할 수 있다. 반면 불편성은 좋은 추정량이 되기 위해 반드시 요구되는 성질은 아니며, 편의추정량도 얼마든지 좋은 추정량이 될 수 있음에 유의할 필요가 있다.

앞서 소개한 유효성은 불편추정량 간의 비교에 제한됨에 유의하기 바란다. 추정량이 불편성을 만족하지 않는 경우에는 다음의 평균제곱오차를 통해 추정량의 질(quality)을 평가한다.

정의 5 평균제곱오차

θ의 추정량 $\hat{\theta}$의 평균제곱오차(mean square error, MSE)는 다음과 같이 정의된다.

$$MSE(\hat{\theta}, \theta) = E[(\hat{\theta} - \theta)^2]$$

[참고] 위 식은 다음과 같이 단순화된다.

$$MSE(\hat{\theta},\theta) = E[(\hat{\theta} - \theta)^2] = Var(\hat{\theta} - \theta) + [E(\hat{\theta} - \theta)]^2 = Var(\hat{\theta}) + Bias^2(\hat{\theta},\theta)$$

예제 2 $X_1, X_2, \cdots, X_n$을 $N(\theta, 1)$으로부터의 확률표본이라고 할 때, 모수 θ에 대한 두 추정량 $\hat{\theta}_1 = \overline{X}$와 $\hat{\theta}_2 = 0$을 MSE 관점에서 비교해 보자. $MSE(\hat{\theta}_1, \theta) = Var(\overline{X}) = 1/n$이고 $MSE(\hat{\theta}_2, \theta) = \theta^2$이므로, 모수 θ의 구간에 따라 더 나은(MSE

관점에서) 추정량이 달라짐을 알 수 있다(아래 그림).

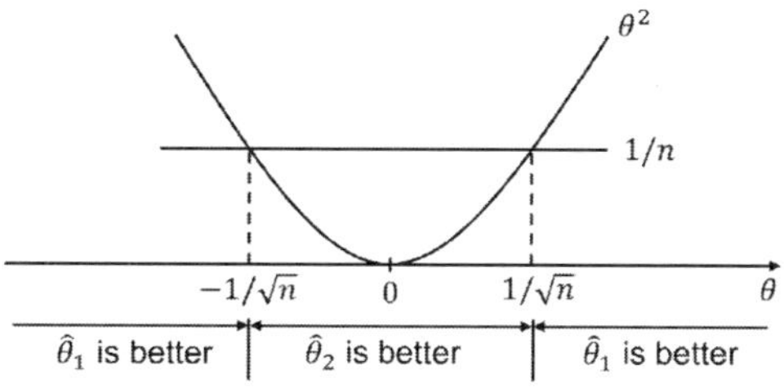

[참고] 베이즈추정량, Minimax 추정량

[정의 5]의 MSE 측도가 모수 θ의 함수임에 주목하자. 다음과 같이 MSE의 스칼라화(평균위험, Minimax 원리)를 통해 합리적인 추정량을 정의할 수 있다.

1. (베이즈추정량) MSE는 베이지안 통계에서 '제곱오차손실의 기댓값'인 위험함수 $R(\hat{\theta},\theta) \equiv E[(\hat{\theta}-\theta)^2]$와 동일하다. 이때, θ에 대한 베이즈추정량($\hat{\theta}^{Bayes}$)은 θ의 사전분포 $h(\theta)\,(\theta \in \Omega)$에 대한 평균위험(average risk) $\int_{\Omega} R(\hat{\theta},\theta)h(\theta)\,d\theta$을 최소로 하는 추정량으로 정의된다. 즉, $\hat{\theta}^{Bayes} = \inf_{\hat{\theta}} \int_{\Omega} R(\hat{\theta},\theta)h(\theta)\,d\theta$이다.
2. (Minimax 추정량) 위험함수를 스칼라화하는 또 다른 방법인 'Minimax 원리'는 최대위험(maximum risk) $\sup_{\theta \in \Omega} R(\hat{\theta},\theta)$를 최소화하는 것이다. 이 원리에 기초한 θ의 Minimax 추정량은 $\hat{\theta}^{(M)} = \inf_{\hat{\theta}} \sup_{\theta \in \Omega} R(\hat{\theta},\theta)$로 정의된다. 이 추정량을 사용하면 '가능한 최대손실'에 대한 최선의 방법이 된다. 예를 들어, 위의 [예제 2]에서 $\hat{\theta}_1 = \overline{X}$, $\hat{\theta}_2 = 0$, $\hat{\theta}_3 = X_1$이라 할 때, $\sup_{\theta \in \Omega} R(\hat{\theta}_1,\theta) = 1/n$, $\sup_{\theta \in \Omega} R(\hat{\theta}_2,\theta) = \infty$이고 $\sup_{\theta \in \Omega} R(\hat{\theta}_3,\theta) = 1$이므로, Minimax 원리에 따라 $\hat{\theta}_1$이 가장 우수한 추정량이라 할 수 있다.

모수 θ의 추정방법에는

(A) 적률추정법

(B) 최대가능도추정법

(C) 베이지안추정법

등이 있다. 이 장에서는 방법 (A)와 (B)에 대해 다루고, (C)에 대해서는 11장에서 다루기로 한다.

7.2 적률추정법

$X_1, X_2, \cdots, X_n$을 $f(x;\theta)$로부터의 확률표본이라고 하자. 모수 θ에 대한 적률추정량(Method of Moments Estimator, MME)은 (모수 θ의 함수인) k차 모적률(population moment)

$$m_k = E(X^k)$$

을 k차 표본적률(sample moment)

$$M_k = \frac{1}{n}\sum_{i=1}^{n} X_i^k$$

과 일치시켜 모수를 추정하는 방법이다. 예를 들어, 모수의 수가 p개인 경우 p개의 방정식

$$m_k = M_k, \quad k = 1, 2, \cdots, p$$

의 해로부터 적률추정량을 구한다. 즉, 위 식에서 m_k는 모수 $\theta = (\theta_1, \theta_2, \cdots, \theta_p)$의 함수이므로

$$h_k(\theta) = M_k, \quad k = 1, 2, \cdots, p$$

으로 표현되고, 이를 만족하는 해($\hat{\theta}$)가 모수 θ에 대한 적률추정량이 된다.

이 과정은 다음과 같이 보다 쉽게 이해될 수 있다. 만약 추정하고자 하는 모수 $\theta = (\theta_1, \theta_2, \cdots, \theta_p)$가 k차까지의 모적률을 통해 다음과 같이

$$\theta_1 = h_1(m_1, m_2, \cdots, m_k)$$
$$\cdots$$
$$\theta_p = h_p(m_1, m_2, \cdots, m_k)$$

으로 표현된다면 θ에 대한 적률추정량은 모적률(m_k)을 표본적률(M_k)로 대체한

$$\hat{\theta}_1 = h_1(M_1, M_2, \cdots, M_k)$$
$$\cdots$$
$$\hat{\theta}_p = h_p(M_1, M_2, \cdots, M_k)$$

으로 주어진다.

|Remarks| 1. 적률추정량의 타당성은, $n \to \infty$ 일 때 k차 표본적률은 k차 모적률로 확률수렴한다는 사실(6.3절 [따름정리 1])에 근거한다.

2. k가 클수록 표본적률의 변동이 커지므로, 가능한 한 저차의 적률을 사용하여 추정하는 것이 바람직하다.

예제 1 $X_1, X_2, \cdots, X_n$을 $B(1, \theta)$로부터의 확률표본이라고 할 때, θ와 $\theta(1-\theta)$의 적률추정량을 구하여라.

풀이 두 모수 θ와 $\theta(1-\theta)$를 모적률의 함수로 표현하면

$$\theta = E(X_1) = m_1$$

$$\theta(1-\theta) = Var(X_1) = m_2 - m_1^2$$

이 된다. 따라서 두 모수에 대한 적률추정량은

$$\hat{\theta} = M_1 = \overline{X}, \quad \widehat{\theta(1-\theta)} = M_2 - M_1^2 = \frac{1}{n}\sum X_i^2 - \overline{X}^2$$

이다. ■

예제 2 $X_1, X_2, \cdots, X_n$을 $\Gamma(\alpha, \beta)$로부터의 확률표본이라고 할 때, α와 β에 대한 적률추정량을 구하여라.

풀이 다음의 관계식

$$m_1 = E(X_1) = \alpha\beta$$

$$m_2 - m_1^2 = Var(X_1) = \alpha\beta^2$$

으로부터

$$\alpha = \frac{m_1^2}{m_2 - m_1^2}$$

$$\beta = \frac{m_2 - m_1^2}{m_1}$$

이다. 따라서 α와 β의 적률추정량은

$$\hat{\alpha} = \frac{\hat{m}_1^2}{\hat{m}_2 - \hat{m}_1^2} = \frac{\overline{X}^2}{\frac{1}{n}\sum_{i=1}^{n} X_i^2 - \overline{X}^2} = \frac{\overline{X}^2}{S^2}, \quad S^2 = \frac{1}{n}\sum_{i=1}^{n}\left(X_i - \overline{X}\right)^2$$

$$\hat{\beta} = \frac{\hat{m}_2 - \hat{m}_1^2}{\hat{m}_1} = \frac{S^2}{\overline{X}}$$

이다. ■

|Remarks| 1. 적률추정량은 대부분의 경우 일치성을 만족한다. 그러나 항상 불편성을 만족하는 것은 아니며, 존재하지 않을 수도 있고, 유일하지 않을 수도 있다. 이 사실은 다음 절에서 다룰 최대가능도추정량의 경우에도 동일하게 적용된다.

2. 적률추정량이 최대가능도추정량(7.3절)보다 선호되지는 않지만, 최대가능도추정량에 비해 손쉽게 구해지는 장점이 있다. 또한 반복해를 통해 최대가능도추정량을 구하는 경우에 초깃값으로 사용되기도 한다.

7.2 연습문제

1 $X_1, X_2, \cdots, X_n$이 $U(0,\theta)$로부터의 확률표본일 때, θ에 대한 적률추정량을 구하여라.

2 $X_1, X_2, \cdots, X_n$이

$$f(x;\theta)=\begin{cases} e^{-(x-\theta)}, & x>\theta \\ 0, & otherwise \end{cases}$$

으로부터의 확률표본일 때, θ의 적률추정량이

$$\hat{\theta}=\overline{X}-1$$

임을 보여라.

3 $X_1, X_2, \cdots, X_n$이 $N(\mu, \sigma^2)$으로부터의 확률표본일 때, μ와 σ^2에 대한 적률추정량을 구하여라.

7.3 최대가능도추정법

정의 6 가능도함수

$X_1, X_2, \cdots, X_n$을 $f(x;\theta)$로부터의 확률표본이라고 할 때, 가능도함수(likelihood function) $L(\theta)$를

$$L(\theta;x_1,x_2,\cdots,x_n)=f(x_1;\theta)f(x_2;\theta)\cdots f(x_n;\theta)$$

으로 정의한다. 또한 로그가능도함수(log likelihood function) $l(\theta)$를

$$l(\theta) = \ln L(\theta)$$

으로 정의한다.

특정 모집단 분포로부터의 확률표본이 $x_1, x_2, \cdots, x_n$으로 관측되었을 때, 최대가능도 추정법은 θ의 함수인 가능도함수 $L(\theta)$(또는 로그가능도함수 $l(\theta)$)를 최대로 하는 θ 값을 추정치로 정하는 방법이다. 즉, 관측된(주어진) 자료값이 나올 가능성을 가장 크게 해주는 모수값을 추정치를 정하는 방법이다. 이 원리로 구해진 추정량을 모수 θ에 대한 최대가능도추정량(Maximum Likelihood Estimator, MLE)이라 한다.

예제 1 $X_1, X_2, \cdots, X_n$이 $B(1, \theta)$로부터의 확률표본일 때, 모수 θ에 대한 최대가능도추정량을 구하여라.

풀이 가능도함수

$$L(\theta) = \prod_{i=1}^{n} f(x_i ; \theta) = \theta^{\sum x_i}(1-\theta)^{n-\sum x_i}$$

로부터

$$l(\theta) = \ln L(\theta) = \sum_{i=1}^{n} x_i \ln \theta + (n - \sum_{i=1}^{n} x_i) \ln (1-\theta)$$

이다. $l(\theta)$를 최대로 하는 θ는

$$l'(\theta) = \frac{1}{\theta}\sum x_i - \frac{n-\sum x_i}{1-\theta} \equiv 0$$

을 만족하는 근으로

$$\hat{\theta} = \frac{1}{n}\sum X_i$$

임을 알 수 있다(여기서 $l''(\theta) < 0$임). ■

예제 2 $X_1, X_2, \cdots, X_n$이 $U(0, \theta)$로부터의 확률표본일 때, 모수 θ의 최대가능도추정량을 구하여라.

풀이 가능도함수는

$$L(\theta) = \prod_{i=1}^{n} f(x_i ; \theta) = \prod_{i=1}^{n} \frac{1}{\theta} I_{[0, \theta]}(x_i)$$

$$= \left(\frac{1}{\theta}\right)^n I_{[0, \theta]}(x_{(1)}) I_{[0, \theta]}(x_{(n)})$$

$$= \left(\frac{1}{\theta}\right)^n I_{(x_{(n)}, \infty)}(\theta)$$

이다. 이를 그림으로 나타내면

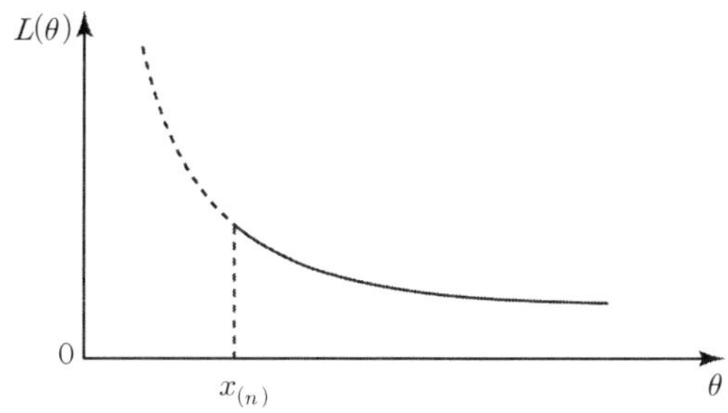

이다. 위 그림으로부터 $L(\theta)$를 최대로 하는 θ는 $x_{(n)}$임을 알 수 있다. 따라서

$$\hat{\theta} = X_{(n)}$$

이다. ■

예제 3 $X_1, X_2, \cdots, X_n$을 $N(\theta_1, \theta_2)$로부터의 확률표본이라고 할 때, θ_1과 θ_2의 최대가능도추정량을 구하여라.

풀이 가능도함수

$$L(\theta_1, \theta_2) = \left(\frac{1}{\sqrt{2\pi\theta_2}}\right)^n \exp\left[-\frac{\sum_{i=1}^{n}(x_i-\theta_1)^2}{2\theta_2}\right]$$

로부터

$$l(\theta_1, \theta_2) = -\frac{n}{2}\ln(2\pi\theta_2) - \frac{\sum(x_i-\theta_1)^2}{2\theta_2}$$

이다. 이로부터

$$\frac{\partial l(\theta_1, \theta_2)}{\partial\theta_1} = \frac{\sum(x_i-\theta_1)}{\theta_2} \equiv 0$$

$$\frac{\partial l(\theta_1, \theta_2)}{\partial\theta_2} = -\frac{n}{2\theta_2} + \frac{\sum(x_i-\theta_1)^2}{2\theta_2^2} \equiv 0$$

을 풀면

$$\hat{\theta}_1 = \overline{X}, \quad \hat{\theta}_2 = S^2 = \frac{1}{n}\sum\left(X_i - \overline{X}\right)^2$$

임을 알 수 있다. ■

예제 4 $X_1, X_2, \cdots, X_n$이 다음의 분포

$$f(x;\theta_1,\theta_2) = \begin{cases} \dfrac{1}{\theta_2}\exp\left(-\dfrac{x-\theta_1}{\theta_2}\right), & \theta_1 \le x < \infty \quad (-\infty < \theta_1 < \infty,\ \theta_2 > 0) \\ 0, & otherwise \end{cases}$$

로부터의 확률표본일 때, θ_1과 θ_2의 최대가능도추정량을 구하여라.

풀이 가능도함수와 로그가능도함수를 구하면

$$L(\theta_1, \theta_2) = \left(\frac{1}{\theta_2}\right)^n \exp\left[-\frac{\sum(x_i - \theta_1)}{\theta_2}\right] \cdot I_{(\theta_1, \infty)}(x_{(1)})$$

$$l(\theta_1, \theta_2) = \left[-n\ln\theta_2 - \frac{\sum(x_i - \theta_1)}{\theta_2}\right] \cdot I_{(-\infty, x_{(1)})}(\theta_1)$$

이다. 고정된 θ_2에 대해, $l(\theta_1, \theta_2)$를 θ_1에 대해 최대화하는 것은

$$\sum(x_i - \theta_1) = \sum x_i - n\theta_1$$

을 최소화하는 값이므로

$$\hat{\theta}_1 = X_{(1)}$$

이 되고, 이로부터 $l(x_{(1)}, \theta_2)$를 θ_2에 대해 최대화하는 값은

$$\frac{\partial}{\partial\theta_2} l(x_{(1)}, \theta_2) = -\frac{n}{\theta_2} + \frac{\sum(x_i - x_{(1)})}{\theta_2^2} \equiv 0$$

으로부터

$$\hat{\theta}_2 = \frac{1}{n}\sum(X_i - X_{(1)})$$

이 된다. ■

예제 5 $X_1, X_2, \cdots, X_n$을 $\Gamma(\alpha, \beta)$로부터의 확률표본이라고 할 때, α와 β의 최대가능도추정량을 구하여라.

풀이 가능도함수

$$L(\alpha, \beta) = \left[\frac{1}{\Gamma(\alpha)\beta^{\alpha}}\right]^{n}\left(\prod_{i=1}^{n} x_i^{\alpha-1}\right)\exp\left(-\frac{\sum x_i}{\beta}\right)$$

로부터

$$\begin{aligned} l(\alpha, \beta) &= \ln L(\alpha, \beta) \\ &= -n\ln\Gamma(\alpha) - n\alpha\ln\beta + (\alpha-1)\sum\ln x_i - \frac{1}{\beta}\sum x_i \end{aligned}$$

이다.

$$\begin{cases} \dfrac{\partial l(\alpha, \beta)}{\partial \alpha} = -n\dfrac{\Gamma'(\alpha)}{\Gamma(\alpha)} - n\ln\beta + \sum\ln x_i \equiv 0 \\ \dfrac{\partial l(\alpha, \beta)}{\partial \beta} = -\dfrac{n\alpha}{\beta} + \dfrac{\sum x_i}{\beta^2} \equiv 0 \end{cases}$$

으로부터

$$\begin{cases} \beta = \dfrac{\bar{x}}{\alpha} \\ -n\dfrac{\Gamma'(\alpha)}{\Gamma(\alpha)} - n\ln\bar{x} + n\ln\alpha + \sum\ln x_i = 0 \end{cases}$$

이다. 위 방정식은 해석적인 근(analytical solution)이 존재하지 않으며, 따라서 수치적 방법(numerical method)을 통해

$$\ln\alpha - \frac{\Gamma'(\alpha)}{\Gamma(\alpha)} = \ln\bar{x} - \frac{1}{n}\sum\ln x_i$$

의 근($\hat{\alpha}$)을 구한 후, $\hat{\beta} = \bar{x}/\hat{\alpha}$을 통해 $\hat{\beta}$을 구할 수 있다. ■

[참고] 방정식의 근을 구하는 대표적인 수치적 방법으로는 Newton–Raphson의 방법이 있다(7장 알짜통계 참고).

최대가능도추정량은 다음과 같은 중요한 성질을 가진다. 즉, 모수 θ에 대한 최대가능도추정량을 $\hat{\theta}$이라고 할 때, $h(\theta)$에 대한 최대가능도추정량은

$$\widehat{h(\theta)} = h(\hat{\theta})$$

이 된다. 이를 최대가능도추정량의 불변성(invariance property)이라고 한다. 예를 들어, θ에 대한 최대가능도추정량이 $\hat{\theta} = \overline{X}$ 이면 $h(\theta) = e^{-\theta}$에 대한 최대가능도추정량은 $h(\hat{\theta}) = e^{-\overline{X}}$가 된다.

예제 6 $X_1, X_2, \cdots, X_n$이 다음 분포로부터의 확률표본일 때

$$f(x;\theta) = \begin{cases} \theta x^{\theta-1}, & 0 < x < 1 \ (\theta > 0) \\ 0, & otherwise \end{cases}$$

두 모수 θ와 $h(\theta) = e^{-\theta}$에 대한 최대가능도추정량을 구하여라.

풀이 가능도함수

$$L(\theta) = \prod_{i=1}^{n} f(x_i;\theta) = \theta^n \prod_{i=1}^{n} x_i^{\theta-1}$$

로부터

$$l(\theta) = n \ln \theta + (\theta - 1) \sum_{i=1}^{n} \ln x_i$$

이다.

$$\frac{\partial}{\partial \theta} l(\theta) = \frac{n}{\theta} + \sum_{i=1}^{n} \ln x_i \equiv 0$$

으로부터 θ에 대한 최대가능도추정량은

$$\hat{\theta}=\frac{n}{-\sum_{i=1}^{n}\ln X_i}$$

이다. 따라서 최대가능도추정량의 불변성으로부터 $h(\theta)=e^{-\theta}$에 대한 최대가능도추정량은

$$\widehat{h(\theta)}=h(\hat{\theta})=e^{-\hat{\theta}}=\exp\left(\frac{n}{\sum\ln X_i}\right)$$

이다. ■

예제 7 $X_1, X_2, \cdots, X_n$을 $U(\mu-\sqrt{3}\sigma, \mu+\sqrt{3}\sigma)$로부터의 확률표본이라고 할 때, μ와 σ의 최대가능도추정량을 구하여라.

풀이 $y_1=x_{(1)}, y_n=x_{(n)}$일 때,

$$\begin{aligned}L(\mu,\sigma)&=\left(\frac{1}{2\sqrt{3}\sigma}\right)^n\cdot\prod_{i=1}^{n}I_{[\mu-\sqrt{3}\sigma,\ \mu+\sqrt{3}\sigma]}(x_i)\\&=\left(\frac{1}{2\sqrt{3}\sigma}\right)^n\cdot I_{[\mu-\sqrt{3}\sigma,\ y_n]}(y_1)\cdot I_{[y_1,\ \mu+\sqrt{3}\sigma]}(y_n)\\&=\left(\frac{1}{2\sqrt{3}\sigma}\right)^n\cdot I_{[(\mu-y_1)/\sqrt{3},\ \infty]}(\sigma)\cdot I_{[(y_n-\mu)/\sqrt{3},\ \infty]}(\sigma)\cdot I_{[y_1,\infty)}(y_n)\end{aligned}$$

이다. 아래 그림으로부터, $L(\mu,\sigma)$를 최대로 하는 값은 $\hat{\mu}=\frac{1}{2}(y_1+y_n)$, $\hat{\sigma}=\frac{1}{2\sqrt{3}}(y_n-y_1)$이다.

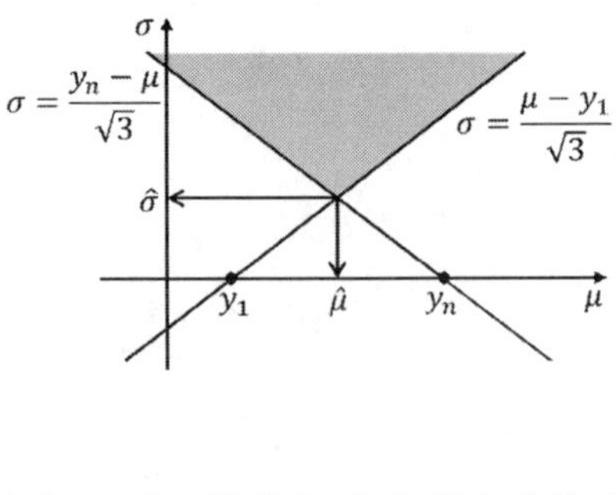

■

[주의] 식 $\frac{\partial L}{\partial\theta}=0$을 만족하는 θ는 최대가 아닌 최솟값일 수 있으며, 아래 그림과 같

이 MLE($\hat{\theta}$)가 아니라 θ'을 찾을 수 있음에 유의하기 바란다.

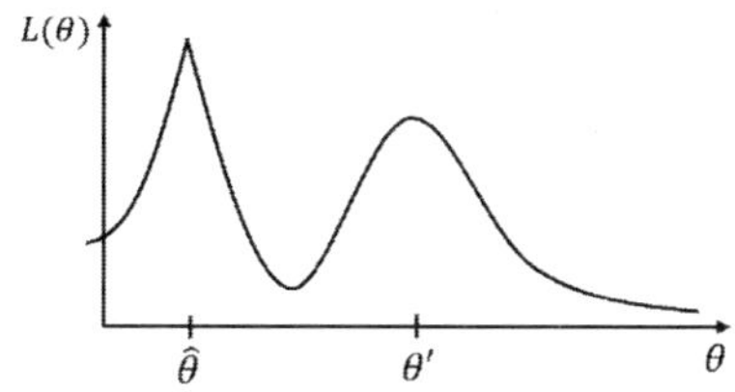

|Remark| $(\hat{\theta}_1, \hat{\theta}_2)$가 (θ_1, θ_2)의 MLE라고 하자. 만약 θ_2가 알려진 값일 때, $\hat{\theta}_1$은 θ_1의 MLE인가? 그렇지 않다. 예를 들면, $N(\mu, \sigma^2)$에서 $\hat{\mu} = \overline{X}$, $\widehat{\sigma^2} = \sum(X_i - \overline{X})^2/n$이지만, μ가 알려진 경우에는 $\widehat{\sigma^2} = \sum(X_i - \mu)^2/n$이다.

7.3 연습문제

1 $X_1, X_2, \cdots, X_n$이 아래의 각 분포로부터의 확률분포일 때, θ에 대한 최대가능도추정량을 구하여라.

(a) $Poisson(\theta)$: $f(x;\theta) = \begin{cases} \dfrac{e^{-\theta}\theta^x}{x!}, & x = 0, 1, 2, \cdots \ (0 \le \theta < \infty) \\ 0, & otherwise \end{cases}$

(b) $\mathcal{E}\left(\dfrac{1}{\theta}\right)$: $f(x;\theta) = \begin{cases} \dfrac{1}{\theta} e^{-\frac{x}{\theta}}, & x > 0 \ (0 < \theta < \infty) \\ 0, & otherwise \end{cases}$

(c) $DE(\theta, 1)$: $f(x;\theta) = \dfrac{1}{2}\exp(-|x-\theta|), \quad -\infty < x < \infty \ (0 < \theta < \infty)$

(d) $f(x;\theta) = \begin{cases} \exp\{-(x-\theta)\}, & \theta \le x < \infty \ (-\infty < \theta < \infty) \\ 0, & otherwise \end{cases}$

[Hint] (c) $\sum_{i=1}^{n}|X_i-\theta|$을 최소로 하는 θ는 $Y=\mathrm{med}(X_1, \cdots, X_n)$이다.

2 $X_1, X_2, \cdots, X_n$을 아래의 분포

$$F(x;\theta,\alpha)=\begin{cases}1-\left(\dfrac{\theta}{x}\right)^{\alpha}, & \theta \le x < \infty \ (\theta>0,\ \alpha>0)\\ 0, & x<\theta\end{cases}$$

로부터의 확률표본이라고 할 때, θ와 α의 최대가능도추정량을 구하여라.

3 $X_1, X_2, \cdots, X_n$을 $U(\theta-\frac{1}{2}, \theta+\frac{1}{2})$로부터의 확률표본이라고 할 때, θ에 대한 최대가능도추정량은 다음을 만족하는 모든 $\hat{\theta}$으로 주어짐을 보여라.

$$X_{(n)}-\frac{1}{2}\le \hat{\theta}\le X_{(1)}+\frac{1}{2}$$

4 $X_1, X_2, \cdots, X_n$을 아래의 분포($Rayleigh(\theta)$)

$$f(x;\theta)=\begin{cases}\dfrac{x}{\theta^2}\exp\left(-\dfrac{x^2}{2\theta^2}\right), & x>0 \ (\theta>0)\\ 0, & otherwise\end{cases}$$

로부터의 확률표본이라고 할 때, θ^2의 최대가능도추정량을 구하여라.

[참고] 1. $X_1, X_2 \sim i.i.d.\ N(0,\theta^2)$일 때, $Y=\sqrt{X_1^2+X_2^2}\sim Rayleigh(\theta)$(5.3절 [예제 7]).

2. $X \sim Rayleigh(\theta) \Rightarrow \frac{X^2}{2} \sim \mathcal{E}\,(\frac{1}{\theta^2})$(5.1절 연습문제 2번).

7.4 충분통계량과 완비통계량

7.4.1 충분통계량

$X_1, X_2, \cdots, X_n$을 $f(x;\theta)$로부터의 확률표본이라고 할 때, 모수 θ의 추론에 사용되는 통계량 $Y = u(X_1, X_2, \cdots, X_n)$는 n개의 표본이 가지고 있는 θ에 대한 정보와 동일한 양의 정보를 가지는 것(이를 충분성이라고 함)이 바람직할 것이다. 이 조건을 만족하는 통계량을 모수 θ에 대한 충분통계량이라고 한다. 그러나 이러한 통계량은 무수히 많다. 예를 들어, 모수에 대한 모든 정보를 가지고 있는 전체 표본 $(X_1, X_2, \cdots, X_n)$은 항상 모수에 대한 $n-$차원의 충분통계량이 되며, 충분통계량의 일대일(1−1) 함수(예를 들어, $(X_1+X_2, X_1-X_2, X_3, \cdots, X_n)$) 역시 충분통계량이 된다.

이들 $n-$차원의 충분통계량뿐 아니라 차원이 축소된 즉, 보다 단순화 된 저차원의 충분통계량도 무수히 많다. 예를 들어, $B(1,\theta)$로부터의 n개의 확률표본에 기초하여 모수 θ를 추정하고자 할 때, 전체 $n-$차원의 표본 $(X_1, X_2, \cdots, X_n)$이 가지는 모수에 대한 정보력과 (1−차원 통계량인) $\sum X_i$의 정보력이 동등함을 보일 수 있다([정리 1]).

[참고] 모수 θ에 대해 $n-$차원의 표본 $(X_1, X_2, \cdots, X_n)$이 가지고 있는 정보와 동등한 정보(sufficiency)를 가지면서, 동시에 가장 단순한 형태(minimal type)인 통계량을 최소충분통계량(Minimal Sufficient Statistic, $M.S.S.$)이라고 한다. 다만, 최소충분통계량을 직접 찾는 것은 번거로운 일이 될 수 있으며, 이 책에서는 다루지 않는다.

다음의 [정의 7]과 [정의 8]은 충분통계량의 정의이다. [정의 7]은 특정 통계량이 모수 θ에 대한 충분통계량임을 보이는 도구로 사용될 수 있다. [정의 8]은 충분통계량에 대한 개념적인 정의이며, 그 활용성은 떨어진다.

정의 7 충분통계량

$X_1, X_2, \cdots, X_n$을 $f(x;\theta)$로부터의 확률표본이라고 하자. 어떤 통계량 $Y = u(X_1, X_2, \cdots, X_n)$에 대해, $Y = y$일 때 $X = (X_1, X_2, \cdots, X_n)$의 조건부분포 즉, $X|Y = y$의 분포가 θ에 의존하지 않을 때, Y를 θ에 대한 충분통계량(Sufficient Statistic, $S.S.$)이라고 한다.

정의 8 충분통계량

$X_1, X_2, \cdots, X_n$이 $f(x;\theta)$로부터의 확률표본일 때, $Y = u(X_1, X_2, \cdots, X_n)$이 θ에 대한 충분통계량이기 위한 필요충분조건은 임의의 통계량 T에 대해 $Y = y$일 때 T의 조건부분포가 θ에 의존하지 않는 것이다.

예제 1 $X_1, X_2, \cdots, X_n$이 $B(1, \theta)$로부터의 확률표본일 때, $Y = \sum X_i$는 모수 θ에 대한 충분통계량임을 보여라.

풀이 $X = (X_1, X_2, \cdots, X_n)$이라고 할 때, $X|Y = y$의 조건부 $p.d.f.$는

$$
\begin{aligned}
&P(X_1 = x_1, X_2 = x_2, \cdots, X_n = x_n | Y = y) \\
&= \frac{P\{X_1 = x_1, X_2 = x_2, \cdots, X_n = x_n, Y = y\}}{P(Y = y)}, \quad Y \sim B(n, \theta) \\
&= \frac{\theta^{\sum x_i}(1-\theta)^{n-\sum x_i}}{\binom{n}{y}\theta^y(1-\theta)^{n-y}}, \quad \text{if} \quad y = \sum x_i \\
&= \begin{cases} \dfrac{1}{\binom{n}{y}}, & y = \sum x_i \\ 0, & otherwise \end{cases}
\end{aligned}
$$

으로 주어지며, 이는 θ에 의존하지 않으므로 $Y = \sum X_i$는 θ에 대한 충분통계량이 된다. ■

|Remarks| 1. 가능도함수 $L(\theta)$에 기초한 모수 θ에 대한 추론(예를 들어, MLE에 기초한 추론)은 충분통계량의 $p.d.f.$에 기초한 추론 결과와 동등하다.

2. [정의 7]을 이용하여 충분통계량임을 보이기 위해서는 Y의 분포가 요구되며, 이는 매우 번거로운 일이다. 또한, [정의 7]이 충분통계량을 찾는 도구로 사용되지는 않는다.

Neyman-Fisher에 의한 다음의 정리는 충분통계량임을 보이거나 찾는 편리한 도구로 이용된다.

정리 1 분해정리: Factorization Theorem

$X_1, X_2, \cdots, X_n$을 $f(x;\theta)$로부터의 확률표본이라고 하자. 통계량 $Y=u(X_1, X_2, \cdots, X_n)$가 θ에 대한 충분통계량이기 위한 필요충분조건은 결합확률밀도함수가 다음의 형태

$$f(x_1;\theta)f(x_2;\theta)\cdots f(x_n;\theta)=g\left[u(x_1, x_2, \cdots, x_n);\theta\right]h(x_1, x_2, \cdots, x_n)$$

로 분해되는 경우이다.

예제 2 $X_1, X_2, \cdots, X_n$을 $B(1, \theta)$로부터의 확률표본이라고 할 때, $Y=\sum X_i$가 θ에 대한 충분통계량임을 보여라.

풀이 결합확률밀도함수가

$$\begin{aligned}\prod_{i=1}^{n} f(x_i;\theta) &= \prod_{i=1}^{n}\theta^{x_i}(1-\theta)^{1-x_i}\\ &= \theta^{\sum x_i}(1-\theta)^{n-\sum x_i}\\ &= g\left(\sum x_i;\theta\right)h(x_1,x_2, \cdots, x_n)\end{aligned}$$

이므로, 분해정리에 의해 $Y=\sum X_i$는 θ에 대한 충분통계량이다. ▪

예제 3 $X_1, X_2, \cdots, X_n$을 다음 분포로부터의 확률표본이라고 하자.

$$f(x;\theta)=\begin{cases} e^{-(x-\theta)}, & x\geq\theta\ \ (-\infty<\theta<\infty) \\ 0, & otherwise \end{cases}$$

이때, $Y=X_{(1)}$이 θ에 대한 충분통계량임을 보여라.

풀이 결합확률밀도함수가

$$\begin{aligned}\prod_{i=1}^{n} f(x_i;\theta) &= \prod_{i=1}^{n} e^{-(x_i-\theta)} \cdot I_{(\theta,\infty)}(x_i) \\ &= e^{n\theta-\sum x_i} \cdot I_{(\theta,\infty)}(x_{(1)}) \\ &= e^{n\theta} \cdot I_{(\theta,\infty)}(x_{(1)}) e^{-\sum x_i} \\ &= g(x_{(1)};\theta) h(x_1, \cdots, x_n)\end{aligned}$$

이므로, 분해정리에 의해 $Y=X_{(1)}$은 θ에 대한 충분통계량이다. ■

[정리 1]은 모수 θ가 다차원인 경우에 다음과 같이 확장될 수 있다. 즉, 모수 $\theta=(\theta_1, \theta_2, \cdots, \theta_k)$에 대해 통계량 $(Y_1, Y_2, \cdots, Y_l)=[u_1(X_1, X_2, \cdots, X_n), \cdots, u_l(X_1, X_2, \cdots, X_n)]$이 모수 θ에 대한 결합충분통계량(joint sufficient statistic, *joint S.S.*)이 되기 위한 필요충분조건은 결합확률밀도함수가

$$\begin{aligned}&\prod_{i=1}^{n} f(x_i;\theta_1, \theta_2, \cdots, \theta_k) \\ &\quad = g[u_1(x_1, x_2, \cdots, x_n), \cdots, u_l(x_1, x_2, \cdots, x_n);\theta_1, \theta_2, \cdots, \theta_k] h(x_1, x_2, \cdots, x_n)\end{aligned}$$

으로 표현되는 경우이다.

예제 4 $X_1, X_2, \cdots, X_n$이 다음의 분포

$$f(x;\theta_1, \theta_2) = \begin{cases} \dfrac{1}{\theta_2} \exp\left(-\dfrac{x-\theta_1}{\theta_2}\right), & x > \theta_1 \quad (-\infty < \theta_1 < \infty, \theta_2 > 0) \\ 0, & otherwise \end{cases}$$

로부터의 확률표본일 때, $Y=(X_{(1)}, \sum_{i=1}^{n} X_i)$가 $\theta=(\theta_1, \theta_2)$에 대한 결합충분통계량이 됨을 보여라.

풀이 결합확률밀도함수가

$$\begin{aligned}\prod_{i=1}^{n} f(x_i;\theta_1,\theta_2) &= \left(\frac{1}{\theta_2}\right)^n \exp\left[-\frac{\sum(x_i-\theta_1)}{\theta_2}\right]\cdot\prod_{i=1}^{n} I_{(\theta_1,\,\infty)}(x_i)\\ &= \left(\frac{1}{\theta_2}\right)^n \exp\left[-\frac{\sum x_i - n\theta_1}{\theta_2}\right]\cdot I_{(\theta_1,\,\infty)}(x_{(1)})\\ &= g(x_{(1)},\textstyle\sum x_i\,;\theta_1,\theta_2)h(x_1,x_2,\cdots,x_n)\end{aligned}$$

이므로, 분해정리에 의해 $Y=\left(X_{(1)},\ \sum X_i\right)$는 $\theta=(\theta_1,\theta_2)$에 대한 결합충분통계량이다. ▪

예제 5 $X_1, X_2, \cdots, X_n$을 $U\left(\theta-\frac{1}{2},\ \theta+\frac{1}{2}\right)$로부터의 확률표본이라고 할 때, $Y=\left(X_{(1)},\ X_{(n)}\right)$이 θ에 대한 결합충분통계량임을 보여라.

풀이 결합확률밀도함수가

$$\begin{aligned}\prod_{i=1}^{n} f(x_i;\theta) &= \prod_{i=1}^{n} I_{\left(\theta-\frac{1}{2},\ \theta+\frac{1}{2}\right)}(x_i)\\ &= I_{\left(\theta-\frac{1}{2},\ \theta+\frac{1}{2}\right)}(x_{(1)})\, I_{\left(\theta-\frac{1}{2},\ \theta+\frac{1}{2}\right)}(x_{(n)})\\ &= g(x_{(1)},\ x_{(n)}\,;\theta)h(x_1,x_2,\cdots,x_n)\end{aligned}$$

이므로, 분해정리에 의해 $Y=\left(X_{(1)},\ X_{(n)}\right)$는 θ에 대한 결합충분통계량이다. ▪

|Remarks| 1. 충분통계량의 일대일(1-1) 함수는 역시 충분통계량이 된다.

2. 최대가능도추정량이 유일한(unique) 경우에는 반드시 충분통계량의 함수로 주어진다.

7.4.1 연습문제

1 (a) $X_1, X_2, \cdots, X_n$이 $U(0, \theta)$로부터의 확률표본일 때 $Y = X_{(n)}$이 θ에 대한 충분통계량임을 보여라.

(b) $X_1, X_2, \cdots, X_n$이 $\Gamma(\alpha, \beta)$로부터의 확률표본일 때 $Y = \left(\prod_{i=1}^{n} X_i, \sum_{i=1}^{n} X_i\right)$가 $\theta = (\alpha, \beta)$에 대한 결합충분통계량임을 보여라.

(c) $X_1, X_2, \cdots, X_n$이 $Uniform(\theta_1, \theta_2)$로부터의 확률표본일 때 $Y = \left(X_{(1)}, X_{(n)}\right)$이 $\theta = (\theta_1, \theta_2)$에 대한 결합충분통계량임을 보여라.

(d) $X_1, X_2, \cdots, X_n$이 $N(\mu, \sigma^2)$으로부터의 확률표본일 때 $Y = \left(\sum X_i, \sum X_i^2\right)$이 $\theta = (\mu, \sigma^2)$에 대한 결합충분통계량임을 보여라.

2 $X_1, X_2, \cdots, X_n$이 아래 분포로부터의 확률표본이라고 하자. θ를 알 때, $\prod_{i=1}^{n} X_i$가 α에 대한 충분통계량임을 보여라.

$$f(x; \alpha, \theta) = \begin{cases} \dfrac{\alpha x^{\alpha - 1}}{\theta^{\alpha}}, & 0 \le x \le \theta \\ 0, & otherwise \end{cases} \quad (\alpha > 0, \theta > 0)$$

3 $X_1, X_2, \cdots, X_n$이 임의의 분포 $f(x; \theta)$로부터의 확률표본일 때, 순서통계량

$$Y = \left(X_{(1)}, \cdots, X_{(n)}\right)$$

은 항상 모수 θ에 대한 결합충분통계량이 됨을 보여라.

7.4.2 지수족과 완비충분통계량

이 절에서는 통계량의 분포모임(또는 분포족: family of distributions)이 가지는 성질인 완비성에 대해 소개하고, 분포모임의 일종인 지수족과 그의 특징에 대해 알아본다.

$X_1, X_2, \cdots, X_n$이 $f(x;\theta)$로부터 확률표본이고, $Y = u(X_1, X_2, \cdots, X_n)$을 통계량이라 하자.

정의 9 완비성과 완비통계량

모든 $\theta \in \Theta$에 대해

$$E_\theta[\varphi(Y)] = 0 \text{이면 } \varphi(Y) = 0 (\text{즉, } P_\theta\{\varphi(Y) = 0\} = 1) \qquad (*)$$

일 때, 통계량 Y의 분포족 $\{g(y;\theta); \theta \in \Theta\}$이 완비성을 가진다고 한다. 여기서 φ는 θ에 무관한 함수이다. 또한, Y의 분포족이 완비성을 가질 때, 통계량 Y를 θ에 대한 완비통계량(Complete Statistic)이라 한다.

|Remarks|

1. 식 (*)의 의미는 $\varphi(\cdot)$가 영함수가 아니고는 $E_\theta[\varphi(Y)]$가 0이 될 수 없음을 의미한다. 달리 말하면, Y가 완비통계량이면 Y의 어떤 함수(의 기댓값)도 θ와 무관할 수 없음을을 뜻하며, 이는 Y가 θ에 대해 무정보적(또는 잡음)일 수 없는 통계량임을 의미한다.
2. 완비통계량은 단지 모수에 대한 정보만을 포함하고 보조 정보(ancillary information)(또는 잡음)는 전혀 포함하지 않는 가장 단순화된 통계량이다. 즉, 완비성은 가장 단순화된 통계량으로 모수(θ)가 추정될 수 있음을 보장해준다.
3. 완비통계량의 함수로 모수(θ)에 대한 불편추정량이 있다면 이는 유일하다. 그 이유는 만약 $\varphi_1(Y)$와 $\varphi_2(Y)$가 θ에 대한 불편추정량이라면 $E\varphi_1(Y) = E\varphi_2(Y) = 0$이고, 이는 $E_\theta[\varphi_1(Y) - \varphi_2(Y)] = 0$을 의미하고, Y가 완비성을 만족한다면 $\varphi_1(Y) = \varphi_2(Y)$일 수밖에 없으므로 유일성이 보장된다.

정의 10 완비충분통계량

$X_1, X_2, \cdots, X_n$이 $f(x;\theta), \theta \in \Theta$로부터의 확률표본이라고 하자. 통계량 $Y = u(X_1, X_2, \cdots, X_n)$가 θ에 대한 충분통계량이며 동시에 완비통계량일 때, 통계량 Y를 θ에 대한 완비충분통계량(Complete Sufficient Statistic, $C.S.S.$)이라고 한다.

[참고] 완비성의 응용

1. (Lehmann-Scheffe 정리: 7.5절) 완비충분통계량의 함수인 불편추정량이 존재한다면, 이는 유일하다.
2. (Basu 정리: 7.4.3절) 완비충분통계량과 보조통계량은 서로 독립이다.
3. (Bahadur 정리) 충분통계량이 완비성을 만족하면 가장 단순한 형태의 충분통계량 즉, 최소충분통계량(Minimal S.S.)이 된다. 최소충분통계량(M.S.S.)은 다른 어떤 충분통계량의 함수로도 표현되는 충분통계량으로 정의된다.

표기법 이 절에서 사용되는 표기 '$\overset{\theta}{=}$'는 모든 $\theta(\theta \in \Omega)$에 대해 등호가 성립함을 나타내는 것으로 한다.

예제 1 $X_1, X_2, \cdots, X_n$을 모수공간이 $\Theta = \{\theta ; 0 < \theta < 1\}$인 $B(1, \theta)$로부터의 확률표본이라고 할 때, $Y = \sum X_i$가 θ에 대한 완비통계량임을 보여라.

풀이 $Y = \sum X_i \sim B(n, \theta)$이므로 모든 $\theta\,(0 < \theta < 1)$에 대해

$$E_\theta[\varphi(Y)] \overset{\theta}{=} 0, \quad \varphi : \theta\text{에 무관한 함수}$$

$$\Rightarrow \sum_{y=0}^{n} \varphi(y) \binom{n}{y} \theta^y (1-\theta)^{n-y} \overset{\theta}{=} 0$$

$$\Rightarrow \sum_{y=0}^{n} \varphi(y) \binom{n}{y} \left(\frac{\theta}{1-\theta}\right)^y \overset{\theta}{=} 0$$

$$\Rightarrow \sum_{y=0}^{n} \varphi(y) \binom{n}{y} \lambda^y \overset{\lambda}{=} 0, \quad \lambda = \frac{\theta}{1-\theta} (> 0)$$

이다. 위 사실은 모든 y에 대해

$$\varphi(y) \overset{y}{=} 0, \quad y = 0, 1, \cdots, n$$

임을 의미하므로, Y의 분포모임 $\{B(n, \theta); 0 < \theta < 1\}$은 완비성을 만족하며, 따라서 $Y = \sum X_i$는 θ에 대한 완비통계량이다. ■

예제 2 $X_1, X_2, \cdots, X_n$이 모수공간이 $\Theta = \{\mu; 0 < \mu < \infty\}$인 $Poisson(\mu)$로부터의 확률표본일 때, $Y = \sum X_i$가 μ에 대한 완비통계량임을 보여라.

풀이 $Y = \sum X_i \sim Poisson(n\mu)$이므로, 모든 $\mu\,(\mu > 0)$에 대해

$$E_\mu[\varphi(Y)] \overset{\mu}{=} 0, \quad \varphi : \mu\text{에 무관한 함수}$$

$$\Rightarrow \sum_{y=0}^{\infty} \varphi(y) \frac{e^{-n\mu}(n\mu)^y}{y!} \overset{\mu}{=} 0$$

$$\Rightarrow \sum_{y=0}^{\infty} \varphi(y) \left(\frac{\mu^y}{y!}\right) \overset{\mu}{=} 0$$

이면 모든 y에 대해

$$\varphi(y) \overset{y}{=} 0, \quad y = 0, 1, \cdots$$

이므로 $Y = \sum X_i$는 μ에 대한 완비통계량이다. ■

|Remark| 위의 [예제 1]과 [예제 2]에서 통계량 Y는 모수에 대해 완비통계량이며 동시에 충분통계량이므로 완비충분통계량이라고 말할 수 있다.

특히 통계량 Y의 분포모임이 다음 [정의 11]에서 소개되는 지수족(exponential family)에 속하는 경우에는 모수 θ에 대한 완비충분통계량을 손쉽게 구할 수 있다.

정의 11 **지수족**

분포모임 $\{f(x;\theta);\theta\in\Theta\}$이 지수족(exponential family)에 속한다는 것은 다음의 조건 (i)과 (ii)를 만족하는 경우이다.

(i) $f(x;\theta)=\exp\left\{\sum_{j=1}^{k}c_j(\theta)T_j(x)+d(\theta)+S(x)\right\}I_A(x)$

(ii) $A=\{x\mid f(x;\theta)>0\}$가 θ에 의존하지 않는다.

여기서 θ는 스칼라(scalar) 또는 벡터(vector)일 수 있다.

정리 2 **지수족과 완비충분통계량**

(A) $\{f(x;\theta);\theta\in\Theta\}$가 지수족에 속하면 $Y=[T_1(X), T_2(X), \cdots, T_k(X)]$는 θ에 대한 완비충분통계량($C.S.S.$)이 된다.

(B) $X_1, X_2, \cdots, X_n$이 지수족에 속하는 $f(x;\theta)$로부터의 확률표본일 때, $Y=\left[\sum_{i=1}^{n}T_1(X_i), \sum_{i=1}^{n}T_2(X_i), \cdots, \sum_{i=1}^{n}T_k(X_i)\right]$는 θ에 대한 완비충분통계량이 된다.

증명 위 정리는 충분성과 완비성을 차례로 보임으로써 쉽게 증명된다.

예제 3 $X_1, X_2, \cdots, X_n$이 $Poisson(\theta)$로부터의 확률표본일 때, θ에 대한 완비충분통계량을 구하여라.

풀이 확률밀도함수가

$$\begin{aligned} f(x;\theta) &= \frac{e^{-\theta}\theta^x}{x!} \\ &= \exp(x\ln\theta-\theta-\ln x!)\cdot I_{\{0,1,\cdots\}}(x) \end{aligned}$$

으로 지수족에 포함되므로, [정리 2]에 의해 $Y=\sum X_i$가 θ에 대한 완비충분통계량이다. ■

예제 4 $X_1, X_2, \cdots, X_n$이 $N(\mu, \sigma^2)$으로부터의 확률표본일 때, $\theta=(\mu, \sigma^2)$에 대한 완비충분통계량을 구하여라.

풀이 확률밀도함수가

$$f(x;\mu,\sigma^2)=\frac{1}{\sqrt{2\pi}\,\sigma}\exp\left[-\frac{(x-\mu)^2}{2\sigma^2}\right]$$

$$=\exp\left[-\frac{1}{2\sigma^2}x^2+\frac{\mu}{\sigma^2}x-\frac{\mu^2}{2\sigma^2}-\frac{1}{2}\ln(2\pi\sigma^2)\right]\cdot I_{(-\infty,\infty)}(x)$$

으로 지수족에 포함되므로, [정리 2]에 의해 $Y=\left(\sum X_i^2, \sum X_i\right)$가 $\theta=(\mu, \sigma^2)$에 대한 완비충분통계량이다. ■

위의 예제에서 살펴본 포아송분포와 정규분포 외에도 지수족에 포함되는 분포로는 이항분포, 기하분포, 음이항분포, 감마분포, 이변량 정규분포 등이 있으며, 지수족에 포함되지 않는 대표적인 분포로는 균일분포($U(0, \theta)$)와 와이블분포($Weibull(\lambda, \alpha)$)가 있다.

예제 5 $X_1, X_2, \cdots, X_n$이 $U(0, \theta)$로부터의 확률표본일 때

(a) 분포모임 $\{U(0, \theta);\theta>0\}$이 지수족에 속하지 않음을 보여라.

(b) $Y=X_{(n)}$이 θ에 대한 완비충분통계량임을 보여라.

풀이 (a) $U(0, \theta)$의 확률밀도함수

$$f(x;\theta)=\frac{1}{\theta}I_{(0,\,\theta)}(x)$$

로부터, $A=\{x\,|\,0<x<\theta\}$가 모수 θ에 의존하므로 지수족이라고 할 수 없다.

(b) $Y=X_{(n)}$의 확률밀도함수는

$$f_Y(y)=n[F(y)]^{n-1}f(y)=\begin{cases}\dfrac{ny^{n-1}}{\theta^n}, & 0<y<\theta\\[2ex] 0, & otherwise\end{cases}$$

이다. 모든 θ에 대해

$$E[\varphi(Y)] \overset{\theta}{=} 0, \quad \varphi : \theta\text{에 무관한 함수}$$

$$\Rightarrow \int_0^\theta \varphi(y) \frac{ny^{n-1}}{\theta^n} dy \overset{\theta}{=} 0$$

$$\Rightarrow \int_0^\theta \varphi(y) y^{n-1} dy \overset{\theta}{=} 0$$

$$\Rightarrow \frac{d}{d\theta} \int_0^\theta \varphi(y) y^{n-1} dy \overset{\theta}{=} 0$$

$$\Rightarrow \varphi(\theta)\theta^{n-1} \overset{\theta}{=} 0$$

$$\Rightarrow \varphi(\theta) \overset{\theta}{=} 0$$

이다. 위 사실은 모든 $y(0 < y < \theta)$에 대해

$$\varphi(y) \overset{y}{=} 0$$

임을 의미한다. 따라서 $Y = X_{(n)}$은 완비통계량이며, 또한 충분통계량이므로 (7.4.1 연습문제 1번) 완비충분통계량이다. ▪

예제 6 $X_1, X_2, \cdots, X_n$이 다음의 분포

$$f(x;\theta) = \begin{cases} e^{-(x-\theta)}, & x > \theta \quad (-\infty < \theta < \infty) \\ 0, & otherwise \end{cases}$$

로부터의 확률표본일 때, $Y = X_{(1)}$이 θ에 대한 완비충분통계량임을 보여라.

풀이 분해정리를 이용하여 $Y = X_{(1)}$이 θ에 대한 충분통계량임을 보인 바 있다. 완비성을 보이기 위해 Y의 확률밀도함수를 구하면

$$f(y;\theta) = n[1 - F(y)]^{n-1} f(y)$$
$$= \begin{cases} ne^{-n(y-\theta)}, & \theta < y < \infty \\ 0, & otherwise \end{cases}$$

이다. 모든 θ에 대해

$$E_\theta[\varphi(Y)] \overset{\theta}{=} 0, \quad \varphi : \theta\text{에 무관한 함수}$$

$$\Rightarrow \int_\theta^\infty \varphi(y) ne^{-n(y-\theta)} dy \overset{\theta}{=} 0$$

$$\Rightarrow \int_\theta^\infty \varphi(y) e^{-ny} dy \overset{\theta}{=} 0$$

$$\Rightarrow \frac{d}{d\theta} \int_\theta^\infty \varphi(y) e^{-ny} dy \overset{\theta}{=} 0$$

$$\Rightarrow \varphi(\theta) e^{-n\theta} \overset{\theta}{=} 0$$

$$\Rightarrow \varphi(\theta) \overset{\theta}{=} 0$$

이다. 위 사실은 모든 $y(\theta < y < \infty)$에 대해

$$\varphi(y) \overset{y}{=} 0$$

임을 의미한다. 따라서 $Y = X_{(1)}$은 θ에 대한 완비충분통계량이다. ■

다음의 [예제 7]은 분포모임이 완비성을 만족하지 않음을 보이는 방법을 보여준다.

Z의 분포모임이 완비성을 만족하지 않음을 보이기 위해서는 모든 θ에 대해 $E\varphi(Z)=0$이 되는 영(0)이 아닌 함수 $\varphi(z)$가 존재함을 보이는 것으로 충분하다. 즉, 0에 대한 영(0)이 아닌 불편추정량(U.E.)을 찾기만 하면 된다.

예제 7 $Z \sim U(0, \theta)$일 때, 분포족 $\{U(0, \theta); 1 < \theta < \infty\}$이 완비성을 만족하지 않음을 보여라.

풀이 다음의 영이 아닌(non-zero) 함수

$$\varphi(z) = \begin{cases} z - \dfrac{1}{2}, & 0 < z < 1 \\ 0, & otherwise \end{cases}$$

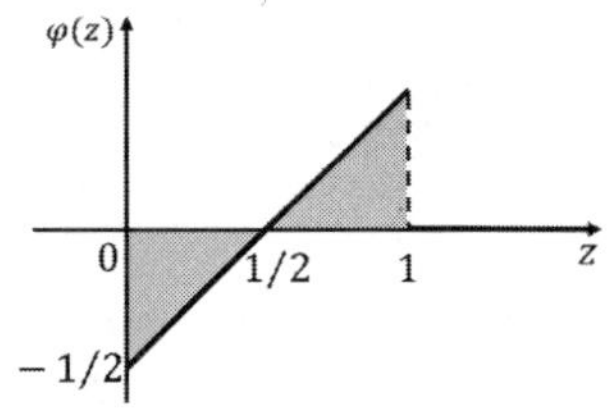

를 생각하자. 모든 $\theta(1 < \theta < \infty)$에 대해

$$E\varphi(Z) = \int_0^\theta (z - \frac{1}{2}) \cdot I_{(0,1)}(z) \times \frac{1}{\theta} dz \quad (\theta > 1)$$

$$= \int_0^1 (z - \frac{1}{2}) \frac{1}{\theta} dz = 0$$

이므로, 위 분포족은 완비성을 만족하지 않는다.

즉, $E[\varphi(Z)] = 0, \quad 1 < \theta < \infty \Rightarrow \cdots \Rightarrow \varphi(\theta) = 0, \quad 1 < \theta < \infty \Rightarrow \varphi(z) = 0,$ $1 < z < \theta$이지만, $0 < z < 1$에서는 $\varphi(z) = 0$이 아니다. 따라서 $\{U(0, \theta); 1 < \theta < \infty\}$는 완비성을 만족하지 않는다. ■

|Remark| [예제 7]에서 알 수 있듯이 완비성은 모수공간에 따라 달라질 수 있음에 유의하기 바란다(연습문제 2번과 비교해 볼 것).

7.4.2 연습문제

1 $X \sim \mathcal{E}\left(\frac{1}{\theta}\right)$일 때, 분포족 $\left\{\mathcal{E}\left(\frac{1}{\theta}\right); 0 < \theta < \infty\right\}$이 완비성을 만족하는 것을 보여라.

2 $Z \sim U(0, \theta)$일 때, 분포족 $\{U(0, \theta); 0 < \theta < \infty\}$이 완비성을 만족함을 보여라.

3 $X_1, X_2, \cdots, X_n$이 다음 각 분포로부터의 확률표본이라고 할 때, 모수에 대한 완비충분통계량을 구하여라.

(a) 이항분포 $B(1, \theta)$

(b) 감마분포 $\Gamma(\alpha, \beta)$

(c) 기하분포 $G(p)$

(d) 이변량 정규분포 $BVN\left(\mu_1, \mu_2, \sigma_1^2, \sigma_2^2, \rho\right)$

4 $f(x; \theta_1, \theta_2) = \frac{\theta_1}{\theta_2} x^{\theta_1 - 1} \exp\left(-\frac{1}{\theta_2} x^{\theta_1}\right)$일 때, 분포족 $\{f(x; \theta_1, \theta_2); \theta_1 > 0, \theta_2 > 0\}$은 지수족에 속하지 않음을 보여라.

7.4.3 Basu 정리

다음에 소개되는 [정리 3]은 두 통계량 간의 독립성을 보이는 도구로 자주 이용된다.

정리 3 Basu 정리

$X_1, X_2, \cdots, X_n$을 $f(x; \theta)$, $\theta \in \Theta$로부터의 확률표본이라고 하자.

(i) $Y = u(X_1, X_2, \cdots, X_n)$가 θ에 대해 완비충분통계량이고

(ii) $Z = v(X_1, X_2, \cdots, X_n)$의 분포가 θ에 의존하지 않으면

두 통계량 Y와 Z는 독립이다.

|Remark| 위의 정리에서 분포가 θ에 의존하지 않는다는 것은 θ에 대한 어떠한 정보도 가지지 않은 통계량이라는 의미로, 이러한 통계량을 θ에 대한 보조통계량(ancillary statistic)이라고 한다. 즉, Basu 정리는 θ에 대한 $C.S.S.$와 보조통계량 간의 독립성에 대한 정리라고 말할 수 있다.

증명 Y가 충분통계량이므로 $Z|Y=y$의 분포는 θ에 의존하지 않는다. 또한 Z의 분포는

$$\begin{aligned} f_Z(z) &= \int f_{Z,Y}(z, y; \theta) dy \\ &= \int f_{Z|Y}(z|y) f_Y(y; \theta) dy, \text{ for all } \theta \in \Theta \end{aligned}$$

이므로, 모든 θ에 대해

$$\begin{aligned} 0 &= f_Z(z) - \int f_{Z|Y}(z|y) f_Y(y; \theta) dy \\ &= \int [f_Z(z) - f_{Z|Y}(z|y)] f_Y(y; \theta) dy \\ &= E_\theta[g(Y)], \quad g(y) = f_Z(z) - f_{Z|Y}(z|y) \end{aligned}$$

이다. 여기서 $g(\cdot)$는 θ에 무관한 함수이며(Z가 보조통계량이고 Y가 충분통계량이므로), Y가 완비통계량이므로, 모든 y에 대해

$$g(y) = 0$$

이다. 따라서

$$f_Z(z) = f_{Z|Y}(z|y)$$

이므로 Y와 Z가 독립이다.

예제 1 $X_1, X_2, \cdots, X_n$이 $N(\mu, \sigma^2)$으로부터의 확률표본일 때, $\overline{X}$와 S^2이 독립임을 보여라.

풀이 고정된 $\sigma^2 = \sigma_0^2$에 대해 지수족의 성질로부터 $\overline{X}$는 μ에 대한 완비충분통계량이 되고,

$$
\begin{aligned}
S^2 &= \frac{1}{n-1}\sum\left(X_i - \overline{X}\right)^2 \\
&= \frac{1}{n-1}\sum\left(W_i - \overline{W}\right)^2, \quad W_i = X_i - \mu \sim i.i.d.\ N\left(0, \sigma_0^2\right)
\end{aligned}
$$

이므로, S^2의 분포는 μ에 의존하지 않는 W_i들만의 함수이므로 μ에 대한 보조통계량이다. 따라서 Basu 정리로부터 모든 μ와 고정된 σ_0^2에 대해 $\overline{X}$와 S^2은 독립이고, 이는 모든 μ와 σ^2에 대해서도 성립함을 의미한다. ■

[참고] 위의 [예제 1]과 6.1.1절의 증명과정을 비교할 것.

예제 2 $X_1, X_2, \cdots, X_n$을 다음 분포로부터의 확률표본이라고 할 때

$$
f(x;\theta) = \begin{cases} e^{-(x-\theta)}, & x > \theta \quad (-\infty < \theta < \infty) \\ 0, & otherwise \end{cases}
$$

두 통계량 $\overline{X}_n - X_{(1)}$과 $X_{(1)}$이 독립임을 보여라.

풀이 $X_{(1)}$은 θ에 대한 완비충분통계량이고,

$$
\begin{aligned}
\overline{X}_n - X_{(1)} &= (\overline{Z}_n + \theta) - (Z_{(1)} + \theta), \quad Z_i = X_i - \theta \sim i.i.d.\ \mathcal{E}(1) \\
&= \overline{Z}_n - Z_{(1)}
\end{aligned}
$$

이므로, θ에 대한 보조통계량이다. 따라서 Basu 정리에 의해 두 통계량은 독립이다. ■

예제 3 $X_1, X_2, \cdots, X_n$이 $N(\theta, \sigma^2)$으로부터의 확률표본일 때, $Y=\sum X_i$와 $Z=\sum a_i X_i$가 독립이기 위한 필요충분조건이 $\sum a_i = 0$임을 보여라.

풀이 고정된 $\sigma^2 = \sigma_0^2$에 대해, $Y=\sum X_i$는 θ에 대한 완비충분통계량이다.

$$\begin{aligned} Z &= \sum a_i X_i = \sum a_i (X_i - \theta) + \theta \sum a_i \\ &= \sum a_i W_i + \theta \sum a_i, \quad W_i = X_i - \theta \sim i.i.d.\ N(0, \sigma^2) \end{aligned}$$

이므로, $\sum a_i = 0$이면 Z의 분포는 θ와 무관하므로 두 통계량은 독립이다.

역으로, Y와 Z가 독립이면

$$\begin{aligned} Cov(Y, Z) &= Cov\left(\sum X_i, \sum a_i X_i\right) \\ &= \sum a_i Var(X_i) \\ &= \sigma^2 \sum a_i = 0 \ \left(\sigma^2 > 0\right) \end{aligned}$$

이므로 $\sum a_i = 0$이다. ■

$X_1, X_2, \cdots, X_n$이 $f(x;\theta)$로부터의 확률표본이라고 하자. $f(x;\theta)$가 다음에 소개되는 세 종류의 모형, 즉 위치모형 $f(x-\theta)$, 척도모형 $\frac{1}{\theta} f(\frac{x}{\theta})$, 위치–척도모형 $\frac{1}{\theta_2} f(\frac{x-\theta_1}{\theta_2})$에 속하는 경우, $Z = u(X_1, X_2, \cdots, X_n)$이 보조통계량임을 보이기 위한 간편한 방법은 각 모형에 대해 다음의 변환

$$W_i = X_i - \theta, \quad W_i = \frac{X_i}{\theta}, \quad W_i = \frac{X_i - \theta_1}{\theta_2}$$

을 통해

$$\begin{aligned} Z &= u(X_1, X_2, \cdots, X_n) \\ &= u(W_1, W_2, \cdots, W_n) \end{aligned}$$

임을 보이는 것으로 충분하다. 그 이유는 Z가 θ에 의존하지 않는 W_i들만의 함수이므로 보조통계량임이 자명하다.

예제 4 $X_1, X_2, \cdots, X_n$을 $N(\theta_1, \theta_2)$로부터의 확률표본이라고 할 때

$$Z = \frac{\sum_{i=1}^{n-1} (X_{i+1} - X_i)^2}{\sum_{i=1}^{n} (X_i - \overline{X})^2} = u(X_1, X_2, \cdots, X_n)$$

이 $\theta = (\theta_1, \theta_2)$에 대한 보조통계량임을 보여라.

풀이 $N(\theta_1, \theta_2)$는 위치-척도모형이므로

$$W_i = \frac{X_i - \theta_1}{\sqrt{\theta_2}}, \quad i = 1, 2, \cdots, n$$

라고 할 때 $W_i \sim i.i.d.\ N(0, 1)$이고

$$\begin{aligned} Z &= u(X_1, X_2, \cdots, X_n) \\ &= u\left(\sqrt{\theta_2}\, W_1 + \theta_1, \sqrt{\theta_2}\, W_2 + \theta_1, \cdots, \sqrt{\theta_2}\, W_n + \theta_1\right) \\ &= \frac{\sum_{i=1}^{n-1} (W_{i+1} - W_i)^2}{\sum_{i=1}^{n} (W_i - \overline{W})^2} = u(W_1, W_2, \cdots, W_n) \end{aligned}$$

이므로 Z는 $\theta = (\theta_1, \theta_2)$에 대한 보조통계량이다. ■

[참고] Basu 정리는 다음 절에서 다루게 되는 Lehmann-Scheffe의 정리를 이용하여 최소분산불편추정량을 찾는 계산과정에 유용하게 사용된다.

예제 5 * 다중선형회귀모형 $Y = X\beta + \epsilon,\ \epsilon \sim N_n(0, \sigma^2 I_n)$에서 최소제곱추정량($\hat{\beta}$)과 잔차제곱합($SSE$)이 독립임을 보여라.

풀이 $\hat{\beta} = (X'X)^{-1}X'Y,\ \ SSE = (Y - \hat{Y})'(Y - \hat{Y}) = Y'[I - X(X'X)^{-1}X']Y$이다. Y의 확률밀도함수는

$$\begin{aligned} f(y;\beta) &= (2\pi\sigma^2)^{-\frac{n}{2}} \exp\left\{-\frac{(Y - X\beta)'(Y - X\beta)}{2\sigma^2}\right\} \\ &= (2\pi\sigma^2)^{-\frac{n}{2}} \exp\left(-\frac{Y'Y}{2\sigma^2} + \frac{2\beta' X' Y}{2\sigma^2} - \frac{\beta' X' X\beta}{2\sigma^2}\right) \end{aligned}$$

이며, 이는 지수족에 속한다. 따라서 고정된 $\sigma^2 = \sigma_0^2$에 대해 $X'Y$는 β에 대한 $C.S.S.$이다. 또한

$$\begin{aligned} SSE &= (Y - \hat{Y})'(Y - \hat{Y}) \\ &= Y'[I - X(X'X)^{-1}X']Y \\ &= (Y - X\beta)'[I - X(X'X)^{-1}X'](Y - X\beta) \quad (\because)\ X'[I - X(X'X)^{-1}X']X = 0 \\ &= \epsilon'[I - X(X'X)^{-1}X']\epsilon, \quad \epsilon \sim N_n(0, \sigma^2 I_n) \end{aligned}$$

으로, SSE의 분포가 β에 의존하지 않는다. Basu 정리에 의해, 모든 β와 σ^2에 대해 $X'Y$와 SSE가 독립이다. 따라서 모든 β와 σ^2에 대해 $\hat{\beta} = (X'X)^{-1}X'Y$와 SSE가 독립이다. ▪

7.4.3 연습문제

1. $X_1, X_2, \cdots, X_n$이 $N(\theta, 1)$으로부터의 확률표본일 때, $X_1 - \overline{X}$과 $\overline{X}$가 독립임을 보여라.

2. $X_1, X_2, \cdots, X_n$이 $\mathcal{E}(\theta)$로부터의 확률표본일 때, $\sum X_i$와 $\dfrac{X_1}{\sum X_i}$이 독립임을 보여라.

3 $X_1, X_2, \cdots, X_n$이 $N(\mu, \sigma^2)$으로부터의 확률표본일 때, $\overline{X}$와 $\text{med}(X_1 - \overline{X}, X_2 - \overline{X}, \cdots, X_n - \overline{X})$가 독립임을 보여라.

[Hint] 고정된 $\sigma^2 = \sigma_0^2$에 대해 위 사실을 보이는 것으로 충분하다.

4 $X_1, X_2, \cdots, X_n$이 $\Gamma(\alpha, \beta)$로부터의 확률표본일 때, $\overline{X}$와 $\dfrac{X_1}{\overline{X}}$이 독립임을 보여라. 또한, 이 사실을 이용하여 $E(X_1 | \overline{X}) = \overline{X}$임을 보여라.

5 X_1, X_2가 $\mathcal{E}\left(\dfrac{1}{\theta}\right)$로부터의 확률표본일 때, $Y = X_1 + X_2$와 $Z_1 = \dfrac{X_1}{X_2}$ 및 $Z_2 = \dfrac{X_1}{X_1 + X_2}$가 각각 독립임을 보여라.

6 $Y_1 < Y_2 < \cdots < Y_n$이 $N(\theta_1, \theta_2)$로부터의 확률표본에 기초한 순서통계량일 때, $\theta = (\theta_1, \theta_2)$에 대한 결합완비충분통계량$(\overline{X} = \overline{Y}, S^2)$이 다음의 두 통계량

$$\frac{Y_n - \overline{Y}}{S}, \quad \frac{Y_n - Y_1}{S}$$

와 각각 독립임을 보여라.

7.5 최소분산불편추정량

이 절에서는 모수 θ에 대해 불편성을 만족하는 추정량 가운데 최소분산을 가지는 추정량을 찾는 방법에 대해 다룬다.

정리 4 Rao–Blackwell 정리

$X_1, X_2, \cdots, X_n$을 $f(x;\theta)$로부터의 확률표본이라고 하자. $\hat{\theta} = t(X_1, X_2, \cdots, X_n)$이

θ에 대한 불편추정량이고 $Y=u(X_1, X_2, \cdots, X_n)$가 θ에 대한 충분통계량일 때

$$\varphi(Y)=E[\hat{\theta} \mid Y]$$

는 θ에 대해 불편추정량이고, 모든 $\theta \in \Theta$에 대해

$$Var_\theta[\varphi(Y)] \le Var_\theta(\hat{\theta})$$

을 만족한다.

증명 4.3절의 [정리 4]와 [정리 5]를 이용하여 증명할 수 있다.

정리 5 Lehmann-Scheffe 정리

$X_1, X_2, \cdots, X_n$을 $f(x;\theta)$로부터의 확률표본이라고 하자. $Y=u(X_1, X_2, \cdots, X_n)$을 θ에 대한 완비충분통계량이라고 할 때, 임의의 불편추정량 $\hat{\theta}$에 대해

$$\varphi(Y)=E(\hat{\theta} \mid Y)$$

는 θ에 대한 최소분산불편추정량(Uniformly Minimum Variance Unbiased Estimator, UMVUE)이 되며, 이는 유일(unique)하다.

[주의] 모수에 대한 불편추정량이 항상 존재하는 것은 아니다.

증명 [정리 4]로부터, 임의의 불편추정량 $\hat{\theta}$에 대해

$$Var_\theta[\varphi(Y)] \le Var_\theta(\hat{\theta})$$

이다.

또한 $\psi(Y)$를 또 다른 불편추정량이라고 하면, 모든 θ에 대해

$$E_\theta[\varphi(Y)-\psi(Y)]=0$$

이며, Y가 완비통계량이므로, 모든 y에 대해

$$\varphi(y)-\psi(y)=0$$

이다. 따라서 $\psi(y)=\varphi(y)$이므로 유일하다.

|Remark| Lehmann-Scheffe 정리의 의미는 $C.S.S.$의 함수로서($\varphi(Y)$) 기댓값이 특정모수(θ 또는 θ의 함수)가 될 때, $\varphi(Y)$가 바로 그 모수에 대한 UMVUE가 된다는 것을 의미한다.

예제 1 $X_1, X_2, \cdots, X_n$을 $N(\mu, \sigma^2)$으로부터의 확률표본이라고 할 때, μ와 σ^2에 대한 UMVUE를 구하여라.

풀이 지수족의 성질로부터 $Y=(\sum X_i^2, \sum X_i)$는 $\theta=(\mu, \sigma^2)$에 대한 결합완비충분통계량이다. $C.S.S.$의 함수로서 $\varphi_1(Y)=\overline{X}$와 $\varphi_2(Y)=S^2=\dfrac{1}{n-1}(X_i-\overline{X})^2$의 기댓값을 구하면

$$E(\overline{X}_n)=\mu,\ E(S^2)=\sigma^2$$

이므로, Lehmann-Scheffe 정리로부터 $\overline{X}_n$와 S^2이 각각 μ와 σ^2에 대한 UMVUE가 된다. ■

예제 2 $X_1, X_2, \cdots, X_n$을 $B(1, \theta)$로부터의 확률표본이라고 할 때, $\theta(1-\theta)$에 대한 UMVUE를 구하여라.

풀이 $Y=\sum X_i$는 θ에 대한 $C.S.S.$이다. 다음의 관계식

$$E(Y)=n\theta$$

와

$$
\begin{aligned}
Var(Y) &= n\theta(1-\theta) \\
&\Rightarrow E(Y^2) - E(Y)^2 = n\theta(1-\theta) \\
&\Rightarrow E(Y^2) = n\theta - n\theta^2 + n^2\theta^2 = E(Y) + (n^2-n)\theta^2 \\
&\Rightarrow E\left(\frac{Y^2 - Y}{n^2 - n}\right) = \theta^2
\end{aligned}
$$

으로부터

$$\varphi(Y) = \frac{Y}{n} - \frac{Y^2 - Y}{n^2 - n}$$

는 $C.S.S.$의 함수로써

$$E[\varphi(Y)] = \theta(1-\theta)$$

이므로, Lehmann-Scheffe 정리에 의해 $\theta(1-\theta)$에 대한 UMVUE이다. ▪

예제 3 $X_1, X_2, \cdots, X_n$이 $Poisson(\theta)$로부터의 확률표본일 때, $\eta = P(X_1 = 0) = e^{-\theta}$에 대한 UMVUE를 구하여라.

풀이 $Y = \sum X_i$는 θ에 대한 $C.S.S.$이다. η에 대한 임의의 불편추정량을 $\hat{\eta} = I_{(X_1 = 0)}$이라고 할 때,

$$
\begin{aligned}
\varphi(y) = E(\hat{\eta} \mid Y = y) &= P(X_1 = 0 \mid \sum_{i=1}^{n} X_i = y) \\
&= \frac{P(X_1 = 0, \sum_{i=2}^{n} X_i = y)}{P(\sum_{i=1}^{n} X_i = y)} \\
&= \frac{e^{-\theta} \cdot \dfrac{[(n-1)\theta]^y e^{-(n-1)\theta}}{y!}}{\dfrac{(n\theta)^y e^{-n\theta}}{y!}} \\
&= \left(\frac{n-1}{n}\right)^y
\end{aligned}
$$

이 된다. 따라서 Lehmann-Scheffe 정리로부터 $\varphi(Y)=\left(1-\frac{1}{n}\right)^{\sum X_i}$는 η에 대한 UMVUE이다. ■

예제 4 $X_1, X_2, \cdots, X_n$이 $\mathcal{E}(\theta)$로부터의 확률표본일 때, $\eta=P(X_1>c)=e^{-c\theta}$ $(c>0)$에 대한 UMVUE를 구하여라.

풀이 i) 지수족의 성질로부터 $Y=\sum X_i$는 θ에 대한 $C.S.S.$이다.

ii) 손쉽게 생각할 수 있는 η에 대한 불편추정량으로

$$\hat{\eta}=I_{(X_1>c)}$$

을 생각하자(다른 불편추정량을 생각해도 무방).

iii) Lehmann-Scheffe 정리에 의해 η에 대한 UMVUE는 $\varphi(Y)=E(\hat{\eta}\mid Y)$이다. 이에 대한 계산과정은 다음과 같다.

$$\begin{aligned}\varphi(y) &= E\left[I_{(X_1>c)}\mid Y=y\right]=P\left(X_1>c\mid \textstyle\sum X_i=y\right)\\ &= P\left(\frac{X_1}{\sum X_i}>\frac{c}{y}\mid \textstyle\sum X_i=y\right)\\ &= P\left(\frac{X_1}{\sum X_i}>\frac{c}{y}\right) \quad \text{(Basu 정리 또는 7.4.3절 연습문제 2번)}\end{aligned}$$

여기서, $\frac{X_1}{\sum X_i}\sim Beta(1,\, n-1)$이므로

$$\begin{aligned}\varphi(y) &= \int_{\frac{c}{y}}^{1}\frac{\Gamma(n)}{\Gamma(1)\Gamma(n-1)}z^0(1-z)^{n-2}dz\\ &= (n-1)\left[-\frac{1}{n-1}(1-z)^{n-1}\Big|_{\frac{c}{y}}^{1}\right]=\left(1-\frac{c}{y}\right)^{n-1},\quad 1-\frac{c}{y}>0\end{aligned}$$

이다. 따라서 $\varphi(Y)=\left(1-\frac{c}{Y}\right)^{n-1}$가 η에 대한 UMVUE이다. ■

7.5 연습문제

1 $X_1, X_2, \cdots, X_n$을 $U(0, \theta)$로부터의 확률표본이라고 할 때,

$$Y = \frac{n+1}{n} X_{(n)}$$

이 θ에 대한 UMVUE임을 보여라.

2 $X_1, X_2, \cdots, X_n$을 $Poisson(\theta)$로부터의 확률표본이라고 할 때, $\eta = P(X_1 \le 1) = (1+\theta)e^{-\theta}$에 대한 UMVUE가

$$\left(\frac{n-1}{n}\right)^{\sum X_i}\left(1 + \frac{\sum X_i}{n-1}\right)$$

으로 주어짐을 보여라.

[Hint] $\varphi(y) = E(\hat{\eta} \mid Y = y)$의 계산에서, $X_i \sim i.i.d.\ Poisson(\theta) \Rightarrow X_1 \mid \sum X_i = y \sim B(y, \frac{1}{n})$임(4.3절 [예제 2]).

3 $X_1, X_2, \cdots, X_n$을 $N(\theta, \sigma^2)$으로부터의 확률표본이라고 할 때, $h(\theta) = P(X_1 \le c) = \Phi\left(\frac{c-\theta}{\sigma}\right)$에 대한 UMVUE가

$$\Phi\left(\sqrt{\frac{n}{n-1}}\frac{c-\overline{X}}{\sigma}\right)$$

으로 주어짐을 보여라. 단, σ^2은 알려져 있다고 가정한다.

4 $X_1, X_2, \cdots, X_n$을 $Poisson(\theta)$로부터의 확률표본이라고 할 때, $\eta = e^{-2\theta}$에 대한 UMVUE가

$$\left(1-\frac{2}{n}\right)^{\sum X_i}$$

으로 주어짐을 보여라.

[Hint] $(-1)^{X_1}$이 η에 대한 불편추정량임을 이용하라.

5 $X_1, X_2, \cdots, X_n$을 다음 분포로부터의 확률표본이라고 할 때

$$f(x;\theta)=\begin{cases}\theta x^{\theta-1}, & 0<x<1\ (\theta>0)\\ 0, & otherwise\end{cases}$$

θ에 대한 UMVUE가

$$\frac{n-1}{-\sum \ln X_i}$$

으로 주어짐을 보여라.

7.6 Cramer-Rao 부등식

아래의 [정리 6]은 임의의 불편추정량이 가질 수 있는 분산의 하한(lower bound)을 제공한다. 이 정리는 모수에 대한 완비충분통계량($C.S.S.$)이 존재하지 않는 경우 최소분산불편추정량(UMVUE)을 찾는 도구로도 이용된다.

보조정리 1 $X \sim f(x;\theta)$일 때

$$E\left[\frac{\partial}{\partial\theta}\ln f(X;\theta)\right]=0$$

이다.

증명 $$E\left[\frac{\partial}{\partial\theta}\ln f(X;\theta)\right]=\int\frac{\frac{\partial}{\partial\theta}f(x;\theta)}{f(x;\theta)}f(x;\theta)dx$$

$$=\int\frac{\partial}{\partial\theta}f(x;\theta)dx=\frac{\partial}{\partial\theta}\int f(x;\theta)dx=0.$$

정리 6 **Cramer–Rao 부등식**

$X_1, X_2, \cdots, X_n$을 $f(x;\theta)$로부터의 확률표본이라고 하자. $h(\theta)$에 대한 임의의 불편추정량을 $T=T(X_1, X_2, \cdots, X_n)$라고 할 때, 적절한 조건하에서

$$Var(T)\geq\frac{[h'(\theta)]^2}{nI_1(\theta)}$$

이 성립한다. 여기서 $I_1(\theta)$를 Fisher의 정보량(information number)이라고 하며

$$I_1(\theta)=E\left[\frac{\partial}{\partial\theta}\ln f(X_1;\theta)\right]^2$$

으로 정의된다. 이때 $[h'(\theta)]^2/[nI_1(\theta)]$을 Cramer–Rao 하한(C–R lower bound)이라고 한다.

특히, $h(\theta)=\theta$인 경우에는

$$Var(T)\geq[nI_1(\theta)]^{-1}$$

이다.

[주의] $A=\{x\,|\,f(x;\theta)>0\}$가 θ에 의존하는 경우에는 [정리 6]이 성립되지 않는다.

증명 위 부등식은

$$[Corr(T,\,U)]^2\leq 1\Leftrightarrow[Cov(T,\,U)]^2\leq Var(T)Var(U)$$

의 관계로부터 증명된다.

즉, 통계량 U를

$$U=\frac{\partial}{\partial\theta}\ln\prod_{i=1}^{n}f(X_i;\theta)=\sum_{i=1}^{n}\frac{\partial}{\partial\theta}\ln f(X_i;\theta)$$

이라고 하면

$$\begin{aligned}Cov(T,U)&=E\left[T\sum_{i=1}^{n}\frac{\partial}{\partial\theta}\ln f(X_i;\theta)\right]\\&=E\left[T\frac{\partial}{\partial\theta}\ln\prod_{i=1}^{n}f(X_i;\theta)\right]\\&=\int\int\cdots\int T\frac{\frac{\partial}{\partial\theta}\prod_{i=1}^{n}f(X_i;\theta)}{\prod_{i=1}^{n}f(X_i;\theta)}\prod_{i=1}^{n}f(X_i;\theta)\,dx_1dx_2\cdots dx_n\\&=\frac{\partial}{\partial\theta}E(T)=h'(\theta)\end{aligned}$$

이다. 따라서

$$\begin{aligned}[Cov(T,U)]^2=[h'(\theta)]^2&\le Var(T)\,Var(U)\\&=Var(T)\,Var\left[\sum_{i=1}^{n}\frac{\partial}{\partial\theta}\ln f(X_i;\theta)\right]\\&=Var(T)\,n\,Var\left[\frac{\partial}{\partial\theta}\ln f(X_i;\theta)\right]\ (X_i\text{가 }i.i.d.\text{이므로})\\&=Var(T)\,n\,I_1(\theta)\end{aligned}$$

이므로 위 부등식이 성립한다.

보조정리 2 Fisher의 정보량은 다음과 같은 성질을 가진다.

(i) $X\sim f(x;\theta)$일 때

$$I_1(\theta) = E\left[\frac{\partial}{\partial\theta}\ln f(X;\theta)\right]^2$$
$$= Var\left[\frac{\partial}{\partial\theta}\ln f(X;\theta)\right]$$
$$= -E\left[\frac{\partial^2}{\partial\theta^2}\ln f(X;\theta)\right]$$

이다.

(ii) $X_1, X_2, \cdots, X_n$이 $f(x;\theta)$로부터의 확률표본일 때, 결합확률밀도함수에 기초한 Fisher의 정보량은

$$I_n(\theta) = E\left[\frac{\partial}{\partial\theta}\ln\prod_{i=1}^{n} f(X_i;\theta)\right]^2$$

이고,

$$I_n(\theta) = nI_1(\theta)$$

의 관계가 성립한다.

증명 (i) 마지막 등호에 대한 증명은 다음과 같다.

먼저 $\int f(x;\theta)dx = 1$의 양변을 θ에 대해 미분하면

$$\frac{\partial}{\partial\theta}\int f(x;\theta)dx = \int\frac{\partial}{\partial\theta}f(x;\theta)dx$$
$$= \int\left[\frac{\partial}{\partial\theta}\ln f(x;\theta)\right]f(x;\theta)dx = 0$$

이 되고, 이를 다시 θ에 대해 미분하면

$$\int\left[\frac{\partial^2}{\partial\theta^2}\ln f(x;\theta)\right]f(x;\theta)dx + \int\left[\frac{\partial}{\partial\theta}\ln f(x;\theta)\right]^2 f(x;\theta)dx = 0$$

이므로 $I_1(\theta) = -E\left[\frac{\partial^2}{\partial\theta^2}\ln f(X;\theta)\right]$가 성립한다.

(ii)

$$\begin{aligned}
I_n(\theta) &= E\left[\frac{\partial}{\partial\theta}\ln\prod_{i=1}^{n} f(X_i;\theta)\right]^2 \\
&= E\left[\sum_{i=1}^{n}\frac{\partial}{\partial\theta}\ln f(X_i;\theta)\right]^2 \\
&= \sum_{i=1}^{n} E\left[\frac{\partial}{\partial\theta}\ln f(X_i;\theta)\right]^2 \quad (X_i\text{가 } i.i.d.\text{ 이므로}) \\
&= nI_1(\theta).
\end{aligned}$$

|Remark| C-R(Cramer-Rao) 하한은 불편추정량이 가질 수 있는 분산의 최솟값이므로, C-R 하한을 분산으로 가지는 불편추정량이 있으면 그 추정량은 최소분산불편추정량(UMVUE)이 된다.

정의 12 불편추정량의 효율

$X_1, X_2, \cdots, X_n$이 $f(x;\theta)$로부터의 확률표본이라고 하자. $T = t(X_1, X_2, \cdots, X_n)$을 $h(\theta)$에 대한 불편추정량이라고 할 때, T의 성능(performance)을 나타내는 효율(efficiency)을 다음과 같이 정의한다.

$$\mathrm{eff}_\theta(T) = \frac{\left[\frac{\partial}{\partial\theta}h(\theta)\right]^2 [nI_1(\theta)]^{-1}}{Var(T)}.$$

여기서 $\mathrm{eff}_\theta(T) \le 1$이다. 위 식의 분자는 C-R 하한을 나타낸다.

또한, $\lim_{n\to\infty}\mathrm{eff}_\theta(T)$를 불편추정량 T의 점근효율(asymptotic efficiency)이라고 한다.

정의 13 유효추정량

모수 $h(\theta)$에 대한 불편추정량 T의 분산이 C−R 하한의 값을 가질 때, 그 추정량을 유효추정량(efficient estimator)이라고 한다. 즉, 불편추정량 T에 대해 $\mathrm{eff}_\theta(T) = 1$(효율 $=1$)을 만족하는 추정량이다.

만약 $\lim_{n\to\infty} \mathrm{eff}_\theta(T) = 1$(점근효율 $=1$)을 만족할 때, T를 $h(\theta)$에 대한 점근유효추정량(asymptotically efficient estimator)이라고 한다.

예제 1 $X_1, X_2, \cdots, X_n$이 $N(\theta, \sigma^2)$(σ^2: 알려져 있음)으로부터의 확률표본일 때, θ의 불편추정량의 분산에 대한 Cramer−Rao 하한을 구하여라.

풀이

$$f(x;\theta) = \frac{1}{\sqrt{2\pi}\,\sigma}\exp\left[-\frac{(x-\theta)^2}{2\sigma^2}\right]$$

$$\ln f(x;\theta) = -\frac{1}{2}\ln\left(2\pi\sigma^2\right) - \frac{(x-\theta)^2}{2\sigma^2}$$

$$\frac{\partial}{\partial\theta}\ln f(x;\theta) = \frac{(x-\theta)}{\sigma^2}$$

로부터

$$I_1(\theta) = E\left[\frac{\partial}{\partial\theta}\ln f(X;\theta)\right]^2 = \frac{1}{\sigma^4}E(X-\theta)^2 = \frac{1}{\sigma^2}$$

이다. 따라서 C−R 하한은

$$\frac{1}{nI_1(\theta)} = \frac{\sigma^2}{n}$$

이다. ∎

예제 2 $X_1, X_2, \cdots, X_n$이 다음 분포로부터의 확률표본일 때

$$f(x;\theta)=\begin{cases}\theta x^{\theta-1}, & 0<x<1\ (\theta>0)\\ 0, & otherwise\end{cases}$$

θ의 불편추정량의 분산에 대한 Cramer–Rao 하한을 구하여라.

풀이

$$\ln f(x;\theta) = \ln\theta + (\theta-1)\ln x$$

$$\frac{\partial}{\partial\theta}\ln f(x;\theta) = \frac{1}{\theta}+\ln x$$

$$\frac{\partial^2}{\partial\theta^2}\ln f(x;\theta) = -\frac{1}{\theta^2}$$

로부터

$$I_1(\theta) = -E\left[\frac{\partial^2}{\partial\theta^2}\ln f(X;\theta)\right] = \frac{1}{\theta^2}$$

이다. 따라서 C–R 하한은

$$\frac{1}{nI_1(\theta)} = \frac{\theta^2}{n}$$

이다. ■

예제 3 $X_1, X_2, \cdots, X_n$이 $Poisson(\theta)$로부터의 확률표본일 때

$$h(\theta) = P(X_1=0) = e^{-\theta}$$

의 불편추정량의 분산에 대한 Cramer–Rao 하한을 구하여라.

풀이

$$f(x;\theta) = \frac{e^{-\theta}\theta^x}{x!}$$

$$\ln f(x\,;\theta) = -\theta + x\ln\theta - \ln x!$$

$$\frac{\partial}{\partial\theta}\ln f(x\,;\theta) = -1 + \frac{x}{\theta}$$

$$\frac{\partial^2}{\partial\theta^2}\ln f(x\,;\theta) = -\frac{x}{\theta^2}$$

로부터

$$I_1(\theta) = E\left(\frac{X}{\theta^2}\right) = \frac{1}{\theta}$$

이다. 따라서 C-R 하한은

$$\frac{[h'(\theta)]^2}{nI_1(\theta)} = e^{-2\theta}\frac{\theta}{n}$$

이다. ■

예제 4 위의 [예제 3]에서 $h(\theta)= e^{-\theta}$에 대한 UMVUE $\widehat{h(\theta)} = \left(1-\frac{1}{n}\right)^{\sum X_i}$의 효율과 점근효율을 구하여라.

풀이 다음 식

$$\begin{aligned}
Var\left[\widehat{h(\theta)}\right] &= E\left[\left(1-\frac{1}{n}\right)^{2\sum X_i}\right] - e^{-2\theta} \\
&= \prod_{i=1}^{n} E\left(1-\frac{1}{n}\right)^{2X_i} - e^{-2\theta} \quad (\because)X_i{}'s : indep. \\
&= \left[E\left(1-\frac{1}{n}\right)^{2X_1}\right]^n - e^{-2\theta} \quad (\because)X_i{}'s : identical \\
&= \left[\sum_{x=0}^{\infty}\left(1-\frac{1}{n}\right)^{2x}\frac{e^{-\theta}\theta^x}{x!}\right]^n - e^{-2\theta} \\
&= \left[e^{-\theta}\sum_{x=0}^{\infty}\frac{\left\{\left(1-\frac{1}{n}\right)^2\theta\right\}^x}{x!}\right]^n - e^{-2\theta}
\end{aligned}$$

$$= \left[e^{-\theta} e^{\theta\left(1-\frac{1}{n}\right)^2} \right]^n - e^{-2\theta}$$

$$= e^{-2\theta + \theta/n} - e^{-2\theta}$$

$$= e^{-2\theta}\left(e^{\theta/n} - 1\right)$$

으로부터 $h\widehat{(\theta)}$의 효율은

$$\text{eff}\left[h\widehat{(\theta)}\right] = \frac{\theta/n}{e^{\theta/n} - 1}$$

이다. 따라서 점근효율은

$$\lim_{n\to\infty} \text{eff}\left[h\widehat{(\theta)}\right] = \lim_{n\to\infty} \frac{\theta/n}{e^{\theta/n} - 1} = 1$$

이다. ■

7.6 연습문제

1 $X_1, X_2, \cdots, X_n$을 $Poisson(\theta)$로부터의 확률표본이라고 할 때

$$h(\theta) = P(X_1 \geq 1) = 1 - e^{-\theta}$$

에 대한 C-R 하한이

$$\theta e^{-2\theta}/n$$

으로 주어짐을 보여라.

2 $X_1, X_2, \cdots, X_n$이 $\mathcal{E}(\theta)$로부터의 확률표본일 때

$$h(\theta) = P(X_1 > c) = e^{-c\theta}$$

에 대한 C-R 하한을 구하여라.

3. $X_1, X_2, \cdots, X_n$이 다음의 $Rayleigh(\theta)$로부터의 확률표본일 때, θ^2에 대한 C-R 하한을 구하여라.

$$f(x;\theta) = \begin{cases} \dfrac{x}{\theta^2}\exp\left(-\dfrac{x^2}{2\theta^2}\right), & x > 0\,(\theta > 0) \\ 0, & otherwise \end{cases}$$

7.7 최대가능도추정량의 극한분포

앞서 7.3절에서 최대가능도추정량을 구하는 법에 대해 다루었다. 이 절에서는 최대가능도추정량의 대표본인 경우에 대한 성질을 살펴본다.

정리 7 최대가능도추정량의 점근분포

θ에 대한 최대가능도추정량 $\hat{\theta}$은 적절한 조건하에서 다음의 성질 즉,

$$\sqrt{n}(\hat{\theta} - \theta) \xrightarrow{d} N(0, \frac{1}{I_1(\theta)})$$

을 만족한다. 여기서 $I_1(\theta)$는 C-R 하한을 의미한다. 이 사실은 충분히 큰 n에 대해

$$\hat{\theta} \overset{\cdot}{\sim} N(\theta, \frac{1}{nI_1(\theta)})$$

임을 의미한다.

|Remark| 위의 [정리 7]로부터 최대가능도추정량은, 충분히 큰 n에 대해, 정규분포로 근사될 뿐 아니라 일치성, 불편성, 최소분산성을 모두 만족하는 추정량임을 알 수 있다.

예제 1 $X_1, X_2, \cdots, X_n$이 $Poisson(\theta)$로부터의 확률표본일 때 $h(\theta) = P(X_1 = 0) = e^{-\theta}$의 최대가능도추정량 $\widehat{h(\theta)}$을 구하고, $\sqrt{n}\left[\widehat{h(\theta)} - h(\theta)\right]$의 극한분포를 구하여라.

풀이 θ에 대한 최대가능도추정량이 $\hat{\theta} = \overline{X}_n$이므로, 불변성에 의해 $h(\theta) = e^{-\theta}$에 대한 최대가능도추정량은 $\widehat{h(\theta)} = h(\hat{\theta}) = e^{-\overline{X}_n}$이다. 또한 7.6절의 [예제 3]으로부터 $I_1(\theta) = 1/\theta$이므로, [정리 7]에 의해

$$\sqrt{n}\left(\overline{X}_n - \theta\right) \xrightarrow{d} N(0,\, \theta)$$

이다(이는 CLT를 적용한 결과와도 동일하다). 따라서 델타 방법에 의해(6장의 [정리 10])

$$\sqrt{n}\left(e^{-\overline{X}_n} - e^{-\theta}\right) \xrightarrow{d} N\left(0,\, e^{-2\theta}\theta\right)$$

이다. 위 사실은 충분히 큰 n에 대해

$$e^{-\overline{X}_n} \overset{\bullet}{\sim} N\left(e^{-\theta},\, \frac{1}{n}\theta e^{-2\theta}\right)$$

임을 의미한다. ■

예제 2 $X_1, X_2, \cdots, X_n$이 다음 분포로부터의 확률표본일 때

$$f(x\,;\theta) = \begin{cases} \theta x^{\theta-1}, & 0 < x < 1 \ (\theta > 0) \\ 0, & otherwise \end{cases}$$

최대가능도추정량 $\hat{\theta}$에 대해 $\sqrt{n}(\hat{\theta} - \theta)$의 극한분포를 구하여라.

풀이 7.3절의 [예제 6]으로부터 $\hat{\theta}=n/(-\sum_{i=1}^{n}\ln X_i)$이다. 7.6절의 [예제 2]로부터 $I_1(\theta)=1/\theta^2$이므로, [정리 7]에 의해

$$\sqrt{n}(\hat{\theta}-\theta) \xrightarrow{d} N(0, \theta^2)$$

이다. ■

[참고] 위의 $\hat{\theta}=n/(-\sum_{i=1}^{n}\ln X_i)$의 극한분포는 [정리 7]을 이용하지 않고, 다음의 절차로부터 구해질 수도 있다. 즉, 확률적분변환(5.1절 [정리 1])으로부터

$$F(X)=X^{\theta} \sim U(0, 1)$$

이다. 5.1절 [예제 1]로부터

$$-\theta\ln X \sim \mathcal{E}(1) \overset{d}{=} \Gamma(1, 1)$$

이므로

$$-\ln X_i \sim i.i.d.\ \ \Gamma(1, \frac{1}{\theta}), \quad i=1, 2, \cdots, n$$

이다. 따라서 CLT에 의해

$$\sqrt{n}\left(-\frac{1}{n}\sum_{i=1}^{n}\ln X_i-\frac{1}{\theta}\right) \xrightarrow{d} N(0, \frac{1}{\theta^2})$$

이 성립한다. 또한 델타 방법에 의해

$$\sqrt{n}\left[h\left(-\frac{1}{n}\sum\ln X_i\right)-h\left(\frac{1}{\theta}\right)\right] \xrightarrow{d} N\left(0, \left[h'\left(\frac{1}{\theta}\right)\right]^2\frac{1}{\theta^2}\right)$$

이므로, $h(x)=\frac{1}{x}$이라고 할 때,

$$\sqrt{n}(\hat{\theta}-\theta) \xrightarrow{d} N\left(0, \left[h'\left(\frac{1}{\theta}\right)\right]^2\frac{1}{\theta^2}\right)=N(0, \theta^2)$$

이 성립된다.

7.7 연습문제

1 $X_1, X_2, \cdots, X_n$이 $Poisson(\theta)$로부터의 확률표본일 때

$$h(\theta) = P(X_1 \geq 1) = 1 - e^{-\theta}$$

의 최대가능도추정량 $h(\widehat{\theta})$에 대해 $\sqrt{n}\,[h(\widehat{\theta}) - h(\theta)]$의 극한분포를 구하여라.

2 $X_1, X_2, \cdots, X_n$이 $\mathcal{E}(\theta)$로부터의 확률표본일 때

$$h(\theta) = P(X_1 > c) = e^{-c\theta} \; (c > 0)$$

의 최대가능도추정량 $h(\widehat{\theta})$에 대해 $\sqrt{n}\,[(h(\widehat{\theta}) - h(\theta)]$의 극한분포를 구하여라.

7.8* 지수족 관련 추가 이론

이 절에서는 지수족의 경우에 유용한 몇 가지 주요 이론을 소개한다. 여기에는 완비충분통계량의 기댓값과 분산, 적률생성함수 및 모수의 최대가능도추정량을 쉽게 구하는 방법(공식)을 포함한다. 이 절은 건너뛰어도 무방하다.

정리 8 $X \sim f(x;\theta) = \exp\{c(\theta)\,T(x) + d(\theta) + S(x)\} \cdot I_{(a,\,b)}(x)$일 때, 다음이 성립한다.

(a) $E[T(X)] = -\dfrac{d'(\theta)}{c'(\theta)}$

(b) $Var[T(X)] = \dfrac{c''(\theta)d'(\theta)}{c'(\theta)^3} - \dfrac{d''(\theta)}{c'(\theta)^2}$ (또는 $\dfrac{1}{c'(\theta)}\left[-\dfrac{d'(\theta)}{c'(\theta)}\right]'$)

증명 $\int_a^b \exp(A)dx = 1,\;\; A = c(\theta)\,T(x) + d(\theta) + S(x).$

(a) 위 식의 양변을 θ에 대해 미분하면

$$\int_a^b \{c'(\theta)T(x)+d'(\theta)\}\exp(A)dx=0.$$

$$\therefore\ c'(\theta)\int_a^b T(x)\cdot\exp(A)dx=-d'(\theta)\int_a^b \exp(A)dx=-d'(\theta)\quad (*)$$

$$\therefore\ E[T(X)]=-\frac{d'(\theta)}{c'(\theta)}.$$

(b) (*)식의 양변을 θ에 대해 미분하면

$$c''(\theta)\left[-\frac{d'(\theta)}{c'(\theta)}\right]+c'(\theta)\int_a^b T(x)\{c'(\theta)T(x)+d'(\theta)\}\exp(A)dx=-d''(\theta).$$

$$\therefore\ -\frac{c''(\theta)d'(\theta)}{c'(\theta)}+c'(\theta)^2\int_a^b T(x)^2\cdot\exp(A)dx+c'(\theta)d'(\theta)\left[-\frac{d'(\theta)}{c'(\theta)}\right]=-d''(\theta)$$

$$\Rightarrow c'(\theta)^2E[T(X)^2]=\frac{c''(\theta)d'(\theta)}{c'(\theta)}+d'(\theta)^2-d''(\theta)$$

$$\Rightarrow E[T(X)^2]=\frac{c''(\theta)d'(\theta)}{c'(\theta)^3}+\frac{d'(\theta)^2-d''(\theta)}{c'(\theta)^2}.$$

$$\therefore\ Var[T(X)]=E[T(X)^2]-\left[-\frac{d'(\theta)}{c'(\theta)}\right]^2=\frac{c''(\theta)d'(\theta)}{c'(\theta)^3}-\frac{d''(\theta)}{c'(\theta)^2}.$$

|Remark| [정리 8]에서 Fisher 정보량은 $I(\theta)=c'(\theta)^2\,Var[T(X)]$이다. 그 이유는

$$\begin{aligned}I(\theta)&=-E\left[\frac{\partial}{\partial\theta^2}\ln f(X;\theta)\right]=-c''(\theta)E[T(X)]-d''(\theta)=-c''(\theta)\left[-\frac{d'(\theta)}{c'(\theta)}\right]-d''(\theta)\\&=\left[\frac{c''(\theta)d'(\theta)}{c'(\theta)^3}-\frac{d''(\theta)}{c'(\theta)^2}\right]c'(\theta)^2=c'(\theta)^2\,Var[T(X)]\end{aligned}$$

이다. 만약 $c'(\theta)$가 1−1 함수이면 $I(\theta)=c'(\theta)^2I(\eta)$, $\eta=c(\theta)$이다.

[용어] 자연모수

k−모수 지수족이 다음의 형태

$$f(x;\eta)=\exp\left\{\sum_{i=1}^k\eta_iT_i(x)+d_0(\eta)+S(x)\right\}\cdot I_A(x),\quad \eta\in H$$

로 표현될 때, $\eta = (\eta_1, \cdots \eta_k)$를 자연모수(natural parameters) 또는 정준모수(canonical parameters)라고 한다.

예 1 $Poisson(\theta)$: $f(x;\theta) = \exp\{(\ln\theta)x - \theta - \ln(x!)\}$이므로 $\eta = \ln\theta$가 자연모수이다.

예 2 $N(\mu, \sigma^2)$: $f(x;\theta) = \exp\left\{\frac{\mu}{\sigma^2}x - \frac{1}{2\sigma^2}x^2 + \cdots\right\}$이므로 $\eta = (\eta_1, \eta_2) = (\frac{1}{\sigma^2}, -\frac{1}{2\sigma^2})$이 자연모수이다.

[참고] 일반화선형모형(GLM)에서 정준연결함수란 자연모수를 연결함수로 사용하는 것을 말한다.

|Remarks|

1. 위 형태의 지수족을 정준형(canonical form)(또는 표준형)이라 한다. 지수족의 정준형 표현은 유일하지 않다. 그 이유는 η의 선택(부호 또는 상수항 포함)에 따라 $T(x)$ 또는 $S(x)$가 바뀔 수 있기 때문이다.
2. 위 형태에서 특별히 $T(x) = x$인 경우를 자연지수족(natural exponential family)이라 한다.
3. $\{L(\theta;x), \theta \in \Theta\} \subset \{L(\eta;x), \eta \in H\}$이므로 $\sup_{\theta \in \Theta} L(\theta;x) \le \sup_{\eta \in H} L(\eta;x)$이다.
4. (자연모수의 중요성) 전반적으로 자연모수는 지수족을 이해하고 작업하기 위한 강력한 프레임워크를 제공한다. 자연모수는 단순화를 가능하게 하고, 계산 효율성을 향상시키며, 다양한 통계 모형 간의 관계에 대한 이해를 심화시킨다.

정리 9 $X \sim f(x;\eta) = \exp\{\eta\, T(x) + d_0(\eta) + S(x)\} \cdot I_{(a,b)}(x)$, $\eta = c(\theta)$일 때, 다음이 성립한다.

(a) $Y = T(X)$의 적률생성함수: $M(t) = \exp\{d_0(\eta) - d_0(\eta + t)\}$

(b) $E[T(X)] = -d_0{}'(\eta)$, $Var[T(X)] = -d_0{}''(\eta)$

증명

(a) $$M_Y(t) = \int_a^b e^{tT(x)} \cdot \exp\{\eta T(x) + d_0(\eta) + S(x)\}\,dx$$
$$= \int_a^b \exp\{(\eta+t)\,T(x) + d_0(\eta) + S(x)\}\,dx$$
$$= \int_a^b \exp\{(\eta+t)\,T(x) + d_0(\eta+t) + S(x) + d_0(\eta) - d_0(\eta+t)\}\,dx$$
$$= \exp\{d_0(\eta) - d_0(\eta+t)\}\int_a^b \exp\{(\eta+t)\,T(x) + d_0(\eta+t) + S(x)\}\,dx$$
$$= \exp\{d_0(\eta) - d_0(\eta+t)\}.$$

(b) $$M_Y'(t) = -d_0'(\eta+t) \cdot \exp\{d_0(\eta) - d_0(\eta+t)\}.$$
$$M_Y''(t) = -d_0''(\eta+t) \cdot \exp\{d_0(\eta) - d_0(\eta+t)\} + [d_0'(\eta+t)]^2 \cdot \exp\{d_0(\eta) - d_0(\eta+t)\}.$$
$$\therefore\ E[T(X)] = M_Y'(0) = -d_0'(\eta) \quad \& \quad Var[T(X)] = M_Y''(0) - [-d_0'(\eta)]^2 = -d_0''(\eta).$$

예제 1 $X_1, X_2, \cdots, X_n$을 아래 분포($Rayleigh(\theta)$)로부터의 확률표본이라고 할 때, $T = \sum X_i^2$의 기댓값과 분산을 구하여라.

$$f(x;\theta) = \begin{cases} \dfrac{x}{\theta^2}\exp\left(-\dfrac{x^2}{2\theta^2}\right), & x > 0\ (\theta > 0) \\ 0, & otherwise \end{cases}$$

풀이 $f(x_1, \cdots, x_n; \theta) = \exp(-\frac{1}{2\theta^2}\sum x_i^2 + \sum \ln x_i - n\ln\theta^2)$으로부터

$$\eta = -\frac{1}{2\theta^2}, \quad \theta^2 = -\frac{1}{2\eta}, \quad d(\theta) = -n\ln\theta^2$$

이고, $d_0(\eta) = -n\ln(-\frac{1}{2\eta}) = n\ln(-2\eta)$이다. 따라서 $E(T) = -d_0'(\eta) = -\frac{n}{\eta}$ $= 2n\theta^2$이고, $Var(T) = -d_0''(\eta) = \frac{n}{\eta^2} = 4n\theta^2$이다. ∎

예제 2 $X \sim f(x;\eta) = \exp\{\eta T(x) + d_0(\eta) + S(x)\} \cdot I_{(a,b)}(x)$일 때, $E(Y) = E[T(X)] = \eta$이면 $Y \sim N(\eta, 1)$임을 보여라.

풀이 $-d_0{}'(\eta) = \eta$이므로 $d_0(\eta) = -\frac{1}{2}\eta^2 + c$이고,

$$M_Y(t) = \exp\{d_0(\eta) - d_0(\eta+t)\} = \exp\left\{-\frac{1}{2}\eta^2 + c + \frac{1}{2}(\eta+t)^2 - c\right\}$$
$$= \exp(\eta t + \frac{1}{2}t^2)$$

이다. 따라서 $Y \sim N(\eta, 1)$이다. ■

정리 10 $x = (x_1, \cdots, x_n)$이라 하자.

$$f(x;\theta) = \exp\left\{\sum_{i=1}^{k} c_i(\theta) T_i(x) + d(\theta) + S(x)\right\} \cdot I_A(x), \ \ \theta \in \Theta$$

이고, C를 $(c_1(\theta), \cdots, c_k(\theta))$의 범위에 속하는 영역이라고 하자. 만약 다음 방정식

$$E_\theta[T_i(X)] = T_i(x) \ \text{ for } i = 1, 2, \cdots, k \qquad (*)$$

가 $(c_1(\hat{\theta}(x)), \cdots, c_k(\hat{\theta}(x))) \in C$인 해 $\hat{\theta}(x) = (\hat{\theta}_1(x), \cdots, \hat{\theta}_k(x))$를 가지면 $\hat{\theta}$은 θ의 유일한 최대가능도추정량이다.

증명 [단계 1] $c_i(\theta) = \eta_i$, $i = 1, \cdots, k$라고 하자.

$$f(x;\eta) = \exp\left\{\sum_{i=1}^{k} \eta_i T_i(x) + d_0(\eta) + S(x)\right\} \cdot I_A(x), \ \ \eta \in H: \text{자연모수 공간}$$

$$\Rightarrow \begin{cases} \dfrac{\partial}{\partial \eta_i} \ln L(\eta; x) = T_i(x) + \dfrac{\partial}{\partial \eta_i} d_0(\eta), & i = 1, \cdots, k \\ \dfrac{\partial^2}{\partial \eta_i \partial \eta_j} \ln L(\eta; x) = \dfrac{\partial^2}{\partial \eta_i \partial \eta_j} d_0(\eta), & i, j = 1, \cdots, k \end{cases}$$

$$\Rightarrow \begin{cases} \dfrac{\partial}{\partial \eta_i}\ln L(\eta;x)=0 \quad \Leftrightarrow \quad T_i(x) = -\dfrac{\partial}{\partial \eta_i}d_0(\eta) = E_\eta[T_i(X)] \\ \left(\dfrac{\partial^2}{\partial \eta_i \partial \eta_j}\ln L(\eta;x)\right)_{k\times k} = -(Cov_\eta[T_i(X),\, T_j(X)])_{k\times k} : \text{negative definte} \end{cases}$$

$$\Rightarrow \frac{\partial}{\partial \eta_i}\ln L(\eta, x) = 0 \text{은 MLE } \hat{\eta}_i \text{을 제공한다}(\hat{\eta}\in H\text{이면}).$$

[단계 2] 식 (*)를 만족하는 임의의 $\hat{\theta}$에 대응하는 $c(\hat{\theta})$은 $\sup_{\theta\in\Theta}L(\theta;x) \le$ $\le \sup_{\eta\in H}L(\eta;x) = L(c(\hat{\theta});x)$을 만족하므로, $\hat{\theta}$은 $L(\theta;x)$를 최대화한다(즉, 최대가능도추정량이다).

예제 3 [예제 1]의 $Rayleigh(\theta)$분포에서 θ^2의 최대가능도추정량을 구하여라.

풀이 **[방법 1]** $T(X) = \sum X_i^2$이고 $E[T(X)] = -d_0{}'(\eta) = 2n\theta^2 \equiv \sum x_i^2$ 이다. 따라서 θ^2의 최대가능도추정량은 $\widehat{\theta^2} = \dfrac{1}{2n}\sum X_i^2$이다.

[방법 2] $T = \dfrac{1}{2}\sum X_i^2$은 $\theta(>0)$에 대한 충분통계량이고, T의 분포는

$$\frac{1}{2}X_i^2 (i=1,2,\cdots n) \sim i.i.d.\ \mathcal{E}\left(\frac{1}{\theta^2}\right)$$

으로부터(5.1절 연습문제 2번)

$$T = \frac{1}{2}\sum X_i^2 \sim \Gamma(n, \theta^2)$$

이다. 따라서

$$L(\theta^2; y) = \frac{1}{\Gamma(n)(\theta^2)^n}t^{n-1}e^{-\frac{t}{\theta^2}},\ \ l(\theta^2;t) = -\ln\Gamma(n) - n\ln(\theta^2) + (n-1)\ln t - \frac{t}{\theta^2}$$

이고, $\dfrac{\partial}{\partial(\theta^2)}l(\theta^2;t) = -\dfrac{n}{\theta^2} + \dfrac{t}{\theta^4} \equiv 0$으로부터 $\widehat{\theta^2} = \dfrac{T}{n} = \dfrac{1}{2n}\sum X_i^2$이다. ▪

예제 4 $(X_1, Y_1), \cdots, (X_n, Y_n)$을 이변량 정규분포 $N_2(\mu, \Sigma)$으로부터의 확률표본이라고 할 때, 모수 $\theta = (\mu_1, \mu_2, \sigma_1^2, \sigma_2^2, \rho)$에 대한 최대가능도추정량이 $\hat{\theta} = (\overline{X}, \overline{Y}, S_1^2, S_2^2, \hat{\rho})$으로 주어짐을 보여라. 여기서

$$S_1^2 = \frac{1}{n}\sum(X_i - \overline{X})^2,\ \ S_2^2 = \frac{1}{n}\sum(Y_i - \overline{Y})^2,$$

$$\hat{\rho}(=r) = \frac{\sum(X_i - \overline{X})(Y_i - \overline{Y})}{\sqrt{(X_i - \overline{X})^2}\sqrt{(Y_i - \overline{Y})^2}}$$

이다.

풀이 $\theta = (\mu_1, \mu_2, \sigma_1^2, \sigma_2^2, \rho)$라고 하자. 이변량 정규분포의 확률밀도함수로부터 가능도 함수는

$$\begin{aligned} L(\theta) &= \left(2\pi\sigma_1\sigma_2\sqrt{1-\rho^2}\right)^{-n}\exp\left[-\frac{1}{2(1-\rho^2)}\left\{\frac{1}{\sigma_1^2}\sum(x_i-\mu_1)^2\right.\right. \\ &\qquad \left.\left. -\frac{2\rho}{\sigma_1\sigma_2}\sum(x_i-\mu_1)(y_i-\mu_2)+\frac{1}{\sigma_2^2}\sum(y_i-\mu_2)^2\right\}\right] \\ &= \left(2\pi\sigma_1\sigma_2\sqrt{1-\rho^2}\right)^{-n}\exp\left[-\frac{1}{2(1-\rho^2)}\left\{\frac{1}{\sigma_1^2}\sum x_i^2+\frac{1}{\sigma_2^2}\sum y_i^2+\left(\frac{2\rho\mu_2}{\sigma_1\sigma_2}-\frac{2\mu_1}{\sigma_1^2}\right)\sum x_i\right.\right. \\ &\qquad \left.\left. -\frac{2\rho}{\sigma_1\sigma_2}\sum x_iy_i+\left(\frac{2\rho\mu_1}{\sigma_1\sigma_2}-\frac{2\mu_2}{\sigma_2^2}\right)\sum y_i+\left(\frac{\mu_1^2}{\sigma_1^2}-\frac{2n\rho\mu_1\mu_2}{\sigma_1\sigma_2}+\frac{\mu_2^2}{\sigma_2^2}\right)\right\}\right]. \end{aligned}$$

이다. 위 식은 [정리 10]에서

$$T_1 = \sum X_i^2,\ T_2 = \sum Y_i^2,\ T_3 = \sum X_i,\ T_4 = \sum Y_i,\ T_5 = \sum X_i Y_i$$

인 경우에 해당하며, θ에 대한 최대가능도추정량은 다음과 같이 구해진다. 즉, 관계식

$$E(\sum X_i) = n\mu_1 \equiv \sum x_i,\ \ E(\sum X_i^2) = n(\sigma_1^2 + \mu_1^2) \equiv \sum x_i^2$$

으로부터

$$\widehat{\mu_1} = \overline{X},\ \ \widehat{\sigma_1^2} = \frac{1}{n}\sum X_i^2 - \widehat{\mu_1}^2 = \frac{1}{n}\sum(X_i - \overline{X})^2$$

이고, 마찬가지로 $\widehat{\mu_2} = \overline{YX}$, $\widehat{\sigma_2^2} = \frac{1}{n}\sum(Y_i - \overline{Y})^2$이다. 또한 관계식

$$E(\sum X_i Y_i) = \sum E(X_i Y_i) = n(\rho\sigma_1\sigma_2 + \mu_1\mu_2) \equiv \sum x_i y_i$$

으로부터

$$\hat{\rho} = \frac{\frac{1}{n}\sum X_i Y_i - \widehat{\mu_1}\widehat{\mu_2}}{\widehat{\sigma_1}\widehat{\sigma_2}} = \frac{\frac{1}{n}\sum X_i Y_i - \overline{X}\,\overline{Y}}{\frac{1}{n}\sqrt{\sum(X_i-\overline{X})^2}\sqrt{\sum(Y_i-\overline{Y})^2}}$$

$$= \frac{\sum(X_i-\overline{X})(Y_i-\overline{Y})}{\sqrt{\sum(X_i-\overline{X})^2}\sqrt{\sum(Y_i-\overline{Y})^2}}$$

이다. ■

|Remark| 위 예제를 7.3절에서와 같이 가능도함수의 미분을 통해 구하는 방법은 계산과정이 매우 지루할 수 있다. 반면, [정리 10]을 이용하면 매우 편리함을 알 수 있다.

[참고] 1. ρ의 적률추정량은

$$\rho = \frac{E(X-\mu_1)(Y-\mu_2)}{\sqrt{Var(X)}\sqrt{Var(Y)}} = \frac{E(XY)-E(X)E(Y)}{\sqrt{E(X^2)-(EX)^2}\sqrt{E(Y^2)-(EY)^2}}$$

으로부터, $\hat{\rho} = \dfrac{\frac{1}{n}\sum X_i Y_i - \overline{X}\,\overline{Y}}{\sqrt{\frac{1}{n}\sum X_i^2 - \overline{X}^2}\sqrt{\frac{1}{n}\sum Y_i^2 - \overline{Y}^2}}$ 이다. 즉, 최대가능도추정량과 동일하다.

2. 위의 상관계수에 대한 추정량 $\hat{\rho}$은 Pearson의 표본상관계수로 알려져 있다. 이에 대응하는 비모수적 상관계수는 10.5절을 참고하기 바란다.

7장 연습문제

1. $X_1, X_2, \cdots, X_n$이 $U(0, \theta)$로부터의 확률표본일 때, $\left(\prod_{i=1}^{n} X_i\right)^{1/n}$ 이 $\dfrac{\theta}{e}$의 일치추정량임을 보여라.

[Hint] $X \sim U(0, \theta)$일 때 $\dfrac{X}{\theta} \sim U(0, 1)$이고, $-\ln\left(\dfrac{X}{\theta}\right) \sim \mathcal{E}(1)$임을 이용할 것.

2. $X \sim B(1, p)$, $p \in [\frac{1}{4}, \frac{3}{4}]$일 때, p의 최대가능도추정량을 구하여라.

3. $X_j = (X_{j1}, X_{j2})\,(j = 1, 2, \cdots, n)$가 $Multinomial(1, p_1, p_2, p_3)$로부터의 확률표본이고

$$p_1(\theta) = \theta^2,\ p_2(\theta) = 2\theta(1-\theta),\ p_3(\theta) = (1-\theta)^2, \quad 0 < \theta < 1$$

일 때, θ의 최대가능도추정량을 구하여라.

4. $X_1, X_2, \cdots, X_n$을 아래 분포로부터의 확률표본이라 하자.

$$P_\theta(X = -1) = \frac{2-\theta}{4},\ P_\theta(X = 0) = \frac{\theta}{2},\ P_\theta(X = 1) = \frac{2-\theta}{4}\ (0 \le \theta \le 1).$$

(a) θ의 최대가능도추정량을 구하여라.
(b) θ의 적률추정량을 구하여라.

[Hint] $f(x;\theta) = \left(\dfrac{2-\theta}{4}\right)^{|x|}\left(\dfrac{\theta}{2}\right)^{1-|x|}$.

5. 아래 분포로부터 크기 n인 확률표본을 $X_1, X_2, \cdots, X_n$이라 하자. 여기서 $\theta(> 1/2)$는 미지이다.

$$f(x)=\begin{cases}1, & 0<x\le\dfrac{1}{2}\\[2ex] \dfrac{1}{2\theta-1}, & \dfrac{1}{2}<x\le\theta\\[2ex] 0, & otherwise\end{cases}$$

(a) θ에 대한 최대가능도추정량을 구하여라.
(b) θ에 대한 적률추정량을 구하여라.
(c) (b)에서 구한 적률추정량은 일치성을 만족하는가?

6. $X_1, X_2, \cdots, X_n\,(n=2k+1)$을 $N(\mu, \sigma^2)$으로부터의 확률표본이라 할 때, Basu 정리를 사용하여 $E\left(\mathrm{med}_{1\le i\le n}X_i \mid \overline{X}\right)=\overline{X}$임을 보여라.

7. $X_1, X_2, \cdots, X_n$을 $\mathcal{E}(\theta)$로부터의 확률표본이라고 할 때, θ와 $\dfrac{1}{\theta}$에 대한 UMVUE를 구하여라.

8. $X_1, X_2, \cdots, X_n$을 아래 분포로부터의 확률표본이라 하자.

$$f(x;\theta)=\begin{cases}\dfrac{r\theta^r}{x^{r+1}}, & \theta\le x<\infty\ (\theta>0,\ r>1)\\[2ex] 0, & otherwise\end{cases}$$

(a) $X_{(1)}=\min(X_1, X_2, \cdots, X_n)$이 θ에 대한 완비충분통계량임을 보여라.
(b) θ에 대한 UMVUE를 구하여라.

[Hint] (a) 완비성에 대한 증명은 7.4절 [예제 5]와 유사함.

7장 추가 연습문제

1. $X_1,\cdots,X_n \sim i.i.d.\ f(x;\theta)=\begin{cases}\theta^{x-1}(1-\theta), & x=1,\cdots,r\\ \theta^{x-1}, & x=r+1\\ 0, & otherwise\end{cases}$ 일 때, θ의 최대가능도추정량을 구하여라.

2. $X \sim Hyper(N,n,N\theta)$일 때, X의 분포모임 $\{Hyper(N,n,N\theta);\theta=0,1/N,\cdots,1\}$이 완비성을 가짐을 보이고, θ의 UMVUE를 구하여라.

3. $X_1,X_2,\cdots,X_n$을 $Poisson(\lambda)$로부터의 확률표본이라 하자.

(a) $e^{-\lambda}$의 최대가능도추정량을 구하여라.

(b) $T=\frac{1}{n}(X_i$들 가운데 영(0)의 수$)=\frac{1}{n}\sum_{i=1}^{n}I_{\{0\}}(X_i)$일 때, $E(T)$와 $Var(T)$를 구하여라.

(c) $e^{-\lambda}$의 Cramer-Rao 하한을 구하여라.

(d) $e^{-\overline{X}}$의 기댓값을 구하여라. 또한 기댓값의 극한$(n\to\infty)$을 구하여라.

4. 완비성과 관련된 다음 물음에 답하여라.

(a) $X_1,X_2,\cdots,X_n$이 $U(\theta-\frac{1}{2},\theta+\frac{1}{2})$로부터의 확률표본이고, $Y_1=X_{(1)}$, $Y_n=X_{(n)}$이라 하자. 이때 $Y=(Y_1,Y_n)$의 분포모임이 완비성을 만족하지 않음을 보여라.

(b) $X_1,X_2,\cdots,X_n$이 $U(\theta,\theta+1)$으로부터의 확률표본이고, $Y_1=X_{(1)}$, $Y_n=X_{(n)}$이라 하자. 이때 $Y=(Y_1,Y_n)$의 분포모임이 완비성을 만족하지 않음을 보여라.

(c) $X_1,X_2,\cdots,X_n$이 $U(\theta_1,\theta_2)$ $(\theta_1<\theta_2)$로부터의 확률표본이고, $Y_1=X_{(1)}$, $Y_n=X_{(n)}$이라 하자. 이때 $Y=(Y_1,Y_n)$이 $\theta=(\theta_1,\theta_2)$에 대한 결합완비통계량임을 보여라.

5. **(응용문제)** 포장기계로 연속적으로 배달되는 제품의 무게를 $W_1,W_2,\cdots,W_n$이라 하자. $W_i(i=1,2,\cdots,n)$의 분포가 $N(\mu,\sigma^2)$이고, $Corr(W_i,W_{i+1})=\rho(i=1,2,\cdots,n-1)$이다. 여기서 μ, $\sigma^2(>0)$, $\rho(-1<\rho<1)$는 미지의 모수이다.

(a) μ, σ^2 및 ρ에 대한 적률추정량을 구하여라.

(b) $n=2$인 경우, (i) σ^2의 적률추정량의 편의(bias)와 (ii) μ의 적률추정량의 분산을 구하고, (iii) ρ의 적률추정량을 기술하고 그 결과의 활용성에 대해 논하여라.

[Hint] $E(\sum_{i=1}^{n} W_i)$, $E(\sum_{i=1}^{n} W_i^2)$ 및 $E(\sum_{i=1}^{n-1} W_i W_{i+1})$을 계산할 것.

6. **(응용문제)** 주유 펌프가 한 대뿐인 주유소가 있다. 고객은 한 번에 한 대씩(차량 기준) 도착하며, 도착-간의 시간(inter-arrival times)은 서로 독립적이며 다음의 분포를 따른다.

$$f(t)=\begin{cases}\lambda e^{-\lambda t}, & t \geq 0 \\ 0, & otherwise\end{cases}$$

여기서 $\lambda(>0)$는 미지이다. 또한, 고객들에게 서비스를 제공하는 시간은 독립적이며, 미지의 평균(μ)과 분산(σ^2)을 가지는 정규분포를 따른다.

(a) 고객 n명에 대한 서비스 시간의 관측값과 $(n-1)$개의 도착-간의 시간이 주어질 때, 모수 λ 및 μ와 σ^2에 대한 적률추정량과 최대가능도추정량을 구하여라.

(b) 임의의 길이 l인 시간 구간 내에 도착한 고객 수는 평균이 λl인 포아송분포를 따름을 보일 수 있다. 이 결과를 이용하여 λ에 대한 또 다른 적률추정량을 제시하여라.

7장 심화 연습문제

1. X가 $Hyper(N,n,D)$분포로부터의 단일표본일 때, N의 최대가능도추정량이 $\hat{N} = \left[\frac{nD}{x}\right]$임을 보여라.

[주목] 이 결과는 포획-재포획 문제(capture-recapture problem)에서 총 모집단수(N)를 추정하는 데 사용될 수 있다. 이때, D(1차 포획에서 표식한 개체 수)와 n(2차 포획된 개체 수)은 실험계획에 의해 정해지며, x(2차 포획에서 표식된 개체 수)는 관측값으로 변하는 값이다. 예를 들어, D(1차 포획 수)$=200$, n(2차 포획 수)$=400$이고, 1, 2차에 걸쳐 모두 포획된 수 x가 42일 때, 총 모집단수는 $N = \left[\frac{nD}{x}\right] = 1600$으로 추정된다.

2. $X_j = (X_{j1},\cdots,X_{j(k-1)})$ $(j=1,\cdots,n)$을 $Multinomial(1,p_1,\cdots,p_k)$로부터의 확률표본이라 할 때, p_i의 최대가능도추정량이 $\hat{p}_i = \frac{N_i}{n}(i=1,\cdots,k)$임을 보여라. 여기서, $N_i = \sum_{j=1}^{n} X_{ji}$는 i-번째 표본 칸 빈도이다.

[Hint] $\ln x \le x-1$ 관계를 이용할 것.

3. $X_1, X_2, \cdots, X_n$을 다음의 이산형 균일분포로부터의 확률표본이라고 할 때, 물음에 답하여라.

$$f(x;\theta) = \begin{cases} \frac{1}{\theta}, & x=1,2,\cdots,\theta \\ 0, & otherwise \end{cases}$$

(a) $Y = X_{(n)}$이 θ에 대한 완비충분통계량임을 보여라.

(b) θ에 대한 UMVUE를 구하여라.

[Hint] $Y \sim f(y) = P(Y=y) = \frac{y^n - (y-1)^n}{\theta^n}, \quad y=1,2,\cdots,\theta$ (5.2절 [예제 2]).

4. $X_1, X_2, \cdots, X_n$이 아래 분포로부터의 확률표본이고, $Y_1 < Y_2 < \cdots < Y_n$을 순서통계량이라고 하자.

$$f(x;\theta_1,\theta_2) = \frac{1}{\theta_2}\exp\left(-\frac{x-\theta_1}{\theta_2}\right), \quad \theta_1 < x < \infty \ \ (-\infty < \theta_1 < \infty,\ \theta_2 > 0).$$

(a) 이차원 통계량 $(Y_1,\ \overline{Y} = \overline{X})$와 $\dfrac{(Y_2 - Y_1)}{\sum(Y_i - Y_1)}$이 서로 독립임을 보여라.

(b) 모수 θ_1과 θ_2의 UMVUE를 구하여라.

[Hint] (a) $W_i = \dfrac{X_i - \theta_1}{\theta_2}\ (i = 1, \cdots, n) \sim \mathcal{E}(1)$임을 이용할 것.

(b) 충분통계량의 완비성에 대한 증명은 생략할 것(답안 참고).

5. $X_1, X_2, \cdots, X_n$이 아래 $Cauchy(1, \theta)$로부터의 확률표본일 때, θ의 불편추정량의 분산에 대한 Cramer-Rao 하한을 구하여라.

$$f(x;\theta) = \frac{1}{\pi\{1 + (x-\theta)^2\}}, \quad -\infty < x < \infty \ \ (-\infty < \theta < \infty).$$

[Hint] (배각 공식) $\sin 2x = 2\sin x \cos x$, $\cos 2x = \cos^2 x - \sin^2 x$.

(반각 공식) $\sin^2\dfrac{x}{2} = \dfrac{1-\cos x}{2}$, $\cos^2\dfrac{x}{2} = \dfrac{1+\cos x}{2}$.

방정식의 근을 찾는 수치적 방법 - 뉴튼-랩슨법

방정식($f(x) = 0$)의 근을 구하는 수치적인 방법(numerical method)에는 이분법(bisection method), 할선법(secant method), 뉴튼-랩슨법(Newton-Raphson method) 등 그 방법이 매우 다양하다. 이 가운데 뉴튼-랩슨법을 소개한다.

아래의 그림에서 $f(x) = 0$의 근인 r을 찾는 방법은 (ⅰ) 초깃값 x_0를 선택한 후, (ⅱ) 접선의 방정식을 구한 뒤, (ⅲ) x_1을 찾아 초깃값을 갱신한다. 이 과정을 충분히 반복하여 수렴하는 값을 근으로 취한다.

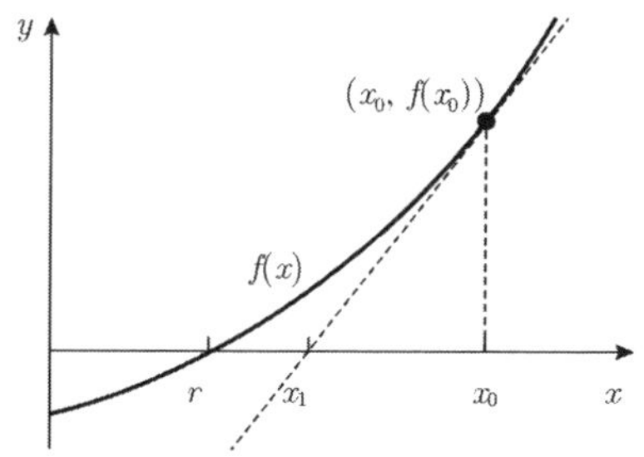

위의 그림에서 접선의 방정식은

$$y - f(x_0) = f'(x_0)(x - x_0)$$

으로 주어지며, x_1은 위 식에서 $y = 0$을 만족하는 x값으로 구해진다. 이를 일반화하면 다음의 뉴튼-랩슨의 반복식

$$x_{n+1} = x_n - \frac{f(x_n)}{f'(x_n)}, \quad n = 0, 1, \cdots$$

을 얻게 되며, 이 반복식의 수렴값이 바로 방정식의 근(r)이 된다. 이 방법을 사용할 경우 적절한 초깃값(x_0)의 선택과 함수의 미분식(미분이 어려운 경우에는 도함수의 정의로부터 수치적으로 근사 가능)이 요구된다.

|Remarks|

1. 뉴튼-랩슨법은 통계학에서 최대가능도추정량(MLE) 또는 분위수(quantiles)를 찾는 문제에 적용될 수 있다.

2. 이분법(bisection method) 등에 비해 수렴속도가 매우 빠른 방법으로 알려져 있다.

예제 $f(x)=x^2-2$의 양(>0)의 근을 찾아보자. 초깃값을 $x_0=1.5$으로 할 때, 위의 반복식으로부터

$$x_1 = x_0 - \frac{x_0^2-2}{2x_0} = 1.5 - \frac{1.5^2-2}{2(1.5)} = 1.4167$$

$$x_2 = x_1 - \frac{x_1^2-2}{2x_1} = 1.4167 - \frac{1.4167^2-2}{2(1.4167)} = 1.4142$$

이다. 단 2회의 반복만으로도 정확한 값 $\sqrt{2}(\approx 1.4142)$에 근사함을 알 수 있다.

제8장

가설검정법

8.0 가설검정의 기초 개념

8.1 개요

8.2 최강력검정

8.3 균일최강력검정

8.3.1 단순 대 복합 가설

8.3.2* 복합 대 복합 가설

8.4 가능도비검정

8.5 유용한 검정법 소개

8.5.1 카이제곱 적합도검정

8.5.2 상관계수 검정

8.5.3* 회귀계수 검정 – 단순회귀모형

8.5.4* 일원배치 분산분석

Jerzy Neyman (1894–1981)

Egon Pearson (1895–1980)과 함께 통계적 가설검정의 현대이론 확립. Neyman–Pearson 정리.

Andrei N. Kolmogorov (1903–1987)

수리통계학과 확률론 분야에 크게 기여한 천재 수학자. 확률의 수학적 정의, 확률과정(stochastic process).

8장 가설검정법

8.0 가설검정의 기초 개념

8.0.1 가설검정의 원리

가설검정을 위해서는 다음의 3가지 요소가 필요하다.

- 가설(대립가설과 귀무가설)
- 검정통계량
- 검정통계량의 귀무가설하에서의 분포[1)]

첫째, 가설은 주장하고자 하는 가설을 대립가설(H_1)에, 그것에 반하는 가설을 귀무가설(H_0)에 세운다(귀무(null)의 의미는 원래는 없던 가설이라는 뜻이다). 흔히 두 가설은 모수(θ)의 범위에 대한 제한으로 표현된다.

둘째, 검정통계량은 가설의 옳고 그름을 판단하는 데 기준이 되는 통계량을 의미한다. 흔히 검정통계량은 모수에 대한 추정량의 함수로 주어진다. 데이터로부터 관측된 검정통계량의 관측값은 데이터가 대립가설을 지지하는 강도가 어느 정도인지를 나타낸다.

셋째, 모집단에 대한 가정으로부터 검정통계량의 분포를 구하되, 귀무가설이 사실이라는 전제하에 구한다.[2)] (데이터로부터 구해지는) 검정통계량의 관측값이 이 분포의 중심으로부터 대립가설을 지지하는 방향으로 멀리 떨어진 값을 가진다면, 귀무가설이 틀렸다고 통계적으로 주장할 수 있게 된다.

가정 설명의 편의상 이 절에서의 모든 설명과 그림 등은 정규모집단으로부터 확률표본에 기초한 다음의 모평균(θ)에 대한 가설을 기준으로 설명하는 것으로 가정

---

1) 2) 귀무가설의 형태(단순 또는 복합가설)와 관계없이, 등호($\theta = \theta_0$)에서의 분포만 필요하다. 그 이유는 이때 제1종 오류의 확률이 가장 커지기 때문에, 가장 보수적으로 검정의 기준을 정하기 위해서이다.

한다.

$$H_0 : \theta \le \theta_0 \qquad vs \qquad H_1 : \theta > \theta_0$$

(a) 유의수준 α인 검정

검정통계량의 관측값이 대립가설을 지지하는 방향으로 어느 정도 떨어져 있을 때 귀무가설이 틀렸다고 주장할 수 있을까? 유의수준(α)은 그 기준값을 우리에게 제공해준다. 즉, 검정통계량의 귀무가설하의 분포에서, 상위 $100\alpha\%$ 지점의 값(큰 값이 대립가설을 지지하는 방향이라 가정할 때)을 그 기준으로 한다. 즉, 유의수준 α인 검정은 검정통계량의 귀무가설하에서의 분포로부터 상위 $100\alpha\%$ 지점의 기준값을 미리 정해놓고, 검정통계량의 관측값을 그 기준값과 비교하여, 크면 귀무가설을 기각하는 방식으로, 검정을 수행하는 것이다.

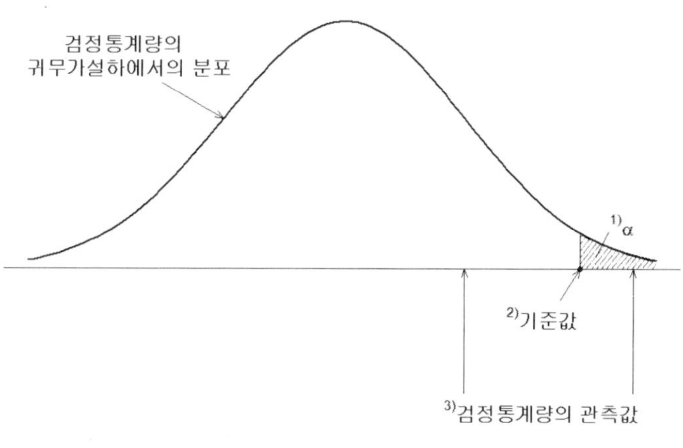

[그림 1] 유의수준 α인 검정: 그림에 부여된 번호순으로 수행됨

용어 유의수준(significance level)은 제1종 오류를 범할 확률의 최댓값으로 정의된다. 제1종 오류는 귀무가설이 실제로 참인 데도 불구하고 이를 잘못하여 기각하게 되는 오류를 말한다. 위 그림에서 알 수 있듯이 검정통계량의 관측값이 귀무가설이 참인 상황에서도 기준값보다 큰 값이 나올 수도 있으므로, 이 기준값에 근거하여 귀무가설을 기각하는 의사결정은, 그 주장이 잘못된 주장일 가능성도 $100\alpha\%$ 정도 된다는 뜻이다. 즉, 유의수준 α인 검정은 귀무가설에 대한 잘못된 기각의 확률을 $100\alpha\%$ 허용하는 검정을 수행하는 것이다.

(b) p-값(또는 유의확률)을 이용한 검정

유의수준 α인 검정은 데이터의 관측과는 무관하게 미리 정해진 유의수준에 따라 검정을 수행하는 방식이다. 이와는 달리 데이터로부터 관측된 검정통계량의 값이 얼마나 귀무가설을 지지하는 정도가 강한지를 확률로 나타낸 것이 p-값이다. 즉, 아래의 그림에서 관측된 검정통계량의 값으로 귀무가설을 기각하기 위해서는 최소한 빗금 친 면적만큼의 유의수준을 허용한다면 가능할 것이다. 데이터가 가진 증거로부터 구해지는 이 면적이 바로 p-값이다. p-값은 0과 1 사이의 값을 가지며, 이 값이 작을수록 데이터가 가지는 귀무가설을 지지하는 강도가 약하다는 것을 의미한다.

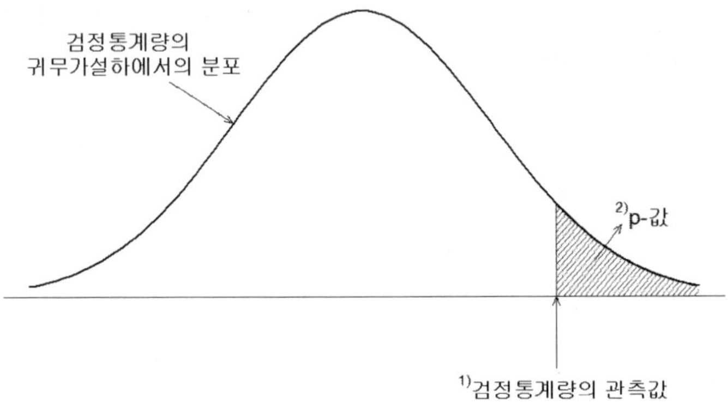

[그림 2] p-값을 이용한 가설검정: 그림에 부여된 번호순으로 수행됨

p-값(또는 유의확률을)을 달리 해석해 보면, 위 그림에서 귀무가설이 참인 상황에서도 검정통계량의 관측값보다 더 대립가설을 지지하는 방향으로 검정통계량의 값이 주어질 확률이 p-값이다. 따라서 데이터로부터 구해지는 검정통계량의 관측값(데이터가 가지고 있는 증거)의 근거를 가지고 귀무가설이 틀렸다고 주장을 하게 될 때 그 주장이 잘못된 주장일 가능성(확률)이 p-값만큼 된다는 뜻이다. 즉, 이 값이 작을수록 귀무가설을 기각하는 결정이 잘못된 주장일 가능성이 작다는 것을 의미한다.

예제 1 어느 소비자 그룹에서 연비가 17 마일리지로 광고하는 새로운 SUV 차량의 실제 마일리지가 17보다 작은 것으로 의심하고 있다. 총 10회에 걸쳐 SUV 차량의 마일리지를 조사한 결과 평균 15.2, 표준편차 1.64를 얻게 되었다. 소비자 그룹의 주장을 뒷받침할 만한 충분한 증거가 있는지를 검정하여라.

풀이 (R 프로그램 이용)

```
> xbar <- 15.2; s <- 1.64; n=10
> SE <- s/sqrt(n)

> xbar.0 <- (xbar-17)/SE
> pt(xbar.0, df=n-1, lower.tail=TRUE)
[1] 0.003519983
```

해석 p-값이 0에 가까우므로 소비자 그룹의 주장이 옳다고 할 수 있다.

8.0.2 검정력과 검정력함수

(a) 검정의 오류(제1종 오류/ 제2종 오류)

검정에는 두 종류의 오류를 포함한다. 제1종 오류는 '귀무가설이 실제 참인데도 불구하고 이를 기각하는 오류'이며, 제2종 오류는 '대립가설이 참인 상황에서 귀무가설을 기각하지 못하는 오류'이다. 두 종류의 오류를 범할 확률을 그림으로 나타내면 다음과 같다.

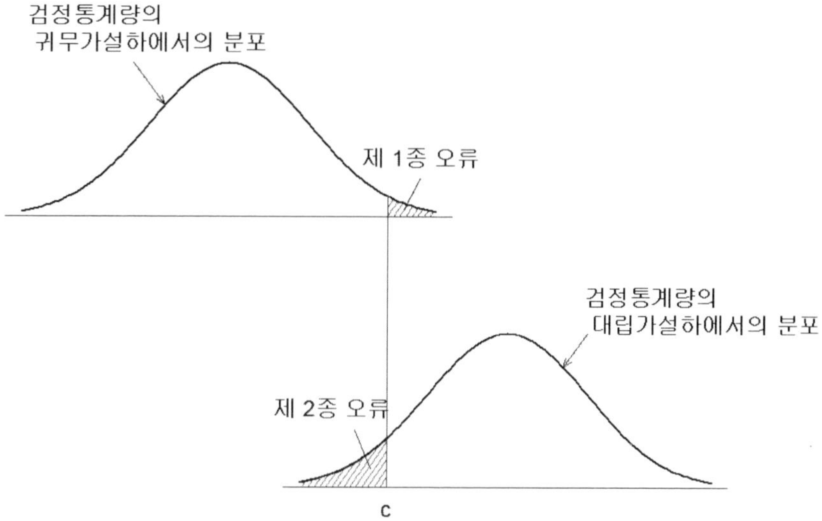

[그림 3] 검정의 오류(제1종 오류, 제2종 오류)

(b) 검정력함수(power function)와 검정력(power)

검정력함수는 '귀무가설을 기각할 확률을 모수값의 함수로 나타낸 것'이다. 다음 그림에서 $\gamma(\theta)$는 검정력함수를 나타낸다.

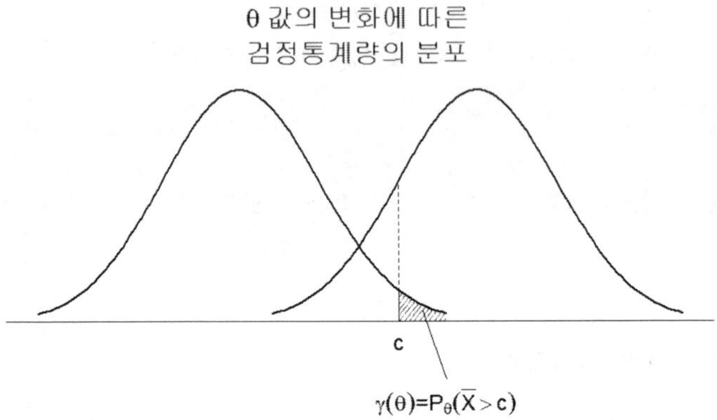

[그림 4] 검정력함수 원리

위의 그림으로부터 모수값의 변화에 따른 검정력함수를 그림으로 나타내면 다음과 같다.

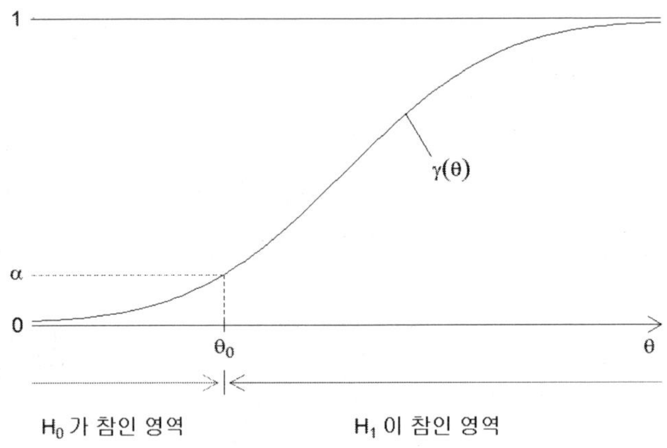

[그림 5] 검정력함수

위의 그림에서 검정력(power)은 '모수가 대립가설에 속할 때의 검정력 함수값'으로 정의된다.

예제 2 어느 소비자 그룹에서 연비가 17 마일리지로 광고하는 새로운 SUV 차량의 실제 마일리지가 17보다 작은 것으로 의심하고 있다. 소비자 그룹이 총 10회의 검사를 통해 '마일리지의 평균이 16 이하이면 자신들의 주장이 맞다.'고 판정 기준을 정하였다고 하자. 위 기준에 의한 검정이 실제 평균 마일리지가 17보다 큰 경우에도 불구하고 자신들의 주장이 옳은 것으로 잘못 판단할 확률의 최댓값은 얼마인가? (단, 마일리지의 표준편차는 1.5로 알려져 있다.)

풀이 이 검정의 기각역은 '$\overline{X} \le 16$'이므로, 실제 모집단의 평균 연비가 17 이상인 모든 귀무가설 상황에서 위 기각역을 적용할 경우 잘못 판단할 오류의 최댓값은 17인 경우에 발생한다. 따라서 제1종 오류의 최댓값, 즉 이 검정의 유의수준은 다음과 같이 계산된다.

$$\alpha = P(\overline{X} \le 16 \mid \mu = 17)$$

평균 마일리지의 분포가 정규분포를 따른다고 할 때, 위 확률은 다음과 같이 계산된다(R 프로그램 이용).

```
> sigma <- 1.5; n=10
> SE <- sigma/sqrt(n)
> z.0 <- (16 - 17)/SE
> pnorm(z.0, lower.tail=TRUE)
[1] 0.01750749
```

해석 위의 기각역 기준을 적용할 때, 제1종 오류의 최댓값은 0.0175이다. 즉, 위의 검정은 유의수준 1.75%인 검정법이 된다. ■

8.0 연습문제

1 가솔린의 가격을 알아보기 위해 전화조사를 실시하였다. 100개의 표본을 조사한 결과 평균 1220원, 표준편차 80원으로 주어졌다. 가솔린 가격이 1200원보다 크다는 대립가설에 대해 유의수준 5%의 검정을 수행하여라.

❷ (문제 1)에서 이 검정의 유의확률을 구하여라.

❸ (문제 1)의 유의수준 5%의 검정을 수행한다고 하자. 가솔린 가격의 모평균이 1230원이라고 할 때, 귀무가설을 올바르게 기각할 확률을 구하여라.

❹ Y_1과 Y_2를 서로 독립이며 동일한 분포 $N(\theta, 4)$를 따르는 확률변수라고 하자. 다음의 가설에 대한 검정을 실시하고자 한다.

$$H_0 : \theta = 0 \qquad vs \qquad H_1 : \theta \neq 0$$

두 가지 검정법을 다음과 같이 정의할 때, 물음에 답하여라.

[검정 1] $|Y_1| > 2$ 이면 H_0를 기각
[검정 2] $|Y_1 + Y_2| > c$ 이면 H_0를 기각(c: 미지인 양의 상수)

(a) [검정 1]의 유의수준을 구하여라.
(b) $\theta = 2$일 때, [검정 1]의 검정력을 구하여라.
(c) [검정 2]의 유의수준이 [검정 1]과 같아지도록 c값을 정하여라.

8.1 개요

$X_1, X_2, \cdots, X_n$을 $f(x;\theta)$로부터의 확률표본이라고 하자. 이때, 다음 가설

$$H_0 \ : \ \theta \in \Omega_0 \quad vs \quad H_1 \ : \ \theta \in \Omega_1, \quad \Omega_0 \cup \Omega_1 = \Omega$$

에 대한 검정을 수행하고자 한다.

먼저 $X_1, X_2, ..., X_n$의 공간을 $A = \{(x_1, x_2, \cdots, x_n) \mid f(x_1, x_2, \cdots, x_n;\theta) > 0\}$이라고 하고 A를 C와 C^*로 분할하되 $A = C \cup C^*$이도록 한다.

정의 1 **기각역**

$(X_1, X_2, \cdots, X_n) \in C$ 이면 H_0를 기각하고, $(X_1, X_2, \cdots, X_n) \notin C$ 이면 H_0를 기각하지 못하는 영역 C를 기각역(critical region)이라고 한다. 즉, 다음을 만족하는 영역 C를 기각역으로 정의한다.

$$(X_1, X_2, \cdots, X_n) \in C \quad \Leftrightarrow \quad H_0\text{를 기각}$$

정의 2 **검정 (또는 검정함수)**

기각역이 C인 검정(test) 또는 검정함수(test function) $\phi = \phi(X_1, X_2, \cdots, X_n)$를

$$\phi(X_1, X_2, \cdots, X_n) = I_C(X_1, X_2, \cdots, X_n) = \begin{cases} 1, & (X_1, X_2, \cdots, X_n) \in C \\ 0, & otherwise \end{cases}$$

으로 정의한다.

정의 3 **검정력함수**

기각역이 C인 검정 ϕ의 검정력함수(power function) $\gamma_\phi(\theta)$는

$$\gamma_\phi(\theta) = P_\theta(X \in C) = E_\theta[\phi(X_1, X_2, \cdots, X_n)]$$

으로 정의된다. 한 점 $\theta_1 \in \Omega_1$에서의 함수값

$$\gamma_\phi(\theta_1) = P_{\theta_1}(X \in C)$$

을 그 점($\theta = \theta_1$)에서의 검정력(power)이라고 한다.

제1종 오류와 제2종 오류를 범할 확률을 검정력함수 $\gamma_\phi(\theta)$를 통해 정의하면 다음과 같다.

정의 4 제1종 오류, 제2종 오류

기각역이 C인 검정 ϕ의 제1종 오류(type Ⅰ error)를 범할 확률은

$$\gamma_\phi(\theta) = P_\theta(X \in C), \quad \theta \in \Omega_0$$

으로, 제2종 오류(type Ⅱ error)를 범할 확률은

$$1 - \gamma_\phi(\theta) = 1 - P_\theta(X \in C), \quad \theta \in \Omega_1$$

으로 정의된다.

|Remarks| 1. 제1종 오류와 제2종 오류를 범할 확률을 흔히 $\alpha(\theta)(\theta \in \Omega_0)$와 $\beta(\theta)$ $(\theta \in \Omega_1)$로 나타내기도 한다.

2. 이때, 검정력함수 $\gamma(\theta)(\theta \in \Omega)$는 다음과 같이 표현된다.

$$\gamma(\theta) = \begin{cases} \alpha(\theta), & \theta \in \Omega_0 \\ 1 - \beta(\theta), & \theta \in \Omega_1 \end{cases}$$

정의 5 유의수준

귀무가설(H_0) 영역에서 검정력함수의 최댓값은

$$\alpha = \sup_{\theta \in \Omega_0} \alpha_\phi(\theta) \quad (\text{또는 } \sup_{\theta \in \Omega_0} \gamma_\phi(\theta))$$

으로 나타내고, 이를 검정 ϕ의 유의수준(significance level) 또는 기각역 C의 크기(size)라고 한다.

용어 제1종 오류의 최댓값, 즉 크기(size)가 α 이하인 검정(또는 기각역)을 수준(level)이 α인 검정(또는 기각역)이라고도 한다.

예제 1 $Y_1 < Y_2 < Y_3 < Y_4$를 $U(0, \theta)$로부터의 크기 4인 확률표본에 기초한 순서통계량이라고 하자. 다음 가설

$$H_0 : \theta = 1 \quad vs \quad H_1 : \theta \neq 1$$

에 대한 검정 ϕ의 기각역을

$$C = \left\{ (x_1, x_2, x_3, x_4) \mid y_4 \leq \frac{1}{2} \text{ 또는 } y_4 \geq 1 \right\}$$

이라고 할 때, 검정력함수 $\gamma_\phi(\theta)$ $(\theta > 0)$를 구하여라.

풀이 검정력함수

$$\begin{aligned} \gamma_\phi(\theta) &= P[(X_1, X_2, X_3, X_4) \in C] \\ &= P\left(Y_4 \leq \frac{1}{2} \text{ 또는 } Y_4 \geq 1\right) \end{aligned}$$

를 Y_4의 확률밀도함수

$$g_4(y_4) = \begin{cases} \dfrac{4y_4^3}{\theta^4}, & 0 < y_4 < \theta \\ 0, & otherwise \end{cases}$$

를 이용하여 계산하면 다음과 같다.

i) $0 < \theta \leq \frac{1}{2}$;

$$\gamma_\phi(\theta) = \int_0^\theta \frac{4y_4^3}{\theta^4} dy_4 = 1$$

ii) $\frac{1}{2} < \theta < 1$;

$$\gamma_\phi(\theta) = \int_0^{\frac{1}{2}} \frac{4y_4^3}{\theta^4} dy_4 = \frac{1}{16\theta^4}$$

iii) $\theta \geq 1$;

$$\gamma_\phi(\theta) = \int_0^{\frac{1}{2}} \frac{4y_4^3}{\theta^4} dy_4 + \int_1^{\theta} \frac{4y_4^3}{\theta^4} dy_4$$

$$= \frac{1}{16\theta^4} + 1 - \frac{1}{\theta^4} = 1 - \frac{15}{16\theta^4}$$ ■

[참고] 위 검정의 유의수준은 $\alpha = \gamma(1) = 1 - 15/16 = 0.0625$이다.

예제 2 X_1, X_2를 다음 분포

$$f(x;\theta) = \begin{cases} \theta x^{\theta-1}, & 0 < x < 1 \\ 0, & otherwise \end{cases}$$

로부터의 확률표본이라고 하자. 다음 가설

$$H_0 : \theta \leq 1 \quad vs \quad H_1 : \theta > 1$$

에 대한 검정의 기각역을

$$C = \left\{ (x_1, x_2) \mid x_1 x_2 \geq \frac{3}{4} \right\}$$

으로 할 때, 이 검정의 검정력함수와 크기를 구하여라.

풀이 검정력함수는

$$\gamma(\theta) = P_\theta[(X_1, X_2) \in C]$$

$$= P_\theta(X_1 X_2 \geq \frac{3}{4})$$

$$= \int_{\frac{3}{4}}^1 \int_{\frac{3}{4x_1}}^1 \theta^2 x_1^{\theta-1} x_2^{\theta-1}\, dx_2\, dx_1$$

$$= 1 - \left(\frac{3}{4}\right)^\theta + \theta\left(\frac{3}{4}\right)^\theta \ln\left(\frac{3}{4}\right)$$

이고, 이로부터 검정의 크기는

$$\alpha = \sup_{\theta \le 1} \gamma(\theta) = \gamma(1)$$
$$= \frac{1}{4} + \frac{3}{4} \ln\left(\frac{3}{4}\right) \approx 0.034$$

이다. ■

[참고] [예제 2]의 모집단분포는 $\beta eta(\theta, 1)$으로, θ값에 따라 다음의 형태를 취한다.

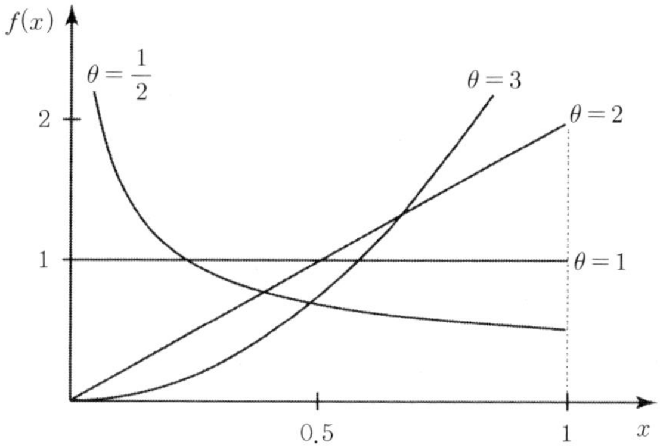

[그림 6] $\beta eta(\theta, 1)$의 확률밀도함수

8.2 최강력검정

$X_1, X_2, \cdots, X_n$을 $f(x;\theta)$로부터의 확률표본이라고 하자. 최강력검정(Most Powerful test, MP test) 또는 최량검정(best test)은 다음의 단순 대 단순(simple vs simple) 가설

$$H_0 : \theta = \theta_0 \quad vs \quad H_1 : \theta = \theta_1$$

에 대한 검정법으로 다음과 같이 정의된다.

정의 6 **최강력검정: MP검정**

위 가설에 대한 크기 α인 최량기각역(best critical region) C는 다음의 조건

(i) 기각역 C의 크기가 α이고 즉,

$$P_{\theta_0}[(X_1, X_2, \cdots, X_n) \in C] = \alpha$$

이고

(ii) 크기가 α 이하인 임의의 기각역 A에 대해

$$P_{\theta_1}[(X_1, X_2, \cdots, X_n) \in C] \geq P_{\theta_1}[(X_1, X_2, \cdots, X_n) \in A]$$

를 만족하는 기각역 C를 말한다.

[정리 6]의 두 조건은

(i)′ $\gamma_\phi(\theta_0) = \alpha$

(ii)′ $\gamma_\phi(\theta_1) \geq \gamma_\psi(\theta_1)$ for all $\psi : \gamma_\psi(\theta_0) \leq \alpha$

으로 표현될 수 있다. 즉, 크기 α인 최량기각역은 크기가 α이며, 크기가 α 이하인 임의의 다른 기각역보다 대립가설에서의 검정력이 뛰어난 검정이라고 말할 수 있다.

다음의 [정리 1]은 최량기각역을 찾는 도구로 사용되는 유용한 정리이다.

정리 1 **Neyman-Pearson의 정리**

$X_1, X_2, \cdots, X_n$을 $f(x;\theta)$로부터의 확률표본이라고 하자. 가능도함수를

$$L(\theta) = L(\theta; x_1, x_2, \cdots, x_n) = f(x_1;\theta)f(x_2;\theta)\cdots f(x_n;\theta)$$

이라고 할 때, 가설

$$H_0 : \theta = \theta_0 \quad vs \quad H_1 : \theta = \theta_1$$

에 대해 다음 조건

$$\text{(a)}\ \frac{L(\theta_0)}{L(\theta_1)} = \frac{L(\theta_0; x_1, x_2, \cdots, x_n)}{L(\theta_1; x_1, x_2, \cdots, x_n)} \le k, \quad (x_1, x_2, \cdots, x_n) \in C$$

$$\text{(b)}\ \frac{L(\theta_0)}{L(\theta_1)} = \frac{L(\theta_0; x_1, x_2, \cdots, x_n)}{L(\theta_1; x_1, x_2, \cdots, x_n)} \ge k, \quad (x_1, x_2, \cdots, x_n) \notin C$$

$$\text{(c)}\ P_{\theta_0}[(X_1, X_2, \cdots, X_n) \in C] = \alpha$$

를 만족하는 기각역 C는 크기 α인 최량기각역이 된다.

증명 A를 임의의 크기 α인 기각역이라고 하면 $\gamma_{\phi_A}(\theta_0) = \alpha$이다. θ_1(대립가설)에서 두 검정법의 검정력의 차이는, 편의상 $\int\int\cdots\int_R L(\theta; x_1, x_2, \cdots, x_n)\,dx_1 dx_2 \cdots dx_n$을 $\int_R L(\theta)\,dx$으로 표기할 때,

$$\begin{aligned}
\gamma_{\phi_C}(\theta_1) - \gamma_{\phi_A}(\theta_1) &= \left[\gamma_{\phi_C}(\theta_1) - \frac{1}{k}\gamma_{\phi_C}(\theta_0)\right] - \left[\gamma_{\phi_A}(\theta_1) - \frac{1}{k}\gamma_{\phi_A}(\theta_0)\right] \\
&= \int_C \left[L(\theta_1) - \frac{1}{k}L(\theta_0)\right]dx - \int_A \left[L(\theta_1) - \frac{1}{k}L(\theta_0)\right]dx \\
&= \int [I_C(x_1, x_2, \cdots, x_n) - I_A(x_1, x_2, \cdots, x_n)]\left[L(\theta_1) - \frac{1}{k}L(\theta_0)\right]dx \\
&\ge 0
\end{aligned}$$

이다. 위 식에서 마지막 부등호는

$$\begin{aligned}
I_C - I_A &= I_{C\cap A} + I_{C\cap A^*} - I_{A\cap C} - I_{A\cap C^*} \\
&= I_{C\cap A^*} - I_{A\cap C^*}
\end{aligned}$$

으로부터 구해진다. 따라서 기각역 C인 검정이 기각역 A인 검정(임의의 크기 α인 검정)보다 θ_1(대립가설)에서의 검정력이 더 크다고 할 수 있으므로 C를 최량기각역이라고 할 수 있다.

예제 1 $X_1, X_2, \cdots, X_n$을 $N(\mu, 1)$으로부터의 확률표본이라고 할 때, 다음 가설

$$H_0 : \mu = 0 \quad vs \quad H_1 : \mu = 1$$

에 대한 크기 α의 MP검정을 실시하여라.

풀이 기각역의 형태는

$$\frac{L(0)}{L(1)} = \frac{\exp\left[-\frac{\sum x_i^2}{2}\right]}{\exp\left[-\frac{\sum (x_i - 1)^2}{2}\right]}$$

$$= \exp\left(-\sum x_i + \frac{n}{2}\right) \quad \le k$$

$$\Leftrightarrow \; \overline{x} \ge c$$

이다. 여기서 상수 c는 크기 α의 조건

$$P(\overline{X} \ge c \mid \mu = 0) = \alpha$$

$$\Leftrightarrow P\left(Z \ge \frac{c}{1/\sqrt{n}}\right) = \alpha, \quad Z \sim N(0, 1)$$

을 만족하는 값으로 주어진다. 따라서

$$\sqrt{n}\, c = z_\alpha$$

로부터

$$c = \frac{z_\alpha}{\sqrt{n}}$$

이다. 즉, 크기 α의 최량기각역은

$$\left\{(x_1, x_2, \cdots, x_n) \mid \overline{x} \ge \frac{z_\alpha}{\sqrt{n}}\right\}$$

으로 주어진다. ■

예제 2 $X_1, X_2, \cdots, X_n$을 $B(1, \theta)$로부터의 확률표본이라고 할 때, 다음 가설

$$H_0 : \theta = \theta_0 \quad vs \quad H_0 : \theta = \theta_1 \ (\theta_1 > \theta_0)$$

에 대한 크기 α의 MP검정을 실시하여라.

풀이 기각역의 형태는

$$\begin{aligned} \frac{L(\theta_0)}{L(\theta_1)} &= \frac{\theta_0^{\sum x_i}(1-\theta_0)^{n-\sum x_i}}{\theta_1^{\sum x_i}(1-\theta_1)^{n-\sum x_i}} \\ &= \left[\frac{\theta_0(1-\theta_1)}{\theta_1(1-\theta_0)}\right]^{\sum x_i}\left(\frac{1-\theta_0}{1-\theta_1}\right)^n \le k \\ &\Leftrightarrow \sum x_i \ \ge \ c \end{aligned}$$

이다. 여기서 상수 c는 크기 α의 조건

$$\begin{aligned} &P_{\theta_0}(\sum X_i \ge c) = \alpha \\ &\Leftrightarrow P[B(n, \theta_0) \ge c] = \alpha \end{aligned}$$

을 만족하는 값으로 정해주면 된다. ■

[주목] **(확률화 검정: randomized test)** 이때, $B(n, \theta_0)$가 이산형 분포이므로 미리 정해진 α값에서 위 식을 만족하는 c가 일반적으로 존재하지 않는다. 이 경우에는 α 근방의 값에서 대략적으로 검정을 수행하거나, p-값을 제시하는 것으로 충분하다. 다만, 이론적으로 정확히 유의수준이 α인 검정을 수행하기 위해서는 다음과 같은 방법을 사용한다. 예를 들어, $n=5$, $\theta_0 = \frac{1}{2}$, $\alpha = 0.05$일 때

$$P_{\theta_0}(\sum X_i \ge 5) = P\left\{B(5, \frac{1}{2}) \ge 5\right\} = \binom{5}{5}\left(\frac{1}{2}\right)^5 \approx 0.03(< 0.05)$$

$$P_{\theta_0}(\sum X_i \geq 4) = P\left\{B(5, \frac{1}{2}) \geq 4)\right\} = \binom{5}{5}\left(\frac{1}{2}\right)^5 + \binom{5}{4}\left(\frac{1}{2}\right)^5 \approx 0.19(> 0.05)$$

이므로, 다음과 같이 검정함수를

$$\phi(X_1, \cdots, X_n) = \begin{cases} 1, & \sum X_i \geq 5 \\ \gamma, & \sum X_i = 4 \\ 0, & \sum X_i \leq 3 \end{cases}$$

이라 하고, 크기 α의 조건

$$\begin{aligned} \alpha(= 0.05) = E_{\theta_0}[\phi(X)] &= 1 \cdot P(\sum X_i > 4) + \gamma \cdot P(\sum X_i = 4) \\ &= 1 \cdot 0.03125 + \gamma \cdot 0.15625 \end{aligned}$$

를 적용하여 γ를 구하면 $\gamma = 0.12$가 된다. 즉, $\sum X_i \geq 5$이면 H_0를 기각하고 $\sum X_i = 4$일 때는 확률 $\gamma(= 0.12)$로 기각하며 $\sum X_i \leq 3$이면 기각하지 않는다.

|Remarks| 1. 이와 같은 방법을 확률화 검정이라고 한다.
2. 확률화 검정은 이론적으로 의미를 가지나, 실제적인 의미는 매우 약하다.

예제 3 $X_1, X_2, \cdots, X_n$을 $\mathcal{E}(\theta)$로부터의 확률표본이라고 할 때, 다음 가설

$$H_0 : \theta = \theta_0 \quad vs \quad H_1 : \theta = \theta_1 \ (\theta_1 > \theta_0)$$

에 대한 크기 α의 MP검정을 실시하여라.

풀이 기각역의 형태는

$$\begin{aligned} \frac{L(\theta_0)}{L(\theta_1)} &= \frac{{\theta_0}^n \exp(-\theta_0 \sum x_i)}{{\theta_1}^n \exp(-\theta_1 \sum x_i)} \\ &= \left(\frac{\theta_0}{\theta_1}\right)^n \exp[(\theta_1 - \theta_0)\sum x_i] \leq k \\ &\Leftrightarrow \sum x_i \leq c \end{aligned}$$

이다. 여기서 상수 c는 크기 α의 조건

$$P_{\theta_0}(\sum X_i \le c) = \alpha, \quad \sum X_i \sim \Gamma(n, \frac{1}{\theta})$$

$$\Leftrightarrow P\left[\Gamma(n, \frac{1}{\theta_0}) \le c\right] = \alpha$$

$$\Leftrightarrow P\left[\frac{1}{2\theta_0}\Gamma(n, 2) \le c\right] = \alpha$$

$$\Leftrightarrow P\left[\frac{1}{2\theta_0}\chi^2(2n) \le c\right] = \alpha$$

을 만족하는 값이다. 따라서

$$2\theta_0 c = \chi^2_{1-\alpha}(2n)$$

으로부터

$$c = \frac{1}{2\theta_0}\chi^2_{1-\alpha}(2n)$$

이다. 즉, 크기 α의 최량기각역은

$$\left\{(x_1, x_2, \cdots, x_n) \mid \sum x_i \le \frac{1}{2\theta_0}\chi^2_{1-\alpha}(2n)\right\}$$

이다. ■

|Remark| MP검정에서 한 가지 주목할 사항은 $T = T(X_1, X_2, \cdots, X_n)$을 θ에 대한 충분통계량이라고 할 때

$$\frac{L(\theta_0)}{L(\theta_1)} = \frac{g(T;\theta_0)h(x_1, x_2, \cdots, x_n)}{g(T;\theta_1)h(x_1, x_2, \cdots, x_n)}$$

$$= \frac{g(T;\theta_0)}{g(T;\theta_1)}$$

이 성립하므로 $\frac{L(\theta_0)}{L(\theta_1)}$는 충분통계량 T를 통해서만 $(X_1, X_2, \cdots, X_n)$에 의존하게 된다. 따라서 MP검정을 수행할 때 가능도함수 대신 충분통계량의 확률밀도함수를 사용해도 동일한 검정 결과를 얻게 된다. 이 사실은 다른 검정에서도 마찬가지로 적용된다.

8.2 연습문제

❶ $X_1, X_2, \cdots, X_n$이 다음 분포

$$f(x;\theta) = \begin{cases} \theta x^{\theta-1}, & 0 < x < 1 \ (\theta > 0) \\ 0, & otherwise \end{cases}$$

로부터의 확률표본일 때, 가설

$$H_0 : \theta = 1 \quad vs \quad H_1 : \theta = 2$$

에 대한 크기 α의 MP검정을 실시하여라.

❷ $X_1, X_2, \cdots, X_n$을 $N(\theta, 100)$으로부터의 확률표본이라고 하자. 다음 가설

$$H_0 : \theta = 75 \quad vs \quad H_1 : \theta = 78$$

에 대한 최량기각역이 '$\overline{x} \geq c$'로 주어짐을 보이고, 다음 조건

$$P(\overline{X} \geq c \mid H_0) = 0.05, \quad P(\overline{X} \geq c \mid H_1) \approx 0.90$$

을 만족하도록 n과 c를 구하여라.

❸ $X_1, X_2, \cdots, X_{10}$을 $Poisson(\theta)$로부터의 크기 10인 확률표본이라고 할 때, 다음 가설

$$H_0 : \theta = \frac{1}{10} \quad vs \quad H_1 : \theta = \frac{1}{2}$$

에 대한 최량기각역이 '$\sum_{i=1}^{10} x_i \geq c$'로 주어짐을 보이고, $c=3$일 때 이 검정에 대한 크기와 대립가설($\theta = 1/2$)하에서의 검정력을 구하여라.

8.3 균일최강력검정

8.3.1 단순 대 복합 가설

$X_1, X_2, \cdots, X_n$을 $f(x;\theta)$로부터의 확률표본이라고 하자. 이때 단순 대 단순 가설에 대한 최강력검정을 단순 대 복합(simple vs composite) 가설로 확장한 검정이 균일최강력검정이다.

정의 7 균일최강력검정: UMP검정

다음의 단순 대 복합 가설

$$H_0 : \theta = \theta_0 \quad vs \quad H_1 : \theta \in \Omega_1 \quad (\theta_0 \notin \Omega_1)$$

에 대한 검정 ϕ가 크기 α의 균일최강력검정(Uniformly Most Powerful test, UMP test)이 되기 위한 필요충분조건은 위 검정이 임의의 $\theta_1 \in \Omega_1$에 대해 다음의 단순 대 단순 가설

$$H_0 : \theta = \theta_0 \quad vs \quad H_1' : \theta = \theta_1 \quad (\theta_1 \in \Omega_1)$$

에 대한 크기 α의 최강력검정이 되는 경우이다.

|Remark| 위의 단순 대 복합 가설($H_0 \ \ vs \ \ H_1$)에 대한 UMP검정은 다음의 절차를 통해 유도될 수 있다. (a) 먼저 단순 대 단순 가설($H_0 \ \ vs \ \ H_1'$)에 대한 MP검정을 수

행한 후, (b) 그 결과(MP검정의 기각역)가 어떠한 θ_1의 선택에도 영향을 받지 않음(이는 모든 θ_1 대립가설에 대해 MP검정의 결과가 동일하게 주어짐을 의미)으로써 유도될 수 있다. 즉, 위 가설에 대한 크기 α인 균일최강력검정 ϕ는 다음 두 조건

(i) $\gamma_\phi(\theta_0) = \alpha$

(ii) 모든(임의의) $\theta_1 \in \Omega_1$에 대해

$$\gamma_\phi(\theta_1) \geq \gamma_\psi(\theta_1) \text{ for all } \psi : \gamma_\psi(\theta_0) \leq \alpha$$

을 만족하는 검정이라고 할 수 있다.

예제 1 $X_1, X_2, \cdots, X_n$이 σ^2이 알려진 $N(\theta, \sigma^2)$으로부터의 확률표본일 때, 다음 가설

$$H_0 : \theta = \theta_0 \quad vs \quad H_1 : \theta > \theta_0$$

에 대한 크기 α의 UMP검정을 실시하여라.

풀이 θ에 대한 충분통계량

$$T = \overline{X} \sim N(\theta, \frac{\sigma^2}{n})$$

으로부터, 임의의 $\theta_1(> \theta_0)$에 대해 가설

$$H_0 : \theta = \theta_0 \quad vs \quad H_1' : \theta = \theta_1 \quad (\theta_1 > \theta_0)$$

에 대한 크기 α의 MP검정의 기각역은

$$\frac{f(t;\theta_0)}{f(t;\theta_1)} = \frac{\exp\left[-\frac{n}{2\sigma^2}(t-\theta_0)^2\right]}{\exp\left[-\frac{n}{2\sigma^2}(t-\theta_1)^2\right]}$$

$$= \exp\left[-\frac{n}{2\sigma^2}(\theta_1 - \theta_0)(2t - \theta_0 - \theta_1)\right] \leq k$$

$$\Leftrightarrow t \geq c$$

이고, c는 크기 α의 조건

$$P_{\theta_0}(T \geq c) = \alpha$$

로부터

$$c = \theta_0 + z_\alpha \frac{\sigma}{\sqrt{n}}$$

으로 주어진다. 또한 위 MP검정의 기각역은 $\theta_1(> \theta_0)$의 선택과 무관하므로(즉, 모든 θ_1에 대해 동일하게 주어지므로), 위 검정이 바로 UMP검정이 된다. ▪

[주목] 위의 [예제 1]에서 다음 가설

$$H_0 : \theta = \theta_0 \quad vs \quad H_1 : \theta < \theta_0$$

에 대한 크기 α의 UMP검정의 기각역은

$$\left\{(x_1, x_2, \cdots, x_n) \mid \overline{x} < \theta_0 - z_\alpha \frac{\sigma}{\sqrt{n}}\right\}$$

으로 주어진다. 그러나 다음의 양측검정

$$H_0 : \theta = \theta_0 \qquad vs \qquad H_1 : \theta \neq \theta_0$$

에 대한 UMP검정은 존재하지 않는다. 그 이유는 $\theta_1(\neq \theta_0)$의 선택[(i) $\theta_1(> \theta_0)$ 또는 (ii) $\theta_1(< \theta_0)$]에 따라 기각역의 형태가 달라지기 때문이다.

예제 2 $X_1, X_2, \cdots, X_n$을 $\mathcal{E}(\frac{1}{\theta})$로부터의 확률표본이라고 할 때, 다음 가설

$$H_0 : \theta = \theta_0 \quad vs \quad H_1 : \theta > \theta_0$$

에 대한 크기 α의 UMP검정을 실시하여라.

풀이 θ에 대한 충분통계량은

$$Y = \sum X_i \text{ 이고 } Y \sim \Gamma(n, \theta)$$

이므로, 가설

$$H_0 : \theta = \theta_0 \quad vs \quad H_1{}' : \theta = \theta_1 \ (> \theta_0)$$

에 대한 MP검정의 기각역은

$$\frac{f(y;\theta_0)}{f(y;\theta_1)} = \frac{\theta_0^{-n} \exp(-y/\theta_0)}{\theta_1^{-n} \exp(-y/\theta_1)}$$

$$= \left(\frac{\theta_1}{\theta_0}\right)^n \exp\left[\left(\frac{1}{\theta_1} - \frac{1}{\theta_0}\right)y\right] \le k$$

$$\Leftrightarrow y \ge c$$

이고, c는 크기 α의 조건

$$P_{\theta_0}(Y \ge c) = \alpha, \quad Y \sim \Gamma(n, \theta) = \frac{\theta}{2}\Gamma(n, 2) = \frac{\theta}{2}\chi^2(2n)$$

으로부터

$$P_{\theta_0}\left[\chi^2(2n) \ge \frac{2c}{\theta_0}\right] = \alpha$$

이므로

$$c = \frac{\theta_0}{2}\chi^2_\alpha(2n)$$

이다. 또한 위 MP검정의 기각역은 $\theta_1 (> \theta_0)$의 선택과 무관하게 주어지므로 위 검정은 UMP검정이 된다. ■

예제 3 $X_1, X_2, \cdots, X_n$을 $N(0, \theta)$로부터의 확률표본이라고 할 때, 다음 가설

$$H_0 : \theta = \theta_0 \quad vs \quad H_1 : \theta > \theta_0$$

에 대한 크기 α의 UMP검정을 실시하여라.

풀이 가설

$$H_0 : \theta = \theta_0 \quad vs \quad H_1' : \theta = \theta_1 \ (> \theta_0)$$

에 대한 기각역은

$$L(\theta) = \left(\frac{1}{\sqrt{2\pi\theta}}\right)^n \exp\left(-\frac{\sum x_i^2}{2\theta}\right)$$

으로부터

$$\frac{L(\theta_0)}{L(\theta_1)} = \left(\frac{\theta_1}{\theta_0}\right)^{n/2} \exp\left[\frac{\sum x_i^2}{2}\left(\frac{1}{\theta_1} - \frac{1}{\theta_0}\right)\right] \le k$$

$$\Leftrightarrow \sum x_i^2 \ge c$$

이다. 여기서 c는 크기 α의 조건

$$P_{\theta_0}\left(\sum X_i^2 \ge c\right) = \alpha$$

$$\Leftrightarrow P\left[\chi^2(n) \ge \frac{c}{\theta_0}\right] = \alpha$$

으로부터

$$c = \theta_0 \chi_\alpha^2(n)$$

이다. 또한 위 MP검정의 기각역은 $\theta_1 (> \theta_0)$의 선택과 무관하게 주어지므로 위 검정은 UMP검정이 된다. ■

8.3.1 연습문제

1 $X_1, X_2, \cdots, X_n$을 $N(\theta, 16)$으로부터의 확률표본이라고 할 때, 다음 가설

$$H_0 : \theta = 25 \quad vs \quad H_1 : \theta < 25$$

에 대한 UMP검정을 실시하되, $\gamma_\phi(25) = 0.1$과 $\gamma_\phi(23) = 0.9$를 만족하도록 표본의 크기를 정하여라.

❷ $X_1, X_2, \cdots, X_n$을 $Poisson(\theta)$로부터의 확률표본이라고 할 때, 다음 가설

$$H_0 : \theta = \theta_0 \quad vs \quad H_1 : \theta > \theta_0$$

에 대한 UMP검정을 실시하여라. 단, $n = 10$, $\alpha = 0.05$, $\theta_0 = 0.1$을 가정한다.

❸ $X_1, X_2, \cdots, X_n$을 $N(0, \theta)$로부터의 확률표본이라고 할 때, 다음 가설

$$H_0 : \theta = \theta_0 \quad vs \quad H_1 : \theta \neq \theta_0$$

에 대한 크기 α의 UMP검정이 존재하지 않음을 보여라.

❹ $X_1, X_2, \cdots, X_n$을 다음 지수족에 속하는 분포

$$f(x;\theta) = \exp[c(\theta)T(x) + S(x) + d(\theta)]I_A(x)$$

로부터의 확률표본이라고 하자. 여기서 $A = \{x | f(x;\theta) > 0\}$는 θ에 의존하지 않는다. 이때 $c(\theta)$가 θ에 대해 단조증가함수이면 다음 가설

$$H_0 : \theta = \theta_0 \quad vs \quad H_1 : \theta > \theta_0$$

에 대한 UMP검정의 기각역이 '$\sum_{i=1}^{n} T(x_i) \geq c$'로 주어짐을 보여라.

8.3.2* 복합 대 복합 가설

앞 절에서 Neyman-Pearson의 정리에 기초한 단순 대 복합 가설에 대한 UMP검정을 다루었으나, 이 절에서는 다음의 복합 대 복합 가설

$$H_0 : \theta \in \Omega_0 \qquad vs \qquad H_1 : \theta \in \Omega_1 \quad (\Omega_1 = \Omega - \Omega_0)$$

에 대한 UMP검정을 소개한다(단측검정에 한함에 유의). 이 절은 건너뛰어도 무방하다.

정리 2 **(지수족의 경우)** $X_1, X_2, \cdots, X_n$을 $f(x;\theta)$ $(\theta \in \Theta:$ 구간$)$로부터의 확률표본이라고 하자. 또한

$$f(x;\theta) = \exp\{c(\theta)T(x) + d(\theta) + S(x)\}$$

이고 $t(x_1, \cdots, x_n) = \sum_{i=1}^{n} T(x_i)$라고 하자.

(a) 만약 $c(\theta)$가 θ의 단조증가함수이고 $P_{\theta_0}\{t(X_1, \cdots, X_n) \geq k\} = \alpha$를 만족하는 k가 존재하면, $C = \{(x_1, \cdots, x_n) | t(x_1, \cdots, x_n) \geq k\}$는 가설 $H_0 : \theta \leq \theta_0 \quad vs \quad H_1 : \theta > \theta_0$ 또는 $H_0 : \theta = \theta_0 \quad vs \quad H_1 : \theta > \theta_0$에 대한 크기 α인 UMP검정의 기각역이다.

(b) 만약 $c(\theta)$가 θ의 단조감소함수이고 $P_{\theta_0}\{t(X_1, \cdots, X_n) \leq k\} = \alpha$를 만족하는 k가 존재하면, $C = \{(x_1, \cdots, x_n) | t(x_1, \cdots, x_n) \leq k\}$는 가설 $H_0 : \theta \leq \theta_0 \quad vs \quad H_1 : \theta > \theta_0$ 또는 $H_0 : \theta = \theta_0 \quad vs \quad H_1 : \theta > \theta_0$에 대한 크기 α인 UMP검정의 기각역이다.

예제 1 $X_1, X_2, \cdots, X_n$을 $f(x;\theta) = \theta e^{-\theta x} \cdot I_{(0,\infty)}(x)$ $(\Omega = \{\theta ; \theta > 0\})$으로부터의 확률표본이라 하자. 가설 $H_0 : \theta \leq \theta_0 \quad vs \quad H_1 : \theta > \theta_0$에 대한 크기 α의 UMP검정을 실시한다. 지수족으로부터 $t(x_1, \cdots, x_n) = \sum x_i$이고 $c(\theta) = -\theta$는 단조감소함수이다. 따라서 [정리 2]로부터 UMP검정의 기각역은 $\sum x_i \leq k$이고, k는 크기 α의 조건 $\alpha = P_{\theta_0}(\sum X_i \leq k)$을 만족하는 값으로 $k = \frac{1}{2\theta_0}\chi^2_\alpha(2n)$이다. ▪

정의 8 MLR 성질

만약 가능도비 $\frac{L(\theta')}{L(\theta'')}$가 $\theta' < \theta''$에 대해 $t(x_1, \cdots, x_n)$의 비증가(nonincreasing) 또는 비감소(nondecreasing)함수인 통계량 $T = t(X_1, \cdots, X_n)$이 존재할 때, 밀도함수 모임 $\{f(x;\theta); \theta \in \Theta : 구간\}$이 단조가능도비(Monotone Likelihood Ratio, MLR)를 가진다고 한다.

예제 2 $X_1, X_2, \cdots, X_n$을 $f(x;\theta) = \theta e^{-\theta x} \cdot I_{(0,\infty)}(x)$ $(\Omega = \{\theta;\theta > 0\})$로부터의 확률표본이라 할 때

$$\frac{L(\theta')}{L(\theta'')} = \frac{(\theta')^n \exp(-\theta' \sum x_i)}{(\theta'')^n \exp(-\theta'' \sum x_i)} = \left(\frac{\theta'}{\theta''}\right)^n \exp\left\{-(\theta' - \theta'')\sum x_i\right\}$$

이고, 이는 $\sum x_i$에 대해 단조증가함수이다. ▪

예제 3 $X_1, X_2, \cdots, X_n$을 $U(0,\theta)$ $(\theta > 0)$로부터의 확률표본이라고 할 때

$$\begin{aligned}\frac{L(\theta')}{L(\theta'')} &= \frac{(1/\theta')^n \prod_{i=1}^{n} I_{(0,\theta')}(x_i)}{(1/\theta'')^n \prod_{i=1}^{n} I_{(0,\theta'')}(x_i)} = \frac{(1/\theta')^n I_{(0,\theta')}(y_n)}{(1/\theta'')^n I_{(0,\theta'')}(y_n)}, \quad y_n = x_{(n)} \\ &= \begin{cases} \left(\dfrac{\theta''}{\theta'}\right)^n, & 0 < y_n < \theta' \\ 0, & \theta' \le y_n < \theta'' \end{cases}\end{aligned}$$

이고, 이는 y_n에 대해 단조비증가함수이다.

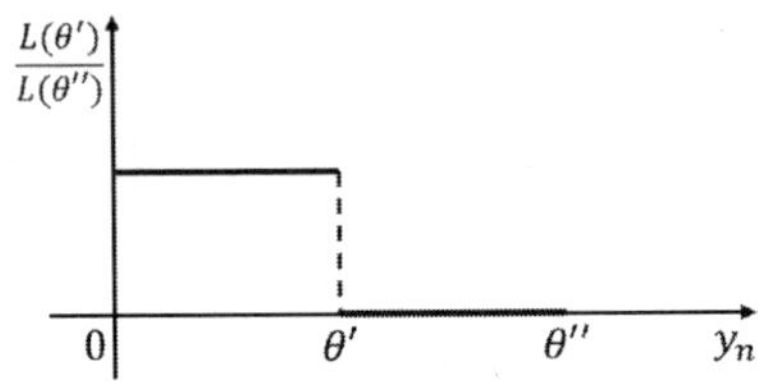

▪

정리 3 $X_1, X_2, \cdots, X_n$을 $f(x;\theta)$ $(\theta \in \Theta$: 구간$)$로부터의 확률표본이라고 하자. 만약 $\{f(x;\theta);\theta \in \Theta\}$가 통계량 $t(X_1, \cdots, X_n)$에 대해 MLR을 가진다고 하자.

(a) 만약 MLR이 $t(x_1, \cdots, x_n)$에 대해 비증가이고 k가 $P_{\theta_0}\{t(X_1, \cdots, X_n) \ge k\} = \alpha$를 만족하면, $C = \{(x_1, \cdots, x_n) | t(x_1, \cdots, x_n) \ge k\}$는 가설

$$H_0 : \theta \le \theta_0 \qquad vs \qquad H_1 : \theta > \theta_0$$

에 대한 크기 α인 UMP검정의 기각역이다.

(b) 만약 MLR이 $t(x_1,\cdots,x_n)$에 대해 비감소이고 k가 $P_{\theta_0}\{t(X_1,\cdots,X_n) \le k\} = \alpha$를 만족하면, $C = \{(x_1,\cdots,x_n) | t(x_1,\cdots,x_n) \le k\}$는 가설

$$H_0 : \theta \le \theta_0 \qquad vs \qquad H_1 : \theta > \theta_0$$

에 대한 크기 α인 UMP검정의 기각역이다.

|Remarks| 1. (중요) [정리 2]와 [정리 3]에서 귀무가설의 부등호가 반대일 때(즉, $H_0 : \theta \ge \theta_0$), 기각역의 부등호도 반대로 해주면 두 정리가 그대로 성립한다.

2. [정리 2]는 [정리 3]의 결과이다.
3. 두 정리는 단측검정(one-sided test)에 한한다.

예제 4 $X_1, X_2, \cdots, X_n$을 $U(0, \theta)$ $(\theta > 0)$로부터의 확률표본이라고 할 때, 가설 $H_0 : \theta \le \theta_0$ vs $H_1 : \theta > \theta_0$에 대한 크기 α의 UMP검정을 실시하여라.

풀이 [예제 3]으로부터 밀도함수 모임 $\{f(x;\theta);\theta \in \Theta\}$은 $y_n = x_{(n)}$에 대해 비증가 MLR을 가진다. 따라서 [정리 3]으로부터 크기 α인 UMP검정의 기각역은 다음과 같다: $y_n \ge k$, 여기서 k는 크기 α의 조건 $\alpha = P_{\theta_0}\{Y_n \ge k\} = \int_k^{\theta_0} n\left(\frac{y}{\theta_0}\right)^{n-1} \frac{1}{\theta_0} dy = \frac{1}{\theta_0^n}(\theta_0^n - k^n) = 1 - \left(\frac{k}{\theta_0}\right)^n$을 만족하는 값으로 $k = \theta_0(1-\alpha)^{1/n}$이다. ■

예제 5 $X \sim f(x;\theta) = (2\theta + 1 - \theta) \cdot I_{[0,\,1]}(x)$ $(-1 \le \theta \le 1)$일 때, 다음 가설에 대한 크기 α의 UMP검정을 수행하여라.

$$H_0 : \theta \le 0 \qquad vs \qquad H_1 : \theta > 0$$

풀이 $\theta' < \theta''$에 대해, $\frac{L(\theta')}{L(\theta'')} = \frac{2\theta' + 1 - x}{2\theta'' + 1 - x}$은 x에 대해 비증가함수이므로, 크기 α인 UMP검정의 기각역은 $x \ge k$이고, 크기 α의 조건 $\alpha = P(X \ge k \mid \theta = 0) = \int_k^1 1\, dx = 1 - k$로부터 $k = 1 - \alpha$이다. ■

예제 6 $X \sim Hyper(N, n, N\theta)\,(N\theta = 0, 1, \cdots, N)$일 때, 다음 가설에 대한 크기 α의 UMP검정을 수행하여라.

$$H_0 : \theta \le \theta_0 \qquad vs \qquad H_1 : \theta > \theta_0$$

풀이 고정된 $\theta_1(> \theta_0)$에 대해(편의상, $\theta_1 \equiv \theta_0 + \dfrac{1}{N}$이라 하자), 가능도비가

$$\frac{L(\theta_0)}{L(\theta_1)} = \frac{\binom{N\theta_0}{x}\binom{N-N\theta_0}{n-x}}{\binom{N\theta_0+1}{x}\binom{N-N\theta_0-1}{n-x}} = \frac{N\theta_0 - x + 1}{N\theta_0 + 1} \cdot \frac{N - N\theta_0}{N - N\theta_0 - n + x}$$
$$= \left(\frac{N - N\theta_0}{n\theta_0 + 1}\right) \cdot \frac{N\theta_0 + 1 - x}{N - N\theta_0 - n + x}$$

이며, 이는 x에 대해 감소(즉, 비증가)함수이므로, $\{Hyper(N, n, N\theta); \theta = 0, 1/N, \cdots, 1\}$은 x에 대해 MLR을 가진다. 따라서 위 가설에 대한 크기 α인 UMP검정의 기각역은 $X \ge h(\alpha)$이다. 여기서 $h(\alpha)$는 $Hyper(N, n, N\theta_0)$의 제$100(1-\alpha)$백분위수이다. ∎

만약 검정의 클래스를 모든 크기 α인 검정으로 제한할 경우에는 많은 중요한 가설(예를 들어, 양측검정)에 대해 UMP 검정이 존재하지 않을 수 있다. 이 경우 '검정 클래스'에 어떤 제한(restriction)을 두어 UMP검정을 실시할 수 있다. 이러한 검정에서의 제한 가운데 하나가 '불편성'이다.

정의 9 **(불편검정: Unbiased Test)**

가설 $H_0 : \theta \in \Omega_0 \quad vs \quad H_1 : \theta \in \Omega_1$에 대해 다음 관계

$$\sup_{\theta \in \Omega_0} \gamma_\phi(\theta) \le \inf_{\theta \in \Omega_1} \gamma_\phi(\theta)$$

를 만족하는 검정 ϕ를 불편검정이라 한다.

즉, 불편검정은 H_0가 거짓일 때 H_0를 기각할 확률이 적어도 H_0가 참일 때 H_0를 기각할 확률보다는 크다는 것을 나타낸다. 여러 측면에서 이 조건은 검정에 부과되는 합리적인 조건으로 생각된다. 만약 이 조건을 만족하는 UMP검정이 존재한다면 이를

균일최강력불편검정(UMPU검정)이라 한다. 만약 어떤 가설에 대한 검정이 크기 α인 UMP검정이라면, 이 검정은 크기 α인 UMPU검정이 된다. 그 이유는 더 큰 검정 클래스에서 UMP를 만족하므로, 제한된(불편) 검정 클래스에서 UMP가 되는 것은 자명하다. UMPU검정에 대한 보다 자세한 내용은 관련 서적을 참고하기 바란다.

8.4 가능도비검정

$X_1, X_2, \cdots, X_n$을 $f(x;\theta)$로부터의 확률표본이라고 하자. 가장 일반적인 형태의 가설 즉, 복합 대 복합(composite vs composite) 가설에 대한 검정법으로 가능도비검정을 소개한다. 가능도비검정은 모수가 다차원인 경우에 대해서도 적용되는 가장 일반적인 가설검정법이라고 할 수 있다.

다음의 복합 대 복합 가설

$$H_0 : \theta \in \Omega_0 \quad vs \quad H_1 : \theta \in \Omega_1$$

을 생각하자. 여기서 $\Omega_0 \cup \Omega_1 = \Omega$이고 $\Omega_0 \cap \Omega_1 = \varnothing$이다.

정의 10 가능도비검정: LR검정

위 가설에 대해 가능도비(Likelihood Ratio)를

$$\lambda = \frac{L(\hat{\Omega}_0)}{L(\hat{\Omega})} = \frac{\max_{\Omega_0} L(\theta)}{\max_{\Omega} L(\theta)}$$

으로 정의할 때, 가능도비검정(Likelihood Ratio test, LR test)의 기각역은

$$\lambda \le \lambda_0 \quad (0 < \lambda_0 < 1)$$

으로 주어진다. 이때, 크기 α인 검정은 λ_0가 다음 식

$$\alpha = \max_{\Omega_0} P(\lambda \le \lambda_0)$$

을 만족하는 값으로 정해진다(위 식에서 max는 sup로 대체될 수 있다).

[참고] 이 절에서는 검정통계량 $\lambda(X_1, X_2, \cdots, X_n)$과 이의 관측값 $\lambda(x_1, x_2, \cdots, x_n)$을 별도로 구분하지 않고 λ로 표기하기로 한다.

|Remarks| 1. LR검정에서

$$\lambda = \frac{L(\hat{\Omega}_0)}{L(\hat{\Omega})} = \frac{\text{귀무가설하에서 가능도함수의 최댓값}}{\text{전체모수공간에서 가능도함수의 최댓값}}$$

을 의미하며, 이는 다시

$$\lambda = \frac{L(\hat{\Omega}_0)}{\max\{L(\hat{\Omega}_0),\ L(\hat{\Omega}_1)\}} = \frac{1}{\max\left\{1,\ \dfrac{L(\hat{\Omega}_1)}{L(\hat{\Omega}_0)}\right\}}$$

으로 표현될 수 있다. 따라서 LR검정의 기각역

$$\lambda \le \lambda_0 \ (0 < \lambda_0 < 1)$$

은

$$\frac{L(\hat{\Omega}_1)}{L(\hat{\Omega}_0)} = \frac{\text{대립가설하에서의 가능도함수의 최댓값}}{\text{귀무가설하에서의 가능도함수의 최댓값}} \ge c \ (> 1)$$

인 영역을 의미하며, 이 영역에서는 자료가 귀무가설보다 대립가설의 영역으로부터 나왔을 가능성이 더 높다는 것을 의미하므로 귀무가설을 기각하는 것은 타당하다.

2. 위의 $L(\hat{\Omega}_1)/L(\hat{\Omega}_0)$을 단순 대 단순 가설에 적용하면 MP검정과 동일한 결과를 얻게 된다. 다만 두 검정통계량은 분자와 분모가 서로 바뀐 형태를 취하므로 기각역의 방향만 달라질 뿐이다. 따라서 MP검정은 LR검정의 특별한 경우로 해석될 수 있다.

3. λ값을 구하기 위해서는 전체모수공간에서의 최대가능도추정량(MLE)과 귀무가설(제한된 모수공간)하에서의 최대가능도추정량(Restricted MLE, RMLE)을 먼저 구해

야 한다.

예제 1 $X_1, X_2, \cdots, X_n$을 $N(\mu, \sigma^2)$으로부터의 확률표본이라고 하자. 다음 가설

$$H_0 : \mu = 0,\ \sigma^2 > 0 \quad vs \quad H_1 : \mu \neq 0,\ \sigma^2 > 0$$

에 대한 크기 α의 LR검정을 실시하여라.

풀이 전체모수공간에서 μ와 σ^2에 대한 최대가능도추정량(MLE)은

$$\hat{\mu} = \overline{X}, \quad \widehat{\sigma^2} = \frac{1}{n}\sum (X_i - \overline{X})^2$$

이고

$$L(\widehat{\Omega}) = (2\pi\widehat{\sigma^2})^{-n/2} \exp\left(-\frac{n}{2}\right)$$

이다.

귀무가설하에서 μ와 σ^2에 대한 최대가능도추정량(RMLE)은

$$\hat{\mu}_0 = 0, \quad \widehat{\sigma_0^2} = \frac{1}{n}\sum X_i^2$$

이고

$$L(\widehat{\Omega}_0) = (2\pi\widehat{\sigma_0^2})^{-n/2} \exp\left(-\frac{n}{2}\right)$$

이다. 따라서 기각역은

$$\lambda = \frac{L(\widehat{\Omega}_0)}{L(\widehat{\Omega})} = \left(\frac{\widehat{\sigma_0^2}}{\widehat{\sigma^2}}\right)^{-\frac{n}{2}} \le \lambda_0, \quad 0 < \lambda_0 < 1$$

$$\Leftrightarrow \frac{\widehat{\sigma_0^2}}{\widehat{\sigma^2}} \ge k, \quad n\widehat{\sigma_0^2} = \sum x_i^2 = \sum (x_i - \overline{x})^2 + n\overline{x}^2 = n\widehat{\sigma^2} + n\overline{x}^2$$

$$\Leftrightarrow \frac{\overline{x}^2}{\widehat{\sigma^2}} \ge k_1$$

$$\Leftrightarrow \frac{|\overline{x}|}{\hat{\sigma}} \ge k_2$$

$$\Leftrightarrow \left| \frac{\overline{x}}{s/\sqrt{n}} \right| \ge c, \quad s^2 = \frac{1}{n-1}\sum(x_i - \overline{x})^2$$

으로 주어진다. 따라서 크기 α의 조건

$$\begin{aligned} \alpha &= \max_{\Omega_0} P\left(\left| \frac{\overline{X}}{S/\sqrt{n}} \right| \ge c \right) \\ &= P\left(\left| \frac{\overline{X}}{S/\sqrt{n}} \right| \ge c \mid \mu = 0 \right) \\ &= P[\,|T| \ge c\,], \quad T \sim t(n-1) \end{aligned}$$

으로부터

$$c = t_{\alpha/2}(n-1)$$

이 된다. 즉, 크기 α의 LR검정의 기각역은

$$C = \left\{ (x_1, x_2, \cdots, x_n) \mid \left| \frac{\overline{x}}{s/\sqrt{n}} \right| \ge t_{\alpha/2}(n-1) \right\}$$

이다. ■

예제 2 [예제 1]에서 다음 가설

$$H_0 : \mu \le 0, \ \sigma^2 > 0 \quad vs \quad H_1 : \mu > 0, \ \sigma^2 > 0$$

에 대한 크기 α의 LR검정을 실시하여라.

풀이 가능도함수

$$L(\theta) = L(\mu,\ \sigma^2) = (2\pi\sigma^2)^{-n/2}\exp\left[-\frac{\sum(x_i-\mu)^2}{2\sigma^2}\right]$$
$$= (2\pi\sigma^2)^{-n/2}\exp\left[-\frac{1}{2\sigma^2}\left\{\sum(x_i-\overline{x})^2 + n(\overline{x}-\mu)^2\right\}\right]$$

으로부터 $H_0\ (\mu \le 0)$하에서 $L(\mu,\ \sigma^2)$를 최대로 하는 즉, $g(\mu) = n(\overline{x}-\mu)^2$을 최소로 하는 μ는

$$\hat{\mu}_0 = \begin{cases} \overline{x}, & \overline{x} \le 0 \\ 0, & otherwise \end{cases}$$

이고, $L(\hat{\mu}_0,\ \sigma^2)$을 최대로 하는 σ^2은

$$\widehat{\sigma_0^2} = \frac{1}{n}\sum(X_i - \hat{\mu}_0)^2$$

이므로

$$L(\hat{\Omega}_0) = (2\pi\widehat{\sigma_0^2})^{-n/2}\exp\left(-\frac{n}{2}\right)$$

이다. 따라서

$$\lambda = \frac{L(\hat{\Omega}_0)}{L(\hat{\Omega})} = \left(\frac{\widehat{\sigma_0^2}}{\widehat{\sigma^2}}\right)^{-n/2} \le \lambda_0\ \ (0 < \lambda_0 < 1)$$

$$\Leftrightarrow\ \ln\lambda = -\frac{n}{2}\ln\left(\frac{\widehat{\sigma_0^2}}{\widehat{\sigma^2}}\right) \le \ln\lambda_0 \equiv \lambda_1\ \ (< 0)$$

$$\Leftrightarrow\ \ln\left\{1 + \frac{(\overline{x}-\widehat{\mu_0})^2}{\widehat{\sigma^2}}\right\} \ge \lambda_2\ (> 0)$$

$(n\widehat{\sigma_0^2} = \sum(x_i - \hat{\mu}_0)^2 = \sum(x_i - \overline{x})^2 + n(\overline{x} - \hat{\mu}_0)^2$이므로)

$$\Leftrightarrow 1+\frac{(\overline{x}-\hat{\mu}_0)^2}{\sigma^2} \geq \lambda_3\ (>1)$$

$$\Leftrightarrow \frac{(\overline{x}-\hat{\mu}_0)^2}{\widehat{\sigma^2}} \geq k\ (>0)$$

이다. 위 식에서 $\hat{\mu}_0=\begin{cases}\overline{x}, & \overline{x}\leq 0 \\ 0, & otherwise\end{cases}$ 이므로, 기각역은

$$\lambda \leq \lambda_0, \quad 0<\lambda_0<1$$

$$\Leftrightarrow \frac{\overline{x}^{\,2}}{\widehat{\sigma^2}} \geq k,\ \ \overline{x}>0$$

$$\Leftrightarrow \frac{\overline{x}}{s/\sqrt{n}} \geq c, \quad \overline{x}>0$$

으로 주어진다. 여기서 $s^2=\sum(x_i-\overline{x})^2/(n-1)$이다. 상수 c는 크기 α의 조건

$$\alpha=\max_{\mu\leq 0} P\left(\frac{\overline{X}}{S/\sqrt{n}}\geq c\right)$$

$$=P\left(\frac{\overline{X}}{S/\sqrt{n}}\geq c \mid \mu=0\right)$$

$$=P[\,t(n-1)\geq c\,]$$

으로부터

$$c=t_\alpha(n-1)$$

이다. ■

예제 3 $X_1, X_2, \cdots, X_n$을 $\mathcal{E}(\theta)$로부터의 확률표본이라고 할 때, 다음 가설

$$H_0: \theta \leq \theta_0 \quad vs \quad H_1: \theta > \theta_0$$

에 대한 크기 α의 LR검정을 실시하여라.

풀이 가능도함수

$$L(\theta) = \theta^n e^{-\theta \sum x_i}$$

로부터 θ에 대한 MLE는 $l''(\theta) = -n/\theta^2 < 0$이므로,

$$\hat{\theta} = \frac{n}{\sum X_i}$$

이고

$$L(\hat{\Omega}) = \left(\frac{n}{\sum X_i}\right)^n \exp(-n)$$

이다. H_0하에서 θ에 대한 RMLE는

$$\hat{\theta}_0 = \begin{cases} \dfrac{n}{\sum X_i}, & \dfrac{n}{\sum X_i} \le \theta_0 \\ \theta_0, & \dfrac{n}{\sum X_i} > \theta_0 \end{cases}$$

이므로

$$L(\hat{\Omega}_0) = \begin{cases} \left(\dfrac{n}{\sum x_i}\right)^n \exp(-n), & \dfrac{n}{\sum x_i} \le \theta_0 \\ \theta_0^n \exp(-\theta_0 \sum x_i), & \dfrac{n}{\sum x_i} > \theta_0 \end{cases}$$

이다. 따라서

$$\lambda = \frac{L(\hat{\Omega}_0)}{L(\hat{\Omega})} = \begin{cases} 1, & \dfrac{n}{\sum x_i} \le \theta_0 \\ \dfrac{\theta_0^n \exp(-\theta_0 \sum x_i)}{(n/\sum x_i)^n \exp(-n)}, & \dfrac{n}{\sum x_i} > \theta_0 \end{cases}$$

이므로

$$\lambda \le \lambda_0, \quad 0 < \lambda_0 < 1$$

$$\Leftrightarrow \frac{n}{\sum x_i} \ge \theta_0, \quad \left(\frac{\theta_0 \sum x_i}{n}\right)^n \exp\left(-\theta_0 \sum x_i + n\right) \le \lambda_0$$

$$\Leftrightarrow \theta_0 \bar{x} \le 1, \quad (\theta_0 \bar{x})^n \exp[-n(\theta_0 \bar{x} - 1)] \le \lambda_0$$

$$\Leftrightarrow y \le 1, \quad y^n e^{-n(y-1)} \le \lambda_0 \quad (y = \theta_0 \bar{x})$$

$$\Leftrightarrow y \le k, \quad 0 < k < 1 \quad (\text{연습문제 1번})$$

이다. 따라서 크기 α의 조건은

$$\alpha = \max_{\theta \le \theta_0} P[\theta_0 \bar{X} \le k]$$

$$= P(\theta_0 \bar{X} \le k | \theta = \theta_0)$$

$$= P(\theta_0 \sum X_i \le nk \mid \theta = \theta_0)$$

$$= P[\chi^2(2n) \le 2nk]$$

이다. 위 식의 마지막 등호는

$$\sum X_i \sim \Gamma(n, \frac{1}{\theta}) = \frac{1}{2\theta}\Gamma(n, 2) = \frac{1}{2\theta}\chi^2(2n)$$

으로부터 성립된다. 따라서

$$2nk = \chi^2_{1-\alpha}(2n)$$

이므로

$$k = \frac{1}{2n}\chi^2_{1-\alpha}(2n)$$

으로 주어진다. ■

예제 4 $X_1, X_2, \cdots, X_m$은 $N(\mu_1, \sigma^2)$으로부터의 확률표본이고, $Y_1, Y_2, \cdots, Y_n$은 $N(\mu_2, \sigma^2)$으로부터의 확률표본이라고 하자. $(X_1, X_2, \cdots, X_m)$과 $(Y_1, Y_2, \cdots, Y_n)$은 독립이라 가정한다. 이때, 다음 가설

$$H_0 : \mu_1 = \mu_2, \ \ \sigma^2 > 0 \quad vs \quad H_1 : \mu_1 \neq \mu_2, \ \ \sigma^2 > 0$$

에 대한 크기 α의 LR검정을 수행하여라.

풀이 가능도함수

$$L(\theta) = (2\pi\sigma^2)^{-(m+n)/2} \exp\left[-\frac{\sum^m (x_i - \mu_1)^2 + \sum^n (y_i - \mu_2)^2}{2\sigma^2} \right]$$

로부터 모수에 대한 MLE를 구하면

$$\hat{\mu}_1 = \overline{X}, \quad \hat{\mu}_2 = \overline{Y}, \quad \widehat{\sigma^2} = \frac{\sum^m (X_i - \overline{X})^2 + \sum^n (Y_i - \overline{Y})^2}{m+n}$$

이고

$$L(\hat{\Omega}) = \left(\frac{e^{-1}}{2\pi\widehat{\sigma^2}} \right)^{\frac{m+n}{2}}$$

이다(연습문제 2번). 여기서 $\overline{X} = \overline{X}_m$, $\overline{Y} = \overline{Y}_n$이다.

H_0하에서 RMLE는

$$\hat{\mu}_{10} = \frac{\sum^m X_i + \sum^n Y_i}{m+n}, \quad \widehat{\sigma_0^2} = \frac{\sum^m (X_i - \hat{\mu}_{10})^2 + \sum^n (Y_i - \hat{\mu}_{10})^2}{m+n}$$

이고

$$L(\hat{\Omega}_0) = \left(\frac{e^{-1}}{2\pi\widehat{\sigma_0^2}} \right)^{\frac{m+n}{2}}$$

이다(연습문제 3번). 따라서

$$\lambda = \frac{L(\hat{\Omega}_0)}{L(\hat{\Omega})} = \left(\frac{\hat{\sigma^2}}{\hat{\sigma_0^2}}\right)^{\frac{m+n}{2}}$$

에서

$$\frac{\hat{\sigma^2}}{\hat{\sigma_0^2}} = \frac{\sum^m (X_i - \overline{X})^2 + \sum^n (Y_i - \overline{Y})^2}{\sum^m \left(X_i - \frac{m\overline{X}+n\overline{Y}}{m+n}\right)^2 + \sum^n \left(Y_i - \frac{m\overline{X}+n\overline{Y}}{m+n}\right)^2}$$

$$= \frac{\sum^m (X_i - \overline{X})^2 + \sum^n (Y_i - \overline{Y})^2}{\sum^m (X_i - \overline{X})^2 + m\left(\overline{X} - \frac{m\overline{X}+n\overline{Y}}{m+n}\right)^2 + \sum^n (Y_i - \overline{Y})^2 + n\left(\overline{Y} - \frac{m\overline{X}+n\overline{Y}}{m+n}\right)^2}$$

$$= \frac{1}{1 + \frac{\frac{mn}{m+n}(\overline{X} - \overline{Y})^2}{\sum^m (X_i - \overline{X})^2 + \sum^n (Y_i - \overline{Y})^2}}$$

$$= \frac{m+n-2}{(m+n-2)+T^2}, \quad T = \frac{\sqrt{\frac{mn}{m+n}}(\overline{X} - \overline{Y})}{\sqrt{\frac{\sum^m (X_i - \overline{X})^2 + \sum^n (Y_i - \overline{Y})^2}{m+n-2}}}$$

이므로

$$\lambda \le \lambda_0, \quad 0 < \lambda_0 < 1$$

$$\Leftrightarrow |T| \ge c$$

이다. 상수 c는 크기 α의 조건

$$\alpha = \max_{\Omega_0} P[|T| \ge c], \quad T \underset{H_0}{\overset{d}{\sim}} t(m+n-2)$$

으로부터

$$c = t_{\alpha/2}(m+n-2)$$

으로 주어진다. ■

예제 5* $X_1, X_2, \cdots, X_m$과 $Y_1, Y_2, \cdots, Y_n$은 서로 독립이며 각각 $N(\mu_1, \sigma_1^2)$과 $N(\mu_2, \sigma_2^2)$으로부터의 확률표본이라 하자. 가설 $H_0 : \sigma_1^2 = \sigma_2^2$ vs $H_1 : \sigma_1^2 \neq \sigma_2^2$에 대한 크기 α의 LR검정을 수행하여라.

풀이 가능도함수

$$L(\theta) = \frac{1}{(2\pi)^{(m+n)/2}\sigma_1^m \sigma_2^n} \exp\left\{-\frac{1}{2\sigma_1^2}\sum^m (x_i - \mu_1)^2 - \frac{1}{2\sigma_2^2}\sum^n (y_i - \mu_2)^2\right\}$$

으로부터 모수에 대한 MLE를 구하면

$$\hat{\mu}_1 = \overline{X},\ \hat{\mu}_2 = \overline{Y},\ \widehat{\sigma_1^2} = \frac{1}{m}\sum^m (X_i - \overline{X})^2,\ \widehat{\sigma_2^2} = \frac{1}{n}\sum^n (Y_i - \overline{Y})^2$$

이다. $H_0(\sigma_1^2 = \sigma_2^2 = \sigma^2)$하에서 σ^2의 RMLE는 $\widehat{\sigma^2} = \dfrac{\sum^m (X_i - \overline{X})^2 + \sum^n (Y_i - \overline{Y})^2}{m+n}$ 이다. 따라서

$$\lambda = \frac{L(\hat{\Omega}_0)}{L(\hat{\Omega})} = \left(\frac{m+n}{m}\right)^{m/2}\left(\frac{m+n}{n}\right)^{n/2} \frac{\left\{\sum^m (x_i - \overline{x})^2\right\}^{m/2}\left\{\sum^n (y_i - \overline{y})^2\right\}^{n/2}}{\left\{\sum^m (x_i - \overline{x})^2 + \sum^n (y_i - \overline{y})^2\right\}^{(m+n)/2}}$$

$$= \left(\frac{m+n}{m}\right)^{m/2}\left(\frac{m+n}{n}\right)^{n/2} \frac{1}{\left\{1 + \sum^n (y_i - \overline{y})^2 / \sum^m (x_i - \overline{x})^2\right\}^{m/2}\left\{1 + \sum^m (x_i - \overline{x})^2 / \sum^n (y_i - \overline{y})^2\right\}^{n/2}}$$

이다. $r = s_{xx}/s_{yy}$라고 할 때,

$$\lambda \le \lambda_0\ (0 < \lambda_0 < 1) \Leftrightarrow g(r) \equiv (1 + \frac{1}{r})^{m/2}(1+r)^{n/2} \ge k$$

이다. 위 식에서 $g(r)$은 $r = \dfrac{m}{n}$에서 최솟값을 가지므로(증명: $h(r) \equiv \ln g(r)$이라 할 때 $h'(r) = \dfrac{m}{2}\dfrac{(2r+1)m}{r^2(r+1)^2} - \dfrac{n}{(1+r)^2} \equiv 0$으로부터 $r = \dfrac{m}{n}$이고, $h''(\dfrac{m}{n}) > 0$이므로), 위 부등식을 만족하는 r의 범위는 다음과 같이 주어진다.

$$r \le k_1 \text{ 또는 } r \ge k_2$$

$$\Leftrightarrow \frac{\sum^{m}(x_i - \bar{x})^2/(m-1)}{\sum^{n}(y_i - \bar{y})^2/(n-1)} \le c_1 \text{ 또는 } \frac{\sum^{m}(x_i - \bar{x})^2/(m-1)}{\sum^{n}(y_i - \bar{y})^2/(n-1)} \ge c_2.$$

$H_0(\sigma_1^2 = \sigma_2^2 = \sigma^2)$하에서 $F \equiv \dfrac{\sum^{m}(X_i - \overline{X})^2/(m-1)}{\sum^{n}(Y_i - \overline{Y})^2/(n-1)} \sim F(m-1,\, n-1)$이므로,

크기 α의 조건

$$P_{H_0}(F \le c_1) = P_{H_0}(F \ge c_2) = \frac{\alpha}{2}$$

을 만족하는 c_1과 c_2는

$$c_1 = F_{\alpha/2}(m-1,\, n-1),\ \ c_2 = F_{1-\alpha/2}(m-1,\, n-1)$$

이다. ▨

가능도비(LR)검정이 통계학에서 널리 사용되는 이유는 충분히 큰 n에 대해 검정통계량의 귀무가설하에서의 분포가 다음의 [정리 4]와 같이 밝혀져 있기 때문이다.

정리 4 $-2\ln\lambda$**의 극한분포**

다음 형태의 가설(즉, 양측 검정에 한함에 유의)

$$H_0 : \theta = \theta_0 \quad vs \quad H_1 : \theta \ne \theta_0$$

에 대한 가능도비 검정통계량을 $\lambda = L(\hat{\Omega}_0)/L(\hat{\Omega})$이라 하자($\theta$가 전체 모수인 경우, $L(\hat{\Omega}_0) = L(\theta_0)$임). 이때, 충분히 큰 n에 대해

$$-2\ln\lambda \xrightarrow[H_0]{d} \chi^2(d) \ \ (\text{즉, } -2\ln\lambda \mathrel{\dot{\sim}} \chi^2(d))$$

이 성립한다. 여기서 d는 H_0와 H_1상의 모수 차원(dimension)의 차이이다.

|Remarks| 1. 위의 사실로부터 가능도비 검정통계량(λ)의 정확한 분포를 구하기 어려운 경우에도 충분히 큰 n에 대해서는 근사적인 검정을 수행할 수 있다.

2. d-차원의 모수 $\theta = (\theta_1, \cdots, \theta_d)$는 전체 모수 또는 전체 모수의 일부분(부분집합)일 수 있다.

증명 θ가 일차원인 경우에 대해, 증명 과정을 개략적으로 소개한다. 가설 $H_0 : \theta = \theta_0$에 대해

$$-2\ln\lambda = -2\ln\frac{L(\hat{\Omega}_0)}{L(\hat{\Omega})} = 2[l(\hat{\theta}) - l(\theta_0)], \quad l(\theta) = \ln L(\theta) = \sum \ln f(x_i ; \theta)$$

이다. $l(\theta_0)$의 $\hat{\theta}$ 근방에서의 테일러 전개식

$$l(\theta_0) \approx l(\hat{\theta}) + l'(\hat{\theta})(\theta_0 - \hat{\theta}) + \frac{1}{2} l''(\hat{\theta})(\theta_0 - \hat{\theta})^2$$

에서

- $l'(\hat{\theta}) = 0 \quad (\because)\ \hat{\theta}$이 MLE
- $H_0 : \theta = \theta_0$하에서, $\hat{\theta} \approx \theta_0 \quad (\because)\ \hat{\theta} \xrightarrow{p} \theta$
- $H_0 : \theta = \theta_0$하에서, $l''(\hat{\theta}) \approx l''(\theta_0) = \sum \frac{\partial^2}{\partial \theta_0^2} \ln f(x_i ; \theta_0)$
$$\approx -nE\left[\frac{\partial^2}{\partial \theta_0^2} \ln f(X_1 ; \theta_0)\right] = -nI_1(\theta_0)$$

이므로

$$l(\theta_0) \approx l(\hat{\theta}) - \frac{n}{2} I_1(\theta_0)(\theta_0 - \hat{\theta})^2$$

이다. 따라서 $\sqrt{n}(\hat{\theta} - \theta_0) \xrightarrow[H_0]{d} N(0, \frac{1}{I_1(\theta_0)})$이므로

$$\begin{aligned} -2\ln\lambda &\approx nI_1(\theta_0)(\hat{\theta} - \theta_0)^2 = \left\{\sqrt{nI_1(\theta_0)}(\hat{\theta} - \theta_0)\right\}^2 \\ &\xrightarrow[H_0]{d} \{N(0,1)\}^2 = \chi^2(1) \end{aligned}$$

이다. 위 증명을 θ의 차원이 d인 경우로 확장하면, $-2\ln\lambda \xrightarrow[H_0]{d} \chi^2(d)$이다.

예제 6 $X_1, X_2, \cdots, X_n$을 $N(\mu, \sigma^2)$으로부터의 확률표본이라고 할 때 다음 가설

$$H_0 : \mu = 0 \quad vs \quad H_1 : \mu \neq 0$$

에 대한 가능도비

$$\lambda = \left[\frac{\sum x_i^2}{\sum(x_i - \overline{x})^2}\right]^{-n/2}$$

에 대해 [[예제 1] 참고], 충분히 큰 n에 대해

$$-2\ln\lambda \underset{H_0}{\overset{\cdot}{\sim}} \chi^2(1)$$

임을 보여라.

풀이 통계적 방법으로 증명하기로 한다.

$$\begin{aligned}
-2\ln\lambda &= n\ln\left[1 + \frac{n\overline{X}^2}{\sum(X_i - \overline{X})^2}\right] \\
&= n\ln\left(1 + \frac{\overline{X}^2}{S^2}\right), \quad S^2 = \frac{1}{n}\sum(X_i - \overline{X})^2 \\
&\approx 0 + \frac{n\overline{X}^2}{S^2} \quad (\text{Taylor 전개로부터 } \ln(1+x) \approx x) \\
&\approx \left(\frac{\overline{X}}{S/\sqrt{n-1}}\right)^2 \text{ for large } n \\
&= [t(n-1)]^2 \\
&\approx [N(0,1)]^2 \text{ for large } n \\
&= \chi^2(1)
\end{aligned}$$

■

예제 7 $(X_1, \cdots, X_{k-1}) \sim Multinomial(n, p_1, \cdots, p_{k-1})$일 때, 다음 가설

$$H_0 : (p_1, \cdots, p_{k-1}) = (p_{10}, \cdots, p_{k-1,0}) \quad vs \quad H_1 : not \ H_0$$

에 대한 크기 α의 LR검정을 실시하여라.

풀이 $\theta = (p_1, \cdots, p_{k-1})$이라고 할 때, 가능도함수는

$$L(\theta) = \frac{n!}{x_1!\, x_2! \cdots x_k!} p_1^{x_1} p_2^{x_2} \cdots p_k^{x_k}$$

이다. 여기서 $x_k = n - \sum_{i=1}^{k-1} x_i$이고 $p_k = 1 - \sum_{i=1}^{k-1} p_i$이다. 따라서 로그가능도함수

$$l(\theta) \propto x_1 \ln p_1 + \cdots + x_k \ln p_k$$

$$(p_k = 1 - p_1 - \cdots - p_{k-1})$$

로부터, 각 모수(p_i, $i = 1, \cdots, k-1$)에 대한 최대가능도추정량은 다음의 연립방정식

$$\frac{\partial l}{\partial p_i} = 0, \quad i = 1, \cdots, k-1$$

$$\Leftrightarrow \quad \frac{x_i}{p_i} = \frac{x_k}{p_k}, \quad i = 1, \cdots, k-1$$

$$\Leftrightarrow \quad \begin{cases} x_1 p_k = p_1 x_k \\ \cdots \\ x_{k-1} p_k = p_{k-1} x_k \end{cases}$$

의 근이 된다. 위 식의 양변을 더하면

$$(n - x_k) p_k = (1 - p_k) x_k$$

$$\Leftrightarrow \quad p_k = \frac{x_k}{n}$$

이 되고, 이를 위의 연립방정식에 대입하면

$$\hat{p}_i = \frac{X_i}{n}, \quad i = 1, \cdots, k-1$$

이 된다. 따라서 가능도비

$$\lambda = \frac{L(\hat{\Omega}_0)}{L(\hat{\Omega})} = \left(\frac{np_{10}}{x_1}\right)^{x_1}\left(\frac{np_{20}}{x_2}\right)^{x_2} \cdots \left(\frac{np_{k0}}{x_k}\right)^{x_k}$$

으로부터

$$\begin{aligned} -2\ln\lambda &= -2\sum_{i=1}^{k} x_i \ln\left(\frac{np_{i0}}{x_i}\right) \\ &= 2\sum_{i=1}^{k} x_i \ln\left(\frac{x_i}{np_{i0}}\right) \end{aligned}$$

이다.

위 식에서 관측도수 x_i를 O_i로, 귀무가설하에서의 기대도수 np_{i0}를 E_i라고 하면

$$-2\ln\lambda = 2\sum_{i=1}^{k} O_i \ln\left(\frac{O_i}{E_i}\right)$$

으로 표현된다. 이 통계량은 흔히 G^2통계량이라고 한다.

아래의 Taylor 전개식

$$\begin{aligned} f(x) &= x\ln\left(\frac{x}{x_0}\right) \\ &\approx f(x_0) + f'(x_0)(x-x_0) + \frac{1}{2}f''(x_0)(x-x_0)^2 \\ &= 0 + (x-x_0) + \frac{1}{2}\frac{1}{x_0}(x-x_0)^2 \end{aligned}$$

을 위의 G^2 통계량에 적용하면

$$
\begin{aligned}
-2\ln\lambda &\approx 2\sum_{i=1}^{k}(O_i - E_i) + \sum_{i=1}^{k}\frac{(O_i - E_i)^2}{E_i} \\
&= 2(n-n) + \sum_{i=1}^{k}\frac{(O_i - E_i)^2}{E_i} \\
&= \sum_{i=1}^{k}\frac{(O_i - E_i)^2}{E_i}
\end{aligned}
$$

이 된다. 이 통계량은 흔히 χ^2통계량이라고 한다.

위의 두 통계량은 모두 [정리 4]에 의해

$$G^2\,(\text{or } \chi^2\,) \underset{H_0}{\dot{\sim}} \chi^2\,(k-1)$$

이며, 따라서 크기 α의 기각역은 $\chi^2_\alpha(k-1)$로 주어진다. ■

8.4 연습문제

1 [예제 3]에서 기각역의 범위가 $y \le k,\ 0 < k < 1$이 되는 과정을 확인하여라.

[Hint] $h(y) = \ln g(y),\ g(y) = y^n e^{-n(y-1)}$의 그래프를 그리고(위로 볼록한 형태임: $h''(y) = -n/y^2 < 0$), 이로부터 $g(y) \le \lambda_0\ (0 < \lambda_0 < 1)$인 y의 영역을 찾는다.

2 [예제 4]에서 전체모수공간에서의 MLE와 $L(\hat{\Omega})$의 결과를 확인하여라.

3 [예제 4]에서 귀무가설하에서의 MLE와 $L(\hat{\Omega}_0)$의 결과를 확인하여라.

4. $X \sim B(n, p)$일 때, 가설 $H_0 : p \le p_0 \quad vs \quad H_1 : p > p_0$에 대한 LR검정의 기각역이 '$x \ge c$'로 주어짐을 보여라.

5. $X_1, X_2, \cdots, X_n$을 $N(\theta_1, \theta_2)$로부터의 확률표본이라고 하자. 다음 가설

$$H_0 : \theta_2 = \theta_{20}, \ -\infty < \theta_1 < \infty \quad vs \quad H_1 : \theta_2 \ne \theta_{20}, \ -\infty < \theta_1 < \infty$$

에 대한 LR검정의 기각역이

$$\sum(x_i - \bar{x})^2 \le c_1 \quad \text{또는} \quad \sum(x_i - \bar{x})^2 \ge c_2 \quad (c_1 < c_2)$$

의 형태로 주어짐을 보여라. 단, θ_{20}는 알려진 값이다.

6. $(X_1, Y_1), \cdots, (X_n, Y_n)$을 이변량 정규분포 $N_2(\mu, \Sigma)$으로부터의 확률표본이라고 하자. 상관계수에 대한 다음 가설

$$H_0 : \rho = 0 \quad vs \quad H_1 : \rho \ne 0$$

에 대한 LR검정의 기각역이

$$|r| \ge k$$

의 형태로 주어짐을 보여라. 위 식에서 r은 ρ에 대한 최대가능도추정량인 Pearson의 표본상관계수이다(7.8절 [예제 4] 참고).

[참고] 상관계수에 대한 보다 자세한 검정 방법은 8.5.2절을 참고하기 바란다.

8.5 유용한 검정법 소개

8.5.1 카이제곱 적합도검정

$X_1 \sim B(n, p_1)$일 때, 중심극한정리로부터 충분히 큰 n에 대해

$$Y = \frac{X_1 - np_1}{\sqrt{np_1(1-p_1)}} \;\dot{\sim}\; N(0,\,1)$$

이므로

$$\begin{aligned} Q_1 \equiv Y^2 &= \frac{(X_1 - np_1)^2}{np_1(1-p_1)} \\ &= \frac{(X_1 - np_1)^2}{np_1} + \frac{(X_1 - np_1)^2}{n(1-p_1)} \\ &= \frac{(X_1 - np_1)^2}{np_1} + \frac{(X_2 - np_2)^2}{np_2}, \quad X_2 = n - X_1,\ p_2 = 1 - p_1 \\ &\dot{\sim}\; \chi^2(1) \end{aligned}$$

이 성립한다.

위 사실은 다음과 같이 일반화될 수 있다. 즉,

$$(X_1,\ \cdots, X_{k-1}) \sim Multinomial(n, p_1,\ \cdots, p_{k-1})$$

일 때, 충분히 큰 n에 대해

$$Q_{k-1} = \sum_{i=1}^{k} \frac{(X_i - np_i)^2}{np_i} \;\dot{\sim}\; \chi^2(k-1)$$

이 성립한다. 위 식에서 $X_k = n - X_1 - \cdots - X_{k-1}$이고 $p_k = 1 - p_1 - \cdots - p_{k-1}$이다.

|Remark| 위의 식에서 $X_i(i=1,\cdots,k)$는 n번의 독립적인 다항 확률실험에서 범주 i에 속한 빈도를 의미한다.

Karl Pearson(1900)에 의해 소개된 카이제곱 적합도(Goodness of Fit, GoF)검정

은 다음과 같다. 먼저 $(X_1, \cdots, X_{k-1}) \sim Multinomial(n, p_1, \cdots, p_{k-1})$일 때, 다음 가설

$$H_0 : p_1 = p_{10}, \cdots, p_{k-1} = p_{k-1,0} \ (p_{i0}'s : known)$$

에 대한 검정은, 아래의 검정통계량 Q_{k-1}의 분포가 귀무가설하에서

$$Q_{k-1} = \sum_{i=1}^{k} \frac{(X_i - np_{i0})^2}{np_{i0}} \ \underset{H_0}{\dot{\sim}} \ \chi^2(k-1)$$

이 성립되는 사실에 기초한다. 즉, 유의수준 α인 검정은 $Q_{k-1} \geq \chi^2_\alpha(k-1)$일 때 H_0를 기각한다.

[주목] 위의 대표본 검정이 가능도비검정 결과와 일치함에 주목하기 바란다(8.4절 [예제 7] 참고).

카이제곱 적합도검정에서 귀무가설하에서의 각 범주에 속할 확률 $p_i(i=1, \cdots, k-1)$를 모르는 경우에는 추정치$(\hat{p}_i)$를 사용한다. 자료로부터 $r(< k-1)$개 모수 $(\theta_1, \cdots, \theta_r)$의 추정을 통해 $(k-1)$개의 p_i가

$$\hat{p}_i = p_i(\hat{\theta}_1, \cdots, \hat{\theta}_r), \quad i = 1, \cdots, k-1$$

으로 추정되는 경우에는, 검정통계량의 자유도가 r만큼 줄어든다. 즉, 적합도검정통계량의 분포가 귀무가설하에서

$$Q_{k-r-1} = \sum_{i=1}^{k} \frac{(X_i - n\hat{p}_i)^2}{n\hat{p}_i} \ \underset{H_0}{\dot{\sim}} \ \chi^2(k-r-1)$$

을 만족한다.

예제 1 아래의 자료는 어느 방사선 물질로부터 초당 발생되는 감마선의 수를 측정한 자료이다.

감마선의 수	빈도	H_0하의 기대빈도
0	19	27.2
1	48	65.3
2	66	78.4
3	74	62.7
4	44	37.6
5	35	18.1
6	12	7.2
7	2	2.5
합	300	

감마선의 수의 분포가 $Poisson(2.4)$를 따르는지에 대한 검정을 수행하여라.

풀이 $Poisson(2.4)$일 때(귀무가설하에서), 각 범주에 속할 기대빈도(np_i)를 구하면 (R 프로그램 이용)

```
> n<-300
> a<-c(0,1,2,3,4,5,6,7)
> p<-dpois(a, 2.4)
> p
[1] 0.090717953 0.217723088 0.261267705 0.209014164 0.125408499
0.060196079 0.024078432 0.008255462
> e<-n*p
> e
[1] 27.2153860 65.3169264 78.3803116 62.7042493 37.6225496
18.0588238 7.2235295  2.4766387
```

이다. 여기서 마지막 두 범주를 합한 후(기대빈도의 합이 5 이상이 되도록), 검정통계량을 계산하면

$$q_6 = \frac{(19-27.2)^2}{27.2} + \cdots + \frac{(14-9.7)^2}{9.7} = 29.9$$

이 된다. 따라서 카이제곱 적합도검정의 $p-$값은

$$p = P(\chi^2(6) \geq 29.9) \approx 0.00$$

이다. ■

[주의] 카이제곱검정은 대표본 검정이므로 전체 자료의 수가 커야 하며, 빈도가 5 이하인 칸이 많지 않은 것이 바람직하다.

예제 2 **(정규성 검정)** n개의 확률표본 $Y_1, \cdots, Y_n$에 기초하여, 이 자료의 모집단 분포가 정규분포를 따르는지에 대한 다음 가설

$$H_0 : Y \sim N(\mu, \sigma^2) \quad (\mu, \sigma^2 : unknown)$$

에 대한 검정을 수행하자. 먼저 $Y_1, \cdots, Y_n$으로부터 두 모수의 추정치 $\hat{\mu}$와 $\widehat{\sigma^2}$을 구하고, 이로부터 정해진 각 범주(구간)의 확률을 추정한다. 이때, 각 범주는 $N(\hat{\mu}, \widehat{\sigma^2})$의 형태를 고려하여 나누거나(확률이 집중된 부분의 구간은 상대적으로 짧게) 미리 정해진(예를 들어, 등간격으로 나누어진) 구간이다.

범주 i에 속하는 자료$(Y_1, \cdots, Y_n)$의 수를 $X_i(1 = 1, \cdots, k)$라고 할 때, 위 가설에 대한 적합도검정은

$$Q_{k-3} = \sum_{i=1}^{k} \frac{(X_i - n\hat{p}_i)^2}{n\hat{p}_i} \underset{H_0}{\dot{\sim}} \chi^2(k-3)$$

에 기초하여 수행된다. ■

|Remark| [예제 2]의 귀무가설에서 μ와 σ^2이 알려진 경우에는, 귀무가설하에서 각 범주에 속할 확률이 직접 계산되므로

$$Q_{k-1} = \sum_{i=1}^{k} \frac{(X_i - np_i)^2}{np_i} \underset{H_0}{\dot{\sim}} \chi^2(k-1)$$

을 통해 검정이 수행된다.

[참고] 자료가 특정 분포를 따르는지에 대한 적합도검정법에는 카이제곱검정 외에 Kolmogorov–Smirnov(1967) 검정, Anderson–Darling(1974) 검정, Shapiro–Wilk(1965)의 정규성검정 등이 있으며, 시각적인 방법으로는 $Q-Q$ 플롯을 이용하는 방법이 있다.

예제 3 **(이원분할표의 독립성검정)** $I\times J$ 이원분할표에서 각 칸의 빈도가 독립적인 n번의 다항 확률실험의 결과로부터 주어진다고 가정하자. 즉,

$$(X_{11},\ \cdots, X_{IJ-1}) \sim Multinomial(n, p_{11},\ \cdots, p_{IJ-1})$$

일 때, 다음의 독립성 가설

$$H_0 : p_{ij} = p_{i\cdot} \times p_{\cdot j}$$

에 대한 검정은, 검정통계량의 분포가

$$Q_{(I-1)(J-1)} = \sum_{i=1}^{I}\sum_{j=1}^{J} \frac{(X_{ij} - n\hat{p}_{ij})^2}{n\hat{p}_{ij}} \underset{H_0}{\overset{\cdot}{\sim}} \chi^2((I-1)(J-1))$$

인 사실에 기초한다. 위 식에서 $\hat{p}_{ij}$은 귀무가설하에서의 추정량으로

$$\hat{p}_{i\cdot} = \frac{X_{i\cdot}}{n}\ (i=1,\ \cdots, I-1),\quad \hat{p}_{\cdot j} = \frac{X_{\cdot j}}{n}\ (j=1,\ \cdots, J-1)$$

을 통해 추정된다. 따라서 검정통계량의 자유도는

$$(IJ-1) - (I-1) - (J-1) = (I-1)(J-1)$$

이 된다. ■

8.5.2 상관계수 검정

이 절에서는 상관계수에 대한 검정을 다룬다. 먼저 $(X_1, Y_1), \cdots, (X_n, Y_n)$을 이변량 정규분포로부터의 확률표본이라고 하자. 상관계수에 대한 다음 가설

$$H_0 : \rho = 0 \quad vs \quad H_1 : \rho \neq 0$$

에 대한 LR검정의 기각역이 $|r| \geq k$의 형태로 주어짐을 보인 바 있다(8.4절 연습문제 6번). 위 식에서 r은 ρ에 대한 최대가능도추정량(또는 Pearson의 표본상관계수)으로

$$r = \frac{\sum(X_i - \overline{X})(Y_i - \overline{Y})}{\sqrt{\sum(X_i - \overline{X})^2}\sqrt{\sum(Y_i - \overline{Y})^2}} \equiv \frac{S_{XY}}{\sqrt{S_{XX}}\sqrt{S_{YY}}}$$

이다.

이제, 크기 α인 k값을 구하기 위해 다음의 검정통계량을 생각하자.

$$T = \frac{r\sqrt{n-2}}{\sqrt{1-r^2}} = \frac{\sqrt{n-2}\,\dfrac{S_{XY}}{\sqrt{S_{XX}}\sqrt{S_{YY}}}}{\sqrt{1-\dfrac{S_{XY}^2}{S_{XX}S_{YY}}}}$$

$$= \frac{\sqrt{n-2}\,S_{XY}/\sqrt{S_{XX}}}{\sqrt{S_{YY}-\dfrac{S_{XY}^2}{S_{XX}}}}$$

|Remark| 통계량 T는 r에 대해 단조증가함수이다.

$X_1 = x_1, \cdots, X_n = x_n$이 주어질 때, 다음 사실 (i)~(iv)가 성립함을 보일 수 있다.

(i) (위 식의 분자) $\dfrac{S_{xY}}{\sqrt{S_{xx}}} = \sum \dfrac{(x_i - \overline{x})}{\sqrt{S_{xx}}} Y_i \overset{d}{\sim} N(0, \sigma_2^2)$

(ii) Y_i는 독립이고, $Y_i \overset{d}{\sim} N(\mu_2 + \rho\frac{\sigma_2}{\sigma_1}(x_i - \mu_1),\ (1-\rho^2)\sigma_2^2\ )$이다. 따라서 귀무가설하에서는 $Y_i \underset{H_0}{\overset{d}{\sim}} i.i.d.\ N(\mu_2,\ \sigma_2^2\ )$이다.

(iii) (위 식의 분모) 귀무가설($H_0 : \rho = 0$)하에서

$$S_{YY} - \frac{S_{xY}^2}{S_{xx}} = \sum (Y_i - \overline{Y})^2 - \left[\sum \frac{(x_i - \overline{x})}{\sqrt{S_{xx}}} Y_i\right]^2 \underset{H_0}{\overset{d}{\sim}} \sigma_2^2 \cdot \chi^2(n-2)$$

이다.

(iv) 두 통계량 $\frac{S_{xY}}{\sqrt{S_{xx}}}$와 $S_{YY} - \frac{S_{xY}^2}{S_{xx}}$가 조건부독립이다.

|Remark| 위의 결과 (iii)과 (iv)에 대한 엄밀한 증명은 다음과 같다. (iii)에서의 관계식을

$$Q_2 = Q - Q_1 \Leftrightarrow Q = Q_1 + Q_2$$

라고 하자(여기서 Q, Q_1, Q_2는 $Y_1, \cdots, Y_n$의 이차형식이다). 이때 $\frac{Q}{\sigma^2} \sim \chi^2(n-1)$, $\frac{Q_1}{\sigma^2} \sim \chi^2(1)$이고 $\frac{Q_2}{\sigma^2} > 0$이므로, Cochran 정리(12장 [정리 18])에 의해 Q_1과 Q_2는 독립이고, $\frac{Q_2}{\sigma^2} \sim \chi^2(n-2)$이다.

위 사실로부터 $X_1 = x_1,\ \cdots,\ X_n = x_n$이 주어질 때, 검정통계량의 조건부분포는

$$T \mid X_1 = x_1, \cdots, X_n = x_n \underset{H_0}{\overset{d}{\sim}} t(n-2)$$

이고, 이 분포가 $x_1, \cdots, x_n$과는 무관하므로, 검정통계량의 비조건부분포도 동일한 분포를 따른다. 즉, 검정통계량의 분포는

$$T \underset{H_0}{\overset{d}{\sim}} t(n-2)$$

이고, T와 $(X_1, \cdots, X_n)$은 독립이다. 따라서 크기 α인 LR검정은

$$|T| \geq t_{\alpha/2}(n-2)$$

일 때, 귀무가설을 기각한다.

예제 1 아래의 자료는 어느 직원이 동일한 작업을 오전과 늦은 오후 시간에 수행하게 했을 때, 작업에 걸린 시간을 측정한 자료이다.

(단위: 분)

오전(x)	10.5	6.6	7.1	9.4	9.6	8.2	7.0	10.9	9.0	8.4
오후(y)	12.3	6.3	7.6	8.5	9.6	8.7	6.9	11.3	9.2	8.4

오전과 오후에 걸린 시간 간에 상관이 존재하는지에 대한 검정을 수행하여라.

풀이 표본상관계수를 구하면(R 프로그램 이용)

```
> x<-c(10.5, 6.6, 7.1, 9.4, 9.6, 8.2, 7.0, 10.9, 9.0, 8.4)
> y<-c(12.3, 6.3, 7.6, 8.5, 9.6, 8.7, 6.9, 11.3, 9.2, 8.4)
> cor(x, y, method="pearson")
[1] 0.9356875
```

으로부터 $r \approx 0.936$이고, 검정통계량의 관측값은 7.50이다. 따라서 양측검정에 대한 $p-$값은

$$p = P(|t(8)| \geq 7.50) \approx 0.00$$

이다. 이 결과는 다음의 R 프로그램을 통해 얻을 수 있다.

```
> cor.test(x, y, method="pearson")
        Pearson's product-moment correlation
data:  x and y
t = 7.5008, df = 8, p-value = 6.922e-05
alternative hypothesis: true correlation is not equal to 0
95 percent confidence interval:
 0.7449163 0.9850109
sample estimates:
      cor
0.9356875
```

■

상관계수에 대한 보다 일반적인 검정으로 다음 가설을 생각하자. 모집단에 대한 가정은 위와 동일하다.

$$H_0 : \rho = \rho_0 \ (\rho_0 \neq 0) \quad vs \quad H_1 : \rho \neq \rho_0$$

위 가설에 대한 검정은 아래의 대표본 이론에 기초한다. 즉, 표본상관계수 r_n에 대해

$$\sqrt{n-3}\,(r_n - \rho) \xrightarrow{d} N(0,\ (1-\rho^2)^2)$$

이 성립한다(증명은 생략). 이 사실로부터 분산안정화변환(VST)을 통해

$$\sqrt{n-3}\left(\frac{1}{2}\ln\frac{1+r_n}{1-r_n} - \frac{1}{2}\ln\frac{1+\rho}{1-\rho}\right) \xrightarrow{d} N(0,\ 1)$$

임을 보일 수 있다. 따라서 위 가설에 대한 크기 α의 근사적인 검정은, 위 식에서 좌변에 $\rho = \rho_0$를 대입한 검정통계량 z_n에 대해

$$|z_n| \geq z_{\alpha/2}$$

일 때, H_0를 기각한다.

|Remark| 위의 변환 $z(r_n)=\dfrac{1}{2}\ln\dfrac{1+r_n}{1-r_n}$은 Fisher의 z−변환으로 알려져 있다.

예제 2 [예제 1]의 자료를 이용하여 가설

$$H_0 : \rho = 0 \quad vs \quad H_1 : \rho \neq 0$$

에 대한 대표본검정을 수행하면, 검정통계량의 관측값이

$$z_n = \frac{\sqrt{7}}{2}\ln\left(\frac{1.936}{0.064}\right) \approx 4.5$$

이므로, 근사적인 p−값은 $p=P(|Z| \geq 4.50) \approx 0.00$이 된다. ■

8.5.3* 회귀계수 검정 – 단순회귀모형

이 절에서는 단순회귀모형에서 회귀계수에 대한 가능도비검정을 다룬다. 이 절은 건너뛰어도 무방하다.

단순회귀모형을 다음과 같이 가정하자.

$$Y_i = \alpha + \beta(x_i - \overline{x}) + \epsilon_i, \quad \epsilon_i \sim i.i.d.\ N(0,\sigma^2)\ \ (i=1,2,\cdots,n).$$

가능도함수

$$L(\theta) = L(\alpha,\beta,\sigma^2) = \left(\frac{1}{2\pi\sigma^2}\right)^{n/2}\exp\left[-\frac{1}{2\sigma^2}\sum\{y_i - \alpha - \beta(x_i - \overline{x})\}^2\right]$$

으로부터, 모수 $\theta=(\alpha,\beta,\sigma^2)$에 대한 MLE는

$$\hat{\alpha} = \overline{Y}, \quad \hat{\beta} = \frac{S_{xY}}{S_{xx}} = \frac{\sum(x_i-\overline{x})(Y_i-\overline{Y})}{\sum(x_i-\overline{x})^2} = \frac{\sum(x_i-\overline{x})Y_i}{\sum(x_i-\overline{x})^2},$$
$$\widehat{\sigma^2} = \frac{1}{n}\sum\{Y_i - \hat{\alpha} - \hat{\beta}(x_i-\overline{x})\}^2$$

이며(참고로, σ^2에 대한 불편추정량은 $\frac{1}{n-2}\sum\{Y_i-\hat{\alpha}-\hat{\beta}(x_i-\overline{x})\}^2$임), 다음이 성립함을 쉽게 보일 수 있다(연습문제 1번).

$$\hat{\alpha}\sim N(\alpha, \frac{\sigma^2}{n}),\ \hat{\beta}\sim N(\beta, \frac{\sigma^2}{\sum(x_i-\overline{x})^2}).$$

또한 관계식

$$\begin{aligned}\sum\{Y_i-\alpha-\beta(x_i-\overline{x})\}^2&=\sum\left[\{Y_i-\hat{\alpha}-\hat{\beta}(x_i-\overline{x})\}+(\hat{\alpha}-\alpha)-(\hat{\beta}-\beta)(x_i-\overline{x})\right]^2\\&=n(\hat{\alpha}-\alpha)^2+(\hat{\beta}-\beta)^2\sum(x_i-\overline{x})^2+n\widehat{\sigma^2}\end{aligned}$$

이 성립한다. 위 식을

$$Q=Q_1+Q_2+Q_3$$

으로 표현하자. 여기서 Q, Q_1, Q_2, Q_3는 $Y_i-\alpha-\beta(x_i-\overline{x})\,(i=1,2,\cdots,n)$들의 이차형식이며(12장 [예제 5] 참고), $\frac{Q}{\sigma^2}\sim\chi^2(n)$, $\frac{Q_1}{\sigma^2}\sim\chi^2(1)$, $\frac{Q_2}{\sigma^2}\sim\chi^2(1)$이고 $\frac{Q_3}{\sigma^2}>0$이므로, Cochran 정리에 의해(12장 [정리 18]) (ⅰ) Q_1, Q_2, Q_3는 독립이고, (ⅱ) $\frac{Q_3}{\sigma^2}=\frac{n\widehat{\sigma^2}}{\sigma^2}\sim\chi^2(n-2)$이다.

회귀계수에 대한 다음 가설

$$H_0:\beta=\beta_0 \qquad vs \qquad H_1:\beta\neq\beta_0$$

에 대한 검정은 아래 사실에 기초하여 수행할 수 있다.

$$\begin{aligned}T&=\frac{\hat{\beta}-\beta_0}{\sigma/\sqrt{S_{xx}}}\Big/\sqrt{\frac{n\widehat{\sigma^2}}{\sigma^2}/(n-2)}\\&=\sqrt{\frac{n-2}{n}}\cdot\frac{\hat{\beta}-\beta_0}{\hat{\sigma}/\sqrt{S_{xx}}}\ \underset{H_0}{\overset{d}{\sim}}\ t(n-2).\end{aligned}$$

[주목] 위의 검정에서 σ^2에 대한 추정량으로 MLE($\widehat{\sigma^2}$) 대신 불편추정량 $\widehat{\sigma_1^2} = \frac{1}{n-2}\sum[Y_i - \hat{\alpha} - \hat{\beta}(x_i - \overline{x})]^2$을 사용할 경우, 검정통계량은 다음과 같다.

$$T_1 = \frac{\hat{\beta} - \beta_0}{\sigma/\sqrt{S_{xx}}} \Big/ \sqrt{\frac{(n-2)\widehat{\sigma_1^2}}{\sigma^2} \Big/ (n-2)}$$
$$= \frac{\hat{\beta} - \beta_0}{\widehat{\sigma_1}/\sqrt{S_{xx}}} \underset{H_0}{\overset{d}{\sim}} t(n-2).$$

특히, 가설 $H_0 : \beta = 0$에 대한 검정통계량 T(와 T_1)는 다음 관계식

$$(n\widehat{\sigma^2} =)\sum\{Y_i - \hat{\alpha} - \hat{\beta}(x_i - \overline{x})\}^2 = \sum\left\{(Y_i - \overline{Y}) - \frac{S_{xY}}{S_{xx}}(x_i - \overline{x})\right\}^2$$
$$= \sum(Y_i - \overline{Y})^2 - 2\frac{S_{xY}}{S_{xx}}\sum(x_i - \overline{x})(Y_i - \overline{Y}) + \frac{S_{xY}^2}{S_{xx}^2}\sum(x_i - \overline{x})^2$$
$$= S_{YY} - \frac{S_{xY}^2}{S_{xx}}$$

과

$$\hat{\beta} = \frac{S_{xY}}{S_{xx}} = \sqrt{\frac{S_{YY}}{S_{xx}}}\, r$$

로부터

$$T(\text{또는 } T_1) = \frac{\sqrt{n-2}\,\hat{\beta}\sqrt{S_{xx}}}{\sqrt{S_{YY} - \frac{S_{xY}^2}{S_{xx}}}} = \frac{\sqrt{n-2}\, r\sqrt{S_{YY}}}{\sqrt{S_{YY}(1-r^2)}} = \frac{r\sqrt{n-2}}{\sqrt{1-r^2}}$$

임을 알 수 있다. 즉, 단순회귀에서 $H_0 : \beta = 0$에 대한 검정통계량은 앞 절에서 다룬 이변량 정규모집단에서 $H_0 : \rho = 0$에 대한 검정통계량과 같음을 알 수 있다.

8.5.3 연습문제

1 다음이 성립함을 보여라.

$$\hat{\alpha} \sim N(\alpha, \frac{\sigma^2}{n}), \ \hat{\beta} \sim N(\beta, \frac{\sigma^2}{\sum(x_i - \bar{x})^2}).$$

[Hint] $\hat{\alpha}$과 $\hat{\beta}$이 Y_i들의 선형결합임을 이용할 것.

8.5.4* 일원배치 분산분석

이 절에서는 일원배치 분산분석 모형에서 가능도비검정을 소개한다. 이 절은 건너뛰어도 무방하다.

예제 1 $X_{i1}, X_{i2}, \cdots, X_{in_i}$를 $i-$번째 정규모집단 $N(\mu_i, \sigma^2)(i=1,2,\cdots,k)$으로부터의 크기 n_i인 확률표본이라고 하자. 다음 가설에 대한 크기 α의 LR검정을 실시하여라.

$$H_0 : \mu_1 = \mu_2 = \cdots = \mu_k \quad vs \quad H_1 : not \ H_0$$

풀이 $\theta \equiv (\mu_1, \cdots, \mu_k, \sigma^2)$이라 하자(여기서 $n = \sum_{i=1}^{k} n_i$임).

$$L(\theta) = \prod_{i=1}^{k} \prod_{j=1}^{n_i} \frac{1}{\sqrt{2\pi}\,\sigma} e^{-\frac{1}{2\sigma^2}(x_{ij} - \mu_i)^2} = (2\pi\sigma^2)^{-\frac{n}{2}} \exp\left[-\frac{1}{2\sigma^2} \sum_{i=1}^{k} \sum_{j=1}^{n_i} (x_{ij} - \mu_i)^2\right].$$

(i) θ의 MLE

$$\hat{\mu}_i = \bar{x}_{i\,.}, \quad i = 1, \cdots, k \quad \& \quad \widehat{\sigma^2} = \frac{1}{n} \sum_{i=1}^{k} \sum_{j=1}^{n_i} (x_{ij} - \hat{\mu}_i)^2$$

$$\rightarrow L(\hat{\Omega}) = \left[\frac{2\pi \sum_i \sum_j (x_{ij} - \bar{x}_{i\,.})^2}{n}\right]^{-\frac{n}{2}} \cdot e^{-\frac{n}{2}}.$$

(ii) $H_0(\mu \equiv \mu_1 = \cdots = \mu_k)$하에서의 MLE

$$\hat{\mu}=\overline{x} \quad \& \ \widehat{\sigma_0^2}=\frac{1}{n}\sum_{i=1}^{k}\sum_{j=1}^{n_i}(x_{ij}-\hat{\mu})^2 \ \rightarrow \ L(\widehat{\Omega}_0)=\left[\frac{2\pi\sum_i\sum_j(x_{ij}-\overline{x})^2}{n}\right]^{-\frac{n}{2}}\cdot e^{-\frac{n}{2}}.$$

$$\text{(iii)}\ \lambda=\frac{L(\widehat{\Omega}_0)}{L(\widehat{\Omega})}=\left[\frac{\sum\sum(x_{ij}-\overline{x})^2}{\sum\sum(x_{ij}-\overline{x}_{i\cdot})^2}\right]^{-\frac{n}{2}}$$

$$=\left[\frac{\sum\sum(x_{ij}-\overline{x}_{i\cdot})^2+\sum\sum(\overline{x}_{i\cdot}-\overline{x})^2}{\sum\sum(x_{ij}-\overline{x}_{i\cdot})^2}\right]^{-\frac{n}{2}}$$

$$\equiv\left[\frac{Q_1+Q_2}{Q_1}\right]^{-\frac{n}{2}}=\left[1+\frac{Q_2}{Q_1}\right]^{-\frac{n}{2}}\le\lambda_0 \Leftrightarrow \frac{Q_2}{Q_1}\ge c_1.$$

(iv) 크기 α인 LR검정의 기각역: $F\ge F_\alpha(k-1,n-k)$

($\because$) $\overline{X}_{i\cdot}$와 $\sum\sum(X_{ij}-\overline{X}_{i\cdot})^2$이 독립이므로 Q_1과 Q_2가 독립이고, H_0하에서 $Q_1/\sigma^2\sim\chi^2(n-k)$, $Q_2/\sigma^2\sim\chi^2(k-1)$이므로 $F=\dfrac{Q_2/\sigma^2(k-1)}{Q_1/\sigma^2(n-k)}=\dfrac{Q_2/(k-1)}{Q_1/(n-k)}$ $\sim F(k-1,n-k)$이다. 따라서 크기 α의 조건, 즉 $\alpha=P_{H_0}(Q_2/Q_1\ge c_1)=P_{H_0}(F\ge c)$을 만족하는 c는 $c=F(k-1,n-k)$이다. ■

예제 2 $X_{i1},X_{i2},\cdots,X_{in_i}$를 $i-$번째 정규모집단 $N(\mu_i,\sigma_i^2)(i=1,2,\cdots,k)$으로부터의 크기 n_i인 확률표본이라고 하자. [정리 4]를 이용하여, 다음 가설에 대한 크기 α의 대표본 LR검정을 실시하여라.

$$H_0:\sigma_1^2=\sigma_2^2=\ \cdots\ =\sigma_k^2 \qquad vs \qquad H_1: not\ H_0$$

풀이 $\theta\equiv(\mu_1,\cdots,\mu_k,\sigma_1^2,\cdots,\sigma_k^2)$이라 하자(여기서 $n=\sum_{i=1}^{k}n_i$임).

$$L(\theta)=\prod_{i=1}^{k}\prod_{j=1}^{n_i}\frac{1}{\sqrt{2\pi}\,\sigma_i}e^{-\frac{1}{2\sigma_i^2}(x_{ij}-\mu_i)^2}=(2\pi\sigma_i^2)^{-\frac{n}{2}}\exp\left[-\frac{1}{2\sigma_i^2}\sum_{i=1}^{k}\sum_{j=1}^{n_i}(x_{ij}-\mu_i)^2\right].$$

(i) θ의 MLE

$$\hat{\mu}_i = \bar{x}_{i\cdot} \quad \& \quad \widehat{\sigma_i^2} = \frac{1}{n_i}\sum_{j=1}^{n_i}(x_{ij} - \bar{x}_{i\cdot})^2, \quad i = 1, \cdots, k.$$

(ii) $H_0(\sigma^2 \equiv \sigma_1^2 = \cdots = \sigma_k^2)$하에서의 MLE

$$\hat{\mu}_i = \bar{x}_{i\cdot}, \quad i = 1, \cdots, k \quad \& \quad \widehat{\sigma^2} = \frac{1}{n}\sum_{i=1}^{k}\sum_{j=1}^{n_i}(x_{ij} - \bar{x}_{i\cdot})^2 = \frac{\sum n_i \widehat{\sigma_i^2}}{\sum n_i}.$$

(iii) $$\lambda = \frac{L(\hat{\Omega}_0)}{L(\hat{\Omega})} = \frac{\left(1/\widehat{\sigma^2}\right)^{\sum n_i/2}\exp\left(-\sum n_i/2\right)}{\prod_{i=1}^{k}\left(1/\widehat{\sigma_i^2}\right)^{n_i/2}\exp\left(-\sum n_i/2\right)} = \frac{\prod_{i=1}^{k}\left(\widehat{\sigma_i^2}\right)^{n_i/2}}{\left(\sum n_i \widehat{\sigma_i^2} / \sum n_i\right)^{\sum n_i/2}}.$$

(iv) λ의 정확한 귀무분포를 구하기 어려우므로 대표본 LR검정을 수행한다. 즉, 충분히 큰 표본에 대해 $-2\ln\lambda \underset{H_0}{\overset{\cdot}{\sim}} \chi^2(k-1)$이므로 크기 α인 LR검정의 기각역은 $-2\ln\lambda \geq \chi_\alpha^2(k-1)$이다. ■

8.5 연습문제

1 [예제 1]의 자료에 대해, 이 자료가 임의의 포아송분포로부터의 자료인지에 대한 검정을 수행하여라.

[Hint] 자료로부터 포아송분포의 모수(λ)를 추정하여 사용한다.

2 어느 베이커리에서 매일 3개의 초코케이크를 만들어서 판다고 한다. 하루에 판매된 초코케이크의 수를 300일간 조사한 자료가 다음과 같다.

1일 판매 개수	일수
0	1
1	16
2	55
3	228

일일 판매 개수의 분포가 이항분포를 따르는지에 대해 카이제곱검정을 수행하여라.

[Hint] 일일 판매 개수(X)의 분포가 $B(3,\ p)$를 따른다.

유의확률(p-값)은 확률변수인가?

통계학 초심자에게는 다소 당혹스러울 수 있는 위 질문에 대한 답은 '예'이다.

유의확률

귀무가설 H_0, 대립가설 H_1 및 검정통계량 T가 주어질 때, Moore(2007)는 p-값을 'H_0가 참이라는 가정하에서 계산된 검정통계량이 실제 관측된 값만큼 극단적이거나 더 극단적인 값을 취할 확률'로 정의하였다. 이를 식으로 나타내면 다음과 같다.

$$p\text{-값} = P(T \geq t_{obs} | H_0).$$

p-값에 대한 해석으로 Moore(2007)는 "p-값이 작을수록 데이터에 의해 제공되는 H_0에 반하는 증거가 더 강한 것"이라고 하였다.

위 식에서 보듯이

'p-값은 검정통계량의 단순한 변환(함수)이므로 당연히 확률변수이다.'

그렇다면 귀무가설이 참일 때, p-값은 어떤 분포를 따를까? 이 질문에 대한 답은 '$U(0,1)$분포'이다. 그 이유는 다음과 같다.

- H_0하에서의 검정통계량의 분포함수를 F_0라고 할 때, p-값$= 1 - F_0(t_{obs})$이다.
- 확률적분변환에 의해, H_0하에서 p-값은 $U(0,1)$을 따른다.

보다 직관적인 설명은 다음과 같다.

직관적 이해
유의수준 α인 검정에서 귀무가설이 참일 때 검정이 유의한 결과를 내는 확률은 얼마나 될까? 유의수준의 정의에 따르면 α이다. 하지만 검정이 α에서 유의하려면 'p−값$<\alpha$'여야 한다. 따라서 귀무가설이 참일 때 $P(p-$값$<\alpha)=\alpha$이며, 이는 균일분포의 정의와 같다.

아래는 이표본 t−검정에서 귀무가설($H_0 : \mu_1 = \mu_2$)이 참일 때 p−값에 대한 모의실험 결과이다($n = 10{,}000$). 귀무가설하에서 p−값의 분포가 $U(0,1)$을 따름을 보여준다.

R 프로그램	p−값의 분포

p.val <- function() {
  x <- rnorm(100)
  y <- rnorm(100)
  test <- t.test(x, y)
  test$p.value
  }
p_values_ttest <- replicate(10000, p.val())
hist(p_values_ttest)
	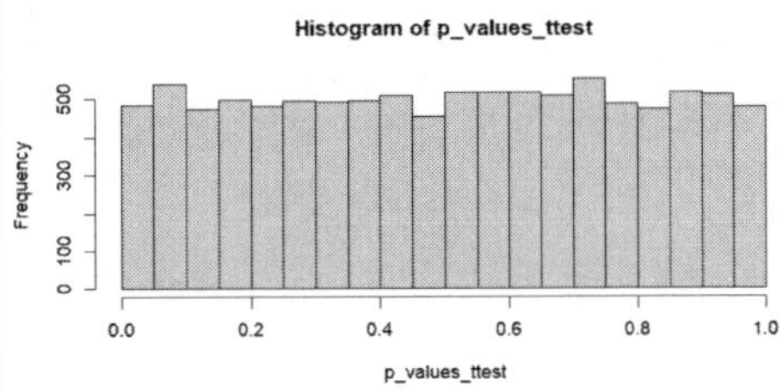

이제, 다음 질문에 대해 각자 답해보자.

'대립가설이 참일 때 p−값의 분포는 어떻게 될까?'[2)]

[Hint] 검정통계량(T)이 H_1하에서 더 커지는 경향이 있으므로 p−값은 더 작아질 것이다. Moore의 해석은 이 진술을 뒷받침한다.

2) 이 질문에 대한 답은 나종화(2023)의 '다중비교와 다중검정'의 12.6절을 참고하기 바란다.

제9장
구간추정법

9.0 구간추정의 기초 개념

9.1 개요

9.2 추축량 이용법

9.3 통계량 이용법

9.4 대표본 신뢰구간

9.5 가설검정과의 관계이용법

John W. Tukey (1915-2000)

빠른 푸리에 변환(FFT).

Box plot.

(단어 bit와 software의 최초 사용자)

Bradley Efron (1938-)

미국의 통계학자.

붓스트랩 방법. 붓스트랩 신뢰구간.

데이터-기반/컴퓨터-집약적 통계적 방법에 기여.

9장 구간추정법

9.0 구간추정의 기초 개념

이 절에서는 신뢰구간에 대한 기초 개념 및 주요 결과를 소개한다. 이 절은 건너뛰어도 무방하다.

9.0.1 구간추정의 원리

모수 θ에 대한 점추정량 $\hat{\theta}$에 기초한 모수 θ에 대한 신뢰구간(confidence interval)은 다음과 같이 구해진다. 점추정량 $\hat{\theta}$의 분포로부터 다음 식

$$P(\hat{\theta}_L \le \theta \le \hat{\theta}_U) = 1 - \alpha$$

을 만족하는 구간 $(\hat{\theta}_L, \hat{\theta}_U)$를 모수 θ에 대한 $100(1-\alpha)\%$ 신뢰구간이라고 한다.

예를 들어, $X_1, X_2, \cdots, X_n$을 $N(\mu, \sigma^2)$으로부터의 확률표본이라고 할 때(편의상 σ^2은 아는 것으로 하자), 모수 μ에 대한 점추정량 $\overline{X}$에 기초한 신뢰구간은 다음과 같이 구해진다. 먼저 점추정량 $\overline{X}$의 분포가

$$\overline{X} \sim N(\mu, \frac{\sigma^2}{n})$$

이고, 이로부터

$$\begin{aligned} 1 - \alpha &= P(-z_{\alpha/2} \le \frac{\overline{X} - \mu}{\sigma/\sqrt{n}} \le z_{\alpha/2}) \\ &= P(\overline{X} - z_{\alpha/2}\frac{\sigma}{\sqrt{n}} \le \mu \le \overline{X} + z_{\alpha/2}\frac{\sigma}{\sqrt{n}}) \end{aligned}$$

이므로, 모수 μ에 대한 $100(1-\alpha)\%$ 신뢰구간은

$$(\overline{X} - z_{\alpha/2}\frac{\sigma}{\sqrt{n}},\ \ \overline{X} + z_{\alpha/2}\frac{\sigma}{\sqrt{n}})$$

으로 주어진다.

[유의] 위의 예제에서 σ^2을 모르는 경우에는 신뢰구간이 다음과 같이 주어진다($z_{\alpha/2}$ 대신 $t_{\alpha/2}(n-1)$을 사용).

$$(\overline{X} - t_{\alpha/2}(n-1)\frac{S}{\sqrt{n}},\ \ \overline{X} + t_{\alpha/2}(n-1)\frac{S}{\sqrt{n}})$$

통상적으로 모수 θ에 대한 $100(1-\alpha)\%$ 신뢰구간은 다음의 원리를 통해 구해진다. 즉, 점추정량 $\hat{\theta}$에 대해

$$\hat{\theta} \pm q \cdot \sqrt{Var(\hat{\theta})}$$

의 형태를 취한다. 위 식에서 $Var(\hat{\theta})$이 미지의 모수를 포함하는 경우에는 이의 추정량 $\widehat{Var}(\hat{\theta})$이 사용된다. 여기서 q는 $\hat{\theta}$의 분포와 관련된 적절한 분위수이다.

예제 1 한 학급 20명의 키의 평균이 170센티미터이고, 표준편차가 10센티미터라고 하자. 키들의 분포가 정규분포를 따르고, 이 학급은 전체 대학 모집단으로부터의 표본으로 간주될 수 있다고 하자. 전체 대학 학생의 평균키에 대한 90% 신뢰구간은?

풀이 모집단이 정규분포를 따른다는 가정하에서 정확한 신뢰구간은 $\overline{X} \pm t_{\alpha/2}(n-1)\frac{S}{\sqrt{n}}$이므로, R 프로그램을 통해 다음과 같이 계산된다.

```
> xbar <- 170; s <- 10; n=20
> alpha <- 0.1
> t <- qt(1- alpha/2, df=n-1)
> t
[1] 1.729133
> SE <- s/sqrt(n)
> c(xbar - t*SE, xbar + t*SE)
[1] 166.1335 173.8665      # 약 (166, 173)
```

■

9.0.2 신뢰구간의 의미

신뢰구간은 그 해석이 쉽지(자연스럽지) 않다. 그 이유는 위에서 정의한 신뢰구간 $(\hat{\theta}_L, \hat{\theta}_U)$이 상수로 주어지는 구간이 아니라 다소 생소한 확률구간(random interval)이기 때문이다(확률구간은 구간 (a, b)에서 a와 b가 상수가 아닌 확률변수인 경우를 말한다). 즉, 모수 θ에 대한 $100(1-\alpha)\%$ 신뢰구간은 '미지인 모수 θ(이는 상수임)를 포함할 확률이 $1-\alpha$인 확률구간'으로 해석하는 것이 올바르다. 확률구간은 확률변수로 이루어진 구간이므로, 여러 개의 값(구간)을 실현치로 가질 수 있다.

만약, 주어진 데이터 셋 $x_1, x_2, \cdots, x_n$으로부터 (신뢰구간의 원리로부터) 구해진 확률구간(신뢰구간)의 실현치가 하나의 상수구간 (a, b)로 주어졌다고 하자. 이 구간은 상수구간이므로 미지의 모수를 포함하거나 그렇지 않거나 둘 중 하나이기 때문에 '이 구간이 미지의 모수를 포함할 확률이 $1-\alpha$이다.'라고 표현하는 것은 잘못된 해석이다. 다만 위의 원리(모수 θ를 포함할 확률이 $1-\alpha$인 확률구간)를 통해 주어진 데이터 셋에 적용하여 구해진 하나의 실현치에 불과한 것이다.

예를 들어, 앞의 예에서 μ에 대한 신뢰구간 $(\overline{X}-z_{\alpha/2}\frac{\sigma}{\sqrt{n}},\ \overline{X}+z_{\alpha/2}\frac{\sigma}{\sqrt{n}})$은 일종의 확률구간으로 $\overline{X}$가 분포를 가지므로, 이 분포에 따라 확률구간의 실현치를 100번 구하게 되면, 이 가운데 95번 정도는 미지의 모수를 포함할 것이고, 5번 정도는 포함하지 않을 것이다. 주어진 하나의 데이터 셋으로부터 구해지는 상수구간은 이런 실현치들 가운데 하나일 뿐이므로 이 구간이 미지의 모수를 포함하지 않을 수도 있다.

9.0.3 가설검정과 신뢰구간의 관계

편의상 모집단을 평균이 θ이고, 분산이 σ^2인 정규분포로 가정하자. 충분히 큰 표본에 기초하여 모평균 θ에 대한 구간추정(신뢰구간)과 다음의 양측가설에 대한 검정을 실시한다고 하자.

$$H_0: \theta = \theta_0 \qquad vs \qquad H_1: \theta \neq \theta_0$$

먼저, 모평균 θ에 대한 $100(1-\alpha)\%$ (근사) 신뢰구간은 다음과 같다.

$$\overline{X} \pm z_{\alpha/2} \frac{S}{\sqrt{n}}.$$

다음으로 위 가설에 대한 유의수준 α의 검정에서 채택역은 다음과 같다.

$$- z_{\alpha/2} \le \frac{\overline{X} - \theta_0}{S/\sqrt{n}} \le z_{\alpha/2}$$

$$\Leftrightarrow \overline{X} - z_{\alpha/2} \frac{S}{\sqrt{n}} \le \theta_0 \le \overline{X} + z_{\alpha/2} \frac{S}{\sqrt{n}}$$

위의 부등식에서 양 끝점은 신뢰구간의 하한 및 상한과 동일하다. 따라서 신뢰구간과 (양측의) 가설검정 간에는 다음의 사실이 성립한다.

> '$100(1-\alpha)\%$ 신뢰구간이 θ_0를 포함하지 않음'
>
> $\Leftrightarrow$ $H_0 : \theta = \theta_0$를 '유의수준 α에서 기각함'

이 관계를 그림으로 나타내면 [그림 1]과 같다.

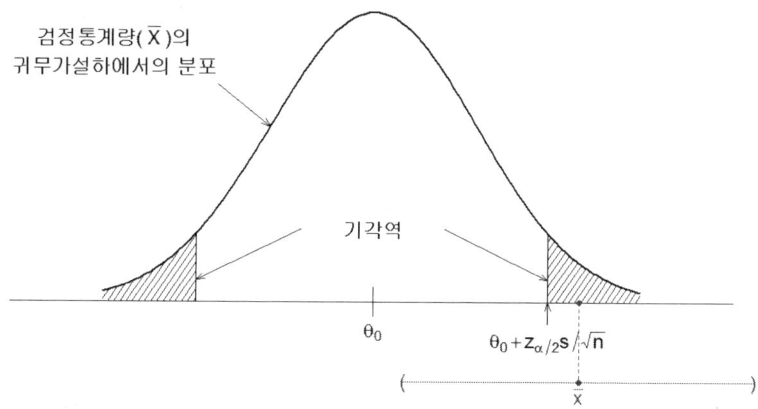

[그림 1] 가설검정과 신뢰구간의 관계: $\overline{x}$가 기각역에 속할 경우, 신뢰구간은 θ_0를 포함하지 않음

9.0.4 신뢰구간 요약

이 절에서는 기초통계학에서 다루어지는 모평균, 모비율 및 모분산의 신뢰구간을 요약한다.

(A) 모평균(μ)에 대한 $100(1-\alpha)\%$ 신뢰구간

정규모집단		임의의 모집단	
$X_1,\cdots,X_n : N(\mu,\sigma^2)$으로부터 확률표본		$X_1,\cdots,X_n$: 임의의 모집단으로부터 확률표본	
1) σ^2: known	2) σ^2: unknown	3) σ^2: known	4) σ^2: unknown
$\bar{x} \pm z_{\frac{\alpha}{2}} \frac{\sigma}{\sqrt{n}}$	$\bar{x} \pm t_{\frac{\alpha}{2}}(n-1) \frac{s}{\sqrt{n}}$	$\bar{x} \pm z_{\frac{\alpha}{2}} \frac{\sigma}{\sqrt{n}}$	$\bar{x} \pm z_{\frac{\alpha}{2}} \frac{s}{\sqrt{n}}$
Exact		Approximate(n: large)	

(B) 모평균의 차이($\mu_1-\mu_2$)에 대한 $100(1-\alpha)\%$ 신뢰구간

정규모집단		임의의 모집단	
$X_1,\cdots,X_m : N(\mu_1,\sigma_1^2)$으로부터 확률표본 $Y_1,\cdots,Y_n : N(\mu_2,\sigma_2^2)$으로부터 확률표본 $(X_1,\cdots,X_m)$ & $(Y_1,\cdots,Y_n)$: 독립		$X_1,\cdots,X_m$: (μ_1,σ_1^2)으로부터 확률표본 $Y_1,\cdots,Y_n$: (μ_2,σ_2^2)으로부터 확률표본 $(X_1,\cdots,X_m)$ & $(Y_1,\cdots,Y_n)$: 독립	
1) σ_1^2,σ_2^2: known	2) σ_1^2,σ_2^2: unknown	3) σ_1^2,σ_2^2: known	4) σ_1^2,σ_2^2: unknown
$\bar{x}-\bar{y} \pm z_{\frac{\alpha}{2}} \sqrt{\frac{\sigma_1^2}{m}+\frac{\sigma_2^2}{n}}$	① $\sigma_1^2=\sigma_2^2$ ② $\sigma_1^2\neq\sigma_2^2$	$\bar{x}-\bar{y} \pm z_{\frac{\alpha}{2}} \sqrt{\frac{\sigma_1^2}{m}+\frac{\sigma_2^2}{n}}$	$\bar{x}-\bar{y} \pm z_{\frac{\alpha}{2}} \sqrt{\frac{s_1^2}{m}+\frac{s_2^2}{n}}$
Exact	아래 참고	Approximate(n: large)	
① $\sigma_1^2=\sigma_2^2=\sigma^2$인 경우		② $\sigma_1^2\neq\sigma_2^2$인 경우 (∵ Behrens-Fisher Problem)	
$\bar{x}-\bar{y} \pm t_{\frac{\alpha}{2}}(m+n-2)\, s_p \sqrt{\frac{1}{m}+\frac{1}{n}}$		$\bar{x}-\bar{y} \pm t_{\frac{\alpha}{2}}(\phi^*) \sqrt{\frac{s_1^2}{m}+\frac{s_2^2}{n}}$	
$s_p^2(=\widehat{\sigma^2}) = \frac{(m-1)s_1^2+(n-1)s_2^2}{m+n-2}$		$\phi^* = \frac{\left(s_1^2/m+s_2^2/n\right)^2}{\left(s_1^2/m\right)^2/(m-1)+\left(s_2^2/n\right)^2/(n-1)}$ (∵ Welch-Satterthwaite's d.f.)	
Exact		Welch의 부분(근사) 해	

(C) 모분산에 대한 $100(1-\alpha)\%$ 신뢰구간

(Case Ⅰ) $X_1,\cdots,X_n : N(\mu,\sigma^2)$으로부터 확률표본	
1) μ: known	2) μ: unknown
$\chi^2_{1-\frac{\alpha}{2}}(n) < \dfrac{\sum(x_i-\mu)^2}{\sigma^2} < \chi^2_{\frac{\alpha}{2}}(n)$	$\chi^2_{1-\frac{\alpha}{2}}(n-1) < \dfrac{\sum(x_i-\bar{x})^2}{\sigma^2} < \chi^2_{\frac{\alpha}{2}}(n-1)$
(이론) $\dfrac{\sum(X_i-\mu)^2}{\sigma^2} \sim \chi^2(n)$	(이론) $\dfrac{\sum(X_i-\bar{X})^2}{\sigma^2} \sim \chi^2(n-1)$
Exact	Exact

(Case Ⅱ) $X_1,\cdots,X_m$: $N(\mu_1,\sigma_1^2)$으로부터 확률표본, $Y_1,\cdots,Y_n$: $N(\mu_2,\sigma_2^2)$으로부터 확률표본 $(X_1,\cdots,X_m)$ & $(Y_1,\cdots,Y_n)$: 독립	
1) μ_1,μ_2: known	2) μ_1,μ_2: unknown
$F_{1-\frac{\alpha}{2}}(m,n) < \dfrac{\sum^m(x_i-\mu_1)^2/\sigma_1^2}{\sum^n(y_i-\mu_2)^2/\sigma_2^2} < F_{\frac{\alpha}{2}}(m,n)$	$F_{1-\frac{\alpha}{2}}(m-1,n-1) < \dfrac{\sum^m(x_i-\bar{x})^2/\sigma_1^2}{\sum^n(y_i-\bar{y})^2/\sigma_2^2}$ $< F_{\frac{\alpha}{2}}(m-1,n-1)$
(이론) $\dfrac{\sum^m(X_i-\mu_1)^2/\sigma_1^2}{\sum^n(Y_i-\mu_2)^2/\sigma_2^2} \sim F(m,n)$	(이론) $\dfrac{\sum^m(X_i-\bar{X})^2/\sigma_1^2}{\sum^n(Y_i-\bar{Y})^2/\sigma_2^2} \sim F(m-1,n-1)$
Exact	Exact

(D) 모비율(p)에 대한 $100(1-\alpha)\%$ 신뢰구간

$X_1,\cdots,X_n : B(1,p)$로부터 확률표본 & $\hat{p}=\sum x_i/n$	방법	정확도	단순성
(1) $\hat{p} \pm z_{\frac{\alpha}{2}}\sqrt{\dfrac{\hat{p}(1-\hat{p})}{n}}$	Approx.	낮음	높음
(2) $\hat{p}+\dfrac{z^2_{\alpha/2}}{2n} \pm z_{\alpha/2}\sqrt{\dfrac{\hat{p}(1-\hat{p})}{n}+\dfrac{z^2_{\alpha/2}}{4n^2}}$	Approx.		
(3) $\sin^{-1}\sqrt{\hat{p}} - z_{\frac{\alpha}{2}}\dfrac{1}{\sqrt{4n}} < \sin^{-1}\sqrt{p} < \sin^{-1}\sqrt{\hat{p}} + z_{\frac{\alpha}{2}}\dfrac{1}{\sqrt{4n}}$	Approx.		
(4) 표를 이용한 정확한 신뢰구간	Exact	높음	낮음

이론적 배경	(1) $\dfrac{\hat{p}-p}{\sqrt{p(1-p)/n}} \xrightarrow[n\to\infty]{d} N(0,1)$ $\Rightarrow \left\lvert \dfrac{\hat{p}-p}{\sqrt{p(1-p)/n}} \right\rvert < z_{\frac{\alpha}{2}} \Leftrightarrow \left(1+\dfrac{z^2_{\alpha/2}}{n}\right)p^2 - 2\left(\hat{p}+\dfrac{z^2_{\alpha/2}}{2n}\right)p + \hat{p}^2 < 0$	CLT
	(2) $\dfrac{\hat{p}-p}{\sqrt{p(1-p)/n}} \xrightarrow[n\to\infty]{d} N(0,1)$ & $\hat{p} \xrightarrow[n\to\infty]{p} p$ (WLLN 또는 일치성)	CLT, WLLN
	(3) $\sqrt{4n}(\sin^{-1}\sqrt{\hat{p}} - \sin^{-1}\sqrt{p}) \xrightarrow[n\to\infty]{d} N(0,1)$	VST
	(4) $X_1,\cdots,X_n : B(1,p)$로부터 확률표본 $\Rightarrow Y=\sum_{i=1}^{n} X_i \sim B(n,p)$ ① 아래 (ⅰ), (ⅱ)를 만족하는 $c_1(p), c_2(p)$를 찾는다. (ⅰ) $\sum_{c_1(p)<k<c_2(p)} \binom{n}{k} p^k (1-p)^{n-k} \fallingdotseq 1-\alpha$ (ⅱ) $c_1(p), c_2(p)$: p에 대한 증가함수 ② Solve $c_1(p) < Y < c_2(p) \Leftrightarrow d_2(Y) < p < d_1(Y)$ ((ⅱ)로부터 가능) ③ $(d_2(y), d_1(y))$: 신뢰계수 $1-\alpha$인 신뢰구간	9.3절

9.0 연습문제

1 컴퓨터 하드디스크의 수명을 알아보기 위해 스트레스 시험을 실시하였다. 스트레스 시험에서 10일은 실제 수명 백만 시간에 해당한다고 한다. 15개의 하드디스크의 수명을 잰 결과 평균 9.5일, 표준편차 1일로 주어졌다. 90% 신뢰구간이 10일을 포함하는가?

2 한 학급 30명 학생의 평균 키가 172센티미터이고, 표준편차가 10센티미터이다. 측정된 키들의 분포가 정규분포를 따르고, 이 학급을 전체 동일 학년 모집단으로부터의 확률표본으로 가정하자. 이때 해당 학년 학생들의 평균키에 대한 80% 신뢰구간을 구하여라.

9.1 개요

$X_1, X_2, \cdots, X_n$을 $f(x;\theta)$로부터의 확률표본이라고 하자. 7장에서는 $h(\theta)$에 대한 점추정(point estimation)을 다루었으나, 이 장에서는 구간추정(interval estimation)을 다루기로 한다.

정의 1 신뢰구간

두 통계량 $T_1 = t_1(X_1, X_2, \cdots, X_n)$과 $T_2 = t_2(X_1, X_2, \cdots, X_n)$가

$$P_\theta[T_1 \le h(\theta) \le T_2] = 1-\alpha$$

를 만족할 때, 확률구간(random interval) (T_1, T_2)를 $h(\theta)$에 대한 $100(1-\alpha)\%$ 신뢰구간(Confidence Interval, *C.I.*)이라고 한다. 이때, $(1-\alpha)$를 신뢰계수(confidence coefficient)라고 하고, T_1과 T_2를 각각 신뢰하한(lower confidence limit)과 신뢰상한(upper confidence limit)이라고 한다.

[참고] 확률구간 (T_1, T_2)의 실현치(또는 관측치) (t_1, t_2) 역시 $h(\theta)$에 대한 $100(1-\alpha)\%$ 신뢰구간이라고 하기로 한다.

정의 2 단측신뢰구간

통계량 $T_1 = t_1(X_1, X_2, \cdots, X_n)$이

$$P_\theta[T_1 \le h(\theta)] = 1-\alpha$$

를 만족할 때, T_1을 $h(\theta)$에 대한 단측신뢰하한(one-sided lower confidence limit)이라고 한다.

마찬가지로 통계량 $T_2 = t_2(X_1, X_2, \cdots, X_n)$이

$$P_\theta[h(\theta) \le T_2] = 1-\alpha$$

를 만족할 때, T_2를 $h(\theta)$에 대한 단측신뢰상한(one-sided upper confidence limit)이라고 한다.

정의 3 추축량

분포가 모수 θ에 의존하지 않는 $X_1, X_2, \cdots, X_n$과 θ의 함수, 즉

$$Q = q(X_1, X_2, \cdots, X_n\,;\theta)$$

을 추축량(pivotal quantity)이라고 정의한다.

[주의] 추축량은 미지의 모수(θ)를 포함할 수도 있으므로 통계량이 아니며 7.4.3절에서 정의된 보조통계량(ancillary statistic)과는 다른 점에 유의하기 바란다.

예제 1 $X_1, X_2, \cdots, X_n$을 $N(\theta, 9)$로부터의 확률표본이라고 할 때

$$\overline{X}-\theta, \quad \frac{\overline{X}-\theta}{3/\sqrt{n}}, \quad \frac{\overline{X}}{\theta}$$

이 각각 추축량이라고 할 수 있는가?

풀이

$$\overline{X}-\theta \sim N(0, \frac{9}{n}),$$

$$\frac{\overline{X}-\theta}{3/\sqrt{n}} \sim N(0, 1)$$

으로 분포가 모수 θ에 의존하지 않으므로 추축량이 되고,

$$\frac{\overline{X}}{\theta} \sim N(1, \frac{9}{n\theta^2})$$

로 분포가 θ에 의존하므로 추축량이라고 할 수 없다. ■

구간추정의 방법에는 여러 가지가 있다. 이 장에서는 추축량 이용법(9.2절), 통계량(또는 추정량) 이용법(9.3절)과 대표본 신뢰구간(9.4절) 및 가설검정과의 관계이용법(9.5절)을 다루기로 한다.

9.2 추축량 이용법

앞 절에서 소개된 추축량을 이용하여 $h(\theta)$에 대한 신뢰구간을 구하는 방법은 다음과 같다.

[추축량법(Pivotal Quantity Method)]

추축량 $Q=q(X_1, X_2, \cdots, X_n\,;\theta)$가

$$P(q_1 \le Q \le q_2)=1-\alpha$$

을 만족한다고 하자. 임의의 $(x_1, x_2, \cdots, x_n)$에 대해 다음의 관계

$$\{q_1 < q(x_1, x_2, \cdots, x_n; \theta) < q_2\}$$
$$\Leftrightarrow \{t_1(x_1, x_2, \cdots, x_n) \le h(\theta) \le t_2(x_1, x_2, \cdots, x_n)\}$$

가 성립할 때 (T_1, T_2)를 $h(\theta)$에 대한 $100(1-\alpha)\%$ 신뢰구간이라고 한다. 여기서 $T_i=t_i(X_1, X_2, \cdots, X_n)$ $(i=1,2)$이다.

예제 1 $X_1, X_2, \cdots, X_n$을 $N(\mu, \sigma^2)$으로부터의 확률표본이라고 할 때, $\theta=(\mu, \sigma^2)$의 함수 $h(\theta)=\mu$에 대한 신뢰구간을 구하여라.

풀이 추축량

$$Q=\frac{\overline{X}-\mu}{S/\sqrt{n}} \sim t(n-1)$$

으로부터

$$P\left[q_1 \le \frac{\overline{X}-\mu}{S/\sqrt{n}} \le q_2\right] = 1-\alpha$$

인 q_1, q_2에 대해서

$$\left\{q_1 \le \frac{\overline{x}-\mu}{s/\sqrt{n}} \le q_2\right\} \Leftrightarrow \left\{\overline{x}-q_2\frac{s}{\sqrt{n}} \le \mu \le \overline{x}-q_1\frac{s}{\sqrt{n}}\right\}$$

이므로

$$(\overline{X} - q_2\frac{S}{\sqrt{n}},\ \overline{X} - q_1\frac{S}{\sqrt{n}})$$

이 μ에 대한 $100(1-\alpha)\%$ 신뢰구간이 된다.

위의 신뢰구간에서 q_1과 q_2는 등꼬리확률(equal tail probability)의 조건

$$P(Q \le q_1) = P(Q \ge q_2) = \frac{\alpha}{2}$$

을 만족하거나(이 경우 $q_1 = -t_{\alpha/2}(n-1)$, $q_2 = t_{\alpha/2}(n-1)$이 된다), 신뢰구간의 길이

$$L = \frac{S}{\sqrt{n}}(q_2 - q_1)$$

를 최소(minimum length)로 하는 값이 선택될 수 있다. ■

[용어] 위의 두 조건을 만족하는 신뢰구간을 각각 등꼬리확률(equal-tailed) 및 최소 길이(minimum length) 신뢰구간이라 부르기로 한다.

예제 2 [예제 1]에서 $h(\theta) = \sigma^2$에 대한 신뢰구간을 구하여라.

풀이 추축량

$$Q = \frac{(n-1)S^2}{\sigma^2} \sim \chi^2(n-1)$$

으로부터

$$P(q_1 \le Q \le q_2) = 1 - \alpha$$

인 q_1, q_2에 대해

$$\left\{q_1 \le \frac{(n-1)s^2}{\sigma^2} \le q_2\right\} \Leftrightarrow \left\{\frac{(n-1)s^2}{q_2} \le \sigma^2 \le \frac{(n-1)s^2}{q_1}\right\}$$

이므로

$$\left(\frac{(n-1)S^2}{q_2},\ \frac{(n-1)S^2}{q_1}\right)$$

이 σ^2에 대한 $100(1-\alpha)\%$ 신뢰구간이 된다.

여기서 q_1과 q_2는 [예제 1]과 동일한 방법으로 선택될 수 있다. 예를 들어, 등꼬리 확률의 신뢰구간의 경우

$$q_1 = \chi^2_{1-\alpha/2}(n-1), \quad q_2 = \chi^2_{\alpha/2}(n-1)$$

으로 주어진다. ▪

예제 3 [예제 1]에서 μ와 σ^2에 대한 동시신뢰영역(simultaneous confidence region)을 구하여라.

풀이 두 추축량

$$Q_1 = \frac{\overline{X} - \mu}{\sigma/\sqrt{n}} \sim N(0, 1)$$

$$Q_2 = \frac{(n-1)S^2}{\sigma^2} \sim \chi^2(n-1)$$

으로부터

$$P\left[-q_1 \le \frac{\overline{X} - \mu}{\sigma/\sqrt{n}} \le q_1\right] = 1 - \alpha_1 \quad \& \quad P\left[q_2' \le \frac{(n-1)S^2}{\sigma^2} \le q_2''\right] = 1 - \alpha_2$$

을 만족하는 q_1, q_2', q_2''에 대해, $\overline{X}$와 S^2이 독립이므로

$$P\left[-q_1 \le \frac{\overline{X}-\mu}{\sigma/\sqrt{n}} \le q_1\,;\, q_2' \le \frac{(n-1)S^2}{\sigma^2} \le q_2''\right] = (1-\alpha_1)(1-\alpha_2)$$

을 만족한다. 따라서 (μ, σ^2)에 대한 $100(1-\alpha_1)(1-\alpha_2)\%$ 동시신뢰영역은

$$\left\{-q_1 \le \frac{\overline{x}-\mu}{\sigma/\sqrt{n}} \le q_1\right\} \Leftrightarrow \left\{\left(\frac{\overline{x}-\mu}{\sigma/\sqrt{n}}\right)^2 \le q_1^2\right\} \Leftrightarrow \left\{(\mu-\overline{x})^2 \le \frac{q_1^2\sigma^2}{n}\right\}$$

과

$$\left\{q_2' \le \frac{(n-1)s^2}{\sigma^2} \le q_2''\right\} \Leftrightarrow \left\{\frac{(n-1)s^2}{q_2''} \le \sigma^2 \le \frac{(n-1)s^2}{q_2'}\right\}$$

으로부터 아래의 [그림 2]와 같이 주어진다.

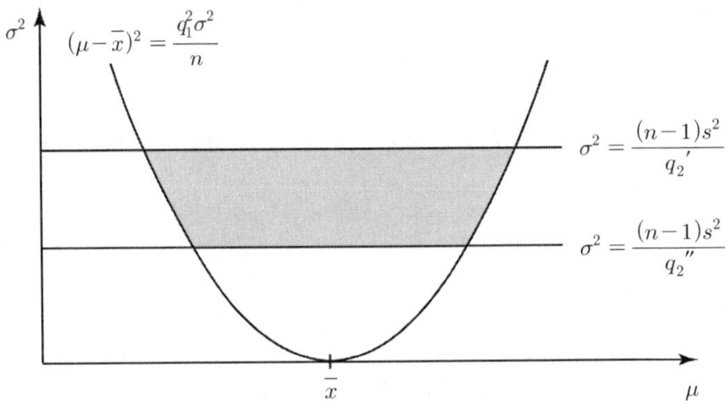

[그림 2] μ와 σ^2의 동시신뢰영역

동일한 방법으로, (μ, σ)에 대한 동시신뢰영역도 쉽게 구할 수 있다(연습문제 3번). ■

[주의] [예제 1]과 [예제 2]에서 사용된 두 추축량

$$Q_1 = \frac{\overline{X}-\mu}{S/\sqrt{n}} \sim t(n-1)$$

와

$$Q_2 = \frac{(n-1)S^2}{\sigma^2} \sim \chi^2(n-1)$$

을 사용하여

$$\left\{ -q_1 \le \frac{\bar{x}-\mu}{s/\sqrt{n}} \le q_1 \,;\, q_2{}' \le \frac{(n-1)s^2}{\sigma^2} \le q_2{}'' \right\}$$

$$\Leftrightarrow \left\{ \bar{x}-q_1\frac{s}{\sqrt{n}} \le \mu \le \bar{x}+q_1\frac{s}{\sqrt{n}} \,;\, \frac{(n-1)s^2}{q_2{}''} \le \sigma^2 \le \frac{(n-1)s^2}{q_2{}'} \right\}$$

을 동시신뢰영역으로 정할 경우에는([그림 3] 참조), Q_1과 Q_2가 독립이 아니므로,

$$P\left[-q_1 \le \frac{\bar{X}-\mu}{S/\sqrt{n}} \le q_1 \,;\, q_2{}' \le \frac{(n-1)S^2}{\sigma^2} \le q_2{}'' \right] \ne (1-\alpha_1)(1-\alpha_2)$$

이 되어 동시신뢰영역에 대응하는 신뢰계수를 명확하게 정할 수 없게 된다.

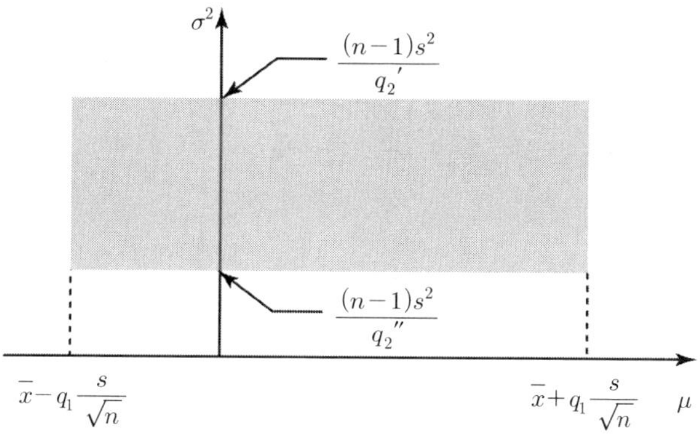

[그림 3] μ와 σ^2의 동시신뢰영역

추축량을 이용하여 신뢰구간을 구하기 위해서는 주어진 문제에서 추축량이 존재하는지를 알아야 한다. 추축량의 존재성에 대한 부분적인 해를 다음과 같이 제시한다.

$X_1, X_2, \cdots, X_n$을 $c.d.f.$가 $F(x\,;\theta)$이며, 연속인 분포로부터의 확률표본이라고 하자. 확률적분변환에 의해

$$F(X_i;\theta) \sim i.i.d.\ U(0,\ 1)$$

이고, 이로부터

$$-\ln F(X_i;\theta) \sim i.i.d.\ \mathcal{E}\,(1) \overset{d}{=} \Gamma\,(1,\ 1)$$

임을 보일 수 있다. 따라서

$$-\sum_{i=1}^{n} \ln F(X_i;\theta) \sim \Gamma\,(n,\ 1)$$

이 되어

$$-\sum_{i=1}^{n} \ln F(X_i;\theta) \ \text{또는}\ \prod_{i=1}^{n} F(X_i;\theta)$$

는 추축량이 된다.

|Remark| 주어진 $F(x;\theta)$가 θ에 대해 단조함수인 경우에는 $\prod_{i=1}^{n} F(x_i;\theta)$ 역시 단조함수가 되므로 다음의 관계

$$\left\{q_1 \le \prod_{i=1}^{n} F(x_i;\theta) \le q_2\right\} \Leftrightarrow \{t_1(x_1, x_2, \cdots, x_n) \le \theta \le t_2(x_1, x_2, \cdots, x_n)\}$$

를 통해 신뢰구간을 구할 수 있다.

예제 4 $X_1, X_2, \cdots, X_n$을

$$f(x;\theta) = \begin{cases} \theta x^{\theta-1}, & 0 < x < 1 \\ 0, & otherwise \end{cases}$$

로부터의 확률표본이라고 할 때, θ에 대한 $100(1-\alpha)\%$ 신뢰구간을 구하여라.

풀이 확률적분변환으로부터

$$F(X_i) = X_i^{\theta} \sim i.i.d.\ U(0,\ 1)$$

이고

$$-\theta \ln X_i \sim i.i.d.\ \mathcal{E}(1)$$

이므로

$$Q = -\theta \sum_{i=1}^{n} \ln X_i \sim \Gamma(n,\ 1)$$

이 되어 Q는 추축량이다. 따라서

$$P\left(q_1 \le -\theta \sum_{i=1}^{n} \ln X_i \le q_2\right) = 1-\alpha$$

인 q_1과 q_2에 대해

$$\begin{aligned} &\left\{q_1 \le -\theta \sum_{i=1}^{n} \ln x_i \le q_2\right\} \\ \Leftrightarrow &\left\{-\frac{q_1}{\sum_{i=1}^{n} \ln x_i} \le \theta \le -\frac{q_2}{\sum_{i=1}^{n} \ln x_i}\right\} \quad \left(\sum_{i=1}^{n} \ln x_i < 0 \text{ 이므로}\right) \end{aligned}$$

이므로

$$\left(-\frac{q_1}{\sum_{i=1}^{n} \ln X_i},\quad -\frac{q_2}{\sum_{i=1}^{n} \ln X_i}\right)$$

이 θ에 대한 $100(1-\alpha)\%$ 신뢰구간이 된다.

예를 들어, 등꼬리확률 신뢰구간의 경우에는

$$\begin{aligned} &P[\Gamma(n,\ 1) \le q_1] = P[\Gamma(n,\ 1) \ge q_2] = \frac{\alpha}{2} \\ \Leftrightarrow\ &P\left[\frac{1}{2}\chi^2(2n) \le q_1\right] = P\left[\frac{1}{2}\chi^2(2n) \ge q_2\right] = \frac{\alpha}{2} \end{aligned}$$

로부터

$$q_1 = \frac{1}{2}\chi^2_{1-\alpha/2}(2n), \quad q_2 = \frac{1}{2}\chi^2_{\alpha/2}(2n)$$

이 된다. ■

9.2 연습문제

1. $X_1, X_2, \cdots, X_m$이 $N(\mu_1, \sigma^2)$으로부터의 확률표본이고, $Y_1, Y_2, \cdots, Y_n$이 $N(\mu_2, \sigma^2)$으로부터의 확률표본이라고 하자. $(X_1, X_2, \cdots, X_m)$과 $(Y_1, Y_2, \cdots, Y_n)$은 서로 독립이다. 다음과 같이 정의되는 Q가 추축량임을 보이고, 이를 이용하여 $\mu_2 - \mu_1$에 대한 $100(1-\alpha)\%$ 신뢰구간을 구하여라.

$$Q = \frac{(\overline{Y} - \overline{X}) - (\mu_2 - \mu_1)}{S_p\sqrt{\frac{1}{m} + \frac{1}{n}}}, \quad S_p^2 = \frac{\sum^m (X_i - \overline{X})^2 + \sum^n (Y_i - \overline{Y})^2}{m+n-2}$$

2. $(X_1, Y_1), (X_2, Y_2), \cdots, (X_n, Y_n)$이 $N_2(\mu, \Sigma)$로부터의 확률표본일 때, $\mu_2 - \mu_1$에 대한 $100(1-\alpha)\%$ 신뢰구간을 구하되, 적절한 추축량을 정의한 뒤 이를 이용하여 구하여라. 여기서 $\mu = (\mu_1, \mu_2)$이고 $\Sigma = \begin{pmatrix} \sigma_1^2 & \rho\sigma_1\sigma_2 \\ \rho\sigma_1\sigma_2 & \sigma_2^2 \end{pmatrix}$이다.

3. [예제 3]에서 $\theta = (\mu, \sigma)$에 대한 동시신뢰영역을 구하여라.

4. $X_1, X_2, \cdots, X_n$이 $\mathcal{E}\left(\frac{1}{\theta}\right)$로부터의 확률표본일 때, 적절한 추축량을 정의하고, 이를 이용하여 θ에 대한 $100(1-\alpha)\%$ 등꼬리확률의 신뢰구간을 구하여라.

5. $X_1, X_2, \cdots, X_n$을 $U(0, \theta)$로부터의 확률표본이라고 하자. $Y_n = X_{(n)}$이라고 할 때, $\frac{Y_n}{\theta}$가 추축량임을 보이고, 이를 이용하여 θ에 대한 $100(1-\alpha)\%$ (a) 등꼬리확률 및 (b) 최소길이 신뢰구간을 구하여라.

9.3 통계량 이용법

$X_1, X_2, \cdots, X_n$을 $f(x;\theta)$로부터의 확률표본이라고 하고, θ를 모수의 참값이라고 하자. $T = t(X_1, X_2, \cdots, X_n)$을 θ에 대한 충분통계량(또는 최대가능도추정량)으로 선택하고, 이의 밀도함수를 $f(t;\theta)$라고 하자.

θ의 함수 $h_1(\theta)$와 $h_2(\theta)$를 다음 식을 만족하도록 정의한다.

$$\int_{-\infty}^{h_1(\theta)} f_T(t;\theta)dt = p_1, \quad \int_{h_2(\theta)}^{\infty} f_T(t;\theta)dt = p_2 .$$

여기서 p_1과 p_2는 고정된 값으로 $p_1 > 0$, $p_2 > 0$, $p_1 + p_2 < 1$이다.

임의의 관측치 $(x_1, x_2, \cdots, x_n)$에 대해

$$\begin{aligned} &\{h_1(\theta) \le t_0 = t(x_1, x_2, \cdots, x_n) \le h_2(\theta)\} \\ \Leftrightarrow &\{v_1 = v_1(x_1, x_2, \cdots, x_n) \le \theta \le v_2 = v_2(x_1, x_2, \cdots, x_n)\} \end{aligned}$$

인 경우

$$\begin{aligned} &P[h_1(\theta) \le t(X_1, X_2, \cdots, X_n) \le h_2(\theta)] = 1 - p_1 - p_2 \\ \Leftrightarrow &P[v_1(X_1, X_2, \cdots, X_n) \le \theta \le v_2(X_1, X_2, \cdots, X_n)] = 1 - p_1 - p_2 \end{aligned}$$

이다. 따라서 (V_1, V_2)가 θ에 대한 $100(1 - p_1 - p_2)\%$ 신뢰구간이 된다. 여기서 $V_i = v_i(X_1, X_2, \cdots, X_n)\ (i = 1, 2)$이다. 이 방법은 이산형분포에 대해서도 동일하게 적용된다.

예제 1 $X_1, X_2, \cdots, X_n$을 $U(0, \theta)$로부터의 확률표본이라고 할 때, θ에 대한 $100(1 - \alpha)\%$ 신뢰구간을 구하여라.

풀이 $T = Y_n = X_{(n)}$이 θ에 대한 충분통계량이고, T의 $p.d.f.$는

$$f_T(t) = \begin{cases} \dfrac{nt^{n-1}}{\theta^n}, & 0 < t < \theta \\ 0, & otherwise \end{cases}$$

이다. 주어진 p_1과 p_2에 대해

$$p_1 = \int_0^{h_1(\theta)} \frac{nt^{n-1}}{\theta^n} dt, \quad p_2 = \int_{h_2(\theta)}^{\theta} \frac{nt^{n-1}}{\theta^n} dt$$

을 만족하는 $h_1(\theta), h_2(\theta)$는

$$h_1(\theta) = \theta \sqrt[n]{p_1}, \quad h_2(\theta) = \theta \sqrt[n]{1-p_2}$$

이다. 따라서

$$\left\{\theta \sqrt[n]{p_1} \le t_0 = t(x_1, x_2, \cdots, x_n) \le \theta \sqrt[n]{1-p_2}\right\}$$
$$\Leftrightarrow \left\{\frac{t_0}{\sqrt[n]{1-p_2}} \le \theta \le \frac{t_0}{\sqrt[n]{p_1}}\right\}$$

으로부터, θ에 대한 $100(1-\alpha)\%$ 신뢰구간은

$$\left(\frac{Y_n}{\sqrt[n]{1-p_2}}, \frac{Y_n}{\sqrt[n]{p_1}}\right)$$

으로 주어진다. 이때 θ에 대한 $100(1-\alpha)\%$ 등꼬리확률 신뢰구간은

$$p_1 = \frac{\alpha}{2}, \quad p_2 = \frac{\alpha}{2}$$

를 대입하여

$$\left(\frac{Y_n}{\sqrt[n]{1-\frac{\alpha}{2}}}, \frac{Y_n}{\sqrt[n]{\frac{\alpha}{2}}} \right)$$

임을 알 수 있다. 또한 $100(1-\alpha)\%$ 최단길이 신뢰구간은 $p_1 + p_2 = \alpha$, $0 < p_1 + p_2 < 1$ 조건하에서 신뢰구간의 길이

$$L = Y_n \left(\frac{1}{\sqrt[n]{p_1}} - \frac{1}{\sqrt[n]{1-p_2}} \right)$$

를 최소로 하는 p_1과 p_2를 택하여 구할 수 있다. 이를 만족하는 p_1과 p_2는

$$p_2 = 0, \quad p_1 = \alpha$$

이다. 즉, $100(1-\alpha)\%$ 최단길이 신뢰구간은

$$\left(Y_n, \frac{Y_n}{\sqrt[n]{\alpha}} \right)$$

이 된다. ■

|Remark| 위의 [예제 1]에서 $\frac{Y_n}{\theta}$이 추축량임을 이용하면 보다 쉽게 위와 동일한 결과를 얻을 수 있다(9.2절 연습문제 5번).

위 방법의 적용 시 $h_1(\theta)$와 $h_2(\theta)$의 계산은 실제 불필요하다. 통계량 T의 관측값 $t_0 = t(x_1, x_2, \cdots, x_n)$에 대해 $v_1 = v_1(x_1, x_2, \cdots, x_n)$과 $v_2 = v_2(x_1, x_2, \cdots, x_n)$를 손쉽게 구하는 방법은

$$p_1 = \int_{-\infty}^{h_1(\theta) = t_0} f_T(t;\theta)dt$$

으로부터 구한 θ가 v_2가 되고,

$$p_2 = \int_{h_2(\theta) = t_0}^{\infty} f_T(t;\theta)dt$$

으로부터 구한 θ가 v_1이 된다. 이로부터 구한 (V_1, V_2)가 바로 θ에 대한 $100(1-p_1-p_2)\%$ 신뢰구간이 된다.

예제 2 $X_1, X_2, \cdots, X_n$을 $B(1, \theta)$로부터의 확률표본이라고 할 때, θ에 대한 신뢰구간을 구하여라.

풀이 $T=\sum X_i$가 θ에 대한 충분통계량이고, $T \sim B(n, \theta)$이다. T의 관측값을 t_0라고 할 때

$$p_1 = \sum_{t=0}^{t_0} \binom{n}{t} \theta^t (1-\theta)^{n-t}$$

와

$$p_2 = \sum_{t=t_0}^{n} \binom{n}{t} \theta^t (1-\theta)^{n-t}$$

를 θ에 대해 푼 결과로부터 $100(1-p_1-p_2)\%$ 신뢰구간을 구할 수 있다. ■

9.3 연습문제

1. $X \sim \mathcal{E}(\theta)$일 때, 한 개의 표본 X에 기초하여 $E(X)=1/\theta$에 대한 90% 등꼬리확률 신뢰구간을 구하여라.

2. $X_1, X_2, \cdots, X_n$이 $Poisson(\theta)$로부터의 확률표본일 때, [예제 2]와 유사한 방법으로 θ에 대한 신뢰구간을 구하여라.

3. [예제 2]에서 $p_1=0.0509$, $p_2=0.0159$, $n=20$이고 $T=4$가 관측값으로 주어질 때, 93.33% 신뢰구간이 $(0.05, 0.40)$이 됨을 보여라.

   [Hint] 이항분포표를 이용할 것.

9.4 대표본 신뢰구간

표본이 큰 경우에는 최대가능도추정량의 대표본 성질을 이용하여 근사신뢰구간(approximate confidence interval)을 구할 수 있다. 모수 θ에 대한 최대가능도추정량 $\hat{\theta}$은, 충분히 큰 n에 대해

$$\hat{\theta}_n \overset{\cdot}{\sim} N(\theta, \sigma_n^2(\theta))$$

을 따른다. 여기서

$$\sigma_n^2(\theta) = [nI_1(\theta)]^{-1}$$

이다. 따라서

$$\frac{\hat{\theta}_n - \theta}{\sigma_n(\theta)} \overset{\cdot}{\sim} N(0, 1)$$

은 근사추축량(approximate pivotal quantity)이 되고, 이로부터 θ에 대한 근사신뢰구간을 구할 수 있다.

[주목] 1. $I_1(\theta)$는 플러그-인(plug-in) 추정량 $I_1(\hat{\theta})$으로 대체될 수 있다. 엄밀히는, $I_1(\theta)$가 θ에 대해 연속이고 $\hat{\theta} \xrightarrow{p} \theta$이면 $I_1(\hat{\theta}) \xrightarrow{p} I_1(\theta)$이고, 따라서 $\frac{\hat{\theta}_n - \theta}{\sigma_n(\hat{\theta})} \sim N(0, 1)$이다.

2. θ에 대한 MLE가 $\overline{X}$의 함수인 경우에는 중심극한정리 및 델타 방법을 사용하여 근사신뢰구간을 구할 수 있다.

예제 1 $X_1, X_2, \cdots, X_n$을 $\mathcal{E}(\theta)$로부터의 확률표본이라고 할 때, θ에 대한 $100(1-\alpha)\%$ 신뢰구간을 구하여라.

풀이 θ에 대한 최대가능도추정량은, 충분히 큰 n에 대해

$$\hat{\theta} = \frac{1}{\overline{X}_n} \overset{\cdot}{\sim} N(\theta, \frac{\theta^2}{n})$$

이다. 따라서

$$1-\alpha \approx P(-z \le \frac{1/\overline{X}_n - \theta}{\theta/\sqrt{n}} \le z),\ z = z_{\alpha/2}$$

$$= P\left(\frac{-z\theta}{\sqrt{n}} \le \frac{1}{\overline{X}_n} - \theta \le \frac{z\theta}{\sqrt{n}}\right)$$

$$= P\left(\frac{1/\overline{X}_n}{1+z/\sqrt{n}} \le \theta \le \frac{1/\overline{X}_n}{1-z/\sqrt{n}}\right)$$

으로부터

$$\left(\frac{1/\overline{X}_n}{1+z/\sqrt{n}},\ \frac{1/\overline{X}_n}{1-z/\sqrt{n}}\right)$$

이 θ에 대한 $100(1-\alpha)\%$ 근사신뢰구간이 된다. ■

예제 2 $X_1, X_2, \cdots, X_n$을 $B(1, \theta)$로부터의 확률표본이라고 할 때, θ에 대한 $100(1-\alpha)\%$ 근사신뢰구간을 구하여라.

풀이 최대가능도추정량 $\hat{\theta}$은, 충분히 큰 n에 대해

$$\hat{\theta} = \overline{X}_n \stackrel{\cdot}{\sim} N(\theta, \frac{\theta(1-\theta)}{n})$$

이다. 따라서

$$1-\alpha \approx P\left[-z \le \frac{\hat{\theta}-\theta}{\sqrt{\theta(1-\theta)/n}} \le z\right], \quad z = z_{\alpha/2}$$

으로부터 우변을 정리하면

$$P\left[\frac{2n\hat{\theta}+z^2 - z\sqrt{4n\hat{\theta}+z^2-4n\hat{\theta}^2}}{2(n+z^2)} \le \theta \le \frac{2n\hat{\theta}+z^2 + z\sqrt{4n\hat{\theta}+z^2-4n\hat{\theta}^2}}{2(n+z^2)}\right]$$

이 된다. 위의 부등호 좌변항과 우변항 구간이 θ에 대한 $100(1-\alpha)\%$ 근사신뢰구간이 된다. ■

|Remark| 위 구간에서 분자와 분모를 $2n$으로 나누면 충분히 큰 n에 대해 z^2과 관련된 항이 모두 제거되어 다음의 $100(1-\alpha)\%$ 근사신뢰구간을 얻게 된다.

$$\left(\hat{\theta}-z\sqrt{\frac{\hat{\theta}(1-\hat{\theta})}{n}},\ \hat{\theta}+z\sqrt{\frac{\hat{\theta}(1-\hat{\theta})}{n}}\right)$$

이 결과는

$$1-\alpha\approx P\left[-z\leq\frac{\hat{\theta}-\theta}{\sqrt{\hat{\theta}(1-\hat{\theta})/n}}\leq z\right]$$

을 통해 구한 결과와 일치한다. 여기서 $z=z_{\alpha/2}$이다.

예제 3 $X_1, X_2, \cdots, X_n$을 $B(1, p)$로부터의 확률표본이라고 할 때, 로그-오즈(log-odds) $\ln\left(\frac{p}{1-p}\right)$에 대한 신뢰구간을 구하여라.

풀이 p의 MLE는 $\hat{p}=\overline{X}$이다. CLT와 델타 방법을 적용하면

$$\sqrt{n}\left[\ln\left(\frac{\hat{p}}{1-\hat{p}}\right)-\ln\left(\frac{p}{1-p}\right)\right]\xrightarrow{p}N(0,\ \frac{1}{p(1-p)})$$

이다. 따라서 $\ln\left(\frac{p}{1-p}\right)$에 대한 $100(1-\alpha)\%$ 근사신뢰구간은

$$\left[\ln\left(\frac{\hat{p}}{1-\hat{p}}\right)-z_{\alpha/2}\sqrt{\frac{1}{\hat{p}(1-\hat{p})}},\ \ \ln\left(\frac{\hat{p}}{1-\hat{p}}\right)+z_{\alpha/2}\sqrt{\frac{1}{\hat{p}(1-\hat{p})}}\ \right]\equiv[L(\hat{p}),\ U(\hat{p})]$$

이다($\sigma^2(p)$ 대신 $\sigma^2(\hat{p})$을 사용함).

만약 로그-오즈 대신 오즈$(\frac{p}{1-p})$에 대한 신뢰구간을 원한다면, 관계식

$$1-\alpha \approx P\left\{L(\hat{p}) \le \ln\left(\frac{p}{1-p}\right) \le U(\hat{p})\right\}$$

$$= P\left\{e^{L(\hat{p})} \le \frac{p}{1-p} \le e^{U(\hat{p})}\right\}$$

으로부터 $\left(e^{L(\hat{p})},\ e^{U(\hat{p})}\right)$이 된다.

오즈에 대한 위의 근사신뢰구간 $\left(e^{L(\hat{p})},\ e^{U(\hat{p})}\right)$은 실무에서 통상적으로 사용된다. 유도 과정에서 델타 방법을 함수 $h(p) = \frac{p}{1-p}$에 대해 직접 적용할 수도 있으나, $h(p) = \ln\left(\frac{p}{1-p}\right)$에 먼저 적용하는 이유는 $\frac{\hat{p}}{1-\hat{p}}$보다 $\ln\left(\frac{\hat{p}}{1-\hat{p}}\right)$의 분포가 덜 치우쳐 있기(less skewed) 때문이다. ■

최대가능도추정량에 기초한 근사신뢰구간은 다른 어떤 추정량에 의한 근사신뢰구간보다 평균적으로 신뢰구간의 길이가 짧아지는 바람직한 성질을 가진다. 또한 근사신뢰구간은 $n \to \infty$인 경우에 유효한 방법이므로, 주어진 유한 표본에 적용할 경우 정확성이 보장되지 않는다(흔히 과대 추정이 발생함). 따라서 근사신뢰구간의 적용 시 모의실험을 통해 근사신뢰구간의 포함확률(coverage probability)을 확인할 필요가 있다.

9.4 연습문제

1 $X_1, X_2, \cdots, X_n$을 $Poisson(\lambda)$로부터의 확률표본이라 할 때, 최대가능도추정량에 기초한 λ에 대한 $100(1-\alpha)\%$ 근사신뢰구간이 $\left(\hat{\lambda} - z_{\alpha/2}\sqrt{\frac{\hat{\lambda}}{n}},\ \hat{\lambda} + z_{\alpha/2}\sqrt{\frac{\hat{\lambda}}{n}}\right)$임을 보여라.

2 $X_1, X_2, \cdots, X_n$을 $\mathcal{E}(\theta)$로부터의 확률표본이라 할 때, 최대가능도추정량에 기초하여 모분산$(1/\theta^2)$에 대한 $100(1-\alpha)\%$ 근사신뢰구간을 구하여라.

[비교] $1/\theta$의 최대가능도추정량은 $\overline{X}$이고, $2n\theta\overline{X} \sim \chi^2(2n)$이다. 이로부터 $1/\theta$에 대한

$100(1-\alpha)\%$ (정확한) 신뢰구간은 $\left(\dfrac{2n\overline{X}}{\chi^2_{\alpha/2}(2n)}, \dfrac{2n\overline{X}}{\chi^2_{1-\alpha/2}(2n)}\right) \equiv (a, b)$이다(9.2절 연습문제 4번). 이로부터 $1/\theta^2$에 대한 신뢰구간은 (a^2, b^2)이다.

3 **(응용문제)** 주유 펌프가 한 대뿐인 주유소가 있다. 임의로 선택된 1-시간의 구간들(1-hour periods)에서 도착한 고객(차량 기준)의 수가 다음과 같이 관측되었다.

12, 12, 15, 18, 11, 12, 14, 17, 10, 14
(평균$(\bar{x})=13.5$, 분산$(s^2)=6.72$)

시간당 도착한 평균 고객 수(λ)에 대한 95% 신뢰구간을 구하여라.(단, 시간당 도착한 고객 수는 포아송분포를 따른다.)

4 모의실험을 통해, **1**에서 구한 λ에 대한 근사신뢰구간 $\left(\hat{\lambda}-z_{\alpha/2}\sqrt{\dfrac{\hat{\lambda}}{n}}, \hat{\lambda}+z_{\alpha/2}\sqrt{\dfrac{\hat{\lambda}}{n}}\right)$의 실제 포함확률(coverage probability)이 다음 표와 유사하게 주어짐을 확인하여라. (단, 아래 표는 $B=1,000,000$번의 모의실험 결과이다.)

	신뢰수준: 90%			신뢰수준: 95%		
	$\lambda=0.1$	$\lambda=1$	$\lambda=5$	$\lambda=0.1$	$\lambda=1$	$\lambda=5$
$n=10$	0.63	0.91	0.90	0.63	0.93	0.95
$n=30$	0.79	0.89	0.90	0.80	0.93	0.95
$n=100$	0.91	0.90	0.90	0.93	0.94	0.95

[Hint] 모의실험을 통해, 신뢰구간이 실제 모수를 포함하는 비율을 구할 것.

[주목] n 또는 λ가 작은 경우, $\hat{\lambda}$의 정규근사는 부정확하며 $\hat{\lambda}$의 분산을 과소추정(underestimate)함을 알 수 있다.

9.5 가설검정과의 관계이용법

이 절에서는 관심모수에 대한 가설검정으로부터 신뢰구간을 구하는 방법을 다룬다. 다음의 예제는 양측가설에 대한 채택역(acceptance region)으로부터 신뢰구간을 구하는 과정을 보여 준다.

예제 1 $X_1, X_2, \cdots, X_n$이 $N(\theta, 1)$으로부터의 확률표본일 때, 양측가설

$$H_0 : \theta = \theta_0 \quad vs \quad H_1 : \theta \neq \theta_0$$

에 대한 크기 α의 기각역이

$$C = C(\theta_0) = \left\{ (x_1, x_2, \cdots, x_n) \mid \left| \frac{\overline{x} - \theta_0}{1/\sqrt{n}} \right| \geq z_{\alpha/2} \right\}$$

일 때, 이 검정의 채택역은

$$C^* = C^*(\theta_0) = \left\{ (x_1, x_2, \cdots, x_n) \mid \theta_0 - z_{\alpha/2}\frac{1}{\sqrt{n}} \leq \overline{x} \leq \theta_0 + z_{\alpha/2}\frac{1}{\sqrt{n}} \right\}$$

이다. 이로부터

$$\begin{aligned} \Omega(x_1, x_2, \cdots, x_2) &= \left\{ \theta_0 \mid (x_1, x_2, \cdots, x_n) \in C^* \right\} \\ &= \left\{ \theta_0 \mid \overline{x} - z_{\alpha/2}\frac{1}{\sqrt{n}} \leq \theta_0 \leq \overline{x} + z_{\alpha/2}\frac{1}{\sqrt{n}} \right\} \end{aligned}$$

이라고 할 때, $\Omega(x_1, x_2, \cdots, x_n) (\subset \Omega)$이 θ에 대한 $100(1-\alpha)\%$ 신뢰구간이 된다. 역으로, θ에 대한 $100(1-\alpha)\%$ 신뢰구간으로부터 $H_0 : \theta = \theta_0$에 대한 크기 α의 검정을 실시할 수 있다. ■

가설검정과 신뢰구간 사이의 관계를 이용하면 어느 한쪽에서 좋은 성질을 가지는 경우 이로부터 유도된 결과 역시 좋은 성질을 가질 뿐 아니라, 이 책에서 다루지 않은 보다 다양한 검정방법을 통해서도 신뢰구간을 구할 수 있으며, 그 역의 과정도 편리하게 수행할 수 있다.

신뢰구간과 신용구간

통계학(또는 통계학자)은 일관되지 않은 접근법을 사용하는 과정에서 혼란스러움을 유발하기도 한다. 가령 확률(probability)이라는 기본 정의에서조차 빈도학자(frequentist)와 베이지안(Bayesian)의 관점이 확연히 다르다.

빈도학자는 확률을 장기적인(long-run) 기대발생빈도로 정의한다. 즉, N번의 기회 가운데 사건 A가 발생한 빈도를 n이라고 할 때, $P(A) = n/N$으로 정의한다. 반면에 베이지안 관점에서의 확률은 믿음의 정도(degree of belief)와 관련지어진다. 이때 확률은 불완전한 지식(incomplete knowledge)이 주어진 상황에서 특정 사건이 일어날 가능성(plausibility)에 대한 측도로 간주된다.

빈도학자는 모집단의 평균(모평균)은 미지(unknown)이고, 알 수도 없으며(unknowable) 다만 데이터로부터 추정될 수 있는 실수값으로 믿으며, 표본평균의 분포를 통해 표본평균을 중심으로 하는 신뢰구간을 형성하게 된다.

여기에는 약간의 교묘함(tricky)이 숨어 있다. 평균의 참값은 어떤 구간에 속하거나 그렇지 않거나 둘 중에 하나이다. 그러므로 빈도학자는 '모평균이 어떤 구간에 속할 확률이 95%이다.'라는 따위의 말을 할 수가 없다. 그 이유는 모평균이 그 구간에 이미 속해 있거나 그렇지 않거나이며, 빈도학자에게 모평균은 하나의 고정된 값으로, 표본평균과는 달리 분포를 가지지 않기 때문이다. 따라서 빈도학자는 다음과 같은 우회적인(둘러대는) 표현 즉, '만약 각 구간이 이 자료와 유사한 다른 확률표본으로부터 구해진다면, 유사한 구간들의 95%는 모평균을 포함할 것이다.'을 사용할 수밖에 없다. 이를 그림으로 나타내면 다음과 같다.

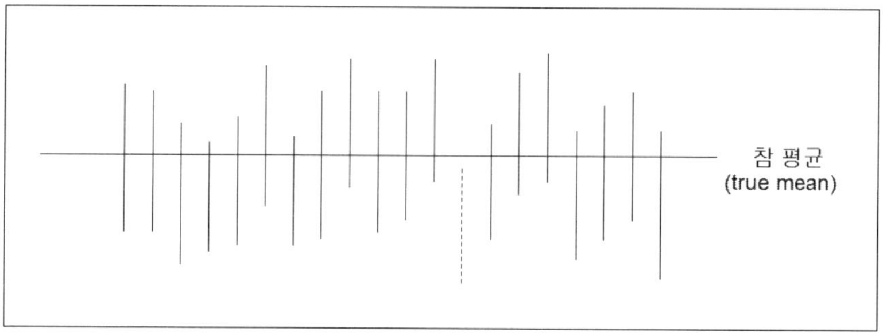

[그림] 신뢰구간의 의미

베이지안은 완전히 다른 관점을 가지고 있다. 그들은 오로지 데이터만이 실수이고, 모평균은 하나의 추상(abstraction)이며, 다만 데이터와 그들의 사전 믿음(prior beliefs)(때때로 사전 믿음이 매우 무정보적(non-informative)이긴 하지만)에 기초하여 특정한 값이 다른 값들에 비해 보다 모평균으로 신뢰할 만하다고 주장한다. 베이지안은 표본평균 근처를 중심으로 신용구간(credible interval)을 구축하지만 모평균에 대한 사전 믿음에 의해 적절히 조절(tempered)된다.

이제 베이지안은 빈도학자들이 할 수 없는 다음과 같은 말 즉, '이 구간이 모평균을 포함할 확률이 95%이다.'을 할 수 있다.

위의 내용을 간추려보면, 확률에 대해 빈도학자의 생각은 '어떤 특성에 대한 장기적인 비율(long-run fraction)'이며, 베이지안의 해석은 '믿음의 정도(degree of believability)'이다. 또한 빈도학자는 궁극적인 목표가 언제나 5% 오류만이 포함되기를 기대하는 사람이라면, 베이지안은 모호하게 말(horse)을 기대하는(expecting) 사람이, 어렴풋이 원숭이를 보고 노새를 보았다고 강하게 믿는 사람이다.

제10장

비모수 통계

10.1 개요

10.2 부호검정

10.3 부호순위검정

10.4 Mann-Whitney 검정

10.5 비모수적 상관계수

Frank Wilcoxon (1892-1965)

화학자, 통계학자.

부호순위검정, 순위합검정.

10장 비모수 통계

10.1 개요

대부분의 고전적인 통계이론은 모집단에 대해 정규분포 등의 적절한 모수적 분포모형을 가정하고 있다. 통계적 추론에서 비모수적 방법(nonparametric method)이라고 함은 모집단에 대해 특정한 모수적 모형을 가정하지 않는 방법을 의미하며, 분포무관(distribution free) 방법이라고도 한다.

[주목] 윌콕슨(1945)의 논문이 발표되기 이전, 모든 검정은 모수의 추정치에 기반을 두어야 한다고 생각했다. 그러나 비모수적 검정에서는 어떤 모수도 추정하지 않는 방법에 기초한다.

비모수 통계학(nonparametrics)에서는 모집단에 대해 '연속(continuous)' 또는 '연속이며 대칭(continuous and symmetric)' 정도의 가정만을 하게 된다. 이와 같이 모집단분포에 대해 매우 약한 가정하에서 개발된 비모수 통계 이론은 정규성을 벗어나거나 표본의 수가 충분치 않은 자료의 분석에 매우 효과적이다.

10.2 부호검정

부호검정(sign test)은 일표본 t검정에 대응되는 비모수적 검정으로, 모평균 대신 중앙값(또는 분위수)에 대한 검정을 수행한다.

$X_1, X_2, \cdots, X_n$을 연속인 $c.d.f.$ $F(x)$로부터의 확률표본이라고 하자. 모집단의 중앙값(median)을 θ라고 할 때, 다음의 가설

$$H_0 : \theta = \theta_0 \quad vs \quad H_1 : \theta < \theta_0$$

또는 이와 동치인 가설

$$H_0 : F(\theta_0) = \frac{1}{2} \quad vs \quad H_1 : F(\theta_0) > \frac{1}{2}$$

을 생각하자.

위의 가설에 대한 검정통계량으로

$$Y = \theta_0\text{보다 작은 } X_i\text{들의 수}$$

을 고려할 때

$$Y \underset{H_0}{\overset{d}{\sim}} B(n, \frac{1}{2})$$

을 따른다. 따라서 기각역은

$$Y \geq c$$

의 형태로 주어지며, c가 주어질 때 대응되는 유의수준 α는

$$\alpha = P(Y \geq c \mid \theta = \theta_0)$$

이 된다. 이때 정해진 c값에 대응하는 유의수준을 자연(natural)유의수준이라고 한다.

|Remarks| 1. 검정통계량의 분포가 이산형이므로 고정된 α를 정확히 만족하는 검정을 위해서는 확률화 검정(8.2절 [예제 2] 참고)을 수행해야 한다.

2. 고정된 n과 α에 따른 부호검정의 기각역은 이항분포표를 이용하면 된다.

예제 1 아래의 자료는 어떤 천의 강도(단위: 파운드)를 측정한 자료이다.

159	165	163	189	161	171	158	151	169	162
163	139	172	165	148	166	172	163	187	173

부호검정을 통해 중앙값이 160보다 큰지에 대한 검정을 수행하여라.

풀이 부호검정통계량의 관측값이 $y=15$이고, $Y \underset{H_0}{\overset{d}{\sim}} B(20, \frac{1}{2})$이므로, 부호검정의 $p-$값은 $p=P_{H_0}(Y \geq 15)=0.0207$이 된다. ■

다음의 [정리 1]은 대표본의 경우 중앙값에 대한 부호검정법을 제공한다.

정리 1 부호검정통계량 Y에 대해, 다음의 대표본 성질이 성립한다.

$$\frac{Y-n/2}{\sqrt{n/4}} \xrightarrow[H_0]{d} N(0, 1).$$

증명 중심극한정리로부터 자명하다.

예제 2 [예제 1]의 자료에 대해 대표본 이론에 기초한 부호검정을 수행할 때, 근사적 $p-$값은

$$p=P(Z \geq \frac{15-10}{\sqrt{20/4}}), \quad Z \underset{H_0}{\overset{\cdot}{\sim}} N(0, 1)$$

$$=P(Z \geq 2.236) \approx 0.0097$$

이 된다. ■

위의 중앙값에 대한 부호검정은 다음의 분위수(quantile)에 대한 검정으로 일반화 될 수 있다. ξ_p를 $F(x)$의 제$100p$백분위수라고 할 때, 다음의 가설

$$H_0 : \xi_p = \xi \quad vs \quad H_1 : \xi_p < \xi \quad (\xi : known)$$

또는 이와 동치인 가설

$$H_0 : F(\xi)=p \quad vs \quad H_1 : F(\xi) > p$$

에 대한 부호검정은 다음의 사실에 기초하여 수행된다.

$$Y = \xi\text{보다 작은 } X_i\text{들의 수}$$

$$\underset{H_0}{\overset{d}{\sim}} B(n, p).$$

10.3 부호순위검정

$X_1, X_2, \cdots, X_n$을 연속이며 θ에 대해 대칭인 $F(x)$로부터의 확률표본이라고 하자. 이때, 다음의 가설

$$H_0 : \theta = \theta_0 \quad vs \quad H_1 : \theta > \theta_0$$

은 중앙값(또는 평균)에 대한 검정이 된다. 이 경우 부호검정은 'θ_0보다 큰 X_i들의 수'만을 고려하므로, θ_0로부터 벗어난 정도(크기)를 반영하지 못하고 있다.

Wilcoxon의 부호순위검정(signed rank test)은 부호정보와 벗어난 정도를 동시에 고려한 검정으로 검정통계량은 다음과 같다.

$$\begin{aligned} W^+ &= 0 \text{ 보다 큰 } Y_i = X_i - \theta_0 \text{들의 절댓값들의 순위합} \\ &= \sum_{i=1}^{n} Z_i R_i \end{aligned}$$

여기서 Y_i의 절대순위(R_i)는

$$R_i = \text{ 표본 } \{|Y_1|, \cdots, |Y_n|\} \text{에서 } |Y_i| \text{의 순위}$$

이고

$$Z_i = \begin{cases} 1, & Y_i > 0 \ (\text{or } X_i > \theta_0) \\ 0, & Y_i < 0 \ (\text{or } X_i < \theta_0) \end{cases}$$

이다.

|Remark| 이 장의 전반에서 순위가 동일한 경우에 대해서는 평균순위(average rank)를 사용한다.

[참고] 교재에 따라 Z_i 대신 $Z_i' = \begin{cases} 1, & Y_i > 0 \\ -1, & Y_i < 0 \end{cases}$ 으로 정의하여 사용하기도 한다. 이때, 검정통계량 $W = \sum Z_i' R_i$ 라고 할 때, 두 검정통계량 W와 W^+는 동치이다. 그

이유는

$$\sum R_i = \frac{n(n+1)}{2} = \sum[Z_i R_i + (1-Z_i)R_i]$$

$$= \sum Z_i R_i + \sum(1-Z_i)R_i \equiv W^+ + W^-$$

이고, 이로부터

$$W = W^+ - W^- = 2W^+ - \frac{n(n+1)}{2}$$

이므로 자명하다.

귀무가설하에서 W^+의 분포는 다음 과정을 통해 구해진다. 예를 들어, $n=3$인 경우 검정통계량은

$$W^+ = \sum Z_i R_i$$

= 순위집합 {1, 2, 3}의 부분집합의 원소합

으로 생각할 수 있으며, 귀무가설하에서 2^3가지의 부분집합의 원소는 발생할 확률이 균일하다. 따라서 W^+의 귀무가설하에서의 분포는 아래의 표

$\{1,2,3\}$의 부분집합	w^+	H_0하에서의 확률
ϕ	0	1/8
$\{1\}$	1	1/8
$\{2\}$	2	1/8
$\{3\}$	3	1/8
$\{1,2\}$	3	1/8
$\{1,3\}$	4	1/8
$\{2,3\}$	5	1/8
$\{1,2,3\}$	6	1/8

으로부터

w^+	0	1	2	3	4	5	6	합
$P_{H_0}(W^+=w^+)$	1/8	1/8	1/8	2/8	1/8	1/8	1/8	1

임을 알 수 있다. 위 사실로부터 부호순위검정은 다음과 같이 기각역에 따라 자연유의 수준이 결정된다.

기각역	자연유의수준
$W^+ \geq 6$	1/8(=0.125)
$W^+ \geq 5$	2/8(=0.250)

또한, 확률화 검정을 통해 고정된 크기 α의 검정을 수행할 수 있다. 예를 들어, $\alpha = 0.2$의 검정은 검정함수(test function)가

$$\phi(w^+) = \begin{cases} 1, & w^+ > 5 \\ \gamma, & w^+ = 5 \\ 0, & w^+ < 5 \end{cases}$$

으로 주어지며, 위 식에서 γ는 크기 α의 조건

$$\alpha = 1 \cdot P(W^+ > 5) + \gamma \cdot P(W^+ = 5)$$

$$\Leftrightarrow \quad 0.2 = \frac{1}{8} + \gamma \cdot \frac{1}{8}$$

으로부터 $\gamma = 0.6$이 된다.

|Remark| 소표본의 고정된 n과 몇몇 α값에 따른 부호순위검정의 기각역은 관련 교재에 표로 제시되어 있으므로 이를 이용하거나 통계패키지를 이용할 수 있다.

예제 3 아래의 자료는 어느 가솔린의 옥탄가를 측정한 자료($n = 15$)이다.

92.9	96.2	96.5	91.2	98.3	93.2	95.2	94.0
97.7	95.4	93.3	94.1	94.8	95.5	97.1	

중앙값에 대한 다음 가설에 대해 부호순위검정을 실시하여라.

$$H_0 : \theta = 96.5 \quad vs \quad H_1 : \theta \neq 96.5$$

풀이 부호순위검정통계량의 관측값은 아래의 표

x_i	$y_i = x_i - 96.5$	R_i
92.9	−3.6	13
96.2	−0.3	1
96.5	0	.
91.2	−5.3	14
98.3	1.8	8
93.2	−3.3	12
95.2	−1.3	6
94.0	−2.5	10
97.7	1.2	5
95.4	−1.1	4
93.3	−3.2	11
94.1	−2.4	9
94.8	−1.7	7
95.5	−1.0	3
97.1	0.6	2

으로부터 $w^+ = 8+5+2 = 15$이다. 따라서 양측가설에 대한 부호순위검정의 $p-$값은

$$p = 2 \times P_{H_0}(W^+ \leq 15) \approx 2 \times 0.0083 \text{ (관련 책자의 표를 이용함)}$$
$$= 0.0166$$

이 된다. 이 결과는 다음의 R 프로그램을 통해 확인할 수 있다.

```
> x<-c(92.9, 96.2, 91.2, 98.3, 93.2, 95.2, 94.0, 97.7, 95.4, 93.3, 94.1,
94.8, 95.5, 97.1)
> wilcox.test(x, mu=96.5, alt="two.sided", exact=TRUE)

        Wilcoxon signed rank test

data:  x
V = 15, p-value = 0.0166
alternative hypothesis: true location is not equal to 96.5
```

■

정리 2 귀무가설하에서, 부호순위검정통계량(W^+)의 기댓값과 분산은 다음과 같다.

$$E(W^+) = \frac{1}{4}n(n+1), \quad Var(W^+) = \frac{1}{24}n(n+1)(2n+1).$$

증명 확률변수 $V_i(i=1,\cdots,n)$가 서로 독립이며

$$P(V_i = i) = P(V_i = 0) = \frac{1}{2}$$

을 만족할 때, 귀무가설하에서

$$\sum V_i \overset{d}{\underset{H_0}{=}} \sum Z_i R_i$$

이 성립한다. 따라서

$$E(W^+) = E(\sum V_i) = \frac{1}{2}\sum i = \frac{1}{4}n(n+1)$$

$$Var(W^+) = Var(\sum V_i) = \sum Var(V_i)$$

$$= \sum E(V_i - \frac{i}{2})^2$$

$$= \sum\left[\frac{1}{2}\left(\frac{i}{2}\right)^2 + \frac{1}{2}\left(-\frac{i}{2}\right)^2\right]$$

$$= \sum\left(\frac{i}{2}\right)^2 = \frac{1}{24}n(n+1)(2n+1)$$

이다.

[참고] 부호순위검정통계량을 $W = \sum Z_i' R_i$으로 정의할 때, $E(W)$와 $Var(W)$은 유사한 방법으로 구해진다(연습문제 4번).

다음의 [정리 3]은 대표본의 경우 부호순위검정법을 제공한다.

정리 3 부호순위검정통계량 W^+에 대해, 다음의 대표본 성질이 성립한다.

$$\frac{W^+ - \dfrac{n(n+1)}{4}}{\sqrt{\dfrac{1}{24}n(n+1)(2n+1)}} \xrightarrow[H_0]{d} N(0,\ 1).$$

증명 서로 독립인($i.i.d.$가 아니더라도) 확률변수들의 합은 적절한 조건(Lyapunov condition)하에서 정규분포로 수렴한다는 사실을 통해 증명되나, 자세한 증명 과정은 생략한다.

예제 4 [예제 3]의 자료에 대해 대표본 이론에 기초한 부호순위검정을 수행할 때, 근사적 $p-$값은

$$p = 2 \times P\left(Z \le \frac{15 - 14 \cdot 15/4}{\sqrt{14 \cdot 15 \cdot 29/24}}\right), \quad Z \underset{H_0}{\overset{\cdot}{\sim}} N(0,\ 1)$$

$$= 2 \times P(Z \le -2.354) = 2 \times 0.0093 \approx 0.019$$

이 된다. 이 결과는 다음의 R 프로그램을 통해 확인할 수 있다.

```
> wilcox.test(x, mu=96.5, alt="two.sided", exact=FALSE, correct=FALSE)

        Wilcoxon signed rank test

data:  x
V = 15, p-value = 0.01857
alternative hypothesis: true location is not equal to 96.5
```

■

[참고] 위 예제에서 연속성 수정을 고려하면(correct=TRUE 옵션 사용), p-value = 0.02019으로 주어진다.

|Remark| 부호검정과 부호순위검정은 이표본 대응표본(paired sample) 문제에 적용될 수 있다(연습문제 1번).

10.4 Mann-Whitney 검정

Mann–Whitney 검정(또는 Mann–Whitney–Wilcoxon 검정)은 연속인 두 모집단이 Δ만큼 위치이동한 관계에 있을 때, 두 모집단이 동일한지에 대한 비모수적 검정이다. 즉, 형태가 같은 두 분포함수의 위치모수가 동일한지에 대한 검정으로 이표본 t검정에 대응하는 비모수적 검정이다.

$X_1, X_2, \cdots, X_m$을 $c.d.f.$ $F(x)$로부터의 확률표본이라고 하고, $Y_1, \cdots, Y_n$을 $c.d.f.$ $G(y) = F(x-\Delta)$로부터의 확률표본이라고 하자. 이제, 동치인 다음의 가설

$$
\begin{aligned}
&H_0 : \Delta = 0 \quad vs \quad H_1 : \Delta > 0 \\
\Leftrightarrow\ &H_0 : G(z) = F(z) \text{ for all } z \quad vs \quad H_1 : G(z) < F(z) \text{ for all } z \\
\Leftrightarrow\ &H_0 : Y \overset{sto}{=} X \quad vs \quad H_1 : Y \overset{sto}{>} X
\end{aligned}
$$

에 대한 검정을 생각하자. 위 식에서 $\overset{sto}{=}$ (또는 $\overset{sto}{>}$)는 확률적으로(stochastically) 같음(또는 큼)을 나타낸다.

먼저, Wilcoxon(1945)은

$$R_i = \text{혼합표본 } \{X_1, \cdots, X_m; Y_1, \cdots, Y_n\}\text{에서 } Y_i\text{의 순위}$$

라고 할 때, 다음의 순위합(rank sum) 검정통계량

$$T = \sum_{i=1}^{n} R_i$$

을 제안하였다. 통계량 T는 혼합된 표본에서 Y표본들이 차지하는 순위들의 합으로, 이 값이 클수록 대립가설을 지지하게 된다.

또한 Mann과 Whitney(1947)는 다음의 검정통계량을 제안하였다.

$$U = \sum_{i=1}^{m}\sum_{j=1}^{n} Z_{ij}, \quad Z_{ij} = \begin{cases} 1, & X_i < Y_j \\ 0, & X_i > Y_j \end{cases}$$

검정통계량 U는 모든 i, j에 대해 $X_i < Y_j$인 경우의 수를 나타내며, T와 마찬가지로 이 값이 클수록 대립가설을 지지하게 된다.

아래의 [정리 4]는 T와 U에 기초한 두 검정이 동등(equivalant)함을 보여준다.

정리 4 두 통계량 T와 U에 대해 다음 관계가 성립한다.

$$T = U + \frac{n(n+1)}{2}.$$

증명 $Y_{(1)} < Y_{(2)} < \cdots < Y_{(n)}$을 Y표본의 순서통계량이라고 하자. 혼합표본에

서 $Y_{(i)}$의 순위를 $R_{(i)}$라고 할 때,

$$R_{(i)} = i + (R_{(i)} - i)$$

$$= Y_i \text{ 이하인 } Y\text{표본의 수} + Y_i \text{ 이하인 } X\text{표본의 수}$$

이다. 양변을 i에 대해 더하면

$$T = \frac{n(n+1)}{2} + U$$

이 성립한다.

귀무가설하에서 검정통계량의 분포는 다음 과정을 통해 구해진다. 예를 들어, $m=3,\ n=2$인 경우, 귀무가설하에서 X와 Y표본의 순위 배치(총 $5!/(3!2!)=10$가지)가 임의적이므로 다음의 표

순위 1	2	3	4	5	T	U	H_0하에서의 확률
X	X	X	Y	Y	9	6	1/10
X	X	Y	X	Y	8	5	1/10
X	X	Y	Y	X	7	4	1/10
X	Y	X	X	Y	7	4	1/10
X	Y	X	Y	X	6	3	1/10
X	Y	Y	X	X	5	2	1/10
Y	X	X	X	Y	6	3	1/10
Y	X	X	Y	X	5	2	1/10
Y	X	Y	X	X	4	1	1/10
Y	Y	X	X	X	3	0	1/10

으로부터

u	0	1	2	3	4	5	6	합
$P_{H_0}(U=u)$	1/10	1/10	2/10	2/10	2/10	1/10	1/10	1

임을 알 수 있다. 위 사실로부터 Mann–Whitney 검정은 다음과 같이 기각역에 따라 자연유의수준이 결정된다.

기각역	자연유의수준
$U \geq 6$	1/10(=0.1)
$U \geq 5$	2/10(=0.2)

또한, 부호순위검정에서와 마찬가지로 확률화 검정을 통해 고정된 크기 α의 검정을 수행할 수도 있다.

|Remark| 소표본의 고정된 m, n과 몇몇 α값에 따른 Mann–Whitney 검정의 기각역은 관련 교재에 표로 제시되어 있으므로 이를 이용하거나 통계패키지를 이용할 수 있다.

예제 5 한 교수가 학생들이 시험을 보는 시간에 따라 성적에 차이가 나는지를 알아보기 위해 19명의 비슷한 능력을 가진 학생을 임의로 두 그룹으로 나눈 뒤, 한 그룹은 오전에 다른 그룹은 오후에 시험을 치른 결과 다음의 성적을 얻었다.

오전(x)	89.8	90.2	98.1	91.2	88.9	90.3	99.2	94.0	88.7	83.9
오후(y)	87.3	87.6	87.3	91.8	86.4	86.4	93.1	89.2	90.1	

오전과 오후에 따라 성적에 차이가 나는지에 대해 Mann–Whitney 검정을 수행하여라.

풀이 검정통계량 U의 관측값은

$$u = 3+2+0+2+4+2+0+0+4+9 = 26$$

$$(\text{또는 } 1+1+1+7+1+1+7+3+4 = 26)$$

이고(참고로 위 자료를 순서대로 나열하면 $xyyyyyxxyxyxxxyyxxx$임), 따라서 양측가설에 대한 Mann–Whitney 검정의 $p-$값은

$$p = 2 \times P_{H_0}(U \leq 26) \approx 2 \times 0.067 \text{ (관련 책자의 표를 이용함)}$$
$$= 0.134$$

이 된다. 이 결과는 다음의 R 프로그램을 통해 확인할 수 있다.

```
> x<-c(89.8, 90.2, 98.1, 91.2, 88.9, 90.3, 99.2, 94.0, 88.7, 83.9)
> y<-c(87.3, 87.6, 87.3, 91.8, 86.4, 86.4, 93.1, 89.2, 90.1)
> wilcox.test(x, y, alt="two.sided", exact=TRUE)

        Wilcoxon rank sum test with continuity correction

data:  x and y
W = 64, p-value = 0.1306
alternative hypothesis: true location shift is not equal to 0
```

■

정리 5 귀무가설하에서 Mann-Whitney 검정통계량(U)의 기댓값과 분산은 다음과 같다.

$$E(U) = \frac{1}{2}mn, \quad Var(U) = \frac{1}{12}mn(m+n+1).$$

증명 귀무가설($H_0 : G(z) = F(z)$)하에서 다음의 사실 (i)~(iii)이 성립한다.

(i) $P(X_i < Y_j) = \frac{1}{2} = P(X_i > Y_j)$

(ii) $P(X_i < Y_j,\ X_i < Y_k) = \frac{1}{3} = P(X_i < Y_j,\ X_h < Y_j)$

(iii) $P(X_i < Y_j,\ X_h < Y_k) = P(X_i < Y_j)P(X_h < Y_k) = \frac{1}{4}$

위의 사실로부터 $U = \sum\sum Z_{ij}$, $Z_{ij} = I(X_i < Y_j)$의 기댓값과 분산은 다음과 같이

$$E(U) = \sum\sum \frac{1}{2} = \frac{mn}{2},$$

$$\begin{aligned} E(U^2) &= \sum\sum\sum\sum E(Z_{ij} \cdot Z_{kl}) \\ &= \sum_{\substack{i=h \\ j=k}}\sum E(Z_{ij}^2) + \sum\sum_{\substack{j=k \\ i \neq h}}\sum E(Z_{ij} \cdot Z_{il}) \\ &\quad + \sum\sum_{\substack{i=h \\ j \neq h}}\sum E(Z_{ij} \cdot Z_{kj}) + \sum\sum\sum_{\substack{i \neq h \\ j \neq h}}\sum E(Z_{ij} \cdot Z_{kl}) \\ &= \frac{1}{2}mn + \frac{1}{3}m(m-1)n + \frac{1}{3}mn(n-1) + \frac{1}{4}m(m-1)n(n-1), \end{aligned}$$

$$Var(U) = E(U^2) - E(U)^2 = \frac{1}{12}mn(m+n+1)$$

이 된다.

다음의 [정리 6]은 대표본의 경우 Mann–Whitney 검정법을 제공한다. 증명과정은 복잡하므로 생략하기로 한다.

정리 6 Mann–Whitney 검정통계량 U에 대해, 다음의 대표본 성질이 성립한다.

$$\frac{U - \frac{mn}{2}}{\sqrt{\frac{1}{12}mn(m+n+1)}} \xrightarrow[H_0]{d} N(0, 1).$$

예제 6 [예제 5]의 자료에 대해 대표본 Mann–Whitney 검정을 수행할 때, 양측가설에 대한 근사적인 $p-$값은

$$\begin{aligned} p &= 2 \times P_{H_0}\left(Z \le \frac{26 - 10 \cdot 9/2}{\sqrt{10 \cdot 9 \cdot 20/12}}\right), \quad Z \underset{H_0}{\overset{d}{\sim}} N(0, 1) \\ &= 2 \times P_{H_0}(Z \le -1.551) \approx 0.121 \end{aligned}$$

이 된다. 이 결과는 다음의 R 프로그램을 통해 확인할 수 있다.

```
> wilcox.test(x, y, alt="two.sided", correct=FALSE)

        Wilcoxon rank sum test

data:  x and y
W = 64, p-value = 0.1205
alternative hypothesis: true location shift is not equal to 0
```

■

[참고] 1. 위 예제에서 연속성 수정을 고려하면(correct=TRUE 옵션 사용), p-value = 0.1306으로 주어진다.

2. R의 수행 결과에서 검정통계량의 관측값이 64가 나온 이유는, R에서는 'X_i 보다 작은 Y표본의 수'로 검정통계량을 정의하고 있기 때문이다.

|Remark| [예제 5]의 오전 그룹의 자료에서 83.9가 10.2로 바뀌는 경우에도 Mann-Whitney 검정은 영향을 받지 않는 반면, 이표본 t검정은 크게 영향을 받게 된다.

10.5 비모수적 상관계수

$(X_1, Y_1), \cdots, (X_n, Y_n)$을 연속인 임의의 이변량 모집단분포로부터의 확률표본이라 하자. 이때 $R_i(i=1, \cdots, n)$와 $S_i(i=1, \cdots, n)$를 각각

$$R_i = \{X_1, \cdots, X_n\}\text{에서 } X_i\text{의 순위}$$

$$S_i = \{Y_1, \cdots, Y_n\}\text{에서 } Y_i\text{의 순위}$$

이라 하자. Spearman의 순위상관계수(rank correlation coefficient)는 다음과 같이

$$r_s = \frac{\sum(R_i - \overline{R})(S_i - \overline{S})}{\sqrt{\sum(R_i - \overline{R})^2}\sqrt{\sum(S_i - \overline{S})^2}}$$

으로 정의된다. 여기서 $\overline{R}=\sum R_i/n=(n+1)/2\ (=\overline{S})$이다.

|Remarks| 1. Spearman 상관계수는 전환된 순위자료에 대해 Pearson 상관계수를 구한 것이다.

2. r_s는 순위자료를 사용하므로 r에 비해 이상치 자료에 덜 민감하게 반응한다.

Spearman의 순위상관계수는 다음의 식

$$r_s=\frac{\sum R_iS_i-n\overline{R}\,\overline{S}}{\sqrt{\sum R_i^2-n\overline{R}^2}\sqrt{\sum S_i^2-n\overline{S}^2}}$$

과 동일하며, 이는 다시

$$\begin{aligned}\sum(R_i-S_i)^2&=\sum(R_i^2+S_i^2)-2\sum R_iS_i\\&=2\left(\sum R_i^2-\sum R_iS_i\right)\end{aligned}$$

$$\sum R_iS_i=\sum R_i^2-\frac{1}{2}\sum(R_i-S_i)^2$$

과

$$\sum R_i^2-n\overline{R}^2=\frac{n(n+1)(2n+1)}{6}-\frac{n(n+1)^2}{4}=\frac{n(n^2-1)}{12}$$

으로부터, 다음 식으로 단순화된다.

$$\begin{aligned}r_s&=\frac{\sum R_i^2-\frac{1}{2}\sum(R_i-S_i)^2-n\overline{R}^2}{\sum R_i^2-n\overline{R}^2}\\&=1-\frac{6\sum(R_i-S_i)^2}{n(n^2-1)}.\end{aligned}$$

예제 7 8.5.2절 [예제 4]에서 다룬 다음의 자료

오전(x)	10.5	6.6	7.1	9.4	9.6	8.2	7.0	10.9	9.0	8.4
오후(y)	12.3	6.3	7.6	8.5	9.6	8.7	6.9	11.3	9.2	8.4

에 대해 Spearman의 상관계수를 구하면, 다음의 순위표

r_i	9	1	3	7	8	4	2	10	6	5
s_i	10	1	3	5	8	6	2	9	7	4
$r_i - s_i$	−1	0	0	2	0	−2	0	1	−1	1

으로부터 $r_s = 1 - \dfrac{6 \cdot 12}{10 \cdot 99} \approx 0.9273$이다. ■

비모수적 표본상관계수의 또 다른 유형으로 Kendall의 표본상관계수를 소개하면 다음과 같다. $(X_1, Y_1), \cdots, (X_n, Y_n)$을 연속인 임의의 이변량 모집단분포로부터의 확률표본이라고 하자. 이때 P와 Q를 다음과 같이

$$P = \text{부합인 쌍(concordant pairs)의 수}$$
$$= (X_i - X_j)(Y_i - Y_j) > 0 \text{인 쌍의 수}$$

$$Q = \text{비부합인 쌍(discordant pairs)의 수}$$
$$= (X_i - X_j)(Y_i - Y_j) < 0 \text{인 쌍의 수}$$

으로 정의할 때, Kendall의 표본상관계수는

$$\hat{\tau} = \frac{P - Q}{P + Q}$$

으로 정의된다. 위 식에서 분모는 모든 쌍의 수로 $\binom{n}{2}$와 동일하다.

[참고] 1. Kendall의 모상관계수(τ)는

$$\begin{aligned}\tau &= P(\text{부합}) - P(\text{비부합}) \\ &= P\{(X_i - X_j)(Y_i - Y_j) > 0\} - P\{(X_i - X_j)(Y_i - Y_j) < 0\}\end{aligned}$$

이며, $-1 \le \tau \le 1$을 만족한다.

2. Kendall의 표본상관계수는 범주형 변수에 대해서도 유사하게 정의될 수 있다 (감마계수, $\hat{\tau}_b$, $\hat{\tau}_c$).

예제 8 [예제 7]의 자료에 대해 Kendall의 상관계수를 구하면 아래의 산점도(R 명령어 plot(x, y) 이용)

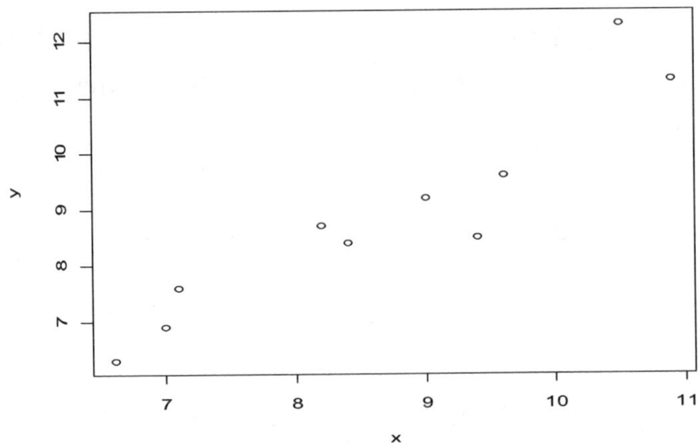

에서 모든 두 점을 연결하는 총 $\binom{10}{2} = 45$개의 선분을 그릴 때,

$$P = \text{기울기가 양인 선분의 수}$$

$$= 9+8+7+4+5+3+3+2+0 = 41$$

$$Q = \text{기울기가 음인 선분의 수}$$

$$= 0+0+0+2+0+0+1+0+0+1 = 4$$

으로 구해진다. 따라서 $\hat{\tau}=\frac{41-4}{41+4}\approx 0.8222$이다. ■

[참고] 위의 [예제 7]과 [예제 8]의 결과는 다음의 R 프로그램을 통해 확인할 수 있다.

```
> cor(x, y, method="spearman")
[1] 0.9272727
> cor(x, y, method="kendall")
[1] 0.8222222
```

10장 연습문제

1. 식물의 잎에 반점을 유발하는 바이러스에 두 가지 방법의 사전 처리(A, B)를 한 후, 잎의 반점을 기록한 자료이다. 실험 방법은 12개의 각 잎마다 반쪽을 임의로 선택하여 처리 A를, 나머지 반쪽에 처리 B를 적용하였다. 두 처리의 효과가 동일한지(처리에 따라 반점의 수가 동일한지)에 대한 양측검정을 수행하고자 한다.

잎	1	2	3	4	5	6	7	8	9	10	11	12
처리A	55	25	21	7	16	14	7	9	5	4	4	1
처리B	17	17	14	11	10	9	7	5	3	2	1	0

(a) 차이(difference)에 기초한 대응 t검정을 수행하고 $p-$값을 구하여라.

(b) 위의 대응 t검정의 결과가 의문시되는 어떤 이유가 있는가? 그 이유를 말하여라.

(c) (두 처리의 차이에 기초한) 부호검정을 수행하고 $p-$값을 구하여라. 단, 차이가 0 인 자료는 제외한다.

(d) 대표본 부호검정을 수행하고, 근사적인 $p-$값을 구하여라.

(e) R 프로그램을 이용하여 (a)~(c)를 구하여라.

2. (문제 1)의 자료에 대해 다음 물음에 답하여라.

(a) 부호순위검정을 실시하고 $p-$값을 구하여라.

(b) 대표본 이론에 기초한 부호순위검정을 수행하고, 근사적인 $p-$값을 구하여라.

(c) R 프로그램을 이용하여 (a)를 구하여라.

3. 부호순위검정통계량을 $W=\sum Z_i' R_i,\ Z_i' = \begin{cases} 1, & Y_i > 0 \\ -1, & Y_i < 0 \end{cases}$ 으로 정의할 때, 귀무가설하에서

$$E(W) = 0, \quad Var(W) = \frac{1}{6}n(n+1)(2n+1)$$

이 성립함을 보여라.

[Hint] [정리 2]의 증명과정과 유사하다. 단, $P(V_i = i) = P(V_i = -i) = 1/2$으로 둘 것.

4. 아래의 자료는 두 가지 식이요법 프로그램에 따른 체중 증가량을 조사한 자료이다.

식이요법 I	16.3	10.1	10.7	13.5	14.9	11.8	14.3	10.2
$(m=16)$	12.0	14.7	23.6	15.1	14.5	18.4	13.2	14.0
식이요법 II	21.3	23.8	15.4	19.6	12.0	13.9	18.8	19.2
$(n=14)$	15.3	20.1	14.8	18.9	20.7	21.1		

위 자료를 이용하여, 식이요법 I이 식이요법 II보다 체중 증가량이 적은지에 대한 검정을 수행하고자 한다.

(a) 이표본 t검정을 수행하고 $p-$값을 구하여라.

(b) Mann–Whitney 검정을 수행하고 $p-$값을 구하여라.

(c) 대표본 Mann–Whitney 검정을 수행하고, 근사적인 $p-$값을 구하여라.

(d) R 프로그램을 이용하여 (a)를 구하여라.

5. 아래의 자료는 $n=8$명에 대해 공부시간에 따른 시험점수를 나타내는 자료이다.

공부시간(x)	5	11	13	10	18	15	2	8
시험성적(y)	44	79	72	70	94	85	33	65

(a) Pearson 상관계수(r)과 Spearman 상관계수(r_s)를 구하여라.

(b) Kendall의 표본상관계수$(\hat{\tau})$를 구하여라.

(c) R 프로그램을 이용하여 (a)~(b)를 구하여라.

알짜 통계

모수적 상관계수와 비모수적 상관계수

대표적인 모수적, 비모수적 상관계수로 피어슨(Pearson) 상관계수와 스피어만(Spearman)의 순위상관계수를 들 수 있다. 스피어만의 순위상관계수는 자료의 순위(rank) 정보를 사용하여 구해지며, 피어슨 상관계수에 비해 이상치에 덜 민감(less sensitive)하게 반응한다(이를 '로버스트(robust)하다.'라고 함). 자료분석 과정에서 두 상관계수가 큰 차이를 보인다면 자료에 대해 어떤 해석을 내려야 할까? 다음 그림에서 두 상관계수에 대한 비교를 통해

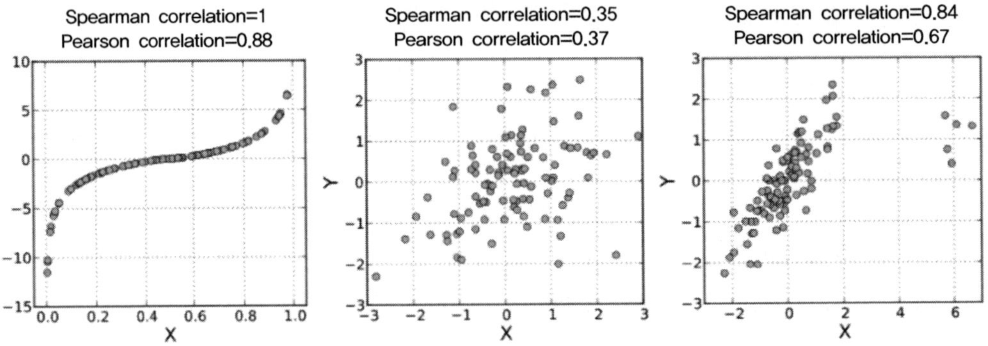

'두 변수 간에 비선형적인 관계가 존재'하거나(첫 번째 그림), '이상치 자료가 포함'된 경우(세 번째 그림), 두 상관계수가 큰 차이를 보임을 알 수 있다.

피어슨과 스피어만 상관계수를 비롯한 대부분의 상관계수는 척도(scale)에 무관하고, 선형변환에도 영향을 받지 않으며, 한 변수(또는 두 변수)의 단조변환에도 불변(invariant)하는 성질을 만족한다. 그러나 대부분의 상관측도들은 관측되는 두 변수의 범위(range)에는 민감하게 반응한다. 두 변수 간의 상관계수는 보다 넓은 구간의 범위에서 관측될 때 더 큰 값을 가지는 경향이 있다. 예를 들어 모든 성인 남자에 대한 부자 간 키에 대한 상관계수는, 아버지의 키를 165cm와 170cm 사이로 제한했을 때 그것보다 더 큰 값으로 주어진다. 아래의 그림은 그 관계를 잘 보여 준다(X의 범위를 (0, 1)로 제한했을 때, 두 상관계수가 모두 줄어듦).

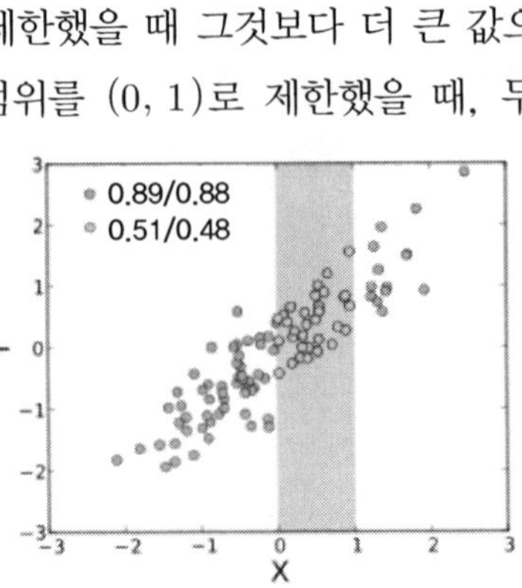

제11장

베이지안 방법

11.1 개요

11.2 사후분포의 계산

11.3 손실함수와 베이즈추정량

11.4 베이지안 구간추정

11.5* 사후예측분포

Thomas Bayes (1702–1761)

베이즈 이론의 창시자, 성공회 목사.
베이즈 정리.

11장 베이지안 방법

11.1 개요

$X_1, X_2, \cdots, X_n$을 $f(x;\theta)$로부터의 확률표본이라고 하자. 지금까지는 모수 θ를 미지의 고정된 상수(unknown fixed constant)로 간주하고 모수 θ에 대한 추론을 실시하였다. 모수 θ에 대한 새로운 추론 방법으로 베이지안(Bayesian) 방법은 θ에 대해 특정한 분포(specific distribution)를 가정하는 방법이다. 이 분포는 모수 θ에 대해 분석자가 주관적으로(subjective) 부여하는 것으로, 데이터 관측 이전에 주어진다는 의미에서, 사전분포(prior distribution)라고 한다. 즉, 베이지안 분석에서는 $X_1, X_2, \cdots, X_n$을 조건부분포 $f(x|\theta)$로부터의 확률표본으로 간주하고, Θ에 대해서는 사전분포를 가정하게 된다. 이 사전분포는 관측된 데이터 정보와 결합되어 사후분포(posterior distribution)로 갱신된다([그림 1] 참고). 베이지안 분석은 사후분포에 기초한 분석으로, 기존의 분석이 데이터의 정보(가능도 함수)에만 의존하는 것에 비해, 모수에 대한 사전정보(prior information)를 이용한다는 측면에서 모수에 대한 보다 정도(precision) 높은 추론을 기대할 수 있다.

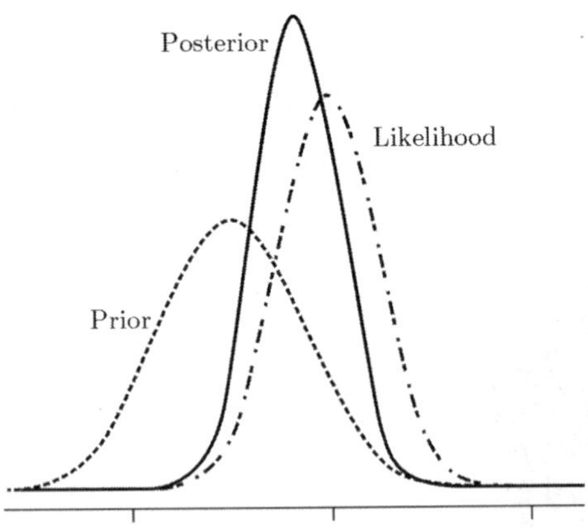

[그림 1] 사전분포, 가능도함수, 사후분포

베이지안 추론에서는 모집단분포(모형)를 조건부분포

$$X|\Theta=\theta \sim f(x|\theta)$$

으로 표기하고, 모수에 대한 사전분포를

$$\Theta \sim h(\theta), \quad \theta \in \Omega$$

으로 나타낸다.[3] 이때, X와 Θ의 결합확률밀도함수는

$$k(x, \theta)= f(x|\theta)\cdot h(\theta)$$

이 되고, 이로부터 X의 주변확률밀도함수는

$$k_1(x)= \int_{\Omega} f(x|\theta)h(\theta)d\theta$$

이 된다. 따라서 $X=x$일 때, Θ의 조건부밀도함수는

$$\Theta|X=x \sim k(\theta|x)= \frac{f(x|\theta)h(\theta)}{k_1(x)}$$

이 되며, 이 분포를 사후분포라고 한다.

기존의 통계적추론이 가능도함수에 기반을 두고 있는 반면 베이지안 추론의 근간은 사후분포에 기초한다. 예를 들어, 가능도함수의 최대화를 통해 MLE를 구하는 것과 마찬가지로 사후최빈값(사후 확률밀도함수의 최대화를 통해 구해지는) 또는 사후분포의 평균(이를 사후평균이라고 함)을 모수 θ에 대한 베이즈추정량(Bayes estimator)으로 사용하게 되는 것이다.

[참고] 사후최빈값(posterior mode) 또는 사후평균(posterior mean)은 모수 θ에 대한 추정량의 의미 외에 사후분포의 요약치(대표치)로 이해되는 것이 매우 중요하다. 11.3절에서는 위험을 최소화하는 의사결정(추정량) 즉, 결정론적 관점에서 사후평균 등을 설명하고 있다.

---

3) 많은 베이지안 서적에서 Θ(확률변수)와 θ(상수)를 구분하지 않고 편의상 θ로 표기하나, 이 책에서는 구분하여 표기하기로 한다.

|Remark| 사후확률밀도함수

$$k(\theta|x)=\frac{f(x|\theta)h(\theta)}{\int_{\Omega}f(x|\theta)h(\theta)d\theta}$$

는 사상에 대한 Bayes 정리를 확률변수에 대한 표현으로 나타낸 것으로 해석될 수 있다. 또한 사후확률밀도함수의 분모는 θ에 대해 상수값에 불과하므로 해석적으로 구하기 어려운 경우에는 수치적인 방법을 사용하여 구할 수 있다. 따라서 사후확률밀도함수는 먼저

$$k(\theta|x) \propto h(\theta)f(x|\theta)$$

$$(\,posterior \propto \; prior \times likelihood\,)$$

을 구한 후, $k(\theta|x)$가 $p.d.f.$가 되도록 상수항(분모)을 고려(또는 계산)해 주면 된다.

11.2 사후분포의 계산

$X_1, X_2, \cdots, X_n$을 $f(x|\theta)$로부터의 확률표본이라고 하자. 모수 θ에 대한 사전확률밀도함수를 $\Theta \sim h(\theta)$라고 할 때, θ에 대한 사후확률밀도함수는

$$\begin{aligned} k(\theta|x_1, x_2, \cdots, x_n) &\propto prior \times likelihood \\ &= h(\theta)f(x_1, x_2, \cdots, x_n|\theta) \end{aligned}$$

이므로

$$k(\theta|x_1, x_2, \cdots, x_n)=\begin{cases} \dfrac{h(\theta)f(x_1, x_2, \cdots, x_n|\theta)}{\int_{\Omega}h(\theta)f(x_1, x_2, \cdots, x_n|\theta)d\theta}, & \Theta : continuous \\ \dfrac{h(\theta)f(x_1, x_2, \cdots, x_n|\theta)}{\sum_{\Omega}h(\theta)f(x_1, x_2, \cdots, x_n|\theta)}, & \Theta : discrete \end{cases}$$

으로 주어진다. 위 식에서 분모는 $p.d.f.$가 되게 하는 상수값으로 분자의 형태에 따라 직관적인 방법으로 쉽게 구해질 수도 있다.

예제 1 $X_1, X_2, \cdots, X_n$을 $B(1, \theta)$로부터의 확률표본이라고 하고 θ에 대한 사전분포를

$$\Theta \sim \beta eta(\alpha, \beta) \ (\alpha\text{와 } \beta\text{는 알려진 값})$$

이라고 할 때, θ에 대한 사후확률밀도함수를 구하여라.

풀이 $k(\theta | x_1, x_2, \cdots, x_n) \propto prior \times likelihood$

$$= \frac{\Gamma(\alpha+\beta)}{\Gamma(\alpha)\Gamma(\beta)}\theta^{\alpha-1}(1-\theta)^{\beta-1} \cdot \prod_{i=1}^{n}\theta^{x_i}(1-\theta)^{1-x_i}$$

$$\propto \theta^{\alpha+\sum x_i - 1}(1-\theta)^{\beta+n-\sum x_i - 1}, \quad 0<\theta<1$$

이며, 이는 상수항을 무시할 때 베타분포의 형태와 동일하므로 사후확률밀도함수는

$$\beta eta\left(\alpha+\sum x_i,\ \beta+n-\sum x_i\right)$$

이 된다. ■

|Remarks| 1. 일반적으로 사후확률밀도함수는 θ에 대한 충분통계량(위 예제의 경우에는 $\sum X_i$)을 통해서만 $X_1, X_2, \cdots, X_n$에 의존하게 된다. 따라서 가능도함수 대신 충분통계량의 분포를 이용하더라도 동일한 결과(사후분포)를 얻게 된다.

2. 위 예제에서 사후평균은

$$\frac{\alpha+\sum X_i}{\alpha+\beta+n} = \left(\frac{\alpha+\beta}{\alpha+\beta+n}\right)\frac{\alpha}{\alpha+\beta} + \left(\frac{n}{\alpha+\beta+n}\right)\overline{X}_n$$

으로 사전평균$\left(\frac{\alpha}{\alpha+\beta}\right)$과 표본평균(또는 MLE$(\overline{X}_n)$)의 가중합으로 나타나는 것을 알 수 있다.

3. 또한 사후평균은 표본이 클수록 데이터 정보$(\overline{X}_n)$의 영향을 크게 받고, 사전모수 (α, β)가 큰 값을 취할수록 사전정보의 영향을 크게 받는 것을 알 수 있다. $n \to \infty$ 인 경우에는 사전정보의 영향력이 사라져

$$\text{사후평균} \approx \text{표본평균(MLE)}$$

이 됨을 알 수 있다.

4. 사후평균은 사후분포의 요약치로의 의미와 함께, θ에 대한 베이즈추정량(Bayes estimator)으로 설명되기도 한다(10.3절 참조).

예제 2 $X_1, X_2, \cdots, X_n$이 σ^2이 알려진 $N(\theta, \sigma^2)$으로부터의 확률표본이고 θ에 대한 사전확률밀도함수가

$$\Theta \sim N(\theta_0, \sigma_0^2) \quad (\theta_0\text{와 } \sigma_0^2\text{은 알려진 값})$$

일 때, θ에 대한 사후확률밀도함수를 구하여라.

풀이 $k(\theta | x_1, x_2, \cdots, x_n) \propto prior \times likelihood$

$$= \frac{1}{\sqrt{2\pi}\,\sigma_0} \exp\left[-\frac{(\theta-\theta_0)^2}{2\sigma_0^2}\right] \prod_{i=1}^{n} \frac{1}{\sqrt{2\pi}\,\sigma} \exp\left[-\frac{(x_i-\theta)^2}{2\sigma^2}\right]$$

$$\propto \exp\left[-\frac{(\theta-\theta_0)^2}{2\sigma_0^2} - \frac{\sum (x_i-\theta)^2}{2\sigma^2}\right]$$

$$\propto \exp\left[-\frac{1}{2}\left(\frac{\theta^2}{\sigma_0^2} - \frac{2\theta_0^2}{\sigma_0^2}\theta\right) - \frac{1}{2}\left(\frac{n\theta^2}{\sigma^2} - \frac{2\theta \sum x_i}{\sigma^2}\right)\right]$$

$$\propto \exp\left[-\frac{1}{2}\left\{\left(\frac{1}{\sigma_0^2} + \frac{n}{\sigma^2}\right)\theta^2 - 2\left(\frac{\theta_0}{\sigma_0^2} + \frac{\sum x_i}{\sigma^2}\right)\theta\right\}\right]$$

$$\propto \exp\left[-\frac{1}{2}\left(\frac{1}{\sigma_0^2} + \frac{n}{\sigma^2}\right)\left(\theta - \frac{\sigma_0^{-2}\theta_0 + n\sigma^{-2}\overline{x}}{\sigma_0^{-2} + n\sigma^{-2}}\right)^2\right]$$

이며, 이는 상수항을 무시한 정규분포의 형태와 동일하므로 사후확률밀도함수는

$$\Theta | X_1 = x_1, \cdots, X_n = x_n \sim N\left(\frac{\sigma_0^{-2}\theta_0 + n\sigma^{-2}\overline{x}}{\sigma_0^{-2} + n\sigma^{-2}}, \frac{1}{\sigma_0^{-2} + n\sigma^{-2}}\right)$$

이 된다. ■

|Remark| [예제 1]과 마찬가지로 사후평균은

$$\frac{\sigma_0^{-2}\theta_0 + n\sigma^{-2}\overline{x}}{\sigma_0^{-2} + n\sigma^{-2}} = \frac{\sigma_0^{-2}}{\sigma_0^{-2} + n\sigma^{-2}}\theta_0 + \frac{n\sigma^{-2}}{\sigma_0^{-2} + n\sigma^{-2}}\overline{x}$$

으로 사전평균(θ_0)과 표본평균(또는 MLE($\overline{x}$))의 가중합으로 표현된다.

사후분포의 계산이 앞의 예제에서와 같이 항상 쉽게 이루어지는 것은 아니다. 주어진 모형의 특정 모수에 대해 사후분포가 사전분포와 동일한 형태가 되도록 하는 사전분포를 공액사전분포(conjugate prior distribution)라고 한다.

[예제 1]과 [예제 2]에서 사용된 사전분포는 모두 공액사전분포라고 할 수 있다. 공액사전분포를 사용할 경우에는 사후분포의 계산이 쉬울 뿐 아니라 사후분포가 적절한(proper) 형태로 주어지는 장점을 가진다. 여기서 적절한 형태라 함은 $p.d.f$의 조건($\int_{\Omega} k(\theta | y) d\theta = 1$)을 만족하는 것을 의미한다. 사전분포의 형태에 따라 사후분포가 불완전한(improper) 형태($\int_{\Omega} k(\theta | y) d\theta = \infty$)로 주어질 수도 있다.

모수에 대해 사전분포의 결정이 어려운 경우에는 다양한 방법으로 사전분포를 선택할 수 있다. 이러한 사전분포에는 제프리(Jeffrey's) 사전분포, 무정보적(noninformative) 사전분포 등이 있다.

11.3 손실함수와 베이즈추정량

$X_1, X_2, \cdots, X_n$을 $f(x;\theta)$로부터의 확률표본이라고 하자. $Y = u(X_1, X_2, \cdots, X_n)$

을 θ에 대한 충분통계량이라고 하고, $w(y) \equiv \hat{\theta}(y)$를 θ에 대한 추정치라고 하자. 이때, 점추정치 $w(y)$로 θ를 추정할 때 발생하는 손실(loss)을

$$l(\theta,\ w(y))$$

으로 나타내며 이를 손실함수(loss function)라고 한다.

확률변수인 추정량 $w(Y)$에 대해서는 손실함수의 기댓값(평균적인 손실)

$$R(\theta,\ w(Y)) = E_Y[l(\theta,\ w(Y))]$$

을 최소로 하는 추정량 $w(Y)$가 바람직할 것이다. 손실함수의 기댓값을 위험함수(risk function)라고 한다.

베이지안 추정에서는 θ 역시 확률변수이므로 위험함수의 기댓값[(이를 베이즈위험(Bayes risk)이라고 함]

$$E_\Theta[R(\Theta,\ w(Y))]$$

을 최소로 하는 추정량 $w(Y)$가 바람직할 것이다.

정의 1 (일반화) 베이즈추정량

베이즈위험을 최소로 하는 추정량을 베이즈추정량(Bayes estimator)이라고 한다. 즉, 사전분포 $h(\theta)$에 대한 베이즈추정량은 다음과 같이 정의된다.

$$\hat{\theta}^{(B)}:\ \theta\text{의 (일반화) 베이즈추정량}$$
$$\Leftrightarrow \int_\Omega R(\theta, \hat{\theta}^{(B)})h(\theta)\,d\theta = \inf_{\hat{\theta}} \int_\Omega R(\theta, \hat{\theta})h(\theta)\,d\theta$$

|Remarks| 1. $\int_\Omega h(\theta)\,d\theta < \infty$ 인 경우: 일반성을 잃지 않고 $\int_\Omega h(\theta)\,d\theta = 1$로 가정할 수 있으며, 이때 $\hat{\theta}^{(B)}$를 사전밀도함수 $h(\theta)$에 대한 베이즈추정량이라 한다.

2. $\int_{\Omega} h(\theta)\,d\theta = \infty$ 인 경우: $h(\theta)$를 불완전(improper)사전분포라고하며, 이때 $\hat{\theta}^{(B)}$를 불완전사전분포 $h(\theta)$에 대한 일반화 베이즈추정량이라 한다.

베이즈위험을 최소로 하는 추정량은 손실함수의 형태에 따라 달라진다. 만약 손실함수를 제곱오차손실함수

$$l(\theta,\ w(y)) = (\theta - w(y))^2$$

로 가정할 때, 베이즈위험

$$\begin{aligned} E_{\Theta}\left[(\Theta - w(Y))^2\right] &= \int_{\Omega}\left[\int (\theta - w(y))^2 f(y\,|\,\theta)\,h(\theta)dy\right]d\theta \\ &= \int\left[\int_{\Omega}(\theta - w(y))^2\,k(\theta\,|y)d\theta\right]k_1(y)dy \end{aligned}$$

을 최소로 하는 $w(Y)$는

$$\begin{aligned} &\int_{\Omega}(\theta - w(y))^2\,k(\theta\,|y)d\theta \\ &= E\left[(\Theta - w(y))^2\,|\,Y = y\right] \end{aligned}$$

를 최소로 하는 값이므로, 이를 만족하는 $w(y)$는 사후평균, 즉

$$w(y) = E[\Theta\,|\,y]$$

이 된다. 따라서 제곱오차손실(squared error loss)함수에 대한 베이즈추정량은 사후평균(posterior mean)으로 주어짐을 알 수 있다.

동일한 방법으로, 절대오차손실(absolute error loss)함수

$$l(\theta,\ w(y)) = |\theta - w(y)|$$

에 대한 베이즈추정량은

$$\mathrm{med}[\Theta | Y]$$

즉, 사후중앙값(posterior median)으로 주어짐을 보일 수 있다.

예제 3* $X_1, X_2, \cdots, X_n$이 $N(\theta, \sigma^2)$으로부터의 확률표본이고, 위험함수를 $R(\theta, \hat{\theta}) = E_\theta(\theta - \hat{\theta})^2$이라 하자.

(i) $h(\theta) = p.d.f.\ of\ N(\theta_0, \sigma_0^2)$일 때: $\int_{-\infty}^{\infty} h(\theta)\, d\theta = 1$이고, θ의 베이즈추정량은

$$\hat{\theta}^{(B)} = \frac{\sigma_0^{-2}\theta_0 + n\sigma^{-2}\overline{X}}{\sigma_0^{-2} + n\sigma^{-2}}$$

이다([예제 2]로부터).

(ii) $h(\theta) = 1,\ -\infty < \theta < \infty$일 때: $\int_{-\infty}^{\infty} h(\theta)\, d\theta = \infty$이고, 베이즈위험은 다음과 같이 계산된다. 즉,

$$\begin{aligned}
&\int_\Omega R(\theta, \hat{\theta}) h(\theta)\, d\theta = \int_\Omega \left[\int \cdots \int (\theta - \hat{\theta})^2 \left(\frac{1}{\sqrt{2\pi}} \right)^n \exp\left\{ -\frac{1}{2} \sum^n (x_i - \theta)^2 \right\} dx_1 \cdots dx_n \right] d\theta \\
&= \int \cdots \int \left[\int_\Omega (\theta - \hat{\theta})^2 \left(\frac{1}{\sqrt{2\pi}} \right)^n \exp\left\{ -\frac{1}{2} (n\theta^2 - 2n\overline{x}\theta + \sum^n x_i^2) \right\} d\theta \right] dx_1 \cdots dx_n \\
&= \int \cdots \int \left[\int_\Omega (\theta - \hat{\theta})^2 \left(\frac{1}{\sqrt{2\pi}} \right)^n \exp\left\{ -\frac{n}{2} (\theta - \overline{x})^2 - \frac{1}{2} (\sum^n x_i^2 - n\overline{x}^2) \right\} d\theta \right] dx_1 \cdots dx_n \\
&= \int \cdots \int \left(\frac{1}{\sqrt{2\pi}} \right)^n \exp\left\{ -\frac{1}{2} (\sum^n x_i^2 - n\overline{x}^2) \right\} \left[\int_\Omega (\theta - \hat{\theta})^2 \exp\left\{ -\frac{n}{2} (\theta - \overline{x})^2 \right\} d\theta \right] dx_1 \cdots dx_n
\end{aligned}$$

이다. 위 식은 $\hat{\theta} = \overline{x}$일 때 최소가 되므로

$$\hat{\theta}^{(B)} = \overline{X}$$

이고, 이는 불완전사전분포 $h(\theta) = 1$에 대한 일반화 베이즈추정량이다. 또한, 이 결과는 (i)에서 $\sigma_0^2 \to \infty$인 경우와 일치함에 주목하기 바란다. ■

예제 4 $X_1, X_2, \cdots, X_n$을 $Poisson(\theta)$로부터의 확률표본이라고 하자. θ에 대한 사전분포를

$$\Theta \sim \Gamma(\alpha, \beta) \ (\alpha\text{와 } \beta\text{는 알려진 값})$$

이라 할 때, 제곱오차손실함수에 대한 θ의 베이즈추정량을 구하여라.

풀이 $Y=\sum X_i$가 θ에 대한 충분통계량이고, $Y \sim Poisson(n\theta)$이므로

$$\begin{aligned} k(\theta|y) &\propto prior \times likelihood \\ &= \frac{1}{\Gamma(\alpha)\beta^\alpha}\theta^{\alpha-1}e^{-\frac{\theta}{\beta}} \cdot \frac{e^{-n\theta}(n\theta)^y}{y!} \\ &\propto \theta^{\alpha+y-1}\exp\left[-\theta\left(\frac{1}{\beta}+n\right)\right] \end{aligned}$$

이다. 따라서 사후분포는

$$\Theta | Y=y \sim \Gamma(\alpha+y, \frac{\beta}{1+n\beta})$$

이고, $l(\theta, w(y)) = (\theta-w(y))^2$에 대한 베이즈추정량은

$$\begin{aligned} \hat{\theta} &= posterior\ mean \\ &= \left(\alpha+\sum X_i\right)\frac{\beta}{1+n\beta} \end{aligned}$$

이 된다. ■

|Remarks| 1. 앞의 예제들과 마찬가지로

$$\hat{\theta} = \frac{1}{1+n\beta}\alpha\beta + \frac{n\beta}{1+n\beta}\overline{X}_n$$

으로 표현된다.

2. 위의 예제에서 모수 $g(\theta)=P(X=0)=e^{-\theta}$에 대한 베이즈추정량은

$$E[g(\Theta)\mid Y=y]$$

를 통해 구해진다(연습문제 2).

예제 5 $X_1, X_2, \cdots, X_n$을 $B(1, \theta)$로부터의 확률표본이라고 하고, θ에 대한 사전분포를

$$\Theta \sim Uniform(0,\ 1)$$

이라고 할 때, 제곱오차손실함수에 대한 θ의 베이즈추정량을 구하여라.

풀이 $Y=\sum X_i$가 θ에 대한 충분통계량이고, $Y\sim B(n,\ \theta)$이다.

$$\begin{aligned} k(\theta\mid y) &\propto \binom{n}{y}\theta^y(1-\theta)^{n-y} \\ &= \theta^y(1-\theta)^{n-y} \end{aligned}$$

이므로 사후분포는

$$\Theta\mid Y=y \sim \beta eta(y+1,\ n-y+1)$$

이고, 제곱오차손실함수에 대한 베이즈추정량은

$$\begin{aligned} \hat{\theta} &= posterior\ mean \\ &= \frac{\sum X_i+1}{n+2}\left(=\frac{2}{n+2}\frac{1}{2}+\frac{n}{n+2}\overline{X}\right) \end{aligned}$$

이다. ■

|Remark| 위의 [예제 5]의 사전분포는 공액사전분포가 아니며, θ의 전범위 $(0<\theta<1)$에서 균등한 확률을 취하도록 사전분포를 설정하였다. θ에 대한 특별한 정보가 없을 때는 이와 같은 일종의 무정보적(noninformative) 사전분포를 사용할 수 있다.

예제 6 $Y=(Y_1, Y_2) \sim Multinomial(n, \theta_1, \theta_2)$이고, $\theta=(\theta_1, \theta_2)$에 대한 사전분포가 $\Theta=(\Theta_1, \Theta_2) \sim Dirichlet(\alpha_1, \alpha_2, \alpha_3)$ ($\alpha_1, \alpha_2, \alpha_3$는 알려진 값)일 때, θ에 대한 사후분포를 구하고, 제곱오차손실함수에 대한 θ_1과 θ_2에 대한 베이즈추정량을 각각 구하여라.

풀이 $k(\theta|y) \propto prior \times likelihood$

$$
\begin{aligned}
&= \frac{\Gamma(\alpha_1+\alpha_2+\alpha_3)}{\Gamma(\alpha_1)\Gamma(\alpha_2)\Gamma(\alpha_3)} \theta_1^{\alpha_1-1}\theta_2^{\alpha_2-1}(1-\theta_1-\theta_2)^{\alpha_3-1} \\
&\quad \times \frac{n!}{y_1!y_2!(n-y_1-y_2)!}\theta_1^{y_1}\theta_2^{y_2}(1-\theta_1-\theta_2)^{n-y_1-y_2} \\
&\propto \theta_1^{\alpha_1+y_1-1}\theta_2^{\alpha_2+y_2-1}(1-\theta_1-\theta_2)^{n+\alpha_3-y_1-y_2-1}.
\end{aligned}
$$

이므로, 사후분포는

$$\Theta \,|\, Y=y \sim Dirichlet(\alpha_1+y_1,\ \alpha_2+y_2,\ n+\alpha_3-y_1-y_2)$$

이고, 주변 사후분포는

$$
\begin{aligned}
\Theta_1 \,|\, Y=y &\sim \beta eta(\alpha_1+y_1,\ n+\alpha_2+\alpha_3-y_1) \\
\Theta_2 \,|\, Y=y &\sim \beta eta(\alpha_2+y_2,\ n+\alpha_1+\alpha_3-y_2)
\end{aligned}
$$

이다. 따라서 제곱오차손실함수에 대한 θ_1과 θ_2의 베이즈추정량은

$$
\begin{aligned}
\hat{\theta}_1 &= E(\Theta_1 \,|\, Y=y) = \frac{\alpha_1+y_1}{n+\alpha_1+\alpha_2+\alpha_3}, \\
\hat{\theta}_2 &= E(\Theta_2 \,|\, Y=y) = \frac{\alpha_2+y_2}{n+\alpha_1+\alpha_2+\alpha_3}
\end{aligned}
$$

이다. ■

11.4 베이지안 구간추정

앞 절에서 사후분포로부터 베이지안 점 추정법을 다루었다. 여기서는 사후분포를 이용한 θ에 대한 구간추정(interval estimation) 방법을 소개한다.

$X_1, X_2, \cdots, X_n$이 $f(x|\theta)$로부터의 확률표본이고 θ에 대한 사전확률밀도함수가 $\Theta \sim h(\theta)$일 때, θ에 대한 사후확률밀도함수는

$$k(\theta|x_1,\cdots,x_n) = \frac{h(\theta)f(x_1,\cdots,x_n|\theta)}{\int h(\theta)f(x_1,\cdots,x_n|\theta)\,d\theta}$$

이다.

모수 θ에 대한 $100(1-\alpha)\%$ 베이지안 신뢰구간[4]은 아래 식

$$\int_{t_1}^{t_2} k(\theta|x_1,\cdots,x_n)\,d\theta = 1-\alpha$$

을 만족하는 임의의 구간 (t_1, t_2)로 정의된다. 여기서 $t_i(i=1,2)$는 관측치 $x_1,\cdots,x_n$의 함수로 $t_i = t_i(x_1,\cdots,x_n)$이다.

또한, 베이지안 신뢰구간의 경우에도 9장에서 언급한 '등꼬리확률' 및 '최소길이'의 조건이 적용될 수 있다. 아래의 [그림 2]는 두 방법 간의 차이를 보여주는 흥미로운 예로 사후확률밀도함수가 이봉형인 경우이다. 그림 (a)는 사후분포 중심부의 확률 영(zero)인 구간을 포함하는 반면, 그림 (b)는 두 개의 배반인 구간으로 구성된다. 이 경우, 후자는 보다 다루기 힘들지만 전자보다 더 많은 정보를 전달해준다. 다만, 이봉형 밀도함수를 단일 구간으로 요약하는 것은 바람직하지 않다.

4) 베이지안 신뢰구간은 빈도학자들이 사용하는 고전적인 용어인 신뢰구간 대신 신용구간(credible interval)으로 불리며(9장 알짜통계 참고), 모수가 다차원의 경우에는 신용영역(credible region)이 된다.

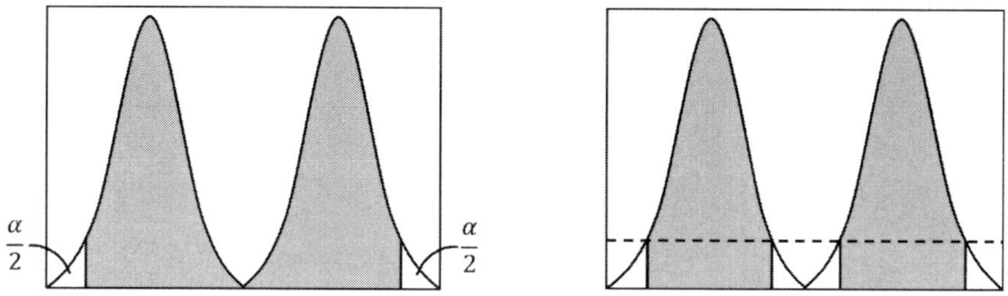

(a) 등꼬리확률 (b) 최단거리

[그림 2] 베이지안 신뢰구간; 이봉형 사후확률밀도함수의 경우

|Remarks| 1. (HPD 구간) 최소길이 베이지안 신뢰구간은 흔히 'HPD 구간(Highest Posterior Density interval)'으로 불리며, 사후확률밀도함수의 치우침이 클 경우에는 베이지안 등꼬리확률 신뢰구간과 큰 차이를 보일 수 있다.

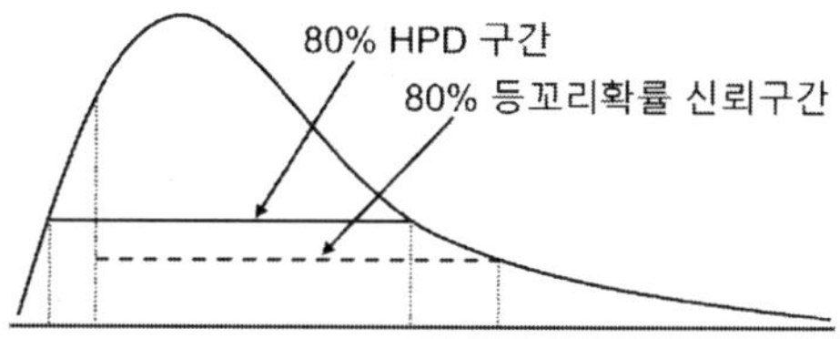

2. 통상적으로 신뢰구간의 길이가 짧은 최소길이 신뢰구간이 더 많은 정보를 전달해주는 반면, 등꼬리확률 신뢰구간은 사후분포의 $\alpha/2$와 $1-\alpha/2$ 분위수로 직접 해석되고, 추정치의 일대일(1−1) 변환에 대해 불변성(invariant)을 가지며, 계산이 더 쉬운 장점을 가진다.

예제 7 $X_1, X_2, \cdots, X_n$을 $N(\theta, 1)$으로부터의 확률표본이라 하자. $\Theta \sim N(x_0, 1)$일 때, Θ의 사후분포는 $N(\frac{1}{n+1}\sum_{i=0}^{n} x_i,\ \frac{1}{n+1})$이다(11.2절 [예제 2]). 다음 식

$$
\begin{aligned}
1-\alpha &= \int_{t_1}^{t_2} k(\theta \mid x_1, \cdots, x_n)\, d\theta \\
&= \Phi\left(\frac{t_2 - \sum_{i=0}^{n} x_i/(n+1)}{1/\sqrt{n+1}}\right) - \Phi\left(\frac{t_1 - \sum_{i=0}^{n} x_i/(n+1)}{1/\sqrt{n+1}}\right)
\end{aligned}
$$

을 만족하는 t_1과 t_2를 찾으면, $\Phi(z_{\alpha/2})-\Phi(-z_{\alpha/2})=1-\alpha$로부터

$$t_2=\frac{1}{n+1}\sum_{i=0}^{n}x_i+z_{\alpha/2}\sqrt{\frac{1}{n+1}}, \quad t_1=\frac{1}{n+1}\sum_{i=0}^{n}x_i-z_{\alpha/2}\sqrt{\frac{1}{n+1}}$$

이다. 따라서 (t_1, t_2)는 θ에 대한 $100(1-\alpha)\%$ 베이지안 신뢰구간이다. 또한 이 신뢰구간은, 사후분포가 정규분포로 대칭이므로, 등꼬리확률 및 최소길이를 모두 만족한다. ■

|Remarks| 1. 위 결과를 θ에 대한 고전적인 신뢰구간인 $(\sum_{i=1}^{n}x_i/n-z_{\alpha/2}\sqrt{1/n}, \sum_{i=1}^{n}x_i/n+z_{\alpha/2}\sqrt{1/n})$와 비교해 보자. 두 방법의 유일한 차이점은 표본의 크기가 1만큼 증가하는 것처럼 보이고 명백한 '추가 관측치'가 가정된 사전정규분포의 평균이라는 것이다.
2. 일반적으로 (복잡한) 사후분포로부터 신뢰구간을 추정하는 데는 많은 계산이 필요하며, 통상적으로 MCMC(Markov Chain·Monte Carlo) 등의 시뮬레이션을 통해 추정된다.

[주목] (사전/사후분포의 해석) 베이지안 통계에서 사전분포 $h(\theta)$를 θ가 추출될 확률 대신 θ값에 대한 '믿음의 정도(degrees of belief)'를 나타내는 것으로 이해할 때, $h(\theta)$의 평균은 우리의 전형적인 또는 중심 믿음을 나타내는 θ값으로 생각할 수 있으며, θ의 분산은 가능한 믿음에 대한 불확실성(uncertainty)으로 생각할 수 있다. 이와 같은 해석은 사후분포에 대해서도 동일하게 적용된다. 같은 맥락에서 HPD 영역(구간)은 θ에 대한 믿음 분포(belief distribution)인 사후분포를 요약한 것이다. 즉, 구간 내의 θ값에 대해 구간 밖의 θ값보다 더 높은 믿음을 가지는 것으로 해석할 수 있다.

11.5* 사후예측분포

데이터를 얻기 이전, θ의 불확실성은 사전분포 $h(\theta)$로 표현된다. 따라서 관측값 X에 대한 사전예측분포(prior predictive distribution)는 다음과 같다:

$$k_1(x) = \int_{-\infty}^{\infty} k(x, \theta)\, d\theta = \int_{-\infty}^{\infty} f(x|\theta)h(\theta)\, d\theta.$$

[용어] 사전예측분포는 X의 주변분포(marginal distribution)로도 불린다.

데이터를 얻은 이후에는, 사후분포를 이용하여 θ의 불확실성을 더 잘 표현할 수 있다. $X_1 = x_1, X_2 = x_2, \cdots, X_n = x_n$이 관측된 이후, 새로운 관측값 X_{n+1}에 대한 사후예측분포(posterior predictive distribution)는 다음과 같이 주어진다:

$$\begin{aligned} k(x_{n+1}|x_1, \cdots, x_n) &= \int_{-\infty}^{\infty} k(x_{n+1}, \theta | x_1, \cdots, x_n)\, d\theta \\ &= \int_{-\infty}^{\infty} f(x_{n+1}|\theta, x_1, \cdots, x_n) k(\theta | x_1, \cdots, x_n)\, d\theta \\ &= \int_{-\infty}^{\infty} f(x_{n+1}|\theta) k(\theta | x_1, \cdots, x_n)\, d\theta. \end{aligned}$$

위 식에서 마지막 등호는 θ가 주어질 때, X_{n+1}이 $(X_1, \cdots, X_n)$과 독립이기 때문이다. 마지막 식으로부터 사후예측분포는 모형 $f(x_{n+1}|\theta)$의 가중평균으로 볼 수 있으며, 이때 가중치는 θ의 사후분포에 의해 결정된다.

사후예측분포는 (i) 새로운 관측값이 어떻게 동작(변화)할 지를 예측하는 방식을 반영하며, (ii) 만약 우리가 관측한 데이터가 이 패턴을 밀접하게 따른다면, 우리가 모형과 사전분포를 잘 선택했음을 나타낸다.

[주목] 데이터가 관측된 후, 미래의 관측값에 대한 예측분포는 모수의 추정과 무관하며 이전 자료만으로 구해질 수 있다는 사실에 주목하기 바란다.

예제 8 X가 $N(0, \frac{1}{\theta})$을 따르고, θ에 대한 사전분포가

$$\Theta \sim \Gamma(\frac{r}{2}, \frac{2}{r})$$

일 때, X의 주변분포(또는 사전예측분포)가 자유도가 r인 t분포가 됨을 보여라.

풀이 X와 Θ의 결합확률밀도함수

$$k(x,\theta) = f(x|\theta)h(\theta)$$

$$= \frac{\sqrt{\theta}}{\sqrt{2\pi}} e^{-\frac{\theta x^2}{2}} \frac{1}{\Gamma(\frac{r}{2})(\frac{2}{r})^{r/2}} \theta^{\frac{r}{2}-1} e^{-\frac{r\theta}{2}}$$

$$= \frac{1}{\Gamma(\frac{r}{2})(\frac{2}{r})^{r/2}\sqrt{2\pi}} \theta^{\frac{r-1}{2}} e^{-\frac{\theta}{2}(x^2+r)}$$

로부터

$$k_1(x) = \frac{1}{\Gamma(\frac{r}{2})(\frac{2}{r})^{r/2}\sqrt{2\pi}} \int_0^\infty \theta^{\frac{r-1}{2}} e^{-\frac{\theta}{2}(x^2+r)} d\theta$$

$$= \frac{1}{\Gamma(\frac{r}{2})(\frac{2}{r})^{r/2}\sqrt{2\pi}} \frac{\Gamma(\frac{r+1}{2})2^{(r+1)/2}}{(x^2+r)^{(r+1)/2}}$$

$$= \frac{\Gamma(\frac{r+1}{2})}{\Gamma(\frac{r}{2})\sqrt{\pi r}} \left(1+\frac{x^2}{r}\right)^{-\frac{r+1}{2}}, \quad -\infty < x < \infty$$

이다. ■

|Remark| [예제 1]에서 X의 주변확률밀도함수는 정규분포의 감마분포 가중을 통해 유도된 혼합(mixture)분포[5]이다. 이 과정을 흔히 compounding이라 한다.

예제 9 가 $\Gamma(k, \frac{1}{\theta})$을 따르고, θ에 대한 사전분포가 $\Gamma(\alpha,\beta)$일 때, X의 주변확률 밀도함수는

5) 1장에서 다룬 혼합형(mixed type)분포와 구분할 것.

$$\begin{aligned}
k_1(x) &= \int_0^\infty \frac{\theta^k x^{k-1} e^{-\theta x}}{\Gamma(k)} \frac{1}{\Gamma(\alpha)\beta^\alpha} \theta^{\alpha-1} e^{-\frac{\theta}{\beta}} d\theta \\
&= \int_0^\infty \frac{x^{k-1}\theta^{k+\alpha-1} e^{-\theta(x+\frac{1}{\beta})}}{\Gamma(k)\Gamma(\alpha)\beta^\alpha} d\theta \\
&= \frac{\Gamma(k+\alpha)x^{k-1}}{\Gamma(k)\Gamma(\alpha)\beta^\alpha} \frac{1}{(x+\frac{1}{\beta})^{k+\alpha}} \\
&= \frac{\Gamma(k+\alpha)\beta^k x^{k-1}}{\Gamma(k)\Gamma(\alpha)(1+\beta x)^{k+\alpha}}, \quad 0<x<\infty
\end{aligned}$$

이다. 이는 F분포의 일반화로, $k=\frac{r_1}{2}$, $\alpha=\frac{r_2}{2}$, $\beta=\frac{r_1}{r_2}$일 때 $F(r_1, r_2)$ 분포와 동일하다. ■

예제 10 $X_1, X_2, \cdots, X_n$이 $Poisson(\theta)$로부터의 확률표본이고, θ의 사전분포가 $\Gamma(\alpha, \beta)$일 때, θ의 사후분포는 $\Gamma(\alpha+\sum x_i, \frac{\beta}{1+n\beta})$이다([예제 4]). 새로운 관측값 X_{n+1}에 대한 사후예측분포는(α가 양의 정수일 때)

$$\begin{aligned}
k(x_{n+1} \mid x_1, \cdots, x_n) &= \int_{-\infty}^{\infty} f(x_{n+1} \mid \theta) k(\theta \mid x_1, \cdots, x_n) d\theta \\
&= \int_0^\infty \frac{e^{-\theta}\theta^{x_{n+1}}}{x_{n+1}!} \cdot \frac{1}{\Gamma(\alpha+\sum x_i)} \left(n+\frac{1}{\beta}\right)^{\alpha+\sum x_i} \theta^{\alpha+\sum x_i-1} e^{-(n+\frac{1}{\beta})\theta} d\theta \\
&= \frac{1}{x_{n+1}!(\alpha+\sum x_i-1)!} \left(n+\frac{1}{\beta}\right)^{\alpha+\sum x_i} \int_0^\infty \theta^{x_{n+1}+\alpha+\sum x_i-1} e^{-(1+n+\frac{1}{\beta})\theta} d\theta \\
&= \frac{(x_{n+1}+\alpha+\sum x_i-1)!}{x_{n+1}!(\alpha+\sum x_i-1)!} \left(\frac{n\beta+1}{\beta}\right)^{\alpha+\sum x_i} \left(\frac{\beta}{\beta+n\beta+1}\right)^{x_{n+1}+\alpha+\sum x_i} \\
&= \binom{x_{n+1}+r-1}{r-1} \left(\frac{n\beta+1}{\beta+n\beta+1}\right)^r \left(\frac{\beta}{\beta+n\beta+1}\right)^{x_{n+1}} \quad (r=\alpha+\sum x_i)
\end{aligned}$$

으로 주어져 $N(r, p)$를 따름을 알 수 있다. 여기서 $r=\alpha+\sum x_i$, $p=\frac{n\beta+1}{\beta+n\beta+1}$이다. 또한 이 분포의 평균과 분산은 각각 $\frac{\beta(\alpha+\sum x_i)}{n\beta+1}$, $\frac{\beta(\beta+n\beta+1)}{(n\beta+1)^2}(\alpha+\sum x_i)$이며, 이로부터 사후예측분포는 사후분포와 같은 평균을 갖지만 분산은 큼을 알 수 있다. 이는 새로운 데이터를 추출하기 때문에 추가되는 '표본 불확실성'에 기인한다. ■

예제 11 $X_1, X_2, \cdots, X_n$이 $N(\theta, \sigma^2)$ $(\sigma^2 : known)$으로부터의 확률표본이고, θ의 사전분포가 $N(\theta_0, \sigma_0^2)$일 때, θ의 사후분포는 $N(\frac{\sigma_0^{-2}\theta_0 + n\sigma^{-2}\overline{x}}{\sigma_0^{-2} + n\sigma^{-2}}, \frac{1}{\sigma_0^{-2} + n\sigma^{-2}})$이다([예제 3]). 새로운 관측값 X_{n+1}에 대한 사후예측분포는

$$k(x_{n+1} \mid x_1, \cdots, x_n) = \int_{-\infty}^{\infty} f(x_{n+1} \mid \theta) k(\theta \mid x_1, \cdots, x_n)\, d\theta$$

이며, 위 식에서 $X_{n+1} | \theta \sim N(\theta, \sigma^2)$이다. 간혹 [예제 3]과 같이 사후예측분포를 직접 유도할 수 있으나, 몬테카를로 방법을 통해 사후예측분포로부터 표본을 얻는 것이 더 쉽다. 그 절차는 다음과 같다: $j = 1, 2, \cdots, N$에 대해 다음 2단계를 수행한다.

[단계 1] 사후분포로부터 $\theta^{(j)}$를 추출한다: $\theta^{(j)} \sim k(\theta | x_1, \cdots, x_n)$.
[단계 2] 모형 $f(x_{n+1} | \theta)$로부터 $x_{n+1}^{(j)}$를 추출한다: $x_{n+1}^{(j)} \sim f(x_{n+1} | \theta^{(j)})$.

구해진 $x_{n+1}^{(1)}, x_{n+1}^{(2)}, \cdots, x_{n+1}^{(N)}$은 사후예측분포로부터의 $i.i.d.$ 표본이 된다. ▪

[참고] 베이지안 계산

베이지안 통계에서는 (다차원) 적분으로 표현되는 식(예를 들어, 사후평균이나 사후예측분포)을 계산해야 하는 경우가 매우 빈번하다. 이러한 적분 문제에 대한 해결책으로는 i) 수학적인 근사 ii) 수치적인 계산 iii) 몬테카를로 적분이 있다. 방법 i)과 ii)는 모수의 차원이 크거나 복잡한 문제에 대한 해결책으로는 적합하지 않다. 베이지안 추론에 유용한 몬테카를로 방법으로 MCMC(Markov Chain Monte Carlo) 방법이 있으며, 대표적인 MCMC 방법으로 Gibbs sampling과 Metropolis-Hastings 알고리즘이 있다.

11장 연습문제

1. $X_1, X_2, \cdots, X_n$이

$$f(x|\theta) = \begin{cases} \theta e^{-\theta x}, & x > 0 \\ 0, & otherwise \end{cases}$$

로부터의 확률표본이고, θ의 사전분포가

$$\Theta \sim \Gamma(\alpha, \frac{1}{\lambda})$$

이다. θ에 대한 사후분포를 구하고, 제곱오차손실함수에 대한 θ의 베이즈추정량을 구하여라.

2. [예제 4]에서 제곱오차손실함수에 대한 $g(\theta) = e^{-\theta}$의 베이즈추정량이

$$\left(\frac{1+n\beta}{1+n\beta+\beta}\right)^{\alpha+\sum X_i}$$

으로 주어짐을 보여라.

3. [예제 5]에서 제곱오차손실함수에 대한 $g(\theta) = \theta(1-\theta)$의 베이즈추정량을 구하여라.

4. Y가 $Poisson(\theta)$를 따르고 θ의 사전분포가 $\Gamma(r, \beta)$ (r: 양의 정수)으로 주어질 때, Y의 주변분포(또는 사전예측분포)가 다음과 같이 음이항분포로 주어짐을 보여라.

$$k_1(y) = \begin{cases} \binom{y+r-1}{r-1} p^r (1-p)^y, & y = 0, 1, 2, \cdots \\ 0, & otherwise \end{cases}$$

여기서 $p = 1/(\beta+1)$이다.

5. $X_1, X_2, \cdots, X_n$이 $f(x|\theta) = \theta x^{\theta - 1} I_{(0,1)}(x)$ $(\theta > 0)$로부터의 확률표본이고, θ의 사전 분포가 $\Gamma(\alpha, 1/\lambda)$일 때, θ에 대한 $100(1-\alpha)\%$ 등꼬리확률 베이지안 신뢰구간을 구하여라. 여기서 α와 λ는 알려진 값이다.

베이즈 정리는 놀라운 결과를 제공하는가? – 약물검정

약물복용 여부를 검사하는 특정 기법이 99%의 민감도(sensitivity)와 99%의 특이도(specificity)를 가진다고 하자. 만약 전체의 0.5%가 복용자라고 하자. 임의로 선택된 한 사람의 검사 결과가 양성(positive: +)으로 나타났다면, 이 사람이 실제 복용자(U)와 비복용자($\overline{U}$)일 가능성 중 어느 쪽이 더 클까?

풀이 베이즈 정리로부터

$$\begin{aligned} P(U|+) &= \frac{P(+|U)P(U)}{P(+|U)P(U)+P(+|\overline{U})P(\overline{U})} \\ &= \frac{0.99\times 0.005}{0.99\times 0.005+0.01\times 0.995} \\ &\approx 33.2\ \% \end{aligned}$$

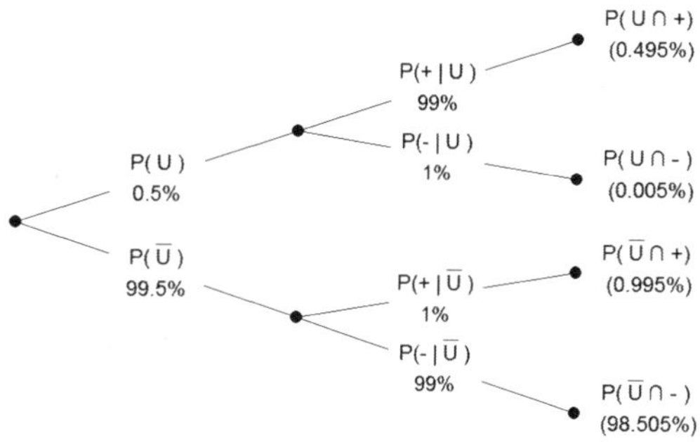

이다.

위 결과는 검사기법의 높은 정확도(민감도와 특이도 모두 99%)와 함께 양성반응이 나왔음에도 불구하고, 약물 복용자일 가능성보다 비복용자일 확률이 더 높음을 나타낸다.

이 놀라운 결과는 비복용자의 수가 복용자의 수보다 매우 크다는 사실에 기인한다. 즉, 양성반응을 보인 임의로 선택된 한 사람이 TP(True Positive: 복용자의 양성반응) 집단보다 FP(False Positive: 비복용자의 양성반응) 집단에 속해 있을 가능성이 더 높기 때문이다. 실제 TP와 FP에 속할 확률은 0.495%(=0.5%×99%)와 0.995%(=99.5%×99%)이다. 예를 들어, 만일 전체집단이 1000명이라면 TP와 FP에 대략 5명과 10명이 해당한다. 검사결과 양성반응이 나왔다는 것은 총 15명 가운데 한 명이 선택되었다는 의미이며, 따라서 복용자 양성반응(TP)일 확률은 약 33%가 된다.

주목 위 예제에서와 같이 발병확률이 낮은 질병의 경우, 양성반응의 결과가 TP보다 FP의 가능성이 훨씬 크므로, (양성반응에도 불구하고) 비질병자일 확률이 더 높아지는 것이다. 이 경우 TP에 대한 FP의 상대적 비율이 중요하므로 FP를 크게 만드는 요인인 특이도가 중요한 역할을 한다. 예를 들어, 위의 예제에서 특이도를 99% → 99.5%로 높이면 $P(U|+)\approx 50\%$로 증가함을 확인할 수 있다(반면 민감도를 99% → 100%로 높여도 위 결과는 크게

변하지 않음을 확인할 수 있다).

(주) 민감도는 복용자를 양성(+)으로, 특이도는 비복용자를 음성(-)으로 제대로 판단하는 능력을 나타내는 척도로 사용되며, 각각 TP(True Positive), TN(True Negative)으로 나타내기도 한다.

제12장

다변량 정규분포와 이차형식의 분포

12.0 기초 행렬이론

12.1 다변량 정규분포

12.2 비중심카이제곱분포

12.3 이차형식의 분포와 성질

12.3.1 이차형식과 기본성질

12.3.2 이차형식의 분포

12.3.3 이차형식의 독립성

C. R. Rao (1920~2023)

인도의 수학자, 통계학자.
Cramer-Rao 하한.
Rao-Blackwell 정리.
직교배열. 스코어 검정.

W. G. Cochran (1909-1980)

Cochran 정리.
Cochran의 C/Q 검정.
Cochran-Mantel-Haenszel 통계량.

12장 다변량 정규분포와 이차형식의 분포

12.0 기초 행렬이론

이 절에서는 다변량 정규분포와 관련된 이론 전개에 필요한 기초 행렬이론을 증명 과정 없이 소개하기로 한다.

결과 1 양정치, 비음정치 행렬

(i) $Q(x) = x'Ax$: x의 이차형식(quadratic form in x)

여기서, A는 대칭행렬로 가정될 수 있다.

(ii) $x'Ax > 0$, for all $x \neq 0$ $\Leftrightarrow$ A : 양정치(positive definite, p.d.)

(iii) $x'Ax \geq 0$, for all x $\Leftrightarrow$ A : 비음정치(non-negative definite, n.n.d.)

> [주목] 비음정치 행렬
>
> 1. 통계학에서 분산-공분산 행렬은 대칭행렬이며, 비음정치 행렬이어야 한다.
> 2. 분산-공분산 행렬이 비음정치라는 것은 그 행렬의 고윳값들이 모두 비음이라는 것을 의미하며, 이는 모든 변수가 0 이상의 분산을 가진다는 것을 뜻한다.
> 3. 비음정치 행렬은 항상 고윳값 분해가 가능하며, 고윳값 분해를 통해 데이터의 주요 변동 방향을 이해하고 분석할 수 있다. 이는 주성분 분석과 같은 차원 축소 기법에서 중요한 역할을 한다.
> 4. 최대가능도추정법이나 최소제곱법을 통해 모수를 추정할 경우, 목적함수가 이차형식인 경우가 많다. 특히 목적함수가 양정치 행렬을 가진다면 최대(소)화 문제의 해가 유일하게 존재하는 것을 보장한다.

결과 2 정칙행렬

(i) A : 정칙(non-singular)

$\Leftrightarrow$ (ii) $\det(A) \neq 0$

$\Leftrightarrow$ (iii) $\operatorname{rank}(A) = n$

$\Leftrightarrow$ (iv) $AA^{-1} = I_n$인 A^{-1}가 존재

|Remark| 비음정치 행렬이 정칙이기 위한 필요충분조건은 양정치이다.

결과 3 트레이스(trace)와 고윳값

(i) $\operatorname{tr}(A) = \sum_{i=1}^{n} a_{ii}$, a_{ii} : A의 i번째 대각원소

(ii) λ : $A(n \times n)$의 고윳값(eigenvalue 또는 characteristic value)

$\Leftrightarrow$ $Ax = \lambda x$ for some $x \neq 0$

|Remarks|

1. 고유벡터는 선형변환을 했을 때, 그 방향이 바뀌지 않는 벡터를 말한다.
2. 고윳값은 그 벡터가 변환된 후, 얼마나 커지거나 작아지는지를 나타내는 수이다.

결과 4 트레이스, 계수(rank), 고윳값 관련 성질

(i) $\operatorname{tr}(A+B) = \operatorname{tr}(B+A)$, $\operatorname{tr}(AB) = \operatorname{tr}(BA)$

(ii) $\operatorname{rank}(A+B) \leq \operatorname{rank}(A) + \operatorname{rank}(B)$,

$\operatorname{rank}(AB) \leq \min\{\operatorname{rank}(A), \operatorname{rank}(B)\}$

(iii) P, Q : 정칙이면 $\operatorname{rank}(A) = \operatorname{rank}(PAQ)$

(iv) $\operatorname{rank}(A) = \operatorname{rank}(A') = \operatorname{rank}(A'A) = \operatorname{rank}(AA')$

(v) A : 비음정치 $\Leftrightarrow$ A의 모든 고윳값이 비음

(vi) A : 양정치 $\Leftrightarrow$ A의 모든 고윳값이 양

결과 5 주요 행렬의 성질

(i) (정의) $Q(n \times n)$: 직교행렬 $\Leftrightarrow$ $QQ' = I_n$

(ii) A : 실대칭행렬

$\Rightarrow$ $Q'AQ = D$인 직교행렬 Q가 존재한다.

여기서 $D = \text{Diag}(\lambda_i)$, λ_i : A의 고윳값이다.

(iii) A : 계수 r의 비음정치행렬

$\Leftrightarrow$ $A = A^{1/2}A^{1/2}$ & $\text{rank}(A^{1/2}) = r$인 대칭행렬 $A^{1/2}$이 존재

(iv) A : 양정치 $\Rightarrow$ A^{-1} : 양정치

(v) A : 대칭 $\Rightarrow$ $\text{tr}(A) = \sum_{i=1}^{n} \lambda_i$ & $\det(A) = \prod_{i=1}^{n} \lambda_i$

결과 6 멱등행렬

- $P(n \times n)$: 멱등행렬 $\Leftrightarrow$ $P^2 = P$
- 투영행렬 = 대칭멱등행렬

(i) 대칭행렬 P에 대해,

$$P : \text{계수 } r\text{의 멱등행렬} \Leftrightarrow \begin{cases} P\text{의 } r\text{개 고윳값} = 1 \\ P\text{의 } (n-r)\text{개 고윳값} = 0 \end{cases}$$

(ii) P : 투영행렬 $\Rightarrow$ $\text{tr}(P) = \text{rank}(P)$

(iii) P : 투영행렬 $\Rightarrow$ $I - P$: 투영행렬

(iv) P : $n \times n$ 대칭행렬일 때

$$P : \text{멱등행렬} \Leftrightarrow n = \text{rank}(P) + \text{rank}(I - P)$$

12.1 다변량 정규분포

이 절에서는 4.7절에서 소개한 이변량 정규분포의 확장으로 다변량 정규분포에 대해 알아본다. 다변량 분석에서의 많은 이론은 모집단의 분포를 다변량 정규분포로 가정한다.

정의 1 다변량 정규분포

모든 상수 벡터 $a(\in R^p)$에 대해, $a'X = \sum_{i=1}^{p} a_i X_i$가 일변량 정규분포를 따르면 확률벡터 $X = (X_1, X_2, \cdots, X_p)'$가 다변량 정규분포를 따른다.

정리 1 $X_1, X_2, \cdots, X_p$가 서로 독립인 정규분포를 따르면, 확률벡터 $X = (X_1, X_2, \cdots, X_p)'$는 다변량 정규분포를 따른다.

증명 [정의 1]로부터 자명하다.

정의 2 다변량 정규분포

확률벡터 Z를 $Z = (Z_1, Z_2, \cdots, Z_p)'$, $Z_i \sim i.i.d.\ N(0,\ 1)$이라고 하자. 만약 $X = (X_1, X_2, \cdots, X_p)'$를

$$X = AZ + \mu \quad (A : k \times p \text{ 행렬},\ \mu : k \times 1 \text{벡터})$$

으로 정의할 때, X는 다변량 정규분포(multivariate normal distribution)를 따른다. 여기서 $\text{rank}(A) = p(\leq k)$이고, $AA' = \Sigma$일 때, $X \sim N_p(\mu,\ \Sigma)$으로 나타내기로 한다.

정리 2 [정의 2]의 X에 대해 다음 사실이 성립한다.

(a) $E(X) = \mu,\quad D(X) = AA'$

(b) $M_X(t) = \exp(t'\mu + \frac{1}{2} t' \Sigma\, t),\ \Sigma = AA'$

(c) $\Sigma = AA'$: 정칙행렬 $\Leftrightarrow$ $\text{rank}\ (A) = p$

|Remarks| 1. $D(X) = Cov(X) = Cov(X_i, X_j) = E\,[(X - EX)(X - EX)']$이다.

2. $\Sigma \equiv D(X)$는 대칭이고, 비음정치이다.

증명 (b) $M_X(t) = E\exp(t'X)$

$$\begin{aligned}
&= E\exp[t'(\Sigma^{1/2}Z+\mu)], \quad Z_i\,(i=1,\cdots,p) \sim i.i.d.\ N(0,1) \\
&= E\exp(t'\mu + u'Z), \quad u' = t'\Sigma^{1/2} \\
&= e^{t'\mu} M_Z(u) \\
&= e^{t'\mu} \prod_{i=1}^{p} M_{Z_i}(u_i) \\
&= e^{t'\mu} \prod_{i=1}^{p} e^{\frac{1}{2}u_i^2} \\
&= e^{t'\mu} e^{\frac{1}{2}u'u} \\
&= e^{t'\mu} e^{\frac{1}{2}t'AA't} \\
&= \exp(t'\mu + \frac{1}{2}t'\Sigma t).
\end{aligned}$$

정리 3 $X = (X_1, X_2, \cdots, X_p)'$에 대해, 다음의 사실은 모두 동치이다.

(a) $X \sim N_p(\mu, \Sigma)$

(b) $X \sim \Sigma^{1/2}Z + \mu, \quad Z \sim N_p(0, I), \quad \Sigma^{1/2} : n.n.d.\ \&\ \Sigma^{1/2}\Sigma^{1/2} = \Sigma$

(c) $X \sim AZ + \mu, \quad Z \sim N_p(0, I), \quad A(k \times p) : \text{rank}(A) = p\ \&\ AA' = \Sigma$

(d) $M_X(t) = \exp(t'\mu + \frac{1}{2}t'\Sigma t)$

(e) $a'X \sim N_1(a'\mu, a'\Sigma a)$ for all $a(p \times 1)$ ([정의 1])

|Remark| (e)는

$$\begin{aligned}
M_{a'X}(u)\ (= E[e^{ua'X}]) &= \exp\left\{u\,E(a'X) + \frac{1}{2}u^2\,Var(a'X)\right\} \\
&= \exp(ua'\mu + \frac{1}{2}u^2 a'\Sigma a)
\end{aligned}$$

와 동치이고, 이는

$$M_{a'X}(1) = E[e^{a'X}] = M_X(a) = \exp(a'\mu + \frac{1}{2}a'\Sigma a) \ (\because [\text{정리 3}]\text{의 (d)})$$

를 의미한다. 특히, (e)는 특정 확률벡터 X가 다변량 정규분포를 따름을 보이는 중요한 도구로 사용되며, Cramer-Wold device([정리 8] 참고)로 알려져 있다.

정리 4 정칙 다변량 정규분포의 확률밀도함수

$X \sim N_p(\mu, \Sigma)$에서 Σ가 정칙일 때, 확률밀도함수는 다음과 같이 주어진다.

$$f(x) = \frac{1}{\sqrt{\det(2\pi\Sigma)}} \exp\left\{-\frac{1}{2}(x-\mu)'\Sigma^{-1}(x-\mu)\right\}, \quad -\infty < x_i < \infty\,(i=1,2,\cdots,p).$$

위 식에서 $\det(2\pi\Sigma) = (2\pi)^p \det(\Sigma)$이다.

증명 Σ가 정칙인 경우에는, 양정치행렬 $\Sigma^{1/2}$을 통해 다음과 같이 표현된다. 즉,

$$X \sim \Sigma^{1/2}Z+\mu, \quad Z \sim N_p(0, I), \quad \Sigma^{1/2} : p.d. \;\&\; \Sigma^{1/2}\Sigma^{1/2} = \Sigma.$$

변수변환법을 통해, X의 확률밀도함수가

$$f(x) = f_Z(\Sigma^{-1/2}(x-\mu))\,|\Sigma^{-1/2}|, \quad f_Z(z) = \prod \frac{1}{\sqrt{2\pi}} \exp(-\frac{1}{2}z_i^2)$$

$$= (2\pi)^{-\frac{p}{2}} \exp(-\frac{1}{2}z'z)$$

$$= (2\pi)^{-\frac{p}{2}} |\Sigma|^{-\frac{1}{2}} \exp\left\{-\frac{1}{2}(x-\mu)'\Sigma^{-\frac{1}{2}}\Sigma^{-\frac{1}{2}}(x-\mu)\right\}$$

임을 보일 수 있다.

정리 5 다변량 정규분포의 기본 성질

(a) $X \sim N(\mu, \Sigma)$이면 $AX+b \sim N(A\mu+b, A\Sigma A')$이다.

(b) $X_i \sim N(\mu_i, \Sigma_i)\ (i=1,2)$이고, X_1과 X_2가 독립일 때,
$X_1 + X_2 \sim N(\mu_1+\mu_2, \Sigma_1+\Sigma_2)$이다.

증명 적률생성법을 이용하여 쉽게 보일 수 있다.

정리 6 다변량 정규분포의 독립성

$X = (X_1{}', X_2{}')' \sim N(\mu, \Sigma)$일 때, 다음이 성립한다.

(a) X_1, X_2 : 독립 $\Leftrightarrow$ $Cov(X_1, X_2) = \Sigma_{12} = 0$

(b) AX, BX : 독립 $\Leftrightarrow$ $Cov(AX, BX) = A\Sigma B' = 0$

증명 (a) $(\Rightarrow)$ 명백함.

$(\Leftarrow)$ $\Sigma_{12} = Cov(X_1, X_2) = 0$이면, 다음이 성립한다.

$$\begin{aligned} M_{X_1, X_2}(t_1, t_2) &= E\exp(t_1{}'X_1 + t_2{}'X_2) \\ &= E\exp(t'X), \quad t' = (t_1{}', t_2{}') \\ &= \exp(t'\mu + \frac{1}{2}t'\Sigma\, t) \\ &= \exp(t_1{}'\mu_1 + t_2{}'\mu_2 + \frac{1}{2}t_1{}'\Sigma_{11}\, t_1 + \frac{1}{2}t_2{}'\Sigma_{22}\, t_2) \quad (\because)\ \Sigma_{12} = 0 \\ &= \exp(t_1{}'\mu_1 + \frac{1}{2}t_1{}'\Sigma_{11}\, t_1) \cdot \exp(t_2{}'\mu_2 + \frac{1}{2}t_2{}'\Sigma_{22}\, t_2) \\ &= M_{X_1}(t_1) \cdot M_{X_2}(t_2) \ \text{ for all } \ t_1, t_2. \end{aligned}$$

(b) [정리 5]의 (a)로부터

$$Y = \begin{pmatrix} AX \\ BX \end{pmatrix} = \begin{pmatrix} A \\ B \end{pmatrix} X \sim N\left(\begin{pmatrix} A\mu \\ B\mu \end{pmatrix}, \begin{pmatrix} A \\ B \end{pmatrix} \Sigma\, (A'\ B')\right)$$

이다. 즉,

$$\begin{pmatrix} AX \\ BX \end{pmatrix} \sim N\left(\begin{pmatrix} A\mu \\ B\mu \end{pmatrix}, \begin{pmatrix} A\Sigma A' & A\Sigma B' \\ B\Sigma A' & B\Sigma B' \end{pmatrix}\right)$$

이므로, (a)로부터 위 결과가 성립된다.

정리 7 **다변량 정규분포의 주변 및 조건부 확률밀도함수**

$X = (X_1', X_2')' \sim N(\mu, \Sigma)$이고, $\mu = (\mu_1', \mu_2')$, $\Sigma = \begin{pmatrix} \Sigma_{11} & \Sigma_{12} \\ \Sigma_{21} & \Sigma_{22} \end{pmatrix}$일 때, 다음이 성립한다.

(a) $X_1 \sim N(\mu_1, \Sigma_{11})$, $X_2 \sim N(\mu_2, \Sigma_{22})$.

(b) $X_1 | X_2 = x_2 \sim N(\mu_1 + \Sigma_{12}\Sigma_{22}^{-1}(x_2 - \mu_2),\ \Sigma_{11 \cdot 2})$, 여기서 $\Sigma_{11 \cdot 2} = \Sigma_{11} - \Sigma_{12}\Sigma_{22}^{-1}\Sigma_{21}$이다.

증명 (a) [정리 5]의 (a)에서, $A = (I,\ 0)$ & $a = 0$이면 다음이 성립한다.

$$(I,\ 0)\begin{pmatrix} X_1 \\ X_2 \end{pmatrix} + 0 = X_1 \sim N(\mu, \Sigma_{11}).$$

(b) [정리 5]의 (a)에서, $A = \begin{pmatrix} I & -\Sigma_{12}\Sigma_{22}^{-1} \\ 0 & I \end{pmatrix}$ & $X = \begin{pmatrix} X_1 - \mu_1 \\ X_2 - \mu_2 \end{pmatrix}$이면 $AX \sim N(0, A\Sigma A')$이다. 여기서

$$A\Sigma A' = \begin{pmatrix} I & -\Sigma_{12}\Sigma_{22}^{-1} \\ 0 & I \end{pmatrix}\begin{pmatrix} \Sigma_{11} & \Sigma_{12} \\ \Sigma_{21} & \Sigma_{22} \end{pmatrix}\begin{pmatrix} I & 0 \\ -\Sigma_{12}\Sigma_{22}^{-1} & I \end{pmatrix}$$

$$= \begin{pmatrix} \Sigma_{11} - \Sigma_{12}\Sigma_{22}^{-1}\Sigma_{21} & 0 \\ \Sigma_{21} & \Sigma_{22} \end{pmatrix}\begin{pmatrix} I & 0 \\ -\Sigma_{12}\Sigma_{22}^{-1} & I \end{pmatrix}$$

$$= \begin{pmatrix} \Sigma_{11} - \Sigma_{12}\Sigma_{22}^{-1}\Sigma_{21} & 0 \\ 0 & \Sigma_{22} \end{pmatrix} = \begin{pmatrix} \Sigma_{11 \cdot 2} & 0 \\ 0 & \Sigma_{22} \end{pmatrix}$$

이다. 즉,

$$X_1 - \mu_1 - \Sigma_{12}\Sigma_{22}^{-1}(X_2 - \mu_2) \sim N(0, \Sigma_{11 \cdot 2})$$

이고, $X_1 - \mu_1 - \Sigma_{12}\Sigma_{22}^{-1}(X_2 - \mu_2)$와 $X_2 - \mu_2$는 서로 독립이다. 따라서

$$X_1 - \mu_1 - \Sigma_{12}\Sigma_{22}^{-1}(X_2 - \mu_2) \mid (X_2 = x_2) \overset{d}{=} X_1 - \mu_1 - \Sigma_{12}\Sigma_{22}^{-1}(X_2 - \mu_2)$$

이고, 이는 $N(0,\ \Sigma_{11\cdot 2})$을 따른다.

마지막으로, 다변량 극한분포와 관련된 두 가지 정리를 증명 없이 소개한다.

정리 8 Cramér–Wold Device(Theorem)

X가 $p\times 1$ 확률벡터이면, X의 분포는 모든 $t(\in R^p)$에 대해 선형결합 $a'X$의 분포에 의해 유일하게 결정된다.

|Remark| [정의 1]은 [정리 8]의 특별한 경우로 생각할 수 있다.

정리 9 다변량 중심극한정리: Multivariate CLT

$X_1, X_2, \cdots, X_n$이 서로 독립이며 $E(X)=\mu$이고 $Cov(X)=\Sigma$인 분포를 따를 때, 다음이 성립한다: $\sqrt{n}(\overline{X}_n - \mu) \xrightarrow{d} N_p(0,\ \Sigma)$, 여기서 $\overline{X}_n = \dfrac{1}{n}\sum_{i=1}^{n} X_i$이다.

증명 Cramér–Wold Device와 표준 CLT를 이용하여 증명된다.

|Remark| [정리 9]는 극한분포가 다변량 정규분포를 따르는 것으로, 이는 각 성분이 정규분포를 따르는 것보다 강력하다.

12.1 연습문제

1 $X \sim N_2(\mu,\ \Sigma)$일 때, X의 확률밀도함수가 4.7절의 이변량 정규분포의 결과와 동일함을 확인하여라. 여기서, $\mu = \begin{pmatrix} \mu_1 \\ \mu_2 \end{pmatrix}$, $\Sigma = \begin{pmatrix} \sigma_1^2 & \rho\sigma_1\sigma_2 \\ \rho\sigma_1\sigma_2 & \sigma_2^2 \end{pmatrix}$이다.

[Hint] $|\Sigma|$, Σ^{-1}와 $(x-\mu)'\Sigma^{-1}(x-\mu)$를 구하여라.

2 $X \sim N_p(\mu, \Sigma)$일 때, $Y = a'X = \sum_{i=1}^{p} a_i X_i$의 분포가 $N(a'\mu,\ a'\Sigma a)$임을 보여라.

3 $X \sim N_p(\mu, \Sigma)$이고, $Y = c'X$, $Z = d'X$이라고 하자.

(a) $(Y, Z)'$가 이변량 정규분포를 따름을 보여라.

(b) Y, Z: 독립 $\Leftrightarrow$ $c'\Sigma d = 0$임을 보여라.

[Hint] (a) $M(t_1, t_2) = E e^{t_1 Y + t_2 Z}$를 구하여라.

12.2 비중심카이제곱분포

이 절에서는 다음 절에서 다루게 될 이차형식의 분포와 밀접한 관계가 있는 비중심카이제곱분포에 대해 소개한다. 비중심카이제곱분포는 다음 [정의 3]에서와 같이 두 가지 방법으로 정의될 수 있다.

정의 3 비중심카이제곱분포

(a) $X_i\,(i = 1, 2, \cdots, n) \sim indep.\ N(\mu_i, 1)$일 때, 다음 통계량

$$V = \sum_{i=1}^{n} X_i^2$$

은 자유도가 n이고, 비중심모수(non-centrality parameter)가 $\delta = \sum_{i=1}^{n} \mu_i^2$인 비중심카이제곱(non-central chi-square)분포를 따르며, 기호로는 $V \sim \chi^2(n, \delta)$으로 나타낸다.

(b) $Z_i\,(i = 1, 2, \cdots, n) \sim i.i.d.\ N(0, 1)$일 때, 다음 통계량

$$V = (Z_1 + \theta)^2 + Z_2^2 + \cdots + Z_n^2$$

은 $\chi^2(n, \delta)$을 따른다. 여기서 $\delta = \theta^2$이다.

|Remarks| 1. 책에 따라서는 $\lambda=\delta/2$를 비중심모수로 정의하기도 한다.

2. (일반적인 경우) $X_i \sim N(\mu_i, \sigma^2)$ $(i=1,2,\cdots,n)$이고 서로 독립일 때, 이차형식 $Q=Q(X_1, X_2, \cdots, X_n)$에 대해 다음이 성립한다.

$$\frac{Q}{\sigma^2} \sim \chi^2(\nu, \delta), \quad \delta = \frac{Q(\mu_1, \mu_2, \cdots, \mu_n)}{\sigma^2} \quad (\nu\text{: } Q\text{의 자유도}).$$

정리 10 $V \sim \chi^2(n, \delta)$일 때, V의 적률생성함수는 다음과 같다.

$$M_V(t) = (1-2t)^{-\frac{n}{2}} \exp\left(\frac{\delta t}{1-2t}\right), \quad 1-2t>0.$$

증명 **[방법 1]** ([정의 3]의 (a) 이용)

$$M_V(t) = E\exp\left(t\sum_{i=1}^n X_i^2\right) = \prod_{i=1}^n E\exp(tX_i^2)$$

이다. 여기서

$$E\exp(tX_i^2) = \int e^{tx_i^2} \frac{1}{\sqrt{2\pi}} e^{-\frac{1}{2}(x_i-\mu_i)^2} dx_i$$

$$= \int \frac{\sqrt{1-2t}}{\sqrt{2\pi}} e^{-\frac{(1-2t)}{2}\left(x_i - \frac{\mu_i}{1-2t}\right)^2} \frac{1}{\sqrt{1-2t}} e^{-\frac{\mu_i^2}{2} + \frac{\mu_i^2}{2(1-2t)}} dx_i$$

$$= (1-2t)^{-\frac{1}{2}} e^{\frac{\mu_i^2 t}{1-2t}}, \quad 1-2t>0$$

이므로

$$M_V(t) = (1-2t)^{-\frac{n}{2}} \exp\left(\frac{\delta t}{1-2t}\right), \quad \delta = \sum \mu_i^2$$

이다.

[방법 2] ([정의 3]의 (b) 이용)

$$M_V(t) = E[\exp\{t(Z_1+\theta)^2\}\exp(t\sum_{i=2}^{n} Z_i^2)]$$
$$= E\exp\{t(Z_1+\theta)^2\}E\exp(t\sum_{i=2}^{n} Z_i^2) \quad (\because) Z_i's : indep.$$

이다. 여기서

$$E\exp\{t(Z_1+\theta)^2\} = \int e^{t(z_1+\theta)^2}\frac{1}{\sqrt{2\pi}}e^{-\frac{1}{2}z_1^2}dz_1$$
$$= \int \frac{\sqrt{1-2t}}{\sqrt{2\pi}}e^{-\frac{1}{2}(1-2t)(z_1-\frac{2\theta t}{1-2t})^2}\cdot\frac{1}{\sqrt{1-2t}}e^{t\theta^2+\frac{2t^2\theta^2}{1-2t}}dz_1$$
$$= \frac{1}{\sqrt{1-2t}}e^{\frac{t\theta^2}{1-2t}} \quad (\text{연습문제 1번})$$

이고

$$E\exp(t\sum_{i=2}^{n} Z_i^2) = \prod_{i=2}^{n} E\exp(tZ_i^2), \quad Z \sim i.i.d.\ N(0,1)$$
$$= \prod_{i=2}^{n}\int e^{tz_i^2}\frac{1}{\sqrt{2\pi}}e^{-\frac{1}{2}z_i^2}dz_i$$
$$= \prod_{i=2}^{n}\int \frac{\sqrt{1-2t}}{\sqrt{2\pi}}e^{-\frac{1}{2}(1-2t)z_i^2}\frac{1}{\sqrt{1-2t}}dz_i$$
$$= \left(\frac{1}{\sqrt{1-2t}}\right)^{n-1}$$

이므로

$$M_V(t) = (1-2t)^{-\frac{n}{2}}\exp\left(\frac{\delta t}{1-2t}\right), \quad \delta = \theta^2$$

이다.

정리 11 **비중심카이제곱의 가법성**

$V_1 \sim \chi^2(n_1, \delta_1)$, $V_2 \sim \chi^2(n_2, \delta_2)$이고, V_1과 V_2가 독립일 때, 다음이 성립한다.

$$V_1 + V_2 \sim \chi^2(n_1 + n_2,\ \delta_1 + \delta_2).$$

증명 적률생성법 이용(연습문제 2번).

정의 4 **비중심F분포**

$U \sim \chi^2(\nu_1, \delta)$, $V \sim \chi^2(\nu_2)$이고, U와 V가 독립일 때, 비중심모수가 δ인 비중심F분포를 따른다. 즉,

$$F = \frac{U/\nu_1}{V/\nu_2} \sim F(\nu_1, \nu_2; \delta).$$

12.2 연습문제

1. [정리 10]의 증명에서 생략된 계산 과정을 확인하여라.

2. [정리 11]을 증명하여라.

3. $Y \sim \chi^2(n, \delta)$일 때, $E(Y) = n + \delta$, $Var(Y) = 2n + 4\delta$ 임을 보여라.

12.3 이차형식의 분포와 성질

이 절에서는 $X \sim N_n(\mu, \Sigma)$일 때, 이차형식 통계량 $X'AX$의 분포와 관련 성질에 대해 알아본다. 이차형식 $X'AX$에서 행렬 A는 일반성을 잃지 않고, 실대칭행렬

을 가정한다. 특히, A가 비음정치 멱등행렬인 경우의 이차형식은 회귀분석, 상관분석, 실험계획법 및 분산분석에 중요한 역할을 한다.

[표기] 이 절에서는 다변량 정규분포의 차원을 편의상 p 대신 n으로 나타낸다.

12.3.1 이차형식과 기본성질

정의 5 이차형식

확률벡터 $X=(X_1, X_2, \cdots, X_n)'$에 대해 이차형식(quadratic form)은

$$Q = Q(X) = X'AX = \sum_{i=1}^{n}\sum_{j=1}^{n} a_{ij}X_iX_j$$

으로 정의된다. 여기서 A는 실대칭 행렬이다.

(예) $2X_1^2 + 2X_1X_2 + 2X_2^2 + X_3^2 + 2X_1X_3 = X'AX$,

여기서 $X=(X_1, X_2, X_3)'$, $A=\begin{pmatrix} 2 & 1 & 1 \\ 1 & 2 & 0 \\ 1 & 0 & 1 \end{pmatrix}$이다.

예제 1 $(n-1)S^2 = \sum_{i}^{n}(X_i - \overline{X})^2$은 $X_i\ (i=1,2,\cdots,n)$들의 이차형식이다.

풀이 $(n-1)S^2$

$$= \sum(X_i - \overline{X})^2 = \sum\left(X_i - \frac{\sum X_i}{n}\right)^2$$

$$= \sum X_i^2 - \frac{2}{n}\left(\sum X_i\right)\left(\sum X_i\right) + \frac{1}{n}\left(\sum X_i\right)^2$$

$$= \sum X_i^2 - \frac{1}{n}\left(\sum X_i\right)^2$$

$$= \frac{n-1}{n}(X_1^2 + X_2^2 + \cdots + X_n^2) - \frac{2}{n}(X_1X_2 + \cdots + X_1X_n + \cdots + X_{n-1}X_n)$$

이므로 $(n-1)S^2$은 X_i들의 이차형식이다. 또한 $(n-1)S^2$을 행렬로 나타내면

$$(n-1)S^2 = \sum_i^n (X_i - \overline{X})^2 = \sum_i^n X_i^2 - n\overline{X}^2, \quad \overline{X} = \frac{1}{n}\sum_i^n X_i = \frac{1}{n}1'X$$

$$= X'X - n(\frac{1}{n}1'X)'(\frac{1}{n}1'X)$$

$$= X'X - \frac{1}{n}X'11'X$$

$$= X'AX, \quad A = (I - \frac{1}{n}11')$$

이다. ■

보조정리 1 $X \sim N_n(\mu, \Sigma)$이고, Σ가 양정치(p.d.) 행렬일 때, $(X_i - \mu_i)$들의 이차형식 Q의 분포는 다음과 같이 주어진다.

$$Q = (X-\mu)'\Sigma^{-1}(X-\mu) \sim \chi^2(n).$$

증명 Q의 $m.g.f.$는

$$M_Q(t) = E\,e^{t(X-\mu)'\Sigma^{-1}(X-\mu)}$$

$$= \int_{-\infty}^{\infty}\cdots\int_{-\infty}^{\infty}\frac{1}{(2\pi)^{n/2}\sqrt{\det(\Sigma)}}\exp\Big\{t(x-\mu)'\Sigma^{-1}(x-\mu) - \frac{1}{2}(x-\mu)'\Sigma^{-1}(x-\mu)\Big\}dx_1\cdots dx_n$$

$$= \int_{-\infty}^{\infty}\cdots\int_{-\infty}^{\infty}\frac{1}{(2\pi)^{n/2}\sqrt{\det(\Sigma)}}\exp\Big\{-\frac{1}{2}(x-\mu)'\Sigma^{-1}(x-\mu)(1-2t)\Big\}dx_1\cdots dx_n$$

$$= (1-2t)^{-n/2}, \quad t < \frac{1}{2}$$

$$(\because)\ (1-2t)\Sigma^{-1}\ (t < \frac{1}{2}) : p.d. \quad \& \quad |(1-2t)\Sigma^{-1}| = (1-2t)^n|\Sigma^{-1}|$$

이다.

보조정리 2 **($i.i.d.$ 변수의 이차형식 분포)** $X \sim N_n(0, I)$일 때, $Q = X'AX$의 $m.g.f.$는

$$M_Q(t) = |I - 2tA|^{-1/2}$$
$$= \left[\prod_{i=1}^{n}(1-2ta_i)\right]^{-1/2}, \quad |t| < h$$

이다. 여기서 $a_i(i=1,\cdots,n)$은 A의 고윳값이다.

증명 Q의 $m.g.f.$는

$$M_Q(t) = \int\cdots\int\left(\frac{1}{\sqrt{2\pi}}\right)^n \exp\left(t'x'Ax - \frac{x'x}{2}\right) dx_1 \cdots dx_n$$
$$= \int\cdots\int\left(\frac{1}{\sqrt{2\pi}}\right)^n \exp\left(-\frac{1}{2}x'(I-2tA)x\right) dx_1 \cdots dx_n$$

이고, 충분히 작은 t ($|t| < h$, $h > 0$)에 대해 $I - 2tA$는 양정치이며,

$$|(I-2tA)^{-1}|^{1/2} = |I-2tA|^{-1/2}$$

이므로

$$M_Q(t) = |I-2tA|^{-1/2}, \quad |t| < h$$

이다. 또한, A가 실대칭 행렬이므로, A의 고윳값을 $a_i(i=1,\cdots,n)$라고 할 때

$$L'AL = \text{Diag}(a_1, a_2, \cdots, a_n)$$

을 만족하는 직교행렬 L이 존재한다. 따라서

$$L'(I-2tA)L = \text{Diag}(1-2ta_1, 1-2ta_2, \cdots, 1-2ta_n)$$

이고

$$\prod_{i=1}^{n}(1-2ta_i) = |L'(I-2tA)L| = |I-2tA|$$

이다. 따라서

$$M_Q(t) = \left[\prod_{i=1}^{n}(1-2ta_i)\right]^{-1/2}, \quad |t| < h.$$

|Remarks| 1. [보조정리 2]에서 $\text{rank}(A) = r\,(\le n)$일 때, $Q = X'AX$의 $m.g.f.$는

$$M(t) = \left[\prod_{i=1}^{r}(1-2ta_i)\right]^{-1/2}$$

으로 주어진다.

2. [보조정리 2]의 결과는 $X \sim N_n(0, \sigma^2 I)\ (\sigma^2 > 0)$일 때, $Q = X'AX/\sigma^2$의 $m.g.f.$와 동일하다.

보조정리 3 **이차형식의 정준표현(canonical representation)**

$X \sim N_n(\mu, I)$일 때, 이차형식은 다음과 같이 표현된다.

$$X'AX \overset{d}{=} \sum_{i=1}^{n}\lambda_i Z_i^2, \quad Z \sim N_n(\xi, I).$$

여기서,

$$A = L'DL, \quad L:\text{직교행렬}, \ D = \text{Diag}(\lambda_i), \ \xi = L\mu$$

이다. 특히,

$$(X-\mu)'A(X-\mu) \overset{d}{=} \sum_{i=1}^{n}\lambda_i Z_i^2, \quad Z \sim N_n(0, I)$$

이다.

증명 A가 실대칭이므로, 직교분해로부터

$$A = L'DL, \quad L:\text{직교행렬}, \ D = \text{Diag}(\lambda_i)$$

이다. 따라서

$$\begin{aligned} X'AX &= X'L'DLX \\ &= Z'DZ, \quad Z = LX \sim N_n(L\mu, I) \\ &= \sum_{i=1}^{n} \lambda_i Z_i^2. \end{aligned}$$

따름정리 1 $X \sim N_n(\mu, I)$일 때([보조정리 3]과 동일), $Q = X'AX$의 $m.g.f.$는 다음과 같이 주어진다.

$$\begin{aligned} M_Q(t) &= E\exp(t\sum_{i=1}^{n}\lambda_i Z_i^2) \\ &= \prod_{i=1}^{n} E\exp(t\lambda_i Z_i^2) \\ &= \prod_{i=1}^{n} M_{Z_i^2}(t\lambda_i) \\ &= \prod (1-2\lambda_i t)^{-\frac{1}{2}} \exp\left(\frac{\xi_i^2 t\lambda_i}{1-2t\lambda_i}\right). \end{aligned}$$

위 식의 마지막 등호는 다음 사실로부터 성립된다.

$$Z_i \sim N(\xi_i, 1) \Rightarrow \quad Z_i^2 \sim \chi^2(1, \xi_i^2) \quad \Rightarrow \quad M_{Z_i^2}(t) = (1-2t)^{-\frac{1}{2}} \exp\left(\frac{\xi_i^2 t}{1-2t}\right).$$

12.3.2 이차형식의 분포

이 절에서는 이차형식의 분포에 대해 알아본다. 정규 확률변수에 기반한 이차형식 통계량의 분포는 적절한 조건하에서 비중심카이제곱분포를 따르게 된다.

정리 12 **이차형식의 분포: 독립인 경우**

$X \sim N_n(\mu, I)$일 때, 다음이 성립한다.

$$X'AX \sim \chi^2(r,\,\delta) \;\Leftrightarrow\; A^2 = A$$

여기서 $r = \mathrm{rank}(A) = \mathrm{tr}(A)$, $\delta = \mu' A \mu$이다.

증명 $Q = X'AX \sim \chi^2(r,\,\delta)$

$$\Leftrightarrow\; M_Q(t) = (1-2t)^{-\frac{r}{2}} \exp\left(\frac{\delta t}{1-2t}\right) \quad \left(t < \frac{1}{2}\right) \qquad ([\text{정리 } 10])$$

$$\Leftrightarrow\; \prod_{i=1}^{n}(1-2\lambda_i t)^{-\frac{1}{2}} \exp\left(\frac{\xi_i^2\, t\,\lambda_i}{1-2t\lambda_i}\right) \quad (1-2t\lambda_i > 0)$$

$$\equiv (1-2t)^{-\frac{r}{2}} \exp\left(\frac{\delta t}{1-2t}\right) \qquad ([\text{따름정리 } 1]\text{로부터})$$

$$\Leftrightarrow\; \begin{cases} \prod_{i=1}^{n}(1-2\lambda_i t)^{-\frac{1}{2}} \equiv (1-2t)^{-\frac{r}{2}} \\ \exp\left(\sum_{i=1}^{n}\frac{\xi_i^2 t\lambda_i}{1-2t\lambda_i}\right) \equiv \exp\left(\frac{\delta t}{1-2t}\right) \end{cases}$$

$$\Leftrightarrow\; \lambda_1 = \cdots = \lambda_r = 1, \quad \lambda_{r+1} = \cdots = \lambda_n = 0,$$

$$\delta = \sum_{i=1}^{r}\xi_i^2 = \xi' D \xi = \xi' L A L' \xi = \mu' A \mu$$

$$\Leftrightarrow\; A^2 = A, \quad \delta = \mu' A \mu, \quad r = \mathrm{rank}(A) = \mathrm{tr}(A)$$

|Remark| [정리 12]는 $X \sim N_n(\mu,\,\sigma^2 I)$일 때도 $X'AX/\sigma^2$에 대해 동일하게 성립된다.

예제 2 $X \sim N_n(0,\,\sigma^2 I)$ $(\sigma^2 > 0)$일 때, 다음 제곱합의 분해식

$$\sum_{i=1}^{n} X_i^2 = n\overline{X}^2 + \sum_{i=1}^{n}(X_i - \overline{X})^2$$

을 이차형식으로 표현하면

$$X'X = X'A_1X + X'A_2X$$

이 된다. 여기서,

$$A_1 = \frac{1}{n}J, \quad A_2 = I - \frac{1}{n}J$$

이다. I는 단위행렬이고, $J(=11')$는 모든 원소가 1인 행렬이다. 또한, 다음 사실이 성립함을 쉽게 보일 수 있다(연습문제 1번).

(a) A_1 : 대칭 & 멱등행렬

(b) A_2 : 대칭 & 멱등행렬

(c) $A_1A_2 = 0$

따라서, [정리 12]와 (a), (b)로부터,

$$\frac{X'A_1X}{\sigma^2} = \frac{n\overline{X}^2}{\sigma^2} \sim \chi^2(1)$$

$$\frac{X'A_2X}{\sigma^2} = \frac{\sum_{i=1}^{n}(X_i - \overline{X})^2}{\sigma^2} \sim \chi^2(n-1)$$

이 성립한다. 이 과정에서 각 분포의 자유도는 A_1과 A_2가 멱등행렬(A : 멱등 $\Rightarrow$ $\mathrm{rank}(A) = \mathrm{tr}(A)$)이므로

$$r_1 = \mathrm{rank}(A_1) = \mathrm{tr}(A_1) = 1, \quad r_2 = \mathrm{rank}(A_2) = \mathrm{tr}(A_2) = n-1$$

이 된다. 참고로, 결과 (c)는 실제 두 이차형식이 서로 독립임을 보이는 조건이 된다

([정리 15] 참고).

정리 13 **이차형식의 분포: 평균이 0인 경우**

$X \sim N_n(0, \Sigma)$일 때, 다음이 성립한다.

$$X'AX \sim X^2(r) \quad \Leftrightarrow \quad \Sigma^{1/2}A\,\Sigma^{1/2} : \text{멱등행렬}$$
$$\Leftrightarrow \quad \Sigma A \Sigma A \Sigma = \Sigma A \Sigma$$

여기서 $r = \text{rank}(\Sigma^{1/2}A\Sigma^{1/2}) = \text{tr}(A\Sigma)$이다.

증명 [정리 3]의 (b)로부터

$$X = \Sigma^{1/2}Z, \quad Z \sim N_n(0, I), \quad \Sigma^{1/2}\Sigma^{1/2} = \Sigma \quad \& \quad \Sigma^{1/2} : n.n.d$$

이므로

$$X'AX = Z'\Sigma^{1/2}A\,\Sigma^{1/2}Z$$

이다. [정리 12]로부터

$$X'AX \sim \chi^2(r) \quad \Leftrightarrow \quad \Sigma^{1/2}A\,\Sigma^{1/2} : \text{멱등행렬}$$

이다.

이제, $\Sigma^{1/2}A\Sigma^{1/2}$: 멱등행렬 $\Leftrightarrow$ $\Sigma A \Sigma A \Sigma = \Sigma A \Sigma$임을 보이자.

$$(\Rightarrow) \ \Sigma^{1/2}A\Sigma^{1/2} : \text{멱등행렬}$$
$$\Rightarrow \ \Sigma^{1/2}A\Sigma A\Sigma^{1/2} = \Sigma^{1/2}A\Sigma^{1/2}$$
$$\Rightarrow \ \Sigma A \Sigma A \Sigma = \Sigma A \Sigma.$$

$$(\Leftarrow) \ \Sigma A \Sigma A \Sigma - \Sigma A \Sigma = 0$$

$$\Rightarrow \ \Sigma(A\Sigma A - A)\Sigma = 0$$

$$\Rightarrow \ \Sigma^{1/2}(A\Sigma A - A)\Sigma^{1/2} = 0 \qquad \text{([보조정리 4])}$$

$$\Rightarrow \ \Sigma^{1/2}A\Sigma A\Sigma^{1/2} = \Sigma^{1/2}A\Sigma^{1/2}$$

$$\Rightarrow \ (\Sigma^{1/2}A\Sigma^{1/2})(\Sigma^{1/2}A\Sigma^{1/2}) = \Sigma^{1/2}A\Sigma^{1/2}.$$

보조정리 4 A, B : 비음정치$(n.n.d.)$ 대칭이고, M : 대칭일 때, 다음이 성립한다.

$$AMB = 0 \ \Leftrightarrow \ A^{1/2}MB^{1/2} = 0$$

여기서 $A = A^{1/2}A^{1/2}$, $B = B^{1/2}B^{1/2}$ & $A^{1/2}$, $B^{1/2}$: 대칭이다.

증명 $(\Leftarrow)$ 명백함.

$(\Rightarrow)$ $AMB = 0$

$$\Rightarrow \ 0 = AMBMA = (AMB^{1/2})(B^{1/2}MA) = (AMB^{1/2})(AMB^{1/2})'$$

$$\Rightarrow \ 0 = AMB^{1/2}$$

$$\Rightarrow \ 0 = B^{1/2}MAMB^{1/2} = (B^{1/2}MA^{1/2})(B^{1/2}MA^{1/2})'$$

$$\Rightarrow \ B^{1/2}MA^{1/2} = 0$$

$$\Rightarrow \ A^{1/2}MB^{1/2} = 0.$$

12.3.3 이차형식의 독립성

앞 절에서는 이차형식의 분포와 관련된 내용을 다루었다. 이제 이차형식의 독립성에 대해 알아본다. 이차형식의 분포와 함께 독립성에 대한 결과는 분산분석(ANOVA) 등에 유용한 도구로 사용된다.

정리 14 **비음정치 이차형식 간의 독립성**

$X \sim N_n(\mu, \Sigma)$이고, A, B : 비음정치$(n.n.d.)$ 행렬일 때, 다음이 성립한다.

$$X'AX \ \& \ X'BX : \text{독립} \ \Leftrightarrow \ A\Sigma B = 0$$

증명 ($\Leftarrow$) A, B가 비음정치 대칭이므로,

$$X'AX = (A^{1/2}X)'(A^{1/2}X), \ \ X'BX = (B^{1/2}X)'(B^{1/2}X)$$

으로 표현되며,

$$A\Sigma B = 0 \ \Rightarrow \ A^{1/2}\Sigma B^{1/2} = 0 \qquad (\text{[보조정리 4]})$$
$$\Rightarrow \ A^{1/2}X \ \& \ B^{1/2}X : \text{독립} \qquad (\text{[정리 6]})$$

($\Rightarrow$) $Cov(X'AX, X'BX) = 2\text{tr}(A\Sigma B\Sigma) + 4\mu' A\Sigma B\mu$(증명: 생략)이 성립한다. 이로부터

$$X'AX \ \& \ X'BX : \text{독립 for all } \mu$$
$$\Rightarrow \ Cov(X'AX, X'BX) = 0 \ \text{ for all } \mu$$
$$\Rightarrow \ \text{tr}(A\Sigma B\Sigma) = 0 \ \ \& \ \ A\Sigma B = 0$$

이다.

|Remark| [정리 14]에서 'A, B : 비음정치' 조건은 'Σ : 정칙'으로 대체되어도 동일한 결과가 성립된다(증명: 생략).

정리 15 $X \sim N_n(0, I)$일 때, 다음이 성립한다.

$$X'AX \ \& \ X'BX : \text{독립} \ \Leftrightarrow \ AB = 0$$

|Remark| [정리 15]는 $X \sim N_n(0, \sigma^2 I)$일 때, $X'AX/\sigma^2$와 $X'BX/\sigma^2$에 대해 동일하게 성립한다.

증명 $V_1 = X'AX$과 $V_2 = X'BX$의 $m.g.f.$는

$$M_{V_1}(t_1) = |I-2t_1A|^{-1/2}, \quad M_{V_2}(t_1) = |I-2t_1B|^{-1/2}$$

이고([보조정리 2]), V_1과 V_2의 $joint \ \ m.g.f.$는

$$M_{V_1, V_2}(t_1, t_2) = |I-2(t_1A+t_2B)|^{-1/2}$$

이다(연습문제 2번). 따라서 다음의 동치 관계가 성립한다.

$X'AX$ & $X'BX$: 독립

$\Leftrightarrow \ \ |I-2t_1A|\,|I-2t_2B| = |I-2(t_1A+t_2B)|$ (충분히 작은 t_1과 t_2에 대해)

$\Leftrightarrow \ \ |I-2t_1A-2t_2B+4t_1t_2AB| = |I-2t_1A-t_2B|$ (충분히 작은 t_1과 t_2에 대해)

$\Leftrightarrow \ \ AB = 0$

예제 3 [예제 2]에서 $A_1A_2 = 0$이므로, [정리 15]에 의해 $n\overline{X}^2/\sigma^2$과 $\sum_{i=1}^{n}(X_i-\overline{X})^2/\sigma^2$은 서로 독립이다. ■

정리 16 $X \sim N_n(0, \Sigma)$일 때, 다음이 성립한다.

$$\begin{aligned} & X'AX \ \ \& \ \ X'BX : \text{독립} \\ \Leftrightarrow \ \ & \Sigma A \Sigma B = 0 \\ \Leftrightarrow \ \ & A\Sigma B = 0, \ \text{if } \Sigma: \text{정칙행렬} \end{aligned}$$

증명 $X \sim \Sigma^{1/2}Z, \quad Z \sim N_n(0, I)$이므로,

$$X'AX \sim Z\Sigma^{1/2}A\Sigma^{1/2}Z \ \ \& \ \ X'BX \sim Z\Sigma^{1/2}B\Sigma^{1/2}Z$$

이다. 따라서 다음의 동치 관계가 성립한다.

$$
\begin{aligned}
X'AX \ \ \& \ X'BX : \text{독립} &\Leftrightarrow \ \Sigma^{1/2}A\Sigma B\Sigma^{1/2} = 0 \quad ([\text{정리 } 15]) \\
&\Leftrightarrow \ \Sigma A \Sigma B \Sigma = 0 \quad ([\text{보조정리 } 4]) \\
&\Leftrightarrow \ A\Sigma B = 0
\end{aligned}
$$

정리 17 $X \sim N_n(\mu, I)$이고, A, B : 대칭멱등행렬일 때, 다음이 성립한다.

$$X'AX \ \ \& \ X'BX : \text{독립} \ \Leftrightarrow \ AB = 0$$

증명 $(\Leftarrow)$ $AB = 0$

$\Rightarrow$ AX & BX : 독립

$\Rightarrow$ $X'AX$ & $X'BX$: 독립.

$(\Leftarrow)$ $X'AX$ & $X'BX$: 독립

$\Rightarrow$ $X'AX \sim \chi^2(r_1, \delta_1)$, $X'BX \sim \chi^2(r_2, \delta_2)$이고 서로 독립

$\Rightarrow$ $X'(A+B)X \sim \chi^2(r_1 + r_2, \delta_1 + \delta_2)$ (가법성)

$\Rightarrow$ $A+B$: 멱등행렬 ([정리 12])

$\Rightarrow$ $A+B = (A+B)^2$

$= A+B+AB+BA$ (A,B: 멱등행렬)

$\Rightarrow$ $0 = AB + BA$

$\Rightarrow$ $0 = A(AB+BA)$

$= AB + ABA$ (A: 멱등행렬)

$\Rightarrow$ $0 = (AB + ABA)A$

$= ABA + ABA$ (A: 멱등행렬)

$\Rightarrow$ $0 = AB$.

다음의 [정리 18]과 [정리 19]는 이차형식 통계량의 분포와 독립성을 함께 보이는

도구로 사용되는 유용한 정리이다.

정리 18 Cochran 정리

$X \sim N_n(\mu, I)$일 때, $Q = X'AX$, $Q_j = X'A_jX\ (j=1,2, \cdots ,m)$라고 하자. 다음 관계

$$Q = Q_1 + Q_2 + \cdots + Q_m \quad (\Leftrightarrow \quad A = A_1 + A_2 + \cdots + A_m)$$

를 만족하는 $(m+1)$개의 이차형식 Q와 $Q_1, Q_2, \cdots , Q_m$에 대해 다음 조건

(i) $Q \sim \chi^2(r)$

(ii) $Q_i \sim \chi^2(r_i), \quad i = 1,2, \cdots, m-1$

(iii) Q_m : 비음정치($n.n.d.$)행렬

을 만족하면 다음 사실이 성립한다.

(a) $Q_1, Q_2, \cdots, Q_m$은 서로 독립이고,

(b) $Q_m \sim \chi^2(r_m)$을 따른다. 여기서 $r_m = r - r_1 - \cdots - r_{m-1}$이다.

|Remark| [정리 18]은 $X \sim N_n(\mu, \sigma^2 I)\ (\sigma^2 > 0)$일 때, Q/σ^2, $Q_j/\sigma^2\ (j=1,2, \cdots,m)$에 대해 동일하게 적용된다.

예제 4 $X_{ij}\ (i=1,2, \cdots, a;\ j=1,2, \cdots, b)$를 $N(\mu, \sigma^2)$으로부터의 크기 $n=ab$인 확률표본이라고 하자. 제곱합(Q)을 다음과 같이 분해하자.

$$\begin{aligned} abS^2(\equiv Q) &= \sum_i^a \sum_j^b (X_{ij} - \overline{X})^2 \\ &= \sum_i^a \sum_j^b [(X_{ij} - \overline{X}_{i\cdot}) + (\overline{X}_{i\cdot} - \overline{X})]^2 \end{aligned}$$

$$= \sum_i^a \sum_j^b (X_{ij} - \overline{X}_{i\cdot})^2 + b\sum_i^a (\overline{X}_{i\cdot} - \overline{X})^2$$
$$\equiv Q_1 + Q_2 .$$

명백히 Q_1, Q_2는 X_{ij}들의 이차형식이고(연습문제 4번), 다음 조건

(i) $\frac{abS^2}{\sigma^2} \; (= \frac{Q}{\sigma^2}) \sim \chi^2(ab-1)$

(ii) $\frac{Q_1}{\sigma^2} = \sum_i^a \left[\frac{\sum_j^b (X_{ij} - \overline{X}_{i\cdot})^2}{\sigma^2} \right] \overset{d}{=} \sum_i^a \chi^2(b-1) \sim \chi^2(a(b-1))$

(iii) $Q_2 = b\sum_i^a (\overline{X}_{i\cdot} - \overline{X})^2 \geq 0$

을 만족하므로, [정리 18]에 의해 Q_1과 Q_2는 독립이고, $Q_2/\sigma^2 \sim \chi^2(a-1)$이다. ■

|Remark| 위의 사실로부터

$$\frac{Q_2/\sigma^2(a-1)}{Q_1/\sigma^2(a(b-1))} = \frac{Q_2/(a-1)}{Q_1/a(b-1)} \sim F(a-1,\, a(b-1))$$

임을 알 수 있다. 이 결과는 ANOVA에서 $F-$검정통계량으로 사용된다.

예제 5 단순회귀모형

$$Y_i = \alpha + \beta(x_i - \overline{x}) + \epsilon_i, \;\; \epsilon_i \sim i.i.d. \; N(0, \sigma^2) \;\; (i = 1, 2, \cdots, n)$$

에서 σ^2의 최대가능도추정량인 $\widehat{\sigma^2} = \frac{1}{n}\sum [Y_i - \hat{\alpha} - \hat{\beta}(x_i - \overline{x})]^2$의 분포는 다음과 같이 구해진다. 관계식

$$\begin{aligned} Q &= \sum_{i=1}^{n}\{Y_i - \alpha - \beta(x_i - \bar{x})\}^2 \\ &= \sum_{i=1}^{n}\left[\{Y_i - \hat{\alpha} - \hat{\beta}(x_i - \bar{x})\} + (\hat{\alpha} - \alpha) + (\hat{\beta} - \beta)(x_i - \bar{x})\right]^2 \\ &= n(\hat{\alpha} - \alpha)^2 + (\hat{\beta} - \beta)^2 \sum_{i=1}^{n}(x_i - \bar{x})^2 + n\widehat{\sigma^2} \\ &\equiv Q_1 + Q_2 + Q_3 \end{aligned}$$

에서 Q, Q_1, Q_2, Q_3는 $Y_i - \alpha - \beta(x_i - \bar{x})\ (i = 1,2,\cdots,n)$들의 이차형식이며(연습문제 6번), $\frac{Q}{\sigma^2} \sim \chi^2(n)$, $\frac{Q_1}{\sigma^2} \sim \chi^2(1)$, $\frac{Q_2}{\sigma^2} \sim \chi^2(1)$이고 $\frac{Q_3}{\sigma^2} > 0$이므로, [정리 18]에 의해 (i) Q_1, Q_2, Q_3는 독립이고, (ii) $\frac{Q_3}{\sigma^2} = \frac{n\widehat{\sigma^2}}{\sigma^2} \sim \chi^2(n-2)$이다. ▪

[주목] σ^2의 MLE 대신 불편추정량 $\widehat{\sigma^2} = \frac{1}{n-2}\sum[Y_i - \hat{\alpha} - \hat{\beta}(x_i - \bar{x})]^2$의 분포도 유사하다.

또한 위의 결과로부터

$$T_1 = \frac{\sqrt{n}(\hat{\alpha} - \alpha)/\sigma}{\sqrt{Q_3/[\sigma^2(n-2)]}} = \frac{\hat{\alpha} - \alpha}{\sqrt{\widehat{\sigma^2}/(n-2)}} \sim t(n-2),$$

$$T_2 = \frac{\sqrt{\sum(x_i - \bar{x})^2}(\hat{\beta} - \beta)/\sigma}{\sqrt{Q_3/[\sigma^2(n-2)]}} = \frac{\hat{\beta} - \beta}{\sqrt{n\widehat{\sigma^2}/\left[(n-2)\sum(x_i - \bar{x})^2\right]}} \sim t(n-2)$$

임을 알 수 있고, 이 사실을 이용하면 α와 β에 대한 신뢰구간을 구할 수 있다. 아울러 σ^2에 대한 신뢰구간 역시 위의 결과 (ii)로부터 구할 수 있다.

정리 19 (Fisher–)Cochran 정리

$X \sim N_n(\mu, I)$일 때, $Q_j = X'A_jX\ (j = 1,2,\ \cdots,m)$이라고 하자. 제곱합($X'X$)이 다음과 같이

$$X'X = Q_1 + Q_2 + \ \cdots\ + Q_m, \quad \text{rank}(A_j) = r_j\ (j = 1,2,\ \cdots,m)$$

으로 분해될 때, 다음이 성립한다.

$$r_1 + r_2 + \cdots + r_m = n$$

$$\Leftrightarrow \quad Q_1, Q_2, \cdots, Q_m : \text{독립} \ \& \ Q_j \sim \chi^2(r_j, \delta_j) \ (j=1,2,\cdots,m)$$

여기서 $\delta_j = \mu' A_j \mu \ (j=1,2, \cdots,m)$이다.

증명 $(\Rightarrow)$ 먼저 $X'X = Q_1 + Q_2 + \cdots + Q_m \ \Rightarrow \ I = A_1 + A_2 + \cdots + A_m$이다. 또한, $r_1 + r_2 + \cdots + r_m = n$이면

$$\begin{aligned} n = \text{rank}(I) &\le \text{rank}(A_i) + \text{rank}(I - A_i) \\ &= \text{rank}(A_i) + \text{rank}\Big(\sum_{j \ne i} A_j\Big) \\ &\le \text{rank}(A_i) + \sum_{j \ne i} \text{rank}(A_j) \\ &= \sum_{i=1}^{m} r_i = n \end{aligned}$$

이므로

$$\text{rank}(A_i) + \text{rank}(I - A_i) = n \ \ (i=1,\cdots,m)$$

이고, 이는 대칭행렬 A_i에 대해, (i) A_i가 멱등행렬임을 의미한다. 유사한 방법으로 $A_i + A_j \ (i \ne j)$가 멱등행렬임을 보일 수 있으며, 이는 (ii) $A_i A_j = 0 \ (i \ne j)$임을 의미한다(연습문제 3번). 따라서, (i)과 (ii)로부터 다음이 성립한다.

$$Q_1, Q_2, \cdots, Q_m : \text{독립} \ \& \ Q_j \sim \chi^2(r_j, \delta_j) \ (j=1,2, \cdots,m).$$

$(\Leftarrow)$ 만약 $Q_1, Q_2, \cdots, Q_m$: 독립 & $Q_j \sim \chi^2(r_j, \delta_j) \ (j=1,2, \cdots,m)$이면, $A_1, A_2, \cdots, A_m$은 멱등행렬이고, $A_i A_j = 0 \ (i \ne j)$이다. 따라서

$$\begin{aligned} n &= \mathrm{tr}(I) \\ &= \mathrm{tr}(A_1 + \cdots + A_m) \qquad (I = A_1 + \cdots + A_m) \\ &= \mathrm{tr}(A_1) + \cdots + \mathrm{tr}(A_m) \\ &= \mathrm{rank}(A_1) + \cdots + \mathrm{rank}(A_m) \qquad (A_j : idempotent) \\ &= r_1 + \cdots + r_m \end{aligned}$$

이다.

|Remarks| 1. James(1952)는 다음의 3가지 성질이 동치임을 보였다.

(i) $r_1 + r_2 + \cdots + r_m = n$

(ii) A_m $(i = 1, 2, \cdots, m)$: 멱등행렬

(iii) $A_i A_j = 0$ for all $i \neq j$

2. [정리 19]는 $X \sim N_n(\mu, \sigma^2 I)$ $(\sigma^2 > 0)$일 때, Q_j / σ^2 $(j = 1, 2, \cdots, m)$에 대해 동일하게 적용된다.
3. [정리 19]는 $X \sim N_n(\mu, \Sigma)$에서, Σ가 정칙인 경우로 확장될 수 있다. 자세한 내용은 관련 서적을 참고하기 바란다.

예제 6 $X_1, X_2, \cdots, X_n$이 $N(\mu, \sigma^2)$으로부터의 확률표본일 때, $\overline{X}$와 S^2이 독립임을 보여라.

풀이 1: [정리 18] 이용

관계식 $\sum_{i=1}^{n}\left(\frac{X_i - \mu}{\sigma}\right)^2 = \sum_{i=1}^{n}\left(\frac{X_i - \overline{X}}{\sigma}\right)^2 + n\left(\frac{\overline{X} - \mu}{\sigma}\right)^2$을 $Q = Q_1 + Q_2$로 나타낼 때, Q, Q_1, Q_2는 각각 $Z_i = \frac{X_i - \mu}{\sigma}$들의 이차형식으로

$$Q = Z'Z = Z'AZ, \ A = I_n,$$

$$Q_1 = Z'A_1 Z, \ A_1 = I_n - \frac{1}{n} J_n,$$

$$Q_2 = Z'A_2Z, \ A_2 = \frac{1}{n}J_n$$

이다. 또한 $Q \sim \chi^2(n)$, $Q_2 \sim \chi^2(1)$이고 $Q_1 > 0$이므로, [정리 18]에 의해 Q_1과 Q_2는 독립이고 $Q_1 \sim \chi^2(n-1)$이다.

풀이 2: [정리 19] 이용

관계식

$$Q = Q_1 + Q_2 \ \Leftrightarrow \ Z'Z(= Z'AZ) = Z'A_1Z + Z'A_2Z$$

에서

$$\text{rank}(A) = n, \ \text{rank}(A_1) = n-1, \ \text{rank}(A_2) = 1$$

임을 쉽게 보일 수 있다(연습문제 7번). 따라서 [정리 19]에 의해 Q_1과 Q_2는 독립이고, 각각 $\chi^2(n-1)$과 $\chi^2(1)$을 따른다. ■

12.3 연습문제

1 [예제 2]에서 다음 사실이 성립함을 보여라.

(a) A_1 : 대칭 & 멱등행렬
(b) A_2 : 대칭 & 멱등행렬
(c) $A_1A_2 = 0$

2 [정리 15]의 증명 과정에서 V_1과 V_2의 *joint m.g.f.*가 다음과 같음을 보여라.

$$M_{V_1, V_2}(t_1, t_2) = |I - 2(t_1A + t_2B)|^{-1/2}$$

[Hint] [보조정리 2]의 증명과정과 동일함.

3 **(도전문제)** [예제 4]에서 Q_1, Q_2가 $X = (X_{11}, X_{12}, \cdots, X_{ab})'$의 이차형식임을 보여라.

[Hint] [예제 1]을 참고.

4 [예제 4]에서 $X_{ij} - \overline{X}$를 다음과 같이 분해할 때, 풀이 과정을 반복하고, 그 결과를 제시하여라. (단, 이차형식임을 보이는 과정은 계산이 지루하므로 생략해도 좋다).

(a) $X_{ij} - \overline{X} = (X_{ij} - \overline{X}_{\cdot j}) + (\overline{X}_{\cdot j} - \overline{X})$

(b) $X_{ij} - \overline{X} = (X_{i\cdot} - \overline{X}) + (\overline{X}_{\cdot j} - \overline{X}) + (X_{ij} - \overline{X}_{i\cdot} - \overline{X}_{\cdot j} + \overline{X})$

5 **(도전 문제)** [예제 5]에서 Q_1, Q_2, Q_3가 $Y_i - \alpha - \beta(x_i - \overline{x})$들의 이차형식임을 보여라.

6 [정리 19]의 증명 과정에서 $A_i + A_j$가 멱등행렬이면 $A_i A_j = 0 (i \neq j)$임을 보여라.

7 [예제 6]에서 $A = I_n$, $A_1 = I_n - \frac{1}{n} J_n$, $A_2 = \frac{1}{n} J_n$의 계수가 각각 $n, n-1, 1$임을 보여라.

[Hint] 행렬 P가 대칭이고 멱등이면 $\text{rank}(P) = \text{trace}(P)$임(12.0절 [결과 6]의 (ii)).

통계적 거리와 수학적 거리

– 마할라노비스 거리와 유클리드 거리

통계학에서는 가끔 데이터의 척도(scale) 단위로 '가까운 정도'를 측정한다. 척도는 종종 표준편차를 의미한다. 일변량 자료에 대해, 평균으로부터 1σ 떨어진 관측값은 3σ 떨어진 관측값보다 평균에 더 가깝다고 말한다. 정규분포를 비롯한 많은 분포에서 평균으로부터 1σ 주변의 값이 3σ 주변의 값보다 관측될 확률이 높기 때문이다. 정규분포를 따르는 자료에 대해, 평균으로부터의 거리는 소위 'z-스코어(z-score)'로 불리는 값으로 측정된다. 관측값 x에 대해 z-스코어는 $z=(x-\mu)/\sigma$으로 정의된다. 이 값은 "x가 평균으로부터 몇 σ 떨어져 있는가"를 나타내는 값이다.

마할라노비스 거리(Mahalanobis distance)는 일변량에서 정의된 'z-스코어'를 다변량으로 확장한 것이다. 아래의 그림은 이변량 정규분포로부터 발생된 난수와 함께, 밀도함수를 확률등고선(probability contour)의 형태로 나타낸 것이다. 그림 위의 두 점은 $(0, 2)$와 $(4, 0)$을 나타낸다. 이제 두 점(x)의 중심 $(0, 0)$으로부터의 거리를 생각하자. 수학적 거리인 유클리드 거리는 점 $(0, 2)$가 점 $(4, 0)$보다 더 가깝다. 이는 시각적으로 보여지는 거리와 일치한다. 반면 통계적 거리인 마할라노비스 거리는 그 결과가 반대로 나타난다. 마할라노비스 거리는 분포의 형태(분산과 공분산)를 고려한 통계적 거리로 더 안쪽 확률 등고선에 걸쳐 있는 점 $(4, 0)$이 중심에 더 가깝다고 말할 수 있다. 이변량 정규분포로부터 점 $(4, 0)$ 근처의 값이 점 $(0, 2)$ 근처의 값보다 관측될 확률이 더 높기 때문이다.

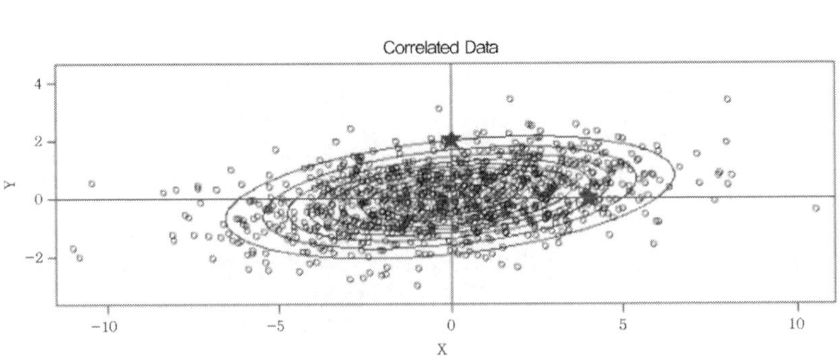

마할라노비스 거리의 수리

마할라노비스 거리는 다음의 절차로 구해진다. 평균이 μ이고, 공분산 행렬이 Σ인 다변량정규분포에 대해 다음의 콜레스키 변환(Cholesky transformation)

$$z = L^{-1}(x-\mu) \quad (L:\ \Sigma = LL')$$

을 통해 변수들 간의 상관성 제거(decorrelate)와 함께 표준화(standardize)를 수행할 수 있다. 이제 변환된 자료(z)에 대해 중심으로부터의 유클리드 거리(Euclidean distance)의 제곱은 $dist^2(z, 0) = zz'$이 된다. 이 값은 각 점(x)의 원점으로부터의 거리를 나타내는 측도이며, z-스코어를 다변량으로 일반화한 값이 된다.

이제 zz'을 상관된(correlated) 원 변수(original variable)의 항으로 재표현할 수 있다. 마할라노비스 거리의 제곱은 다음과 같이 정의된다.

$$\begin{aligned} Mahal^2(x, \mu) &= zz' \\ &= (L^{-1}(x-\mu))'(L^{-1}(x-\mu)) \\ &= (x-\mu)'(LL')^{-1}(x-\mu) \\ &= (x-\mu)'\Sigma^{-1}(x-\mu). \end{aligned}$$

[참고]

1. 마할라노비스 거리는 상관계수처럼 단위가 없으며(unitless), 척도-불변(scale-invariant)이다.
2. 위 식에서 Σ가 단위행렬(identity matrix)이면, 마할라노비스 거리는 x와 μ 간의 표준 유클리드 거리가 된다. Σ가 대각행렬(diagonal matrix)이면, 다음의 정규화된(normalized) 유클리드 거리가 된다. 즉, p차원의 경우

$$Mahal^2(x, \mu) = \sum_{i=1}^{p}\left(\frac{x_i - \mu_i}{\sigma_i}\right)^2$$

이 된다.

3. 마할라노비스 거리는 정규분포에 대해 음의 가능도함수(최솟값이 0이 되도록 상수를 더한)의 제곱근에 비례한다. 이 말은 동일한 확률 등고선상에 위치한 자료는 중심으로부터의 마할라노비스 거리가 같음을 의미한다.

즉, 마할라노비스 거리는 각 변수의 분산과 변수들 간의 공분산을 고려한 거리로 생각할 수 있다. 이 거리는 데이터를 표준화된 무상관(standardized uncorrelated) 자료로 변환한 뒤, 변환된 자료에 대해 유클리드 거리를 구한 것이다. 마할라노비스 거리는 일변량의 z-스코어를 다변량의 경우로 확장한 것으로, 데이터의 척도와 상관성을 고려한 거리의 측도이다.

마할라노비스 거리의 응용

1. 마할라노비스 거리는 다음과 같이 분포(상관관계)를 고려한 두 점(x, y) 사이의 비유사성(dissimilarity) 측도로 정의될 수 있다.

$$Mahal^2(x, y) = (x-y)'\Sigma^{-1}(x-y).$$

2. 마할라노비스 거리는 군집분석(cluster analysis)과 분류분석(classification)에 널리 사용된다. 이것은 다변량 검정에 사용되는 Hotelling의 T^2과 판별분석에서 Fisher의 선형판별분석과 밀접하게 연관되어 있다.
3. 마할라노비스 거리는 선형회귀모형에서 또는 다변량 자료에서의 이상점 탐지에 이용된다.

부록

기초 수학 정리

[1] 미분법

(1-1) 삼각함수

- $(\sin x)' = \cos x$
- $(\cos x)' = -\sin x$
- $(\tan x)' = \dfrac{1}{\cos^2 x} = \sec^2 x$
- $(\sec x)' = \sec x \cdot \tan x$
- $(\operatorname{cosec} x)' = -\operatorname{cosec} x \cdot \cot x$
- $(\cot x)' = -\operatorname{cosec}^2 x$

(1-2) 지수함수

- $y = a^x \rightarrow y' = a^x \ln a \quad (a > 0,\ a \neq 1)$
- $y = x^x \rightarrow y' = x^x(\ln x + 1) \quad (x > 0,\ x \neq 1)$

(1-3) 로그함수

- $y = \log_a x \rightarrow y' = \dfrac{1}{x \log a}$
- $y = \ln|f(x)| \rightarrow y' = \dfrac{f'(x)}{f(x)}$

(1-4) 역삼각함수

- $y = \sin^{-1} x \rightarrow y' = \dfrac{1}{\sqrt{1-x^2}}$
- $y = \cos^{-1} x \rightarrow y' = -\dfrac{1}{\sqrt{1-x^2}}$
- $y = \tan^{-1} x \rightarrow y' = \dfrac{1}{1+x^2}$
- $y = \cot^{-1} x \rightarrow y' = -\dfrac{1}{1+x^2}$
- $y = \sec^{-1} x \rightarrow y' = \dfrac{1}{|x|\sqrt{x^2-1}}$
- $y = \operatorname{cosec}^{-1} x \rightarrow y' = -\dfrac{1}{|x|\sqrt{x^2-1}}$

[2] 적분법

(2–1) 기본 공식

- $f(x)=\dfrac{1}{1+x^2} \rightarrow F(x)=\tan^{-1}x$

  $\left(\displaystyle\int \frac{1}{a^2+x^2}\,dx=\frac{1}{a}\tan^{-1}\left(\frac{x}{a}\right)\ (a>0)\right)$

- $f(x)=\dfrac{1}{\sqrt{a^2-x^2}} \rightarrow F(x)=\sin^{-1}\left(\dfrac{x}{a}\right)$

- $f(x)=\dfrac{1}{1-x^2} \rightarrow F(x)=\dfrac{1}{2}\ln\left|\dfrac{1+x}{1-x}\right|$

  $\left(\displaystyle\int \frac{1}{x^2-a^2}\,dx=\frac{1}{2a}\ln\left|\frac{x-a}{x+a}\right|\ (a>0)\right)$

※ 적분 시 치환 요령

- $\sqrt{a^2-x^2}$일 때 $x=a\sin\theta$
- $\sqrt{a^2+x^2}$일 때 $x=a\tan\theta$
- $\sqrt{x^2-a^2}$일 때 $x=a\sec\theta$

(2–2) 주요 적분 결과

① $\displaystyle\int \frac{1}{\sqrt{x^2+A}}\,dx=\ln\left|x+\sqrt{x^2+A}\right|$

② $\displaystyle\int \frac{1}{(x-a)(x-b)}\,dx=\frac{1}{a-b}\ln\left|\frac{x-a}{x-b}\right|\quad(a\neq b)$

③ $\displaystyle\int a^x\,dx=\frac{1}{\ln a}a^x\quad(a\neq 1,\ a>0)$

④ $\displaystyle\int \tan x\,dx=-\ln|\cos x|=\ln|\sec x|$

⑤ $\displaystyle\int \cot x\,dx=-\ln|\sin x|=-\ln|\mathrm{cosec}\,x|$

[증명] ① $\dfrac{d}{dx}\left\{\ln\left(x+\sqrt{x^2+A}\right)\right\}=\cdots$

② $\displaystyle\int \frac{1}{(x-a)(x-b)}\,dx=\int \frac{1}{a-b}\left(\frac{1}{x-a}-\frac{1}{x-b}\right)dx=\cdots$

③ $\displaystyle\int a^x\,dx=\int \left(e^{\ln a}\right)^x=\int e^{x\ln a}\,dx=\frac{1}{\ln a}e^{x\ln a}=\frac{1}{\ln a}a^x$

[3] 기타(조합론 등)

(3–1) 합 공식

- $\sum i = n\frac{(n+1)}{2}$
- $\sum i^2 = \frac{n(n+1)(2n+1)}{6}$
- $\sum i^3 = \left[\frac{n(n+1)}{2}\right]^2$
- $\sum i^4 = \frac{n(n+1)(2n+1)(3n^2+3n+1)}{30}$
- $\sum_{j=0}^{n-1} ar^j = a\frac{1-r^n}{1-r}$

(3–2) 조합 공식

- $\sum_{j=0}^{n}\binom{a}{j}\binom{b}{n-j} = \binom{a+b}{n}$
- $\binom{n+1}{k} = \binom{n}{k} + \binom{n}{k-1},\ n=1,2,\cdots\ ;\ k=0,\ \pm 1,\ \pm 2,\cdots$
- $$\begin{aligned}\binom{-n}{k} &= \frac{(-n)(-n-1)\cdots(-n-k+1)}{k!} \\ &= (-1)^k\ \frac{n(n+1)\cdots(n+k-1)}{k!} \\ &= (-1)^k\binom{n+k-1}{k}\end{aligned}$$

(3–3) 이항급수

- $(1+t)^n = \sum_{j=0}^{n}\binom{n}{j}t^j$
  - o $(1-t)^n = \sum_{j=0}^{n}\binom{n}{j}(-1)^j t^j$
  - o $2^n = \sum_{j=0}^{n}\binom{n}{j}$
  - o $0 = \sum_{j=0}^{n}(-1)^j\binom{n}{j}$

(3-4) 음이항급수

- $(1-x)^{-n} = \sum_{j=0}^{\infty} \binom{-n}{j} (-x)^j$

$$= \sum_{j=0}^{\infty} \binom{n+j-1}{j} x^j, \quad -1 < x < 1$$

  o $(1-x)^{-1} = \sum_{j=0}^{\infty} x^j$ (기하급수)

  o $(1-x)^{-2} = \sum_{j=0}^{\infty} (j+1) x^j$

(3-5) 감마함수 관련

- $\Gamma(t) = \int_0^{\infty} y^{t-1} e^{-y}\, dy \quad \text{for } t > 0$

  o $\Gamma(t+1) = t\,\Gamma(t)$

  o $t = n$(: integer) $\Rightarrow \Gamma(n+1) = n!$

- Stirling의 공식:

  $n! \sim e^{-n} n^{n+1/2} \sqrt{2\pi} \quad \text{as } n \to \infty$

- Duplication 공식:

  $\Gamma(t+\frac{1}{2}) = \frac{\Gamma(2t+1)}{\Gamma(t+1)\,4^t} \sqrt{\pi} \quad \text{for } t > 0$

  o $t = n$(: 정수) $\Rightarrow$

  $\Gamma(n+\frac{1}{2}) = \frac{1 \cdot 3 \cdot 5 \cdot \cdots \cdot (2n-1)}{2^n} \sqrt{\pi}$

  & 특히, $\Gamma(\frac{1}{2}) = 2\Gamma(\frac{3}{2}) = \sqrt{\pi}$.

(3-6) 테일러 급수 전개

- $f(x)$의 $x = a$에서의 테일러 급수 전개:

$$f(x) = f(a) + f^{(1)}(x)(x-a) + \frac{f^{(2)}(a)}{2!}(x-a)^2 + \cdots + \frac{f^{(n)}(a)}{n!} + R_n,$$

여기서 $f^{(i)}(a) = \left.\dfrac{d^i f(x)}{dx^i}\right|_{x=a}$,

$$R_n = \frac{f^{(n+1)}(c)}{(n+1)!}(x-a)^{n+1} \quad (a \le c \le x)$$

[예 1] $f(x) = e^x$ & $a = 0$

$$\Rightarrow e^x = 1 + x + \frac{x^2}{2!} + \frac{x^3}{3!} + \cdots \text{ for } -\infty < x < \infty$$
$$= \sum_{j=0}^{\infty} \frac{x^i}{j!}$$

[예 2] $f(x) = (1-x)^t$ & $a = 0$

$$\Rightarrow f^{(1)}(x) = -t(1-x)^{t-1},$$
$$f^{(2)}(x) = t(t-1)(1-x)^{t-2},$$
$$\cdots$$
$$f^{(j)}(x) = (-1)^j t(t-1)\cdots(t-j+1)(1-x)^{t-j}$$

$$\therefore f(x) = (1-x)^t \text{ for } -1 < x < 1$$
$$= \sum_{j=0}^{\infty} (-1)^j t(t-1)\cdots(t-j+1)\frac{x^j}{j!}$$
$$= \sum_{j=0}^{\infty} \binom{t}{j}(-x)^j$$

- $t = -n \Rightarrow (1-x)^{-n} = \sum_{j=0}^{\infty} \binom{-n}{j}(-x)^j$ for $-1 < x < 1$

$$= \sum_{j=0}^{\infty} \binom{n-j-1}{j} x^j$$

- $t = -1 \Rightarrow (1-x)^{-1} = \sum_{j=0}^{\infty} x^j$
- $t = -2 \Rightarrow (1-x)^{-2} = \sum_{j=0}^{\infty} (j+1)x^j$

[예 3] $f(x) = \ln(1+x)$ & $a = 0$

$$\Rightarrow \ln(1+x) = x - \frac{x^2}{2!} + \frac{x^3}{3!} - \frac{x^4}{4!} + \cdots \text{ for } -1 < x \le 1$$

연습문제 답안

1장

1.5-1 (a) $\frac{5}{64}, \frac{15}{16}$ (b) $\frac{11}{24}, \frac{7}{32}$

1.5-2 $\frac{8}{15}$

1.5-3 $\frac{26}{81}$

1.5-4 (a) $\frac{1}{4}+\frac{1}{2}e^{-1/2}(\approx 0.5533)$ (b) $\frac{3}{4}, \frac{11}{16}$

1-1 (b) $E(|X-a|)=\int_{-\infty}^{\infty}|x-a|f(x)dx$이고, 이를 a에 대해 미분하여 최솟값을 찾고자 한다. 다만, 절댓값 함수 $|x-a|$는 a에서 미분할 수 없으므로 다음과 같이 구간별로 나누어 계산한다: 즉,

$$|x-a|=\begin{cases} a-x, & x\le a \\ x-a, & x>a \end{cases} \quad \& \quad \frac{d}{da}|x-a|=\begin{cases} 1, & x\le a \\ -1, & x>a \end{cases}$$

이므로 $\frac{d}{da}E(\,|\,X-a\,|\,)=\int_{-\infty}^{\infty}\frac{d}{da}\,|\,x-a\,|\,\cdot f(x)dx=\int_{-\infty}^{a}f(x)dx-\int_{a}^{\infty}f(x)dx$

$=P(X\le a)-P(X>a)$이고, 따라서 $\frac{d}{da}E(|X-a|)=0$을 만족하는 a는 $P(X\le a)=P(X>a)$을 만족하는 값으로 $a=\text{med}(X)$이다.

1-2 (a) $\frac{31}{12}, \frac{167}{144}$ (b) $\frac{7}{16}$

1-4 (a) $0, -\frac{6}{7}$ (b) $0, 0$

1-6 (i) [정리 1]로부터 $\int_0^{\infty}[1-F(x)]dx=\int_0^{\infty}P(X>x)dx=\int_0^{\infty}yf_X(y)dy$이고,

$$\int_{-\infty}^{0}F(x)\,dx=\int_{-\infty}^{0}P(X\le x)\,dx=\int_{-\infty}^{0}\int_{-\infty}^{x}f_X(y)\,dydx=\int_{-\infty}^{0}\int_{-y}^{0}f_X(y)\,dxdy$$
$$=\int_{-\infty}^{0}f_X(y)\left(\int_{-y}^{0}dx\right)dy=\int_{-\infty}^{0}yf_X(y)\,dy$$

이므로, $E(X)=\int_0^{\infty}[1-F(x)]dx-\int_{-\infty}^{0}F(x)\,dx$이다.

(ii) $$\int_0^{\infty}2x\,[1-F(x)]\,dx=\int_0^{\infty}2xP(X>x)\,dx=\int_0^{\infty}2x\int_x^{\infty}f_X(y)\,dydx$$
$$=\int_0^{\infty}\int_0^{y}2xf_X(y)\,dxdy=\int_0^{\infty}f_X(y)\left(\int_0^{y}2x\,dx\right)dy=\int_0^{\infty}y^2f_X(y)dy.$$

$$\int_0^{\infty}2x\,F(-x)\,dx=\int_0^{\infty}2xP(X\le -x)\,dx=\int_0^{\infty}2x\int_{-\infty}^{-x}f_X(y)\,dydx$$
$$=\int_{-\infty}^{0}\int_0^{-y}2xf_X(y)\,dxdy=\int_{-\infty}^{0}f_X(y)\left(\int_0^{-y}2x\,dx\right)dy=\int_{-\infty}^{0}y^2f_X(y)\,dy.$$

$\therefore\ E(X^2)=\int_0^{\infty}2x[1-F(x)+F(-x)]\,dx$. 또한, 다음이 성립한다.

$$\int_0^{\infty} xF(-x)\,dx = \int_0^{-\infty} (-y)F(y)(-dy)\ \ (by\ letting\ y \equiv -x)$$
$$= \int_0^{-\infty} yF(y)\,dy = -\int_{-\infty}^{0} xF(x)\,dx.$$

2장

2-1 (a) $f(x) = \frac{5-x}{10}, \quad x = 1,2,3,4$ (b) 2, 1

3장

3-1 (a) 10, 20 (b) $\chi^2_{0.1}(10)$

3-7 (a) $e^{-\lambda l}$

4장

4.2-1 $\frac{p}{2-p}$

4.3-1 (a) $f_X(x) = 3x^2, \quad 0 < x < 1$; $f_Y(y) = \frac{3}{2}(1-y^2), \quad 0 < y < 1$;

$f(x|y) = \frac{2x}{1-y^2}, \quad y < x < 1\,(0 < y < 1)$ (b) $\frac{23}{44}, \frac{5}{12}$

4.5-1 $Var(Y)(1-\rho^2_{X,Y})$

4.5-4 $Y = -aX + b$로부터, (i) $EY = -aEX + b$이고, 따라서 $b = EY + aEX = (1+a)EX$이다($\because EX = EY$), (ii) $EY^2 = E(b-aX)^2 = b^2 - 2abEX + a^2EX^2$이고, 이로부터 $(1-a^2)EX^2 + 2abEX - b^2 = 0$이다($\because EX^2 = EY^2$). (i)을 (ii)에 대입하면

$$\begin{aligned}&(1-a^2)EX^2 + 2a(1+a)(EX)^2 - (1+a)^2(EX)^2 = 0\\ &\Rightarrow (1-a^2)EX^2 + (a^2-1)(EX)^2 = 0\\ &\Rightarrow (1-a^2)\,Var(X) = 0\\ &\Rightarrow 1-a^2 = 0\ \ (\because)\ Var(X) = (N^2-1)/12 > 0\ \text{for}\ N > 1\end{aligned}$$

이다. 따라서 $a = 1(a > 0$이므로)이고, $b = N+1$이다.

4-3 (a) $M(t_1, t_2) = (1-t_1-t_2)^{-1}(1-t_2)^{-1}, \quad t_1 + t_2 < 1,\ t_2 < 1$

4-4 (a) $f(y) = \frac{3}{2}(1-y^2), \quad 0 < y < 1$ (b) $\frac{x(1-x)(x+2)}{3(x+1)}(0 < x < 1)$

(c) $-\frac{13}{320}$ (d) 독립이 아님

4-5 (a) $f(x,y) = \frac{x}{3}\binom{x}{y}\left(\frac{1}{2}\right)^x, \quad x = 1,2;\ y = 0,1,\cdots,x$ (b) $\frac{5}{6}, \frac{17}{36}$

4-6 $\frac{1}{18}$

4-8 (a) $(Z|U=u) \overset{d}{=} [uX_1+(1-u)X_2|U=u] \overset{d}{=} uX_1+(1-u)X_2 \quad (\because)\ g(X_1, X_2), U: indep.$

$\sim N(0, u^2+(1-u)^2)$

4추-1 (a) 0

4추-2 (a) $f(x, y)=1, \quad y-1<x<1-y, 0<y<1$; $E(Y|X=x)=\begin{cases} \dfrac{1+x}{2}, & -1<x<0 \\ \dfrac{1-x}{2}, & 0<x<1 \end{cases}$

(b) $\dfrac{1}{3}, \dfrac{7}{23}$ (c) $Corr(X,Y)=0$; 독립이 아님

4추-4 (a) $\dfrac{21}{4}$ (b) $\dfrac{987}{48}$

4심-1 (a) $\dfrac{11}{6}$ (b) $\dfrac{47}{36}$

4심-2 (a) $M_S(t)=\exp(\dfrac{\mu t}{\lambda-t}), \quad t<\lambda$

(b) $\dfrac{\mu}{\lambda}, \dfrac{2\mu}{\lambda^2}$

(c) $P(S>10)=E(I_{\{S>10\}})=E_N[E(I_{\{S>10\}}|N)]=E_N[P(S>10|N)]$. $S|N=n \sim \Gamma(n,1)$ 이므로,

$$P(S>10|N=n)=\int_{10}^{\infty}\frac{1}{\Gamma(n)}s^{n-1}e^{-s}ds=\frac{1}{(n-1)!}\left\{\left[s^{n-1}(-e^{-s})|_{10}^{\infty}\right]+\int_{10}^{\infty}(n-1)s^{n-2}e^{-s}ds\right\}$$
$$=\cdots=\sum_{j=0}^{n-1}\frac{10^j e^{-j}}{j!}.$$

$$\therefore\ P(S>10)=E_N\left[\sum_{j=0}^{N-1}\frac{e^{-10}10^j}{j!}\right]=E_N\left[\sum_{j=0}^{N-1}P(N=j)\right], N\sim Poisson(10)$$
$$=E_N[P(N<N)]=E_N(0)=0.$$

4심-3 (a) X의 분포는 두 정규분포의 혼합으로, $X=I_1X_1+I_2X_2$로 표현할 수 있다. 여기서 I_1은 낮은 변동성을 가지는 날인지를 나타내는 지시함수이고, $I_2=1-I_1$이며, $X_j \sim N(0, \sigma_j^2)(i=1,2)$이고, I_1, X_1, X_2는 상호독립이다.

$$Var(X)=E[Var(X|I_1)]+Var[E(X|I_1)]$$
$$=E[I_1^2\sigma_1^2+(1-I_1)^2\sigma_2^2]+Var(0)$$
$$=p\sigma_1^2+(1-p)\sigma_2^2 \quad (\because)\ I_1^2=I_1, I_2^2=I_2.$$

(b) 먼저 $(I_1X_1+I_2X_2)^4=I_1X_1^4+I_2X_2^4$ 이다. 그 이유는 I_1I_2가 항상 영이므로, 모든 교차항이 영이 된다. 따라서 $E(X^4)=E(I_1X_1^4+I_2X_2^4)=3p\sigma_1^4+3q\sigma_2^4$이다.

또한 $E(X)=E(I_1X_1)+E(I_2X_2)=0$이므로, X의 첨도는

$$Kurtosis(X)=\frac{E(X-\mu)^4}{\sigma^4}-3=\frac{3p\sigma_1^4+3q\sigma_2^4}{(p\sigma_1^2+q\sigma_2^2)^2}-3.$$

[참고] ($E(X^4)$의 다른 계산)

$$E(X^4)=E[E(X^4\mid I_1)]=E(X^4\mid I_1=1)\,p+E(X^4\mid I_1=0)\,q=3p\sigma_1^4+3q\sigma_2^4.$$

4심-4 (a) 7000 (b) 6000 (c) $\dfrac{3}{4}$

4심-5 $W=(W_1,W_2)=a_1(X_1,Y_1)+\cdots+a_n(X_n,Y_n)$의 결합적률생성함수는

$$\begin{aligned}M_W(t)&=M_{W_1,W_2}(t_1,t_2)=E[\exp(t_1W_1+t_2W_2)]\\&=E\left[\exp\left\{t_1\left(\sum a_iX_i\right)+t_2\left(\sum a_iY_i\right)\right\}\right]\\&=E\left[\exp\left\{\sum(t_1a_iX_i+t_2a_iY_i)\right\}\right]\\&=\prod M_{X_i,Y_i}(a_it_1,a_it_2)\quad(\because)\ (X_i,Y_i)'s:indep.\\&=\prod\exp\left[\mu_{i1}(a_it_1)+\mu_{i2}(a_it_2)+\frac{1}{2}\left\{\sigma_{i1}^2(a_it_1)^2+2\rho\sigma_{i1}\sigma_{i2}(a_it_1)(a_it_2)+\sigma_{i2}^2(a_it_2)^2\right\}\right]\\&=\exp\left[\left(\sum a_i\mu_{i1}\right)t_1+\left(\sum a_i\mu_{i2}\right)t_2+\frac{1}{2}\left\{\left(\sum a_i^2\sigma_{i1}^2\right)t_1^2+\left(2\rho\sum a_i^2\sigma_{i1}\sigma_{i2}\right)t_1t_2+\left(\sum a_i^2\sigma_{i2}^2\right)t_2^2\right\}\right]\end{aligned}$$

이다. 이 식은 $N_2\left(\sum_{i=1}^n a_i\mu_i,\ \sum_{i=1}^n a_i^2\Sigma_i\right)$분포의 적률생성함수이다.

5장

5.1-5 $f_Z(z)=-\ln z,\quad 0<z<1$

5.1-6 $F_W(w)=P(X/Y\le w)=\displaystyle\int\int_{x/y\le w} f(x,y)\,dxdy$

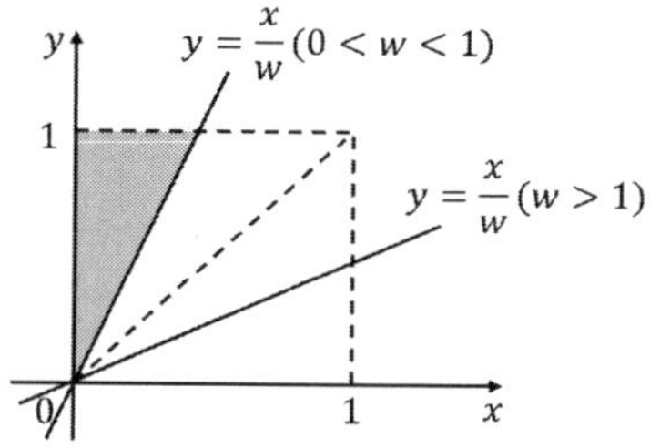

$$=\begin{cases}\displaystyle\int_0^w\int_{x/w}^1 1\,dydx=\frac{w}{2}, & 0<w<1\\ \displaystyle 1-\int_0^1\int_0^{x/w}1\,dydx=1-\frac{1}{2w}, & w>1\\ 0, & otherwise\end{cases}\qquad \therefore f_W(w)=F'(w)=\begin{cases}\dfrac{1}{2}, & 0<w<1\\ \dfrac{1}{2w^2}, & w>1\\ 0, & otherwise\end{cases}$$

5.2-1 $g(y)=\dfrac{1}{3},\quad y=5,8,11$

5.2-2 $g(y)=\dbinom{n}{\sqrt{y}}p^{\sqrt{y}}(1-p)^{n-\sqrt{y}},\quad y=0,1,4,9,\cdots,n^2$

5.2-3 $g(y)=\dbinom{y+r-1}{r-1}(1-p)^yp^r,\quad y=0,1,2,\cdots$

5.2-4 [방법 1] $T: y_1=x_1+x_2, y_2=x_2 \ \to\ T^{-1}: x_1=y_1-y_2, x_2=y_2$이고

T는 $A=\{(x_1,x_2)\mid x_1=0,1,\cdots,n_1; x_2=0,1,\cdots,n_2\}$에서

$B=\{(y_1,y_2)\mid y_1=0,1,\cdots,n_1+n_2; y_2=0,1,\cdots,y_1\}$로의 1−1 변환이다. 따라서

$$g(y_1,y_2)=f(y_1-y_2,y_2)$$
$$=\binom{n_1}{y_1-y_2}\binom{n_2}{y_2}p^{y_1}(1-p)^{n_1+n_2-y_1},\quad (y_1,y_2)\in B$$

이고, 이로부터

$$g_1(y_1)=\sum_{y_2=0}^{y_1}\binom{n_1}{y_1-y_2}\binom{n_2}{y_2}p^{y_1}(1-p)^{n_1+n_2-y_1}$$
$$=\binom{n_1+n_2}{y_1}p^{y_1}(1-p)^{n_1+n_2-y_1},\quad y_1=0,1,\cdots,n_1+n_2$$

이다. 즉, $Y_1\sim B(n_1+n_2,p)$이다.

[방법 2] $f(y)=P(X_1+X_2=y),\quad y=0,1,\cdots,n_1+n_2$

$$=\sum_{\substack{x_1+x_2=y\\x_1=0,1,\cdots,n_1\\x_2=0,1,\cdots,n_2}}\sum P(X_1=x_1,X_2=x_2)=\sum_{x_1=0}^{y}P(X_1=x_1,X_2=y-x_1)$$
$$=\sum_{x_1=0}^{y}P(X_1=x_1)P(X_2=y-x_1)=\sum_{x_1=0}^{y}\binom{n_1}{x_1}p^{x_1}(1-p)^{n_1-x_1}\times\binom{n_2}{y-x_1}p^{y-x_1}(1-p)^{n_2-y+x_1}$$
$$=\sum_{x_1=0}^{y}\binom{n_1}{x_1}\binom{n_2}{y-x_1}p^{y}(1-p)^{n_1+n_2-y}=\binom{n_1+n_2}{y}p^{y}(1-p)^{n_1+n_2-y}.$$

5.3-5 (a) $g(y)=\frac{1}{2}e^{-\frac{y}{2}},\quad 0<y<\infty$

5.3-7 $T: u=\min(x,y),\ v=\max(x,y) \quad\Rightarrow T$는 $A=\{(x,y)|0<x<1,0<y<1\}$에서 $B=\{(u,v)|0<u<v<1\}$로의 2−1 변환이다.

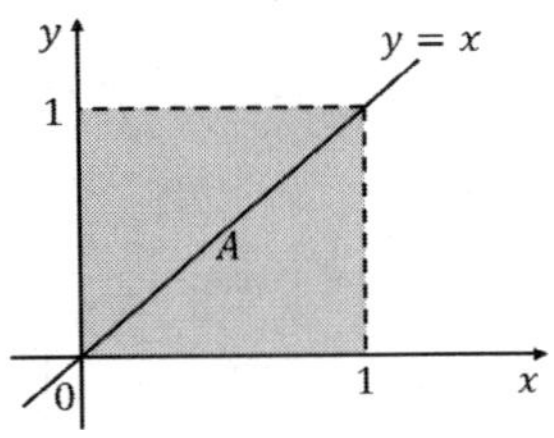

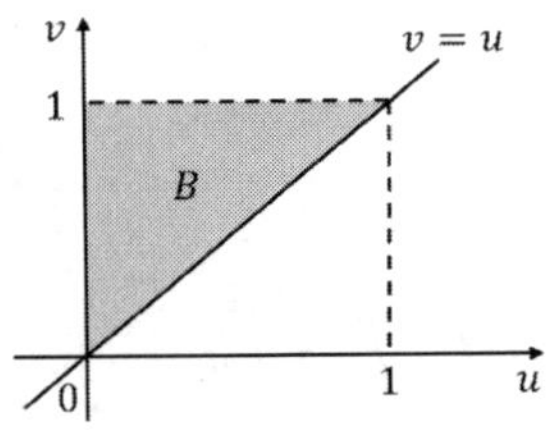

공간 A를 $A_1\equiv\{(x,y)|0<x<y<1\}$과 $A_2\equiv\{(x,y)|0<y<x<1\}$로 나누면
$T_1: u=\min(x,y),\ v=\max(x,y)$은 A_1에서 B로의 1−1 변환이고,
$T_2: u=\min(x,y),\ v=\max(x,y)$는 A_2에서 B로의 1−1 변환이다. 이때
$T_1^{-1}: u=x,\ v=y$ & $J_1=1$이고, $T_2^{-1}: u=y,\ v=x$ & $J_2=-1$이다. 따라서

$$g_{U,V}(u,v)=f_{X,Y}(u,v)|J_1|+f_{X,Y}(v,u)|J_2|=\frac{12}{7}(u+v)^2,\quad 0<u<v<1.$$

5.3-8 $g_{1,2}(y_1,y_2)=\dfrac{1}{\Gamma\left(\frac{r_1}{2}\right)\Gamma\left(\frac{r_2}{2}\right)2^{\frac{r_1+r_2}{2}}}y_2^{\frac{r_1+r_2}{2}-1}e^{-\frac{y_2}{2}}\cdot y_1^{\frac{r_1}{2}-1}\dfrac{1}{(1+y_1)^{\frac{r_1+r_2}{2}}},\quad 0<y_1,y_2<\infty$

5.4-2 $N(\mu_1-\mu_2, \sigma_1^2+\sigma_2^2)$

5.4-3 $M_Y(t)=\frac{1}{36}(e^{2t}+4e^{3t}+10e^{4t}+12e^{5t}+9e^{9t})$

5.5-1 $1-(1-e^{-5})^4$

5.5-3 $h(z)=\begin{cases}12z^2, & 0<z<\frac{1}{2}\\ 12z^2-24z+12, & \frac{1}{2}<z<1\end{cases}$

5-1

u	0	1	4
$P(U=u)$	$1-2\theta+\frac{3}{2}\theta^2$	$2\theta(1-\theta)$	$\frac{1}{2}\theta^2$

5-2 $g(y)=\begin{cases}\frac{1}{4}, & -2<y<-1\\ \frac{1}{2}, & -1<y<\frac{1}{2}\end{cases}$

5-3 $T: y_1=u_1(x_1), y_2=u_2(x_2) \rightarrow T^{-1}: x_1=w_1(y_1), x_2=w_2(y_2)$이라 할 때, T는 R^2에서 R^2으로의 1-1 변환이며 $J=\begin{vmatrix}w_1'(y_1) & 0\\ 0 & w_2'(y_2)\end{vmatrix}=w_1'(y_1)w_2'(y_2)$이다. 따라서

$$g(y_1,y_2)=f_1(w_1(y_1))f_2(w_2(y_2))|w_1'(y_1)||w_2'(y_2)|$$

이므로, Y_1과 Y_2는 독립이다.

5-5 $g(y_1,y_2)=\frac{1}{2\pi\sqrt{y_2}}\exp\left(-\frac{2y_1^2}{2}-\frac{y_2}{2}\right), \quad -\infty<y_1<\infty, 0<y_2<\infty$

5-6 $g(y_1,y_2)=\frac{1}{\pi}\frac{1}{2\sqrt{y_1-y_2^2}}e^{-\frac{y_1}{2}}, \quad -\sqrt{y_1}<y_2<\sqrt{y_1}, 0<y_1<\infty$; 독립이 아님

5-7 $f(z_1,z_2)=5!\lambda^2(1-e^{-\lambda z_1})e^{-4\lambda z_1}\cdot I_{(0,\infty)}(z_1)\times(1-e^{-\lambda z_2})e^{-2\lambda z_2}\cdot I_{(0,\infty)}(z_2)$; 독립임

5-8 확률적분변환에 의해, $F(X_1), F(X_2), \cdots, F(X_n) \sim i.i.d.\ U(0,1)$이며, 따라서 $F(X_{(1)}) \le F(X_{(2)}) \le \cdots \le F(X_{(n)})$은 $U(0,1)$으로부터의 순서통계량이다. $U_{(1)}=F(X_{(1)}), \cdots, U_{(n)}=F(X_{(n)})$이라 하면, $Y=U_{(n)}-U_{(1)}$이다. 따라서 Y의 분포는, 5.5절 [예제 2]로부터, $\beta(n-1,2)$이다.

5추-1 $g(y)=\begin{cases}\frac{\theta}{e}e^{-\theta y}, & y\ge\frac{1}{\theta}\\ \frac{\theta}{e}(e^{\theta y}+e^{-\theta y}), & 0<y<\frac{1}{\theta}\end{cases}$

5추-2 a) $y=\min(x,\frac{\theta}{2}), \quad 0<x<\theta$

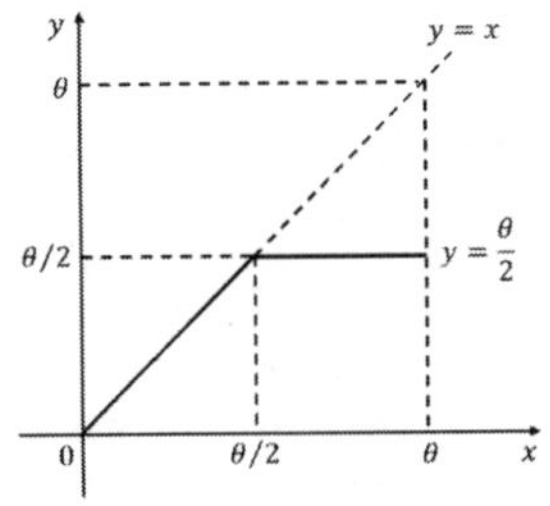

i) $0 \le y < \frac{\theta}{2}$인 경우: $G_Y(y) = P(Y \le y) = P(X \le y) = \int_0^y \frac{1}{\theta}\, dx = \frac{y}{\theta}$.

ii) $y = \frac{\theta}{2}$인 경우: $g_Y(y) = P(Y = \frac{\theta}{2}) = P(\frac{\theta}{2} < X < \theta) = \int_{\theta/2}^{\theta} \frac{1}{\theta} dx = \frac{1}{2}$.

$$\therefore\ y \sim G(y) = \begin{cases} 0, & y < 0 \\ \frac{y}{\theta}, & 0 \le y < \frac{\theta}{2} \\ 1, & y \ge \frac{\theta}{2} \end{cases}$$

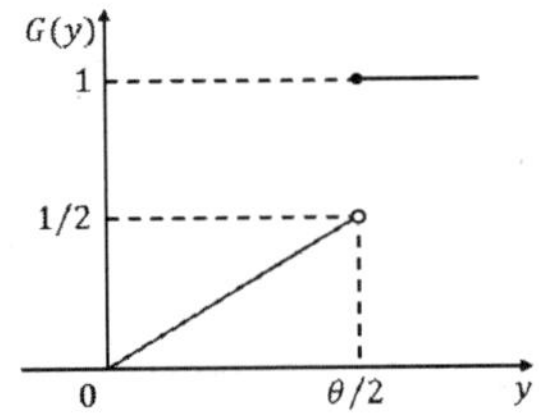

5추-3 $G_Y(y) = \begin{cases} 0, & y < 0 \\ y^2, & 0 \le y < \frac{1}{2} \\ 1, & y \ge \frac{1}{2} \end{cases}$

5추-4 $G_Y(y) = \begin{cases} 0, & y < 0 \\ \frac{y+2}{4}, & 0 \le y < 1 \\ 1, & y \ge 1 \end{cases}$

5추-5
$$\begin{aligned} h_X(x) &= \int_{-\infty}^{\infty} h(x,y)dy = \int_{-\infty}^{\infty} f(x)g(y)\left[1+\alpha\{2F(x)-1\}\{2G(y)-1\}\right] dy \\ &= \int_{-\infty}^{\infty} f(x)g(y)dy + f(x)\alpha\left[2F(x)-1\right]\int_{-\infty}^{\infty} g(y)\left[2G(y)-1\right]dy. \end{aligned}$$

여기서

$$\begin{aligned} \int_{-\infty}^{\infty} g(y)[2G(y)-1]dy &= E[2G(Y)-1] \\ &= E(2U-1), \quad U \equiv G(Y) \sim U(0,1)\ \ by\ p.i.t. \\ &= \int_0^1 (2u-1)du = 0 \end{aligned}$$

이므로 $h_X(x) = f(x)$이다. 같은 방법으로 $h_Y(y) = g(y)$임을 보일 수 있다. 또한, '$h(x,y) = f(x)g(y) \Leftrightarrow \alpha = 0$'이 성립한다.

5추-6 (a) $P(U=u) = (u-1)\theta^2(1-\theta)^{u-2}$, $u = 2,3,\cdots$. 즉, $U \sim NB(2,\theta)$.

(b) $P(X=x|U=u) = \frac{1}{u-1}$, $x = 1,2,\cdots,u-1$. 즉, $X|U=u \sim U\{1,2,\cdots,u-1\}$.

(c) $\dfrac{2^2 \times 3^4}{5^5} = \dfrac{324}{3625} (\approx 0.104)$, $\dfrac{2}{5}$

5심-1 $g_{R,\Theta}(r,\theta) = re^{-\frac{r^2}{2}} \cdot I_{(0,1)}(r) \times \dfrac{1}{2\pi} \cdot I_{(0,2\pi)}(\theta)$; R과 Θ는 독립임

5심-2 $g(y) = \dfrac{2}{\pi\sqrt{1-y^2}}, \quad 0 < y < 1$

5심-3 변환 $u = \min(x,y), v = x - y$일 때, $B = \{(u,v) | u = 0,1,2,\cdots; v = 0, \pm 1, \pm 2, \cdots\}$이다. $A_1 = \{(x,y) | x < y\}$, $A_2 = \{(x,y) | x \geq y\}$라고 할 때, 위 변환은 A_1에서 B로의 1-1 변환이고, 또한 A_2에서 B로의 1-1 변환이다. 따라서

$$\begin{aligned} P(U=u, V=v) &= P(X=u, Y=u-v) \cdot I_{(x<y)} + P(X=v+u, Y=u) \cdot I_{(x \geq y)} \\ &= p^2(1-p)^{2u-v} \cdot I_{(v<0)} \cdot I_{(u \geq 0)} + p^2(1-p)^{2u+v} \cdot I_{(v \geq 0)} \cdot I_{(u \geq 0)} \\ &= p^2(1-p)^{2u+|v|} \cdot I_{\{0,\pm1,\pm2,\cdots\}}(v) \cdot I_{\{0,1,2,\cdots\}}(u) \\ &= p(1-p)^{2u}(2-p) \cdot I_{\{0,1,2,\cdots\}}(u) \times \frac{p(1-p)^{|v|}}{2-p} \cdot I_{\{0,\pm1,\pm2,\cdots\}}(v) \\ &= P(U=u) \times P(V=v) \end{aligned}$$

이므로, U와 V는 독립이다.

5심-4

$$\begin{aligned} G_{S_N}(z) &= P(S_N \leq z) = \sum_{n=1}^{\infty} P(S_N \leq z | N=n) \cdot P(N=n) \\ &= \sum_{n=1}^{\infty} \left[\int_0^z \frac{\lambda^n}{\Gamma(n)} u^{n-1} e^{-\lambda u} du \right] \cdot p(1-p)^{n-1} \\ &= \int_0^z \lambda p e^{-\lambda u} \sum_{n=1}^{\infty} \frac{[\lambda u(1-p)]^{n-1}}{(n-1)!} du \\ &= \int_0^z \lambda p e^{-\lambda u} \cdot e^{(1-p)\lambda u} du \\ &= \lambda p \int_0^z e^{-p\lambda u} du = 1 - e^{-\lambda p z}. \end{aligned}$$

$\therefore$ $g_{S_N}(z) = G_{S_N}{}'(z) = \lambda p e^{-\lambda p z}, \quad z > 0.$ 즉, $S_N \sim \mathcal{E}(\lambda p)$.

5심-5 (a) $T \sim \mathcal{E}(\lambda_1 + \lambda_2)$ & $S \sim B(1,p)$, $p = \dfrac{\lambda_1}{\lambda_1 + \lambda_2}$.

(b)

$$\begin{aligned} f_{T,S}(t,1) &= P(\min(X,Y) = t, X < Y) = P(X=t, t<Y) \\ &= P_X(X=t) \cdot P_Y(Y>t) = \lambda_1 e^{-\lambda_1 t} \cdot e^{-\lambda_2 t} = \lambda_1 e^{-(\lambda_1+\lambda_2)t}. \end{aligned}$$

$$\begin{aligned} f_{T,S}(t,0) &= P(\min(X,Y) = t, X \geq Y) = P(Y=t, X \geq t) \\ &= P_Y(Y=t) \cdot P_X(X \geq t) = \lambda_2 e^{-\lambda_2 t} \cdot e^{-\lambda_1 t} = \lambda_2 e^{-(\lambda_1+\lambda_2)t}. \end{aligned}$$

$\therefore$ $f_{T,S}(t,s) = (\delta\lambda_1 + (1-\delta)\lambda_2) \cdot e^{-(\lambda_1+\lambda_2)t}, \quad \delta = 0,1 (t>0).$

5심-6 [방법 1] $f_{X,Y}(x,y) = p^2(1-p)^{x+y-2}, \quad x,y = 1,2,\cdots.$

$T: z = y - x,\ w = y \rightarrow T^{-1}: x = w - z,\ y = w$이고 T는 $A = \{(x,y) | x = 1,2,\cdots;$ $y = 1,2,\cdots\}$에서 $B = \{(z,w) | w - z = 1,2,\cdots; w = 1,2,\cdots\}$로의 1-1 변환이다. 따라서

$$g_{Z,W}(z,w) = f(w-z, w) = p^2(1-p)^{2w-z-2}, \quad (z,w) \in B$$

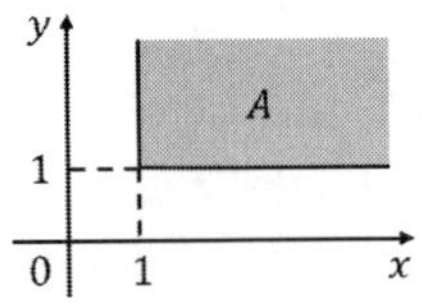

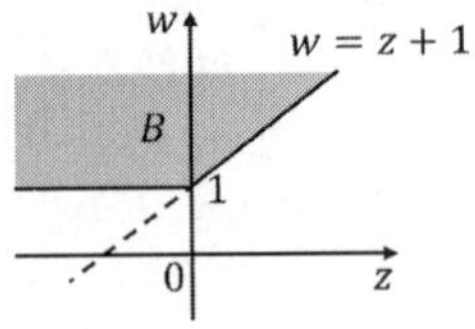

이고, 이로부터

$$g_Z(z)=\sum_{w\in B}g_{Z,W}(z,w)=\begin{cases}\sum_{w=1}^{\infty}p^2(1-p)^{2w-z-2}, & z=-1,-2,\cdots\\ \sum_{w=z+1}^{\infty}p^2(1-p)^{2w-z-2}, & z=0,1,\cdots\end{cases}$$

$$=\begin{cases}p^2(1-p)^{-z-2}\sum_{w=1}^{\infty}(1-p)^{2w}=p^2(1-p)^{-z-2}\times\dfrac{(1-p)^2}{1-(1-p)^2}\\ p^2(1-p)^{-z-2}\sum_{w=z+1}^{\infty}(1-p)^{2w}=p^2(1-p)^{-z-2}\times\dfrac{(1-p)^{2(z+1)}}{1-(1-p)^2}\end{cases}$$

$$=\begin{cases}\dfrac{p(1-p)^{-z}}{2-p}, & z=-1,-2,\cdots\\ \dfrac{p(1-p)^{z}}{2-p}, & z=0,1,\cdots\end{cases}$$

[방법 2] $Z=Y-X \;\rightarrow\; z=0,\pm1,\pm2,\cdots.$

$$g_Z(z)=P(Y-X=z)$$
$$=\sum\sum_{(x,y)\in A}P(X=x,\,Y=y),\quad A=\{(x,y)\,|\,y-x=z,\ x,y=1,2,\cdots\}$$

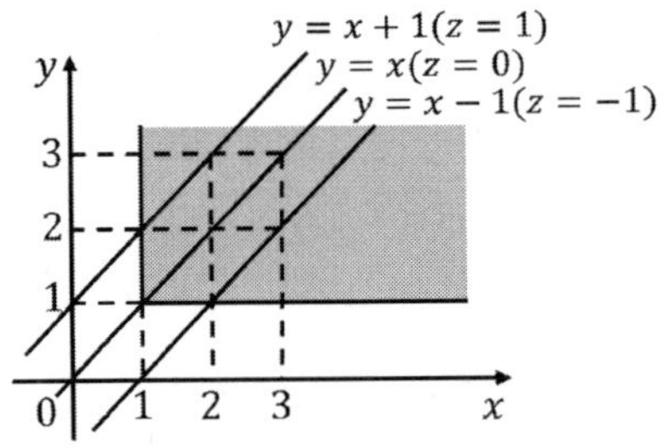

$$=\begin{cases}\sum_{x=1}^{\infty}P(X=x,\,Y=z+x), & z=0,1,\cdots\\ \sum_{x=-z+1}^{\infty}P(X=x,\,Y=z+x), & z=-1,-2,\cdots\end{cases}$$

$$=\begin{cases}\sum_{x=1}^{\infty}p(1-p)^{x-1}\cdot p(1-p)^{z+x-1}=p^2(1-p)^{z-2}\times\dfrac{1}{(2-p)p}\\ \sum_{x=-z+1}^{\infty}p(1-p)^{x-1}\cdot p(1-p)^{z+x-1}=p^2(1-p)^{z-2}\times\dfrac{(1-p)^{2(1-z)}}{(2-p)p}\end{cases}$$

$$=\begin{cases}\dfrac{p(1-p)^{z}}{2-p}, & z=0,1,\cdots\\ \dfrac{p(1-p)^{-z}}{2-p}, & z=-1,-2,\cdots\\ 0, & otherwise\end{cases}$$

5심-7 $y_1 = x_1 + x_2 + x_3,\ y_2 = x_1 + x_2,\ y_3 = x_1$이라 할 때,

$(Y_1, Y_2, Y_3) \sim g(y_1, y_2, y_3) = 1, \quad 0 < y_3 < 1,\ 0 < y_2 - y_3 < 1,\ 0 < y_1 - y_2 < 1.$

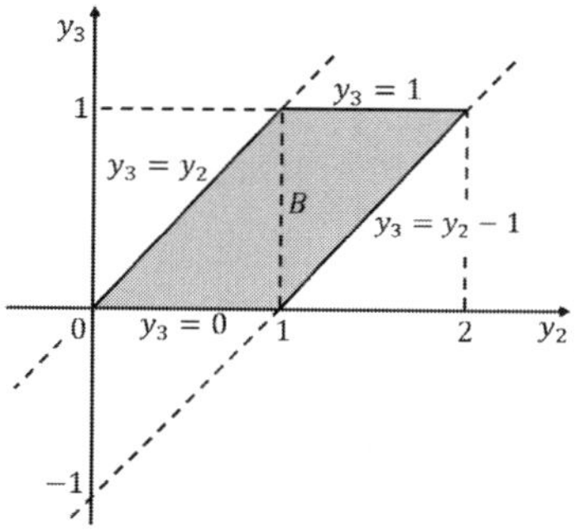

이로부터 $(Y_1, Y_2) \sim g(y_1, y_2) = \begin{cases} y_2, & 0 < y_2 < 1,\ 0 < y_1 - y_2 < 1 \\ 2 - y_2, & 1 < y_2 < 2,\ 0 < y_1 - y_2 < 1 \end{cases}.$

위 식에서 $B_1 \equiv \{(y_1, y_2) \mid 0 < y_2 < 1,\ 0 < y_1 - y_2 < 1\}$,

$B_2 \equiv \{(y_1, y_2) \mid 1 < y_2 < 2, 0 < y_1 - y_2 < 1\}$이라 하자.

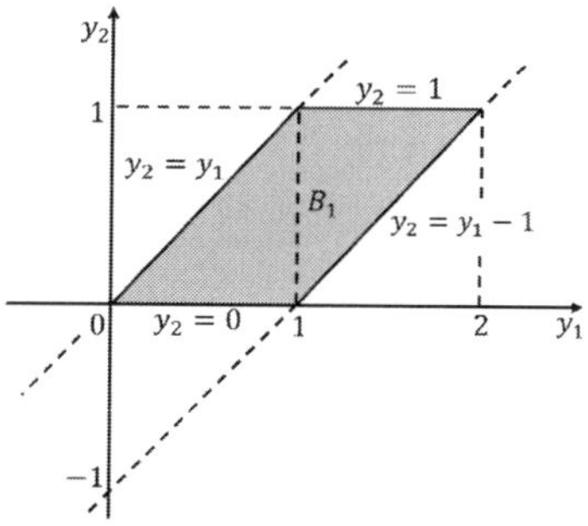

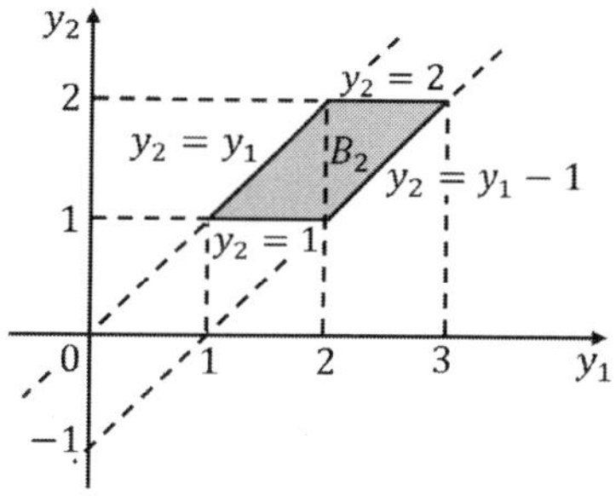

$$\text{이로부터 } Y_1 \sim g(y_1) = \begin{cases} \dfrac{1}{2}y_1^2, & 0 < y_1 < 1 \\ -y_1^2 + 3y_1 - \dfrac{3}{2}, & 1 < y_1 < 2 \\ \dfrac{1}{2}y_1^2 - 3y_1 + \dfrac{9}{2}, & 2 < y_1 < 3 \end{cases}$$

(cf. 5.7절 [예제 3]).

5심-8 $g_V(v) = \begin{cases} \dfrac{1}{4} - \dfrac{1}{2}\ln v, & 0 < v < 1 \\ \dfrac{1}{4v^2}, & 1 < v < \infty \end{cases}$

5심-9 $g(y_1, y_2) = 4y_1(1 - y_1^2) \cdot I_{(0,1)}(y_1) \times \dfrac{1}{\pi} \cdot I_{(-\frac{\pi}{2}, \frac{\pi}{2})}(y_2)$; Y_1과 Y_2는 독립이고,

$Y_2 \sim U(-\dfrac{\pi}{2}, \dfrac{\pi}{2})$.

5심-10 $J = \begin{vmatrix} -y_1 e^{-\frac{y_1^2 + y_2^2}{2}} & -y_2 e^{-\frac{y_1^2 + y_2^2}{2}} \\ \dfrac{1}{2\pi} \dfrac{-(y_2/y_1^2)}{1 + (y_2^2/y_1^2)} & \dfrac{1}{2\pi} \dfrac{(1/y_1)}{1 + (y_2^2/y_1^2)} \end{vmatrix} = \dfrac{1}{2\pi} e^{-\frac{y_1^2 + y_2^2}{2}}$ 임.

5심-11 $f(x_1, x_2) = \frac{1}{2\pi} e^{-\frac{x_1^2 + x_2^2}{2}}, \quad -\infty < x_1, x_2 < \infty$. $T: r = \sqrt{x_1^2 + x_2^2}, \ \theta = \tan^{-1}\left(\frac{x_2}{x_1}\right)$

$\Rightarrow x_1^2 + x_2^2 = r^2, \ \frac{x_2}{x_1} = \tan\theta = \frac{\sin\theta}{\cos\theta} \Rightarrow x_1^2 = r^2\cos^2\theta, \ x_2^2 = r^2\sin^2\theta$. 이때 T는

$A = \{(x_1, x_2) \mid -\infty < x_1 < \infty, \ -\infty < x_2 < \infty\}$에서 $B = \left\{(r, \theta) \mid r > 0, \ -\frac{\pi}{2} < \theta < \frac{\pi}{2}\right\}$로의 2-1 변환이다.

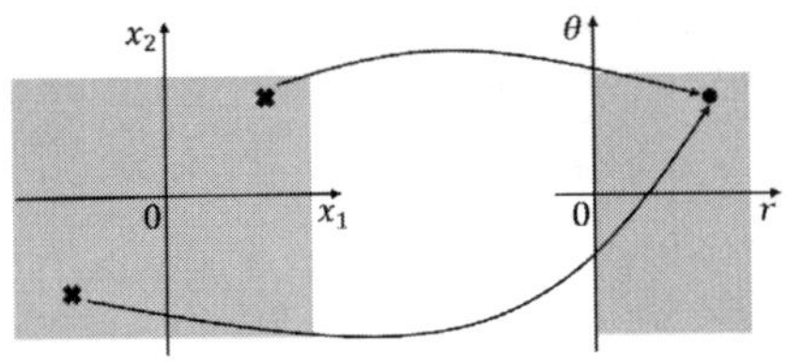

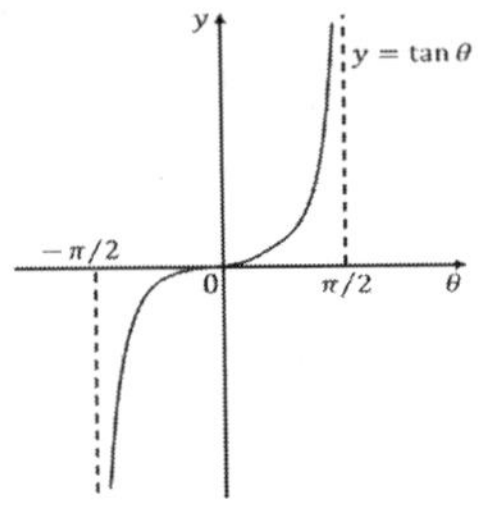

A를
$A_1 = \{(x_1, x_2) \mid 0 < x_1 < \infty, \ -\infty < x_2 < \infty\}$와
$A_2 = \{(x_1, x_2) \mid -\infty < x_1 < 0, \ -\infty < x_2 < \infty\}$로 나누면,

$T_1 : r = \sqrt{x_1^2 + x_2^2}, \theta = \tan^{-1}\left(\frac{x_2}{x_1}\right)$은 A_1에서 B로의 1-1 변환이며

$T_1^{-1} : x_1 = r\cos\theta, \ x_2 = r\sin\theta \ \& \ J_1 = \begin{vmatrix} \cos\theta & -r\sin\theta \\ \sin\theta & r\cos\theta \end{vmatrix} = r$

이고, $T_2 : r = \sqrt{x_1^2 + x_2^2}, \theta = \tan^{-1}\left(\frac{x_2}{x_1}\right)$는 A_2에서 B로의 1-1 변환이며

$T_2^{-1} : x_1 = -r\cos\theta, \ x_2 = -r\sin\theta \ \& \ J_2 = \begin{vmatrix} -\cos\theta & r\sin\theta \\ -\sin\theta & -r\cos\theta \end{vmatrix} = r$이다. 따라서

$f_{R,\Theta}(r, \theta) = \frac{1}{2\pi} e^{-\frac{1}{2}r^2} \cdot (2r) = r e^{-\frac{1}{2}r^2} \cdot I_{(0,\infty)}(r) \times \frac{1}{\pi} \cdot I_{(-\pi/2, \pi/2)}(\theta)$.

즉, $\Theta \sim U(-\frac{\pi}{2}, \frac{\pi}{2}) \ \& \ \frac{1}{2}R^2 \sim \mathcal{E}(1)$이고, Θ와 R은 독립이다.

5심-13 (a) $g_{R,T}(r, t) = \frac{n(n-1)}{(2\sqrt{3}\sigma)^2} r^{n-2}, \quad \mu - \sqrt{3}\sigma < t - \frac{r}{2} < t + \frac{r}{2} < \mu + \sqrt{3}\sigma$.

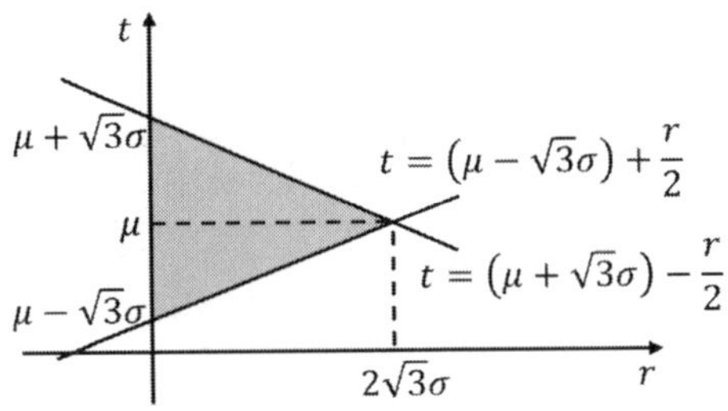

(b) $g_R(r)=\dfrac{n(n-1)}{(2\sqrt{3}\sigma)^n}r^{n-2}(2\sqrt{3}\sigma-r),\quad 0<r<2\sqrt{3}\sigma,$

$$g_T(t)=\begin{cases}\dfrac{n}{2\sqrt{3}\sigma}\left(\dfrac{t-\mu}{\sqrt{3}\sigma}+1\right)^{n-1}, & \mu-\sqrt{3}\sigma<t<\mu\\ \dfrac{n}{2\sqrt{3}\sigma}\left(1-\dfrac{t-\mu}{\sqrt{3}\sigma}\right)^{n-1}, & \mu<t<\mu+\sqrt{3}\sigma\end{cases}$$

6장

6.1-1 $0,\ \dfrac{r}{r-2}(r>2)$

6.1-5 (a) $\sqrt{\dfrac{n}{n+1}}$ (b) $a(\mu-10)\times\dfrac{\Gamma(\frac{n-2}{2})}{\Gamma(\frac{n-1}{2})\sqrt{2}}\sqrt{\dfrac{\sigma^2}{n-1}}$

6.3-3 $W_n=\dfrac{U_n}{V_n},\quad U_n=\dfrac{1}{\sqrt{n}}(X_1+X_2+\cdots+X_n),\ V_n=\dfrac{1}{n}(X_1^2+X_2^2+\cdots+X_n^2).$

$U_n\sim N(0,1)$이고 $V_n\xrightarrow{p}1$이므로, $W_n=\dfrac{U_n}{V_n}\xrightarrow{d}N(0,1).$

6.4-1 $Y_n\xrightarrow{d}0$

6.5-2 $\dfrac{\sqrt{n}(\overline{X}_n-\mu)}{\sqrt{\overline{X}_n}}\xrightarrow{d}N(0,1)$

6.5-3 $T_n=\dfrac{(\overline{X}_n-\overline{Y}_n)-(\mu_1-\mu_2)}{\sigma\sqrt{2/n}}\Big/\dfrac{\hat{\sigma}_n\sqrt{2/n}}{\sigma\sqrt{2/n}}\xrightarrow{d}N(0,1)$

7장

7.2-1 $\hat{\theta}=2\overline{X}$

7.2-3 $\hat{\mu}=\overline{X},\ \hat{\sigma^2}=\dfrac{1}{n}\sum(X_i-\overline{X})^2$

7.3-1 (a) $\overline{X}$ (b) $\overline{X}$ (c) $\mathrm{med}X_i$ (d) $\hat{\theta}=X_{(1)}$

7.3-2 $\hat{\theta}=X_{(1)},\ \hat{\alpha}=\dfrac{n}{\sum\ln X_i-n\ln X_{(1)}}\left(=n/\ln\left(\dfrac{\prod X_i}{X_{(1)}^n}\right)\right)$

7.3-4 $\dfrac{\sum X_i^2}{2n}$

7.4.2-3 (a) $\sum X_i$ (b) $(\sum X_i,\prod X_i)$ (c) $\sum X_i$

(d) $(\sum X_i,\sum Y_i,\sum X_i^2,\sum Y_i^2,\sum X_iY_i)$ 또는 $(\overline{X},\overline{Y},S_X^2,S_Y^2,\sum X_iY_i)$

7.4.3-4 $E(X_1|\overline{X})=E\left(\overline{X}\cdot\dfrac{X_1}{\overline{X}}|\overline{X}\right)=\overline{X}\cdot E\left(\dfrac{X_1}{\overline{X}}|\overline{X}\right)=\overline{X}\cdot E\left(\dfrac{X_1}{\overline{X}}\right)$ $(\because)$ $\overline{X},\ \dfrac{X_1}{\overline{X}}$: *indep.*

$$= \overline{X} \cdot \frac{E(X_1)}{E(\overline{X})} \quad (\because)\ E(X_1) = E\left(\overline{X} \cdot \frac{X_1}{\overline{X}}\right) = E(\overline{X}) \cdot E\left(\frac{X_1}{\overline{X}}\right) \quad (\because \overline{X}, \frac{X_1}{\overline{X}}: indep.)$$

$$= \overline{X}.$$

7.6-2 $\dfrac{\theta^2 c^2 e^{-2c\theta}}{n}$

7.6-3 $\dfrac{\theta^4}{n}$

7.7-1 $N(0, \theta e^{-2\theta})$

7.7-2 $N(0, c^2\theta^2 e^{-2c\theta})$

7-2 $\hat{p} = \hat{p}(X) = \begin{cases} \frac{1}{4}, & \text{if } X=0 \\ \frac{3}{4}, & \text{if } X=1 \end{cases} \Leftrightarrow \hat{p} = \dfrac{2X+1}{4}$

7-3 $N_i = \sum_{j=1}^{n} X_{ji} (i=1,2)$이라 할 때, $T=(N_1, N_2)$은 $\theta(0<\theta<1)$에 대한 충분통계량이고 $T \sim Multinomial(n, p_1(\theta), p_2(\theta), p_3(\theta))$이다. 따라서 T의 밀도함수

$$g(\theta, t) = \frac{n!}{n_1! n_2! n_3!}\{p_1(\theta)\}^{n_1}\{p_2(\theta)\}^{n_2}\{p_3(\theta)\}^{n_3} \quad (n_3 = n - n_1 - n_2)$$

로부터, $\ln g(\theta;t) = (2n_1+n_2)\ln\theta + (n_2+2n_3)\ln(1-\theta) + const(w.r.t.\ \theta)$이다. 따라서 θ의 최대가능도추정량은 $\frac{\partial}{\partial\theta}\ln g(t;\theta) = \frac{2n_1+n_2}{\theta} - \frac{n_2+2n_3}{1-\theta} \equiv 0$을 만족하는 값으로 $\hat{\theta} = \frac{N_1}{n} + \frac{N_2}{2n}$이다(여기서, $\frac{\partial^2}{\partial\theta^2}\ln g(t;\theta) = -\frac{2n_1+n_2}{\theta^2} - \frac{n_2+2n_3}{(1-\theta)^2} < 0$임).

7-4 (a) $\hat{\theta} = 2\left(1 - \dfrac{\sum|X_i|}{n}\right)$

(b) $\hat{\theta} = 2 - 2S^2$, $S^2 = \frac{1}{n}\sum(X_i - \overline{X})^2$ (또는 $\hat{\theta} = 2 - 2M_2$, $M_2 = \frac{1}{n}\sum X_i^2$)

7-5 (a) $I(x) = \begin{cases} 1, & 0 < x \le 1/2 \\ 0, & 1/2 < x \le \theta \end{cases}$ 이라 할 때, $f(x) = 1^{I(x)}\left(\dfrac{1}{2\theta-1}\right)^{1-I(x)}$, $0 < x \le \theta$.

$\hat{\theta} = X_{(n)}$

(b) $\hat{\theta} = 4\overline{X} - 1$ (c) $E(\hat{\theta}) = \theta$, $Var(\hat{\theta}) = \dfrac{5\theta^2 - 2\theta + 1}{3n} \xrightarrow{n\to\infty} 0$; 일치성을 만족함

7-6 Basu에 의해 $\overline{X}$와 $\text{med}(X_i - \overline{X})$가 독립이므로(증명: 생략), $E(\text{med}X_i | \overline{X}) = \overline{X} + E[\text{med}(X_i - \overline{X}) | \overline{X}] = \overline{X} + E[\text{med}(X_i - \overline{X})]$이다. 또한 $(X_i - \overline{X}) \overset{d}{=} -(X_i - \overline{X})$이므로 $E[\text{med}(X_i - \overline{X})] = -E[\text{med}(X_i - \overline{X})]$이고, 따라서 $E[\text{med}(X_i - \overline{X})] = 0$이다.

7-7 $\dfrac{\sum X_i}{n}$, $\dfrac{n-1}{\sum X_i}$

7-8 (b) $\dfrac{nr-1}{nr} X_{(1)}$

7추-1 $L(\theta)=\prod_{i=1}^{n}f(x_i;\theta)=\prod_{i=1}^{n}\theta^{x_i-1}(1-\theta)^{1-I(x_i=r+1)}$. $\frac{d\ln L(\theta)}{d\theta}=0$으로부터

$$\hat{\theta}=\frac{\sum X_i-n}{\sum X_i-M},\quad M=\sum_{i=1}^{n}I_{(X_i=r+1)}.$$

7추-2 (i) $E[\varphi(X)]\underset{\theta}{\equiv}0,\quad \theta=0,\frac{1}{N},\cdots,1$

$$\Leftrightarrow \sum_{x=0}^{n}\frac{\binom{N\theta}{x}\binom{N-N\theta}{n-x}}{\binom{N}{x}}g(x)\underset{\theta}{\equiv}0 \quad (n\le D\text{인 경우를 가정: 즉, } x\le \min(n,D)=n)$$

$\theta=0$일 때, $E_0[g(X)]=g(0)\Rightarrow g(0)=0$

$\theta=\frac{1}{N}$일 때, $E_\theta[g(X)]=\frac{\binom{1}{0}\binom{N-1}{n}}{\binom{N}{n}}g(0)+\frac{\binom{1}{1}\binom{N-1}{n-1}}{\binom{N}{n}}g(1)=0\Rightarrow g(1)=0$

……

$g(0)=g(1)=\cdots=g(n)=0$ (귀납법에 의해)

$\Rightarrow g(x)=0$

(ii) $E_\theta(X/n)=\theta$ & X/n가 X(: C.S.S of θ)의 함수이므로, X/n은 θ의 UMVUE이다.

7추-3 (a) $e^{-\overline{X}}$ (b) $e^{-\lambda}$, $\frac{1}{n^2}\neq^{-\lambda}+\frac{1}{n^2}n(n-1)e^{-2\lambda}-e^{-2\lambda}$ (c) $\frac{\lambda e^{-2\lambda}}{n}$

(d) $e^{n\lambda(e^{-\frac{1}{n}}-1)}$, $e^{-\lambda}$

7추-4 (a) $E_\theta(Y_n-Y_1-\frac{n-1}{n+1})\underset{\theta}{=}0$. 완비성을 만족하지 않음.

(b) $\varphi(Y_1,Y_n)=Y_1-Y_n+\frac{n-1}{n+1}(\neq 0)$일 때, $E_\theta[\varphi(Y_1,Y_n)]\underset{\theta}{=}0$. 완비성을 만족하지 않음.

(c) $E_\theta[\varphi(Y_1,Y_n)]\underset{\theta}{\equiv}0$, φ: free of θ

$$\Rightarrow \int\int\varphi(y_1,y_n)f_{1,n}(y_1,y_n)\,dy_1dy_n\underset{\theta}{\equiv}0$$

$$\Rightarrow \int_{\theta_1}^{\theta_2}\left[\int_{\theta_1}^{y_n}\varphi(y_1,y_n)\cdot n(n-1)\left(\frac{y_n-\theta_1}{\theta_2-\theta_1}-\frac{y_1-\theta_1}{\theta_2-\theta_1}\right)^{n-2}\left(\frac{1}{\theta_2-\theta_1}\right)^2dy_1\right]dy_n\underset{\theta}{\equiv}0$$

$$\Rightarrow \int_{\theta_1}^{\theta_2}\int_{\theta_1}^{y_n}\varphi(y_1,y_n)(y_n-y_1)^{n-2}dy_1dy_n\underset{\theta}{\equiv}0,\quad \theta=(\theta_1,\theta_2),\theta_1<\theta_2$$

$$\Rightarrow \frac{\partial}{\partial\theta_2}\int_{\theta_1}^{\theta_2}\int_{\theta_1}^{y_n}\varphi(y_1,y_n)(y_n-y_1)^{n-2}dy_1dy_n\underset{\theta}{\equiv}0\quad\text{(by F. R. of I. C.)}$$

$$\Rightarrow \int_{\theta_1}^{\theta_2}\varphi(y_1,\theta_2)(\theta_2-y_1)^{n-2}dy_1\underset{\theta}{\equiv}0\Rightarrow -\varphi(\theta_1,\theta_2)(\theta_2-\theta_1)^{n-2}\underset{\theta}{\equiv}0$$

(by F. R. of I. C.)

$$\Rightarrow \underset{\theta}{\varphi(\theta_1,\theta_2)\equiv 0},\quad \theta=(\theta_1,\theta_2),\ \theta_1<\theta_2 \ \Rightarrow \underset{y}{\varphi(y_1,y_n)\equiv 0},\quad y=(y_1,y_n),\ y_1<y_n$$

7추-5 (a) $\hat{\mu}=\frac{1}{n}\sum_{i=1}^{n}W_i$, $\widehat{\sigma^2}=\frac{1}{n}\sum_{i=1}^{n}W_i^2-\left(\frac{1}{n}\sum_{i=1}^{n}W_i\right)^2$, $\hat{\rho}=\dfrac{\frac{1}{n-1}\sum_{i=1}^{n-1}W_iW_{i+1}-\left(\frac{1}{n}\sum_{i=1}^{n}W_i\right)^2}{\frac{1}{n}\sum_{i=1}^{n}W_i^2-\left(\frac{1}{n}\sum_{i=1}^{n}W_i\right)^2}$.

(b) (i) $-\dfrac{\sigma^2(1+\rho)}{2}$ (ii) $\dfrac{\sigma^2(1+\rho)}{2}$ (iii) $W_1=W_2$이면 $\hat{\rho}$은 정의되지 않음.

$W_1\neq W_2$일 때, $\hat{\rho}=-1$. 이때, $\hat{\rho}$은 관측 자료와 무관한 상수이므로 추정치로 적합하지 않음.

7추-6 (a) 적률추정치: $\hat{\lambda}=\frac{1}{\bar{t}}$, $\hat{\mu}=\bar{x}$, $\widehat{\sigma^2}=\frac{1}{n-1}\sum_{i=1}^{n}(x_i-\bar{x})^2$; 최대가능도추정치:

$\hat{\lambda}=\frac{1}{\bar{t}}$, $\hat{\mu}'=\bar{x}$, $\widehat{\sigma^2}'=\frac{1}{n}\sum_{i=1}^{n}(x_i-\bar{x})^2$. 여기서 $\bar{t}=\sum_{i=1}^{n-1}t_i/(n-1)$임.

(b) $\hat{\lambda}=\bar{y}/l$(시 구간의 길이가 같을 때); $\hat{\lambda}=\sum_{i=1}^{n}y_i/\sum_{i=1}^{n}l_i$(시 구간의 길이가 다를 때). 단, 시구간은 비-중복적임.

7심-1 N에 대한 가능도함수: $L(N|x)=\binom{D}{x}\binom{N-D}{n-x}/\binom{N}{n}$. x가 주어질 때, $L(N|x)$를 최대로 하는 N을 찾고자 한다(다만 N이 비음의 정수를 가지므로 미분을 이용할 수 없음). 다음의 가능도비를 생각하자.

$$\frac{L(N|x)}{L(N-1|x)}=\frac{\binom{D}{x}\binom{N-D}{n-x}/\binom{N}{n}}{\binom{D}{x}\binom{N-D-1}{n-x}/\binom{N-1}{n}}=\frac{\binom{N-D}{n-x}\binom{N-1}{n}}{\binom{N-D-1}{n-x}\binom{N}{n}}=\frac{(N-D)(N-n)}{N(N-D-n+x)}.$$

관계식

$$\frac{L(N|x)}{L(N-1|x)}>1 \ \Leftrightarrow\ (N-D)(N-n)>N(N-D-n+x) \ \Leftrightarrow\ N<\frac{nD}{x}$$

로부터, $[x]$='x의 정수 부분'이라 할 때,

$$L(N|x)>L(N-1|x) \quad \text{for} \quad N<\left[\frac{nD}{x}\right],$$
$$L(N|x)\le L(N-1|x) \quad \text{for} \quad N\ge\left[\frac{nD}{x}\right]$$

이므로, $L(N|x)$를 최대로 하는 N은 $\hat{N}=\left[\frac{nD}{x}\right]$이다.

7심-2 $p=(p_1,\cdots,p_k)$일 때, $f(x_1,\cdots,x_n;p)=p_1^{n_1}p_2^{n_2}\cdots p_k^{n_k}$, $n_i=\sum_{j=1}^{n}x_{ji}$이다. 이 분포는 지수족에 속하며 $T=(N_1,\cdots,N_{k-1})$는 p에 대한 충분통계량이고 $T\sim Multinomial(n,p_1,\cdots,p_k)$이다. 따라서 $g(p;t)=\dfrac{n!}{n_1!\cdots n_k!}p_1^{n_1}\cdots p_k^{n_k}$, $t=(n_1,\cdots,n_k)$로부터

$$\frac{1}{n}\ln g(p;t) = \sum_{i=1}^{k}\frac{n_i}{n}\ln p_i + const(w.r.t.\ p) = \sum_{i=1}^{k} w_i \ln p_i + const(w.r.t.\ p),\ w_i = \frac{n_i}{n}$$

이고, 이를 최대로 하는 p_i는 다음과 같이 구해진다. 관계식

$$\sum_{i=1}^{k} w_i \ln p_i - \sum_{i=1}^{k} w_i \ln w_i = \sum_{i=1}^{k} w_i \ln\frac{p_i}{w_i} \le \sum_{i=1}^{k} w_i\left(\frac{p_i}{w_i}-1\right) = 0 \quad (\because)\ \ln x \le x-1$$

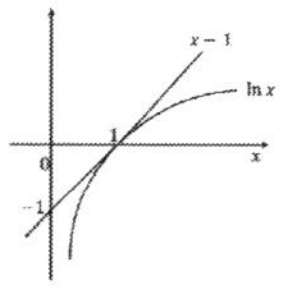

이 성립하므로 $\sum_{i=1}^{k} w_i \ln p_i \le \sum_{i=1}^{k} w_i \ln w_i$이고, 따라서 $\hat{p}_i = \frac{N_i}{n}$.

7심-3 (a) (i) (충분성) $Y = X_{(n)}$: S.S. for θ(by F−T)

(ii) (완비성) $E_\theta[\varphi(X)] = 0$ for all θ, φ: free of θ

$$\Rightarrow \sum_{y=1}^{\theta}\varphi(y)\frac{y^n-(y-1)^n}{\theta^{2=n}} = 0 \text{ for all } \theta$$

$$\Rightarrow \sum_{y=1}^{\theta}\varphi(y)\,[y^n-(y-1)^n] = 0 \text{ for all } \theta$$

$$\Rightarrow \varphi(1)+\varphi(2)(2^n-1)+\varphi(3)(3^n-2^n)+\cdots+\varphi(1)\,[\theta^n-(\theta-1)^n] = 0 \text{ for all } \theta$$

$$\Rightarrow \varphi(1) = \varphi(2) = \cdots = \varphi(\theta) = 0 \text{ for all } \theta$$

$$\Rightarrow \varphi(y) = 0 \text{ for all } y = 1,2,\cdots,\theta$$

(i)과 (ii)에 의해, $Y = X_{(n)}$은 θ에 대한 C.S.S.이다.

(b) $Y = X_{(n)}$: θ에 대한 C.S.S.이고, $E(X_1) = \frac{\theta+1}{2}$이므로 $2X_1 - 1$은 θ에 대한 불편추정량이다. 따라서 L−S 정리에 의해 $\varphi(Y) = E(2X_1 - 1 \mid Y)$는 θ에 대한 UMVUE이다. 먼저

$$P(X_1 = x_1 \mid Y = y) = \frac{P(X_1 = x_1,\ Y = y)}{P(Y = y)}$$

이다. 이때 $Y \sim f(y) = P(Y = y) = \frac{y^n-(y-1)^n}{\theta^n}$, $y = 1,2,\cdots,\theta$ (5.2절 [예제 2]).

(i) $x_1 = y$인 경우:

$$\begin{aligned} P(X_1 = x_1,\ Y = y) &= P(X_1 = y, X_2 \le y, \cdots, X_n \le y) \\ &= \frac{1}{\theta}\cdot[P(X \le y)]^{n-1} = \frac{1}{\theta}\left(\frac{y}{\theta}\right)^{n-1} = \frac{y^{n-1}}{\theta^n}. \end{aligned}$$

$$\therefore\ P(X_1 = x_1 \mid Y = y) = \frac{y^{n-1}}{\theta^n}\cdot\frac{\theta^n}{y^n-(y-1)^n} = \frac{y^{n-1}}{y^n-(y-1)^n},\quad x_1 = y.$$

(ii) $x_1 = 1,2,\cdots,y-1$인 경우:

$$\begin{aligned} P(X_1 = x_1,\ Y = y) &= P(X_1 = x_1,\ \max_{2\le i\le n} X_i = y) \\ &= P(X_1 = x_1)\cdot P(\max_{2\le i\le n} X_i = y) \quad (\because)\ indep. \\ &= \frac{1}{\theta}\cdot\frac{y^{n-1}-(y-1)^{n-1}}{\theta^{n-1}} \end{aligned}$$

$$\therefore P(X_1 = x_1 | Y = y) = \frac{y^{n-1} - (y-1)^{n-1}}{y^n - (y-1)^n}, \quad x_1 = 1,2,\cdots,y-1.$$

따라서 $\varphi(y) = E(2X_1 - 1 | Y = y)$

$$= \sum_{x_1=1}^{y-1}(2x_1 - 1)\cdot\frac{y^{n-1} - (y-1)^{n-1}}{y^n - (y-1)^n} + \sum_{x_1=y}(2x_1-1)\cdot\frac{y^{n-1}}{y^n-(y-1)^n}$$

$$= \frac{1}{y^n - (y-1)^n}[\{(y-1)y - (y-1)\}\{y^{n-1} - (y-1)^{n-1}\} + (2y-1)y^{n-1}]$$

$$= \frac{1}{y^n - (y-1)^n}[(y-1)^2\cdot y^{n-1} - (y-1)^{n+1} + 2y^n - y^{n-1}]$$

$$= \frac{y^{n+1} - (y-1)^{n+1}}{y^n - (y-1)^n}$$

이므로 $\varphi(Y) = \dfrac{Y^{n+1} - (Y-1)^{n+1}}{Y^n - (Y-1)^n}$은 θ에 대한 UMVUE이다(by L-S).

7심-4 (b) (i) 분해정리에 의해, $(Y_1, \sum X_i)$ 또는 $(Y_1, \sum(X_i - Y_1)) \equiv (T_1, T_2) = T$은 $\theta = (\theta_1, \theta_2)$에 대한 충분통계량이고, T가 완비성을 만족하므로(증명: 아래), T는 θ에 대한 C.S.S.이다.

(ii) ① $T_1 = Y_1 \sim g_1(y_1) = n[1 - F(y_1)]^{n-1} f(y_1) = \dfrac{n}{\theta_2} e^{-\frac{n}{\theta_2}(y_1 - \theta_1)}$, $y_1 > \theta_1$. 따라서 $Y_1 - \theta_1 \sim \mathcal{E}(\dfrac{n}{\theta_2})$. ② $T_2 = \sum(X_i - Y_1) = \sum[X_i - \theta_1 - (X_{(1)} - \theta_1)] = Z_1 - Z_2$, 여기서 $Z_1 = \sum(X_i - \theta_1) \sim \Gamma(n, \theta_2)$, $Z_2 = \sum(X_{(1)} - \theta_1) \sim \Gamma(1, \theta_2)$.

③ $E(T_1) = E(Y_1 - \theta_1 + \theta_1) = \theta_1 + \dfrac{\theta_2}{n}$, $E(T_2) = E(Z_1 - Z_2) = (n-1)\theta_2$이므로, θ_1과 θ_2의 UMVUE는 $\hat{\theta}_1 = X_{(1)} - \dfrac{\sum(X_i - X_{(1)})}{n(n-1)}$, $\hat{\theta}_2 = \dfrac{\sum(X_i - X_{(1)})}{n-1}$이다(by L-S).

[증명] (완비성; Lehmann & Casella(1988) 참고)

$E_\theta[\varphi(T_1, T_2)] = 0 \quad \text{for all } \theta_1, \theta_2$

$\Rightarrow \displaystyle\int_0^\infty \int_{\theta_1}^\infty \varphi(t_1, t_2) f_1(t_1; \theta_1, \theta_2) f_2(t_2; \theta_2) dt_1 dt_2$ for all θ_1, θ_2 ($\because$) T_1 & T_2 : *indep. by Basu*

$\Rightarrow \displaystyle\int_{\theta_1}^\infty \left[\int_0^\infty \varphi(t_1, t_2) f_2(t_2; \theta_2) dt_2\right] f_1(t_1; \theta_1, \theta_2)\, dt_1$ for all θ_1, θ_2 (Fubini 정리)

이다. $g(t_1, \theta_2) \equiv E_{\theta_2}[\varphi(t_1, T_2)]$라고 할 때, 임의의 고정된 θ_2에 대해

$$\int_{\theta_1}^\infty g(t_1, \theta_2) e^{-\frac{nt_1}{\theta_2}} dt_1 = 0 \quad \text{for all } \theta_1$$

이다. 이는 $g(t_1, \theta_2) = E_{\theta_2}[\varphi(t_1, T_2)] = 0$을 의미하며, 따라서

$$E_{\theta_2}[\varphi(t_1, T_2)] = 0 \quad \text{for all } \theta_2$$

이다. T_2가 θ_2에 대해 완비성을 만족하므로

$$\varphi(t_1,t_2)=0 \quad \text{for all } t_1,t_2$$

이다.

7심-5 $\dfrac{\partial}{\partial\theta}\ln f(x;\theta)=\dfrac{\partial}{\partial\theta}\{-\ln\pi-\ln(1+(x-\theta)^2)\}=\dfrac{2(x-\theta)}{1+(x-\theta)^2}$.

$$I_1(\theta)=E_\theta\left[\frac{\partial}{\partial\theta}\ln f(X;\theta)\right]^2=E_\theta\left[\frac{2(X-\theta)^2}{1+(X-\theta)^2}\right]^2=\int_{-\infty}^{\infty}\frac{4(x-\theta)^2}{\pi\{1+(1-\theta)^2\}^3}dx$$
$$=\int_{-\infty}^{\infty}\frac{4t^2}{\pi(1+t^2)^3}dt=8\int_0^{\infty}\frac{t^2}{\pi(1+t^2)^3}dt.$$

$t=\tan\theta \Rightarrow dt=\sec^2\theta\, d\theta$이고

$$\text{준식}=8\int_0^{\frac{\pi}{2}}\frac{\tan^2\theta}{\pi(1+\tan^2\theta)^3}\cdot\sec^2\theta\, d\theta=\frac{8}{\pi}\int_0^{\frac{\pi}{2}}\frac{\tan^2\theta}{\sec^4\theta}d\theta \;\; (1+\tan^2\theta=\sec^2\theta)$$
$$=\frac{8}{\pi}\int_0^{\frac{\pi}{2}}\sin^2\theta\cdot\cos^2\theta\, d\theta=\frac{8}{\pi}\int_0^{\frac{\pi}{2}}\frac{1}{4}(2\sin\theta\cos\theta)^2d\theta=\frac{2}{\pi}\int_0^{\frac{\pi}{2}}(\sin 2\theta)^2d\theta \;\; (\text{배각 공식})$$
$$=\frac{2}{\pi}\int_0^{\frac{\pi}{2}}\frac{1-\cos 4\theta}{2}d\theta \;\; (\text{반각 공식})=\frac{1}{\pi}\int_0^{\frac{\pi}{2}}(1-\cos 4\theta)d\theta=\frac{1}{\pi}\left(\theta-\frac{1}{4}\sin 4\theta\Big|_0^{\frac{\pi}{2}}\right)=\frac{1}{2}.$$

$\therefore$ C-R 하한$=\dfrac{1}{nI_1(\theta)}=\dfrac{2}{n}$.

8장

8.0-1 $Z_0=\dfrac{\bar{x}-\mu_0}{s/\sqrt{n}}=2.5>z_{0.05}=1.645$이므로 H_0를 기각

8.0-2 0.0062

8.0-3 0.9824

8.0-4 (a) 0.317 (b) 0.477 (c) $c=\sqrt{8}$

8.2-1 기각역: $\sum\ln x_i\ge-\frac{1}{2}\chi^2_{1-\alpha}(2n)$

8.2-2 $n\approx 95.2$, $c\approx 76.7$

8.2-3 $1-\frac{5}{2}e^{-1}\approx 0.08$, $1-\frac{37}{2}e^{-5}\approx 0.875$

8.3.1-1 $n\approx 26.8$

8.3.1-2 $\phi(X)=\begin{cases}1, & \sum X_i>3\\ \gamma\approx 0.5, & \sum X_i=3\\ 0, & \sum X_i<3\end{cases}$

8.4-4 $\lambda=\dfrac{L(\hat{\Omega}_0)}{L(\hat{\Omega})}=\begin{cases}\dfrac{p_0^x(1-p_0)^{n-x}}{\left(\frac{x}{n}\right)^x\left(1-\frac{x}{n}\right)^{n-x}}, & p_0<\dfrac{x}{n}\\ 1, & p_0\ge\dfrac{x}{n}\end{cases}$. $\lambda\le\lambda_0$, $0<\lambda_0<1 \Leftrightarrow x\ge c$

($\because$) $\lambda=\lambda(x)$: x에 대해 감소함수$\left(\leftarrow \dfrac{d\ln\lambda(x)}{dx}=\ln\dfrac{p_0}{x/n}+\ln\dfrac{1-x/n}{1-p_0}<0 \text{ for } p_0<\dfrac{x}{n}\right)$

8.4-6 $\theta=(\mu_1,\mu_2,\sigma_1^2,\sigma_2^2,\rho)$일 때,

(i) MLE of θ(증명: 7.8절 [예제 4]):

$$\hat{\mu}_1=\overline{X},\ \hat{\mu}_2=\overline{Y},\ \widehat{\sigma_1^2}=\frac{1}{n}\sum(X_i-\overline{X})^2,\ \widehat{\sigma_2^2}=\frac{1}{n}\sum(Y_i-\overline{Y})^2,$$

$$\hat{\rho}=\frac{\sum(X_i-\overline{X})(Y_i-\overline{Y})}{\sqrt{\sum(X_i-\overline{X})^2(Y_i-\overline{Y})^2}}.$$

(ii) H_0하에서의 MLE: $\hat{\mu}_1=\overline{X},\ \hat{\mu}_2=\overline{Y},\ \widehat{\sigma_{10}^2}=\widehat{\sigma_1^2},\ \widehat{\sigma_{20}^2}=\widehat{\sigma_2^2},\ \hat{\rho}_0=0.$

(iii) $\ln\lambda=\ln L(\hat{\theta}_0)-\ln L(\hat{\theta})=\left\{-n\ln(2\pi\hat{\sigma}_1\hat{\sigma}_2)-n\right\}$

$$-\left\{-n\ln(2\pi\hat{\sigma}_1\hat{\sigma}_2)-\frac{n}{2}\ln(1-\hat{\rho}^2)-n\right\}$$

$$=\frac{n}{2}\ln(1-\hat{\rho}^2)\le\ln\lambda_0,\quad 0<\lambda_0<1.$$

(iv) $\lambda\le\lambda_0,\quad 0<\lambda_0<1\ \Leftrightarrow\ |\hat{\rho}|=|r|\ge k.$

8.5-1 $p-$값$=P\{\chi^2(5)\ge 5.1\}\approx 0.43$

8.5-2 $p-$값$=P(\chi^2(1)\ge 13.6)\approx 0$

9장

9.0-1 (9.05, 9.95)

9.0-2 (169.7, 174.3)

9.2-1 $\left\{(\overline{Y}-\overline{X})-t_{\alpha/2}\cdot S_p\sqrt{\frac{1}{m}+\frac{1}{n}},\ (\overline{Y}-\overline{X})+t_{\alpha/2}\cdot S_p\sqrt{\frac{1}{m}+\frac{1}{n}}\right\}$

9.2-2 $(\overline{D}-t_{\alpha/2}(n-1)\frac{S_D}{\sqrt{n}},\ \overline{D}+t_{\alpha/2}(n-1)\frac{S_D}{\sqrt{n}}),\quad D_i=Y_i-X_i(i=1,\cdots,n).$

9.2-3 (μ,σ)에 대한 $100(1-\alpha_1)(1-\alpha_2)\%$ 동시신뢰영역:

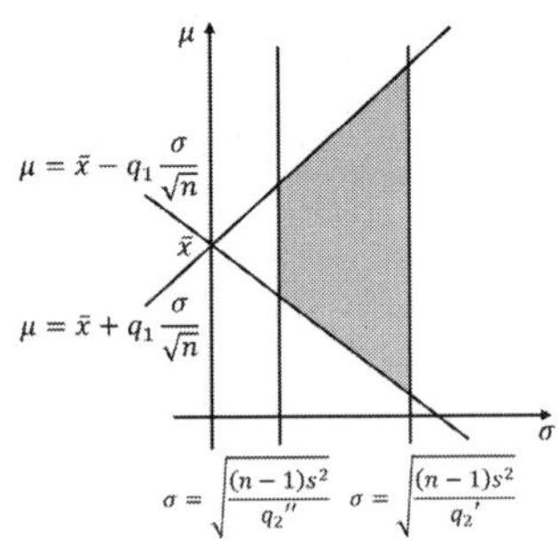

9.2-4 $\left\{\frac{2\sum X_i}{\chi^2_{\alpha/2}(2n)},\ \frac{2\sum X_i}{\chi^2_{1-\alpha/2}(2n)}\right\}$

9.2-5 (a) $\left\{\frac{Y_n}{(1-\frac{\alpha}{2})^{1/n}},\ \frac{Y_n}{(\frac{\alpha}{2})^{1/n}}\right\}$ (b) $(Y_n,\ \frac{Y_n}{\alpha^{1/n}})$

9.3-1 $(0.334X,\ 19.496X)$

9.3-2 $T=\sum X_i$는 θ에 대한 충분통계량이고 $Poisson(n\theta)$를 따른다. T의 관측값을 t_0라고 하자. 관계식

$$p_1 \equiv P(T \le t_0) = \sum_{t=0}^{t_0} \frac{e^{-n\theta}(n\theta)^t}{t!},\ \ p_2 \equiv P(T \ge t_0) = 1 - \sum_{t=0}^{t_0-1} \frac{e^{-n\theta}(n\theta)^t}{t!}$$

를 만족하는 θ를 각각 v_2, v_1이라 할 때, θ에 대한 $100(1-p_1-p_2)\%$ 신뢰구간은 (V_1, V_2)이다.

9.4-2 $\left(\dfrac{\sqrt{n}\,\overline{X}^2}{\sqrt{n}+2z_{\alpha/2}}, \dfrac{\sqrt{n}\,\overline{X}^2}{\sqrt{n}-2z_{\alpha/2}}\right)$

9.4-3 $(11.40, 15.98)$

10장

10-1 (a) 0.076 (b) 차이 모집단에 대한 정규성 가정이 위배됨 (c) 0.012 (d) 0.007

10-2 (a) 0.01 (b) 0.01

10-4 (a) 0.002 (b) 0.001 (c) 0.001

10-5 (a) $r=0.97$, $r_s=0.98$ (b) $\hat{\tau}=0.93$

11장

11-1 $\dfrac{n+\alpha}{\sum X_i+\lambda}$

11-3 $\dfrac{(y+1)(n-y+1)}{(n+3)(n+2)}$

11-5 $\left\{\dfrac{\chi^2_{1-\alpha/2}(2n+2\alpha)}{2(\lambda-\sum \ln x_i)}, \dfrac{\chi^2_{\alpha/2}(2n+2\alpha)}{2(\lambda-\sum \ln x_i)}\right\}$

12장

12.3-3 두 벡터 X와 $1^{(i)}$을 다음과 같이 정의하자:

$$X=(X_{11},X_{12},\cdots X_{1b};X_{21},X_{22},\cdots,X_{2b};\cdots;X_{a1},X_{a2},\cdots,X_{ab})' \ :\ ab\times 1 \text{ 벡터},$$

$$1^{(i)}=(\cdots 00;11\cdots 1;00\cdots)' \ :\ ab\times 1 \text{ 벡터}.$$

(i) $Q_1=\sum_i\sum_j (X_{ij}-\overline{X}_{i\cdot})^2=\sum_i\sum_j X_{ij}^2-\dfrac{1}{b}\sum_i\left(\sum_j X_{ij}\right)^2.$

○ $\sum_i\sum_j X_{ij}^2 = X'IX$

○ $\left(\sum_j X_{ij}\right)^2 = (1^{(i)'}X)'(1^{(i)'}X) = X'1^{(i)}1^{(i)'}X$

$$= X'J^{(i)}X, \quad J^{(i)} = 1^{(i)}1^{(i)'} = \begin{pmatrix} 0 & & & 0 \\ \cdots & & & \cdots \\ & \begin{pmatrix} 1 \cdots 1 \\ \cdots \\ 1 \cdots 1 \end{pmatrix}_{b\times b} & & \\ \cdots & & & \cdots \\ 0 & & & 0 \end{pmatrix}_{ab\times ab}$$

○ $\sum_i \left(\sum_j X_{ij}\right)^2 = X'\left[J^{(1)} + \cdots + J^{(a)}\right]X$

$$= X'J^*X, \quad J^* = \sum_{i=1}^{a} J^{(i)} = \begin{pmatrix} \begin{pmatrix} 1 \cdots 1 \\ \cdots \\ 1 \cdots 1 \end{pmatrix}_{b\times b} & & 0 \\ & \cdots & \\ 0 & & \begin{pmatrix} 1 \cdots 1 \\ \cdots \\ 1 \cdots 1 \end{pmatrix} \end{pmatrix}_{ab\times ab}$$

$$\therefore \ Q_1 = X'IX - \frac{1}{b}X'J^*X = X'\left[I - \frac{1}{b}J^*\right]X = X'AX,$$

$$A = \begin{pmatrix} \begin{pmatrix} 1-\frac{1}{b} \cdots -\frac{1}{b} \\ \cdots \\ -\frac{1}{b} \ \cdots 1-\frac{1}{b} \end{pmatrix}_{b\times b} & & 0 \\ & \cdots & \\ 0 & & \begin{pmatrix} 1-\frac{1}{b} \cdots -\frac{1}{b} \\ \cdots \\ -\frac{1}{b} \ \cdots 1-\frac{1}{b} \end{pmatrix} \end{pmatrix}_{ab\times ab}.$$

(ii) $Q_2 = \sum_i \sum_j (\overline{X}_{i\cdot} - \overline{X})^2 = \sum_i \sum_j \overline{X}_{i\cdot}^2 - ab\overline{X}^2$

$$= b\sum_i \left(\frac{1}{b}\sum_j X_{ij}\right)^2 - ab\left(\frac{1}{ab}\sum_i \sum_j X_{ij}\right)^2 = \frac{1}{b}\sum_i \left(\sum_j X_{ij}\right)^2 - \frac{1}{ab}\left(\sum_i \sum_j X_{ij}\right)^2$$

○ $\left(\sum_i \sum_j X_{ij}\right)^2 = (1'X)'(1'X) = X'11'X = X'JX, \quad J = \begin{pmatrix} 1 \cdots 1 \\ \cdots \\ 1 \cdots 1 \end{pmatrix}_{ab\times ab}$

○ $\sum_i \left(\sum_j X_{ij}\right)^2 = X'J^*X$

$$\therefore\ Q_2 = \frac{1}{b}X'J^*X - \frac{1}{ab}X'JX = X'\left(\frac{1}{b}J^* - \frac{1}{ab}J\right)X = X'AX,$$

$$A = \begin{pmatrix} \begin{pmatrix} \frac{1}{b} & \cdots & \frac{1}{b} \\ & \cdots & \\ \frac{1}{b} & \cdots & \frac{1}{b} \end{pmatrix}_{b\times b} & & 0 \\ & \cdots & \\ 0 & & \begin{pmatrix} \frac{1}{b} & \cdots & \frac{1}{b} \\ & \cdots & \\ \frac{1}{b} & \cdots & \frac{1}{b} \end{pmatrix} \end{pmatrix}_{ab\times ab} - \begin{pmatrix} \frac{1}{ab} & \cdots & \frac{1}{ab} \\ & \cdots & \\ \frac{1}{ab} & \cdots & \frac{1}{ab} \end{pmatrix}_{ab\times ab}$$

$$= \begin{pmatrix} \begin{pmatrix} \frac{1}{b}-\frac{1}{ab} & \cdots & \frac{1}{b}-\frac{1}{ab} \\ & \cdots & \\ \frac{1}{b}-\frac{1}{ab} & \cdots & \frac{1}{b}-\frac{1}{ab} \end{pmatrix}_{b\times b} & & -\frac{1}{ab} \\ & \cdots & \\ -\frac{1}{ab} & & \begin{pmatrix} \frac{1}{b}-\frac{1}{ab} & \cdots & \frac{1}{b}-\frac{1}{ab} \\ & \cdots & \\ \frac{1}{b}-\frac{1}{ab} & \cdots & \frac{1}{b}-\frac{1}{ab} \end{pmatrix} \end{pmatrix}_{ab\times ab}.$$

12.3-4 (a) $\sum\sum(X_{ij}-\overline{X})^2 = \sum\sum(X_{ij}-\overline{X}_{\cdot j})^2 + a\sum_{j=1}^{b}(\overline{X}_{\cdot j}-\overline{X})^2 \Leftrightarrow Q = Q_3 + Q_4.$

다음 조건 (i) Q, Q_3, Q_4: 이차형식 (ii) $Q/\sigma^2 \sim \chi^2(ab-1)$, $Q_3/\sigma^2 \sim \chi^2(b(a-1))$ (iii) $Q_4 \geq 0$을 만족하므로, a) Q_3 & Q_4: 독립이고 b) $Q_4 \sim \chi^2(b-1)$이다.

12.3-5 $Z_i \equiv Y_i - \alpha - \beta(x_i - \overline{x})$.

(i) $Q_1 = n(\hat{\alpha}-\alpha)^2$, $\hat{\alpha} = \overline{Y} = \frac{1}{n}\sum Y_i = \frac{1}{n}\sum\{Z_i + \alpha + \beta(x_i - \overline{x})\} = \frac{1}{n}\sum Z_i + \alpha + 0$

$$= n\left(\frac{1}{n}\sum Z_i + \alpha - \alpha\right)^2 = \frac{1}{n}\left(\sum Z_i\right)^2 = \frac{1}{n}\left(\sum_i Z_i^2 + \sum_{i\neq j} Z_iZ_j\right)$$

(ii) $Q_2 = (\hat{\beta}-\beta)^2\sum_{i=1}^{n}(x_i-\overline{x})^2$, $\hat{\beta}-\beta = \dfrac{\sum(x_i-\overline{x})(Z_i+\alpha+\beta(x_i-\overline{x}))}{\sum(x_i-\overline{x})^2} - \beta$

$$= \frac{\sum(x_i-\overline{x})Z_i}{\sum(x_i-\overline{x})^2} + \beta - \beta$$

$$= \frac{\left\{\sum(x_i-\overline{x})Z_i\right\}^2}{\left\{\sum(x_i-\overline{x})^2\right\}^2}\cdot\sum(x_i-\overline{x})^2 = \frac{\left\{\sum(x_i-\overline{x})Z_i\right\}^2}{\sum(x_i-\overline{x})^2}$$

$$= \frac{1}{\sum_i(x_i-\overline{x})^2}\left\{\sum_i(x_i-\overline{x})^2Z_i^2 + \sum_{i\neq j}(x_i-\overline{x})(x_j-\overline{x})Z_iZ_j\right\}.$$

$$\text{(iii)}\ \ Q_3=\sum_{i=1}^{n}\left\{Y_i-\hat{\alpha}-\hat{\beta}(x_i-\overline{x})\right\}^2=\sum\left\{Z_i-(\hat{\alpha}-\alpha)-(\hat{\beta}-\beta)(x_i-\overline{x})\right\}^2$$
$$=\sum Z_i^2+n(\hat{\alpha}-\alpha)^2+(\hat{\beta}-\beta)^2\sum(x_i-\overline{x})^2-2(\hat{\alpha}-\alpha)\sum Z_i-2(\hat{\beta}-\beta)\sum(x_i-\overline{x})Z_i.$$

$$\bullet\ -2(\hat{\alpha}-\alpha)\sum Z_i=-2(\overline{Z}+\alpha-\alpha)\sum Z_i=-\frac{2}{n}\left(\sum_i Z_i^2+\sum_{i\neq j}Z_iZ_j\right),$$

$$\bullet\ -2(\hat{\beta}-\beta)\sum(x_i-\overline{x})Z_i=-2\frac{\sum(x_i-\overline{x})Z_i}{\sum(x_i-\overline{x})^2}\cdot\sum(x_i-\overline{x})Z_i$$
$$=-2\frac{1}{\sum(x_i-\overline{x})^2}\left\{\sum(x_i-\overline{x})Z_i\right\}^2$$
$$=-\frac{2}{\sum(x_i-\overline{x})^2}\left\{\sum_i(x_i-\overline{x})^2Z_i^2+\sum_{i\neq j}(x_i-\overline{x})(x_j-\overline{x})Z_iZ_j\right\}.$$

$$\therefore\ \ Q_3=\sum_i Z_i^2-\frac{1}{n}\left\{\sum_i Z_i^2+\sum_{i\neq j}Z_iZ_j\right\}-\frac{1}{\sum(x_i-\overline{x})^2}\left\{\sum_i(x_i-\overline{x})^2Z_i^2+\sum_{i\neq j}(x_i-\overline{x})(x_j-\overline{x})Z_iZ_j\right\}.$$

12.3-6 $A_i+A_j=(A_i+A_j)^2=A_i+A_j+A_iA_j+A_jA_i$

$\Rightarrow\ 0=A_iA_j+A_jA_i\ \Rightarrow\ 0=A_i(A_iA_j+A_jA_i)\ \Rightarrow\ 0=A_iA_j+A_iA_jA_i\quad (A_i:idempotent)$

$\Rightarrow\ 0=(A_iA_j+A_iA_jA_i)A_i=A_iA_jA_i+A_iA_jA_i\quad (A_i:idempotent)\ \Rightarrow\ A_iA_j=0.$

참고문헌

[1] Bickel, P. J. and Doksum, K. A. (2007). *Mathematical Statistics: Basic ideas and selected topics*, 2nd ed., Prentice Hall.

[2] Hogg, R. V. and Craig, A. T. (1995). *Introduction to Mathematical Statistics*, 5th ed., Prentice Hall.

[3] Hogg, R. V. and Tanis, E. A. (2006). *Probability and Statistical Inference*, 7th ed., Prentice Hall.

[4] Lehmann, E. L. and Casella, G. (1998). *Theory of Point Estimation*, 2nd ed., Springer.

[5] Miller, L. and Miller, M. (2004). *Mathematical Statistics with Applications*, 7th ed., Prentice Hall.

[6] Mood, A. M., Graybill, F. A. and Boes, D. C. (1998). *Introduction to the Theory of Statistics*, 3rd ed., McGraw-Hill.

[7] Rohatgi, V. K. (1976). *An Introduction to Probability Theory and Mathematical Statistics*, 1st ed., Wiley.

[8] Roussas, G. G. (1973). *A First Course in Mathematical Statistics*, Addison-Wesley Publishing Company, Inc.

[9] Wackerly, D. D., Mendenhall Ⅲ, W. and Scheaffer, R. L. (2008). *Mathematical Statistics with Applications*, 7th ed., Thomson.

찾아보기

(A)

absolute error loss ··· 457
acceptance region ··· 422
almost sure converges ··· 230
ancillary statistic ··· 290
approximate confidence interval ··· 417
approximate pivotal quantity ··· 417
arc sin transformation ··· 247
asymptotic distribution ··· 222
asymptotic efficiency ··· 305
asymptotically efficient estimator ··· 306

(B)

Basu Theorem ··· 289
Bates distribution ··· 192
Bayes estimator ··· 456
Bayes risk ··· 456
Bernoulli distribution ··· 30
Bernoulli trial ··· 29
best critical region ··· 342
best test ··· 341
beta distribution ··· 66
biased estimator ··· 258
binomial distribution ··· 30
bivariate normal distribution ··· 116
Box-Müller transformation ··· 199

(C)

canonical parameters ··· 315
capture-recapture problem ··· 325
c.d.f. method ··· 137
Cauchy distribution ··· 69
Cauchy-Schwarz Inequality ··· 111
central limit theorem ··· 238
central moment ··· 11
Chebyshev's Inequality ··· 227
chi-square distribution ··· 66
complete statistic ··· 281
complete sufficient statistic ··· 282
conditional expectation ··· 91
conditional probability density function ··· 88
confidence coefficient ··· 403
confidence interval ··· 396, 403
conjugate prior distribution ··· 455
consistency ··· 258
consistent estimator ··· 258
continuous mapping theorem ··· 232
continuous r.v. ··· 4
converges in distribution ··· 221
converges in probability ··· 225
converges stochastically ··· 225
converges with probability 1 ··· 230
convolution formula ··· 166, 189
correlation coefficient ··· 102
covariance ··· 101
Cramer-Rao Inequality ··· 302
Cramer-Rao lower bound ··· 302
critical region ··· 337
cumulant generating function ··· 23
cumulative distribution function ··· 5

(D)

degenerate distribution ··· 18, 223
degree of freedom ··· 210
delta method ··· 244
Dirichlet distribution ··· 67
discrete r.v. ··· 4
distribution free ··· 426
distribution function ··· 5
double expectation theorem ··· 97
double exponential distribution ··· 68

(E)

efficiency ··· 305
efficient estimator ··· 306
equal tailed confidence interval ··· 406

Erlang distribution ··· 62
estimate ··· 258
estimator ··· 258
expectation, expected value ··· 9
exponential distribution ··· 60
exponential family ··· 283

(F)
F distribution ··· 213
factorial moment ··· 50
factorization theorem ··· 277
family of distributions ··· 281
Fisher-Cochran Theorem ··· 501
Fisher information number ··· 302
Fisher's *z*-transformation ··· 386
F distribution ··· 213

(G)
G^2 statistic ··· 374
gamma distribution ··· 63
gamma function ··· 62
Gaussian distribution ··· 57
geometric distribution ··· 38
goodness of fit test ··· 377

(H)
half normal distribution ··· 167
Helmert transformation ··· 199
HPD interval ··· 463
hypergeometric distribution ··· 32

(I)
independence ··· 83
interval estimation ··· 403
invariance property ··· 271
Irwin-Hall distribution ··· 192

(J)
Jacobian ··· 153
Jeffrey's prior ··· 455
joint cumulative distribution function ··· 81
joint moment generating function ··· 82
joint probability density function ··· 80
joint sufficient statistic ··· 278

(K)
kurtosis ··· 13

(L)
Laplace distribution ··· 68
Lehmann-Scheffe Theorem ··· 296
likelihood function ··· 265
likelihood ratio test ··· 359
limiting distribution ··· 222
log likelihood function ··· 265
log-gamma distribution ··· 145
logistic distribution ··· 71
log-normal distribution ··· 138
loss function ··· 456
lower confidence limit ··· 403

(M)
Mann-Whitney test ··· 435
marginal probability density function ··· 81
Markov's inequality ··· 227
maximum likelihood estimator ··· 266
mean ··· 10
memoryless property ··· 61
method of moments estimator ··· 262
midrange ··· 183
minimum length ··· 415
moment ··· 11
moment generating function ··· 11
moment generating function method ··· 168
monotone likelihood ratio ··· 355

most powerful test ··· 341
multinomial distribution ··· 115
multivariate normal distribution ··· 477

(N)
natural exponential family ··· 315
natural parameters ··· 315
negative binomial distribution ··· 40
Newton-Raphson method ··· 270
Neyman-Pearson Theorem ··· 342
non-central chi-square ··· 483
noninformative prior ··· 455
normal distribution ··· 57

(O)
one-sided lower confidence limit ··· 403
one-sided upper confidence limit ··· 404
order statistic ··· 172

(P)
p-value ··· 332
p.d.f. method ··· 146
Pareto distribution ··· 72
Pascal distribution ··· 38
pivotal quantity ··· 404
pivotal quantity method ··· 405
Poisson distribution ··· 43
population moment ··· 262
posterior mean ··· 457
posterior median ··· 458
posterior predictive distribution ··· 465
power ··· 334, 337
power function ··· 334, 337
prior distribution ··· 450
prior predictive distribution ··· 464
probability distribution ··· 4
probability generating function ··· 50
probability integral transformation ··· 142
proper prior ··· 455

(Q)
quadratic form ··· 487

(R)
random interval ··· 398, 403
random sample ··· 136
random variable ··· 2
randomized test ··· 345
Rao-Blackwell Theorem ··· 295
Rayleigh distribution ··· 160
risk function ··· 456

(S)
sample moment ··· 262
sample space ··· 2
sampling distribution ··· 204
sign test ··· 426
signed rank test ··· 429
significance level ··· 331, 338
simultaneous confidence region ··· 407
size ··· 338
skewness ··· 12
Slutsky Theorem ··· 232
Spearman's rank correlation coefficient ··· 441
square root transformation ··· 246
squared error loss ··· 457
standard Cauchy distribution ··· 69
standard deviation ··· 10
standard logistic distribution ··· 71
standard normal distribution ··· 59
strong law of large numbers ··· 230
student's t distribution ··· 210
sufficiency ··· 275
sufficient statistic ··· 276

(T)
test ··· 337
test function ··· 337
trinomial distribution ··· 86
truncated normal distribution ··· 75
type Ⅰ error ··· 338
type Ⅱ error ··· 338
t distribution ··· 210

(U)
unbiased estimator ··· 258
unbiasedness ··· 258
unbiased test ··· 358
uniform distribution ··· 28, 56
uniformly minimum variance unbiased estimator ··· 296
uniformly most powerful test ··· 349
upper confidence limit ··· 403

(V)
variance ··· 10
variance stabilizing transformation ··· 245

(W)
weak law of large numbers ··· 229
Weibull distribution ··· 61, 165

(X)
χ^2 statistic ··· 375

(ㄱ)
가능도비검정 ··· 359
가능도함수 ··· 265
가우스분포 ··· 57
감마분포 ··· 62
감마함수 ··· 62
강대수의 법칙 ··· 230
검정 ··· 337
검정력 ··· 333, 337
검정력함수 ··· 333, 337
검정함수 ··· 337
결합누적분포함수 ··· 81
결합적률생성함수 ··· 82
결합충분통계량 ··· 278
결합확률밀도함수 ··· 80
계승적률 ··· 50
공분산 ··· 101
공액사전분포 ··· 455
구간추정 ··· 403
균일분포 ··· 28, 56
균일최강력검정 ··· 349
극한분포 ··· 222
근사신뢰구간 ··· 417
근사추축량 ··· 417
기각역 ··· 337
기댓값 ··· 9
기하분포 ··· 38

(ㄴ)
누율생성함수 ··· 23
누적분포함수 ··· 5
누적분포함수법 ··· 137

(ㄷ)
다변량 정규분포 ··· 477
다변량 초기하분포 ··· 121
다항분포 ··· 115
단조가능도비 ··· 355
단측신뢰구간 ··· 403
단측신뢰상한 ··· 404
단측신뢰하한 ··· 403
델타 방법 ··· 244
독립 ··· 82
독립성검정 ··· 381
동시신뢰영역 ··· 407
등꼬리확률 신뢰구간 ··· 406

디리클레분포 ······ 184

(ㄹ)

라플라스분포 ······ 68
로그가능도함수 ······ 265
로그감마분포 ······ 145
로그정규분포 ······ 61, 138
로지스틱분포 ······ 71

(ㅁ)

마코프 부등식 ······ 227
모적률 ······ 262
무기억성 ······ 61
무정보적 사전분포 ······ 455

(ㅂ)

반정규분포 ······ 167
백분위수 ······ 8
범위의 중앙 ······ 177
베르누이 시행 ······ 29
베르누이분포 ······ 30
베이즈위험 ······ 457
베이즈추정량 ······ 456
베타분포 ······ 66, 159
보조통계량 ······ 290
부호검정 ······ 426
부호순위검정 ······ 429
분산 ······ 10
분산안정화 변환 ······ 245
분위수 검정 ······ 428
분포모임, 분포족 ······ 281
분포수렴 ······ 221
분포함수 ······ 5
불완전사전분포 ······ 457
불변성 ······ 271
불편검정 ······ 358
불편성 ······ 258
불편추정량 ······ 258
비모수적 방법 ······ 426
비중심카이제곱분포 ······ 483

(ㅅ)

사전분포 ······ 450, 455
사전예측분포 ······ 464
사후예측분포 ······ 464
사후중앙값 ······ 458
사후평균 ······ 451
사후분포 ······ 452
사후확률밀도함수 ······ 453
삼항분포 ······ 86
상관계수 ······ 101
상관계수 검정 ······ 382
손실함수 ······ 455
순서통계량 ······ 172
신뢰계수 ······ 403
신뢰구간 ······ 396, 403
신뢰상한 ······ 403
신뢰하한 ······ 403

(ㅇ)

약대수의 법칙 ······ 229
얼랑분포 ······ 62
역싸인변환 ······ 247
연속사상정리 ······ 232
연속형 확률변수 ······ 4
와이블분포 ······ 61, 165
완비성 ······ 281
완비충분통계량 ······ 281, 284
완비통계량 ······ 281
왜도 ······ 12
위험함수 ······ 456
유의수준 ······ 331, 338
유의확률 ······ 332
유한모집단 수정계수 ······ 35
유효성 ······ 260
유효추정량 ······ 306

음이항분포 ······ 40, 50, 469
이변량 정규분포 ······ 116
이산형 확률변수 ······ 4
이중기댓값정리 ······ 97
이중지수분포 ······ 68
이항분포 ······ 30
이차형식 ······ 487
일치성 ······ 258
일치추정량 ······ 258

(ㅈ)
자연모수 ······ 314
자연유의수준 ······ 427
자연지수족 ······ 315
자유도 ······ 210
자코비안 ······ 153
적률 ······ 11
적률생성함수 ······ 11
적률생성함수법 ······ 168
적률추정량 ······ 262
절단된 포아송분포 ······ 46
절단정규분포 ······ 75
절대오차손실 ······ 457
점근분포 ······ 222
점근유효추정량 ······ 306
점근효율 ······ 305
정규분포 ······ 57
정준모수 ······ 315
제1종 오류 ······ 338
제2종 오류 ······ 338
제곱근변환 ······ 246
제곱오차손실 ······ 457
제프리 사전분포 ······ 455
조건부기댓값 ······ 91
조건부확률밀도함수 ······ 88
주변확률밀도함수 ······ 81
중도절단된 포아송분포 ······ 47
중심극한정리 ······ 238
중심적률 ······ 11
지수분포 ······ 60
지수족 ······ 283

(ㅊ)
채택역 ······ 422
첨도 ······ 12
체비셰프 부등식 ······ 227
초기하분포 ······ 32
최강력검정 ······ 341
최대가능도추정량 ······ 310
최량검정 ······ 341
최량기각역 ······ 342
최소길이 신뢰구간 ······ 415
최소분산불편추정량 ······ 295
최소제곱의 원리 ······ 108
추정량 ······ 258
추정치 ······ 258
추축량 ······ 404
추축량법 ······ 405
충분성 ······ 275
충분통계량 ······ 275

(ㅋ)
카이제곱분포 ······ 66
카이제곱 적합도검정 ······ 376
코쉬분포 ······ 69
크기 ······ 338

(ㅌ)
퇴화분포 ······ 223

(ㅍ)
파레토분포 ······ 72
편의추정량 ······ 258
평균 ······ 10
포아송 가정 ······ 43
포아송분포 ······ 43

포회-재포회 문제 ········ 325
표본공간 ········ 2
표본분산 ········ 204
표본분포 ········ 224
표본적률 ········ 262
표본평균 ········ 204
표준로지스틱분포 ········ 71
표준코쉬분포 ········ 69
표준편차 ········ 10

(ㅎ)

합성공식 ········ 166, 189
혼합분포 ········ 466
혼합형 분포 ········ 16
확률구간 ········ 398, 403
확률밀도함수법 ········ 146
확률변수 ········ 2
확률분포 ········ 4
확률생성함수 ········ 50
확률수렴 ········ 225
확률적분변환 ········ 142
확률표본 ········ 136
확률화 검정 ········ 345
효율 ········ 305

이산형 분포(Discrete Distributions)

기호	분포명		확률밀도함수	범위
$U\{1, 2, \cdots, N\}$	이산형 균일		$\frac{1}{N}$	$x = 1, 2, \cdots, N$
$Bernoulli(p)$	베르누이		$p^x(1-p)^{1-x}$	$x = 0, 1$
$B(n, p)$	이항		$\binom{n}{x}p^x(1-p)^{n-x}$	$x = 0, 1, \cdots, n$
$Hyper(N, n, D)$	초기하		$\dfrac{\binom{D}{x}\binom{N-D}{n-x}}{\binom{N}{n}}$	$x = 0, 1, \ldots, \min(n, D)$ $0 \le n-x \le N-D$
$G(p)$	기하	총시행 횟수	pq^{x-1}	$x = 1, 2, \cdots$
		실패의 수	pq^x	$x = 0, 1, \cdots$
$NB(r, p)$	음이항	총시행 횟수	$\binom{x-1}{r-1}p^r q^{x-r}$	$x = r, r+1, \cdots$
		실패의 수	$\binom{x+r-1}{r-1}p^r q^x$	$x = 0, 1, \cdots$
$Poisson(\lambda)$	포아송		$\dfrac{e^{-\lambda}\lambda^x}{x!}$	$x = 0, 1, \cdots$
$Multinomial$ $(n, p_1, \cdots, p_{k-1})$	다항		$\dfrac{n!}{x_1! \cdots x_{k-1}! x_k!} p_1^{x_1} \cdots p_{k-1}^{x_{k-1}} p_k^{x_k}$	$x_k = n - \sum_{i=1}^{k-1} x_i$ $x_i = 0, 1, \ldots, n$ $(i = 1, \cdots, k-1)$

모수	적률생성함수	평균	분산
$N=1, 2, \cdots$	$\sum_{j=1}^{N} \frac{1}{N} e^{jt}$	$\frac{N+1}{2}$	$\frac{N^2-1}{12}$
$0<p<1$ $(q=1-p)$	pe^t+q	p	pq
$0<p<1$ $(q=1-p)$	$(pe^t+q)^n$	np	npq
$N=1, 2, \cdots$ $D=0, 1, \cdots, N$ $n=1, 2, \cdots, N$	*not useful*	$n\frac{D}{N}$	$\frac{N-n}{N-1}n\left(\frac{D}{N}\right)\left(1-\frac{D}{N}\right)$
$0<p<1$ $(q=1-p)$	$\frac{pe^t}{1-qe^t}$	$\frac{1}{p}$	$\frac{q}{p^2}$
$0<p<1$ $(q=1-p)$	$\frac{p}{1-qe^t}$	$\frac{q}{p}$	$\frac{q}{p^2}$
$0<p<1,\ r>0$ $(q=1-p)$	$\left(\frac{pe^t}{1-qe^t}\right)^r$	$\frac{r}{p}$	$\frac{rq}{p^2}$
$0<p<1,\ r>0$ $(q=1-p)$	$\left(\frac{p}{1-qe^t}\right)^r$	$\frac{rq}{p}$	$\frac{rq}{p^2}$
$\lambda>0$	$\exp\left[\lambda(e^t-1)\right]$	λ	λ
$0<p_i,\ i=1, \cdots, k-1<1$ $(p_k=1-p_1-\cdots p_{k-1})$	$(p_1e_1^t+\cdots+p_{k-1}e_{k-1}^t+p_k)^n$	$E(X_i)=np_i$ $(i=1, \cdots, k-1)$	$Cov(X_i, X_j) = \begin{cases} np_i(1-p_i), & i=j \\ -np_ip_j, & i\neq j \end{cases}$ $(i, j=1, \cdots, k-1)$

연속형 분포(Continuous Distributions)

기호	분포명	확률밀도함수	범위
$U(a, b)$	연속형 균일	$\dfrac{1}{b-a}$	$a \le x \le b$
$N(\mu, \sigma^2)$	정규	$\dfrac{1}{\sqrt{2\pi}\,\sigma}\exp\left[-\dfrac{(x-\mu)^2}{2\sigma^2}\right]$	$-\infty < x < \infty$
$\mathcal{E}(\lambda)$ $= \Gamma(1, 1/\lambda)$	지수	$\lambda e^{-\lambda x}$	$x > 0$
$\Gamma(\alpha, \beta)$ or $Gamma(\alpha, \beta)$	감마	$\dfrac{1}{\Gamma(\alpha)\beta^\alpha}x^{\alpha-1}e^{-x/\beta}$	$x > 0$
$\chi^2(r)$ $=\Gamma(r/2, 2)$	카이제곱	$\dfrac{1}{\Gamma(r/2)2^{r/2}}x^{r/2-1}e^{-x/2}$	$x > 0$
$Beta(\alpha, \beta)$	베타	$\dfrac{\Gamma(\alpha+\beta)}{\Gamma(\alpha)\Gamma(\beta)}x^{\alpha-1}(1-x)^{\beta-1}$	$0 \le x \le 1$
$DE(\alpha, \beta)$	이중지수	$\dfrac{1}{2\beta}\exp\left\{-\dfrac{\lvert x-\alpha\rvert}{\beta}\right\}$	$-\infty < x < \infty$
$Cauchy(\mu, \theta)$	코쉬	$\dfrac{\mu}{\pi}\dfrac{1}{\mu^2+(x-\theta)^2}$	$-\infty < x < \infty$
$Logistic(\alpha, \beta)$	로지스틱	$F(x) = 1/\left[1+\exp\left(-\dfrac{x-\alpha}{\beta}\right)\right]$	$-\infty < x < \infty$
$t(r)$	t	$\dfrac{\Gamma(\frac{r+1}{2})}{\sqrt{\pi r}\,\Gamma(\frac{r}{2})}\left(1+\dfrac{t^2}{r}\right)^{-\frac{r+1}{2}}$	$-\infty < t < \infty$
$F(r_1, r_2)$	F	$\dfrac{\Gamma(\frac{r_1+r_2}{2})}{\Gamma(\frac{r_1}{2})\Gamma(\frac{r_2}{2})}\dfrac{\left(\frac{r_1}{r_2}\right)^{\frac{r_1}{2}}f^{\frac{r_1}{2}-1}}{\left(1+\frac{r_1}{r_2}f\right)^{\frac{r_1+r_2}{2}}}$	$f > 0$
$Lognormal(\mu, \sigma^2)$	로그정규	$\dfrac{1}{x\sqrt{2\pi}\,\sigma}\exp\left[-\dfrac{(\ln x-\mu)^2}{2\sigma^2}\right]$	$0 < x < \infty$
$Weibull(\lambda, \alpha)$	와이블	$\lambda\alpha x^{\alpha-1}\exp(-\lambda x^\alpha)$	$0 < x < \infty$
$Pareto(\theta, \alpha)$	파레토	$\overline{F}(x) = \left(\dfrac{\theta}{x}\right)^\alpha$	$\theta < x < \infty$

모수	적률생성함수	평균	분산
$-\infty < a < b < \infty$	$\dfrac{e^{bt}-e^{at}}{(b-a)t}$	$\dfrac{a+b}{2}$	$\dfrac{(b-a)^2}{12}$
$-\infty < \mu < \infty$ $\sigma > 0$	$\exp(\mu t + \frac{1}{2}\sigma^2 t^2)$	μ	σ^2
$\lambda > 0$	$(1-\frac{t}{\lambda})^{-1}$	$\dfrac{1}{\lambda}$	$\dfrac{1}{\lambda^2}$
$\alpha > 0$ $\beta > 0$	$(1-\beta t)^{-\alpha}$	$\alpha\beta$	$\alpha\beta^2$
$r > 0$	$(1-2t)^{-\frac{r}{2}}$	r	$2r$
$\alpha > 0$ $\beta > 0$	*not useful*	$\dfrac{\alpha}{\alpha+\beta}$	$\dfrac{\alpha\beta}{(\alpha+\beta)^2(\alpha+\beta+1)}$
$-\infty < \alpha < \infty$ $\beta > 0$	$\dfrac{e^{\alpha t}}{1-(\beta t)^2}$	α	$2\beta^2$
$-\infty < \theta < \infty$ $\mu > 0$	·	*Does not exist*	*Does not exist*
$-\infty < \alpha < \infty$ $\beta > 0$	·	α	$\dfrac{\beta^2\pi^2}{3}$
$r > 0$	*Does not exist*	$\mu = 0$ for $r > 1$	$\dfrac{r}{r-2}$ for $r > 2$
$r_1, r_2 = 1, 2, \cdots$	*Does not exist*	$\dfrac{r_2}{r_2-2}$ for $r_2 > 2$	$\dfrac{2r_2^2(r_1+r_2-2)}{r_1(r_2-2)^2(r_2-4)}$ for $r_2 > 4$
$-\infty < \mu < \infty$ $\sigma > 0$	*not useful*	$\exp(\mu + \frac{1}{2}\sigma^2)$	$\exp(2\mu+2\sigma^2) - \exp(2\mu+\sigma^2)$
$\lambda > 0$ $\alpha > 0$	·	$\left(\frac{1}{\lambda}\right)^{\frac{1}{\alpha}} \Gamma(1+\frac{1}{\alpha})$	$\left(\frac{1}{\lambda}\right)^{\frac{2}{\alpha}} \left[\Gamma(1+\frac{2}{\alpha}) - \Gamma^2(1+\frac{1}{\alpha})\right]$
$\theta > 0$ $\alpha > 0$	*Does not exist*	$\dfrac{\alpha\theta}{\alpha-1}$ for $\alpha > 1$	$\dfrac{\alpha\theta^2}{(\alpha-1)^2(\alpha-2)}$ for $\alpha > 2$

수리통계학 제4판

저　　자　나종화
발 행 인　김지영
발 행 처　자유아카데미
주　　소　경기도 파주시 회동길 37-42
　　　　　파주출판도시
전　　화　031-955-1321
팩　　스　031-955-1322
홈페이지　www.freeaca.com
전자우편　main@freeaca.com (대표)
　　　　　editor@freeaca.com (편집)
　　　　　crm@freeaca.com (영업)
등　　록　제406-2003-017호, 1980. 7. 12
제4판1쇄　2025년 3월 17일 발행

저자와의
협의하에
인지생략

ISBN 979-11-5808-697-8　93310